普通高等教育建筑与环境设计类“十二五”规划教材

建筑与景观设计基本规范（第2版）

张长江　编

中国水利水电出版社
www.waterpub.com.cn
·北京·

内 容 提 要

本书介绍了环境设计工程项目所涉及的设计、施工及验收等方面的规范标准，从建筑、装饰装修及景观工程的质量、安全、卫生及环境保护等方面的要求出发，有选择地介绍了有关设计、防火、施工、质量验收等规范标准，并强调了其中强制性条款及常用的基本要求，以满足实际设计、施工及管理工作需要，为相关执业资格考试、招投标工作以及院校师生学习提供参考。

本书既可作为相关院校建筑学、景观设计、环境设计、室内设计等专业教材和参考用书，也可作为建筑与景观设计、施工及管理行业的技术培训教材和工具书使用。

图书在版编目（CIP）数据

建筑与景观设计基本规范 / 张长江编. -- 2版. -- 北京 : 中国水利水电出版社, 2012.11(2023.1重印)
普通高等教育建筑与环境设计类“十二五”规划教材
ISBN 978-7-5170-0306-9

Ⅰ. ①建… Ⅱ. ①张… Ⅲ. ①建筑设计－规范－高等学校－教材②景观设计－规范－高等学校－教材 Ⅳ. ①TU202

中国版本图书馆CIP数据核字(2012)第253495号

书　　名	普通高等教育建筑与环境设计类“十二五”规划教材 **建筑与景观设计基本规范（第2版）**
作　　者	张长江　编
出版发行	中国水利水电出版社 （北京市海淀区玉渊潭南路1号D座　100038） 网址：www.waterpub.com.cn E-mail：sales@mwr.gov.cn 电话：(010) 68545888（营销中心）
经　　售	北京科水图书销售有限公司 电话：(010) 68545874、63202643 全国各地新华书店和相关出版物销售网点
排　　版	中国水利水电出版社微机排版中心
印　　刷	清淞永业（天津）印刷有限公司
规　　格	210mm×285mm　16开本　16.25印张　492千字
版　　次	2009年7月第1版　2009年7月第1次印刷 2012年11月第2版　2023年1月第3次印刷
印　　数	6001—7000册
定　　价	**45.00**元

前言

编写一本适用于以物质产品或工程为对象的含有设计艺术成分在内的建筑设计、室内设计、景观设计等空间设计专业的高校学生的基本规范选编，能够使学生在校就知道设计的限制、设计的法规、设计的约束，一直是我想做的。我想这不仅是学生学习设计课程的需要，也是学生走出校门、进入执业阶段所必需的。这一点不仅能在中国注册建筑师、注册建造师和一般的执业设计师执业考试中看到，而且，在世界其他国家也都是如此。但遗憾的是，在我国环境设计类高校的课程安排上，能够重视这门课程并开坛设讲，作为必修的专业骨干课程对待的是少之又少。而作为适合高校使用的这样一本教材，又一直没有和学生见面。我想，在这样一个时间，编写这样一本设计规范类的读本，就显得十分的必要。

人类早期的居住方式尽管简单，但是御寒、遮风、避雨、防止动物侵扰会成为人类生存首先要考虑的问题，北方的穴居、南方的巢居是人类的祖先早期采取的居住方式，随着经验的积累和移动生活方式的改变，架设屋面、设墙挡风、用火取暖、抬高基地等做法也会自然而然地在经验中不断地获得汲取。而且，成功的居住方式，也会被模仿，通过不断的改进而被传播。所以，我们一直认为，人类建筑空间的发展过程，也就是生活方式的改进过程。毫无疑问，人类对庇护场所的每一次真正意义上的改进，所表现出的是惊喜、自豪与成就感。而后，这种改进会被当作经典演变成标准被相当长的一段时间所延续，这也就是我们常说的样式、风格或建筑文化。但是，不久，这些就又会被更大的超越所取代。一个时代或时期的最舒适、最便利的“漂亮”住所，在下一代人的眼中，就会不那么舒适而变得不那么“漂亮”，从而认为不那么“标准”。

在今天，人们对生活的要求越来越高，在某种意义上来说，庇护场所已是简单的过去式，现代的建筑空间必须提供洁净的水源、可分类的垃圾循环利用方式、各种便利的代步机械设施、采暖与空调设施、食品储藏与加工设施、给排水设施、通信与外界交流的设施等。从某种意义上说，就是人的本身的这台“机器”在运行时，所需要的能源、资源的利用方式。或者说，建筑正变成一种对人类生命体提供综合支持机制的另一种方式的“载体”。而如何保障这个“载体”对人的生命体的有效呵护，减少或避免对人产生危害，这种保障的提供就是在设计这个“载体”时，人类本身必须遵守的一个时期已被成功验证的“约定”——标准与法规。

所以说，规范是人类设计文明的脚步，是阶段性的成就与经验的总结，是生活走向进步的阶梯，是人与自然进入和谐的途径，是人类不断摆脱愚昧、寻求生态平衡的过程，是生命生存综合机制的保障。

如果说法律是道德的底线，那么行政法规、技术规范、技术标准、技术措施等便是建筑、景观、室内的设计底线。

在我国环境设计专业的教育中，画好一张效果图的学生就会心满意足，至于这张图带来什么后果，学生们很少去想。因为这毕竟不是一张实施图。所以这张效果图的质量如何就值得研究。准确地说，应该先有带有尺寸的施工图，才能有反映工程实施后的效果图。由于效果图只能表示空间的尺度感，而不能准确地反映尺寸数，所以二者的等效理论离严格性的考核是有一定的差距的。记得有一次德国专家应邀来中国评审室内设计项目，面对送来的一大堆效果图却没有施工图，提出必须在限定的时间内送审施工图。结果，只有几个公司能够完成。这反映了我国在环境艺术设计专业的教育中，严重缺乏关于材料、构造和规范课程教育。

在美国2002室内设计教学评估标准（FIDER）中，对比以往，明确提出法规教育评估标准，以保证公众健康、安全和幸福。

虽然在我国部分环境设计高校中，也有设立规范课程的，但也暴露出不作考试科目、课时少，在居住、商业等其他空间设计中也很少分散介绍怎样运用规范来作设计的弊端，所以就形成了就规范讲规范。对理解规范、运用规范的重要性认识不足，自觉性不强。当然，这也和来自艺术专业的老师的知识结构有关。所以，规范课程对于来自美术专业的老师的继续教育来说，也是非常重要的。

从2007年开始，建筑装饰装修建造师执业资格与土建合并，考试合格通过后，取得一个资格证书。这样，原本室内设计、景观设计类毕业生的准入门槛，又进一步提高。可想而知，目前我国环境设计类高校培养的学生，毕业后要想通过建造师注册考试是非常之难。原因是学校设置的课程与执业要求考试的内容相距甚远。

对于法规的学习的不足，不仅是在高校，就整个建筑、装饰装修与景观设计行业来说，形势也是非常严峻的。

在我国某环境设计类高校，前几年的室内设计工程，使用至现在，仍然是污染的味道十足，在冬季把窗户打开到九十点钟，才会感到令人恶心的味道轻许多。但是，老师和学生又要面临冰冷空气的侵扰。而就在当下，新的艺术设计学院教学楼又开始装修，走廊的通风窗被封掉，新的装修污染形成后，经检测超标。在近60m^2的房间中只有一扇门可用于通风。当夏天来临时，人在这炎热的室内又怎样度过。加设空调，又要花钱，而且是不断的费用支出。一个从事专业设计教育的地方，竟设计出如此结果，可想而知，学校又是怎样对学生进行设计课程教育的。

建筑设计、景观设计、室内设计有一种自然的秩序。“这是一种不受时间、地点或风格限制的顺序；这个顺序比古希腊的多立克（Doric）或爱奥尼克（Ionic）建筑更能持久，比现代最清新的建筑风格更次序井然。这是一种物理顺序，是建筑物在其中发挥作用的方式。该种顺序在作为整体理解的时候，有着一种无以复加的雅致与实用性。”麻省理工学院爱德华·艾伦（Edward Allen）教授1976年的观点，在今日，仍然发人深省。

为什么规范是环境设计的底线呢？例如：规范规定住宅户内楼梯，踏面最小宽度为0.22m，踏高最大高度为0.20m。这说明踏面的最小宽度的底线为0.22m，而有条件的踏面宽度应大于0.22m，如0.26m。而踏高最大高度的底线为0.20m，有条件的踏高应小于0.20m，如0.17m。又如规范规定允许少年儿童进入的场所，楼梯栏杆垂直杆件的净距不应大于0.11m，并不得做便于攀爬的横向花格、花饰。如果设计师没有按着这个要求做，将楼梯栏杆垂直杆件的净距设计为0.30m，儿童发生坠楼身亡事故，那么设计师就要负法律责任。由此可见，底线的法规教育是非常重要的。

还有室内空气质量控制问题。居室、教室设计装修后游离甲醛应不超过0.08（mg/m^3）。如果设计师人造板用量过多、胶地板选材设计施工不合要求，过分渲染了艺术效果，结果施工完交付使用时一测，甲醛等污染物超标，工程损失的经济责任就要由设计者承担。如果人进入使用后，得了病，起诉是由甲醛等危害物超标所致，而设计师又不能举证不是甲醛等危害物超标所致，那么，设计师所要承担的责任的艰巨程度是可想而知的。从这个意义上讲，法规底线要承担的责任也是残酷和不讲情面的。

在我国，1991年开始设立建筑工业技术（JGJ）规范，而后又发展为国家标准(GB)。遵守设计、施工及验收等规范，对学生进行学法守法教育，是未来执业设计师的道德守则所要求的。只有遵守法律、法规的设计师才能设计出合格的工程作品，并被消费者所接受。

《建设工程质量管理条例》（2000年1月3日国务院第279号发布）第六十九条指出：

违反本条例规定，涉及建筑主体或者承重结构变动的装修工程，没有设计方案擅自施工的，责令改正，处50万元以上100万元以下的罚款；房屋建筑使用者在装修过程中擅自变动房屋建筑主体和承重结构的，责令改正，处5万元以上10万元以下的罚款。

有前款所列行为，造成损失的，依法承担赔偿责任。

第十五条　涉及建筑主体和承重结构变动的装修工程，建设单位应当在施工前委托原设计单位或者具有相应资质等级的设计单位提出设计方案；没有设计方案的，不得施工。

房屋建筑使用者在装修过程中，不得擅自变动房屋建筑主体和承重结构。

第七十二条　违反本条例规定，注册建筑师、注册结构工程师、监理工程师等注册执业人员因过错造成质量事故的，责令停止执业1年；造成重大质量事故的，吊销执业资格证书，5年以内不予注册；情节特别恶劣的，终身不予注册。

《实施工程建设强制性标准监督规定》（2000年8月25日建设部令第81号发布）指出：

第二条　在中华人民共和国境内从事新建、扩建、改建等工程建设活动，必须执行工程建设强制性标准。

第三条　本规定所称工程建设强制性标准是指涉及工程质量、安全、卫生及环境保护等方面的工程建设标准强制性条文。

国家工程建设标准强制性条文由国务院建设行政主管部门会同国务院有关行政主管部门确定。

第十条　强制性标准监督检查内容包括：

（一）有关工程技术人员是否熟悉掌握强制性标准；

（二）工程项目的规划、勘察、设计、施工、验收等是否符合强制性标准的规定；

（三）工程项目采用的材料、设备是否符合强制性标准的规定；

（四）工程项目的安全、质量是否符合强制性标准的规定；

（五）工程中采用的守则、指南、手册、计算机软件的内容是否符合强制性标准的规定。

第十八条　施工单位违反工程建设强制性标准的，责令改正，处工程合同价款2%以上4%以下的罚款；造成建设工程质量不符合规定的质量标准的，负责返工、修理，并赔偿因此造成的损失；情节严重的，责令停业整顿，降低资质等级或者吊销资质证书。

规范的课程教育，由于是条文式的，量大且面广，讲授又不能面面俱到，所以编写一本合适的教材，附以生动活泼的讲授方法是很重要的。本书在编写时，注意到这些特点，在基本涵盖建设与景观设计所涉及的规范目录时，让大家对设计规范可能的“界限”有一个大致的了解。在介绍条文时选择最基本、最重要的条款来介绍。对于生产性质的、水暖电专业性质的，本书在介绍时作了节选。由于集合式住宅一般都由专业的建筑设计公司承担，所以，在编写时也作了适当的节选。对于强制性条文与非强制性条文，则侧重于学生或设计师在做别墅住宅、商住两用空间、公共建筑、景观等设计时的一般的需要，使所作的设计可达到基本通过，更细致的、更完全的了解与把握还有待于看规范的全文。

在面对是编写一本技术措施类的规范教材，还是忠实于规范的文字上，我选择了后者。没有加任何文字说明，只是在有些规范条文中，为了加强理解，绘编了必要的图例。更详细的解读还要看规范的条文解释。因为规范的文字是经过反复推敲的，所要表达的意思也是非常严谨的。对于分年度几次修订的标准条文，作了必要的合并编写处理，以方便查阅。

本书的前半部分的规范选编重点解决设计一般、防火与空气污染规范的控制问题。针对目前有的高校教学不能很好把握关于绿色建筑等相关的设计问题，后半部分选编了绿色建筑规范的有关内容，对于在设计的初始阶段准确把握“四节一保”（节能、节地、节水、节材和环境保护）等相关的问题，提供了指南。

建筑设计的总方针是“实用、经济、美观”，任何美观而不适用的建筑，在经济上就意味着浪费。建筑是技术与艺术的综合体，但如果片面为了追求美观，而以巨大的资源消耗为代价，这就不符合绿色建筑的基本理念。因此需要在设计阶段很好的控制造型要素中没有功能作用的装饰性构件的大量应用，如不具备遮阳、采光、导风、载物、辅助绿化等作用的飘板、格栅和构架等；单纯为追求标志性效果在屋顶等处设立的大型塔、球、曲面等异形构件等；女儿墙高度超过规范要求2倍以上等，还有过度复杂的体形导致的建筑大量的能耗等。建筑设计需要创意，但必须是在符合法规要求的前提下的“有限化”，这不仅符合当代设计的主导方向，而且也符合地域性与全球化的科学发展需要。

为了针对环境艺术类教学在室内、建筑、景观三个方面的方向性的扩展，本书还选编了景观与园林绿化部分的基本规范，涉及绿化种植设计、园林建筑与小品设计，还有公路环境保护设计等。

这样，这本规范选编就以独特的视角，有针对性地解决了建筑设计专业、室内设计专业和景观设计专业，对于设计工程标准的需求，以满足教学、培训与设计的实际工作需要。而且，这三个专业原本就在一起，现在虽有分开，各有侧重，但又是紧密相连的。

总之，本书是目前最新的，也是最能贴近空间设计、招投标工作的工具书与教科书。这一点，当您打开并翻阅时就会感觉到。

由于时间仓促，专业水平有限，在选择上和编写中肯定会存在一些问题，希望读者批评指正。因为这不仅是作者，也是设计师和从业人员的共同期望。如果这个简略的工具读本，能给使用者带来小小的帮助，那就会让参加编写的工作人员感到快慰。

非常感谢刘玉萍、杨彬彬、季国志、黄明哲、程黎、冯琳、张翮、周波、杨周敏、刘爽、李丽、孟辉、乔松年、任文东、陈晓蔓、唐建、李永盛、刘红霞、隋明、刘笑、王晓辉、孙宏伟、曹福存、李禹、王英钰、金华、张险峰、李永刚、陈雷、马素英、盖永成等对于本书制图、选编、整理与制作、审校等方面的辛苦工作及建设性的意见。没有他们的帮助与努力，本书在这么短的时间里出版是不可能的。

张长江

2016 年 1 月 30 日

于大连艺术学院

目　录

第1篇 建筑与景观设计、施工及验收标准目录

1.1 制图

1.1.1 《总图制图标准》(GB/T 50103—2010)

1.1.2 《建筑制图标准》(GB/T 50104—2010)

1.1.3 《房屋建筑制图统一标准》(GB/T 50001—2010)

1.1.4 《城市规划制图标准》(CJJ/T 97—2003)

1.1.5 《建筑工程建筑面积计算规范》(GB/T 50353—2013)

1.1.6 《风景园林图例图示标准》(CJJ 67—95)

1.1.7 《建筑模数协调统一标准》(GBJ 2—86)

1.1.8 《住宅建筑模数协调标准》(GB/T 50100—2001)

1.1.9 《建筑楼梯模数协调标准》(GB/T 50006—2010)

1.1.10 《厂房建筑模数协调标准》(GBJ 6—86)

1.1.11 《房屋建筑CAD制图统一标准》(GB/T 18112—2000)

1.1.12 《道路工程制图标准》(GB 50162—92)

1.1.13 《建筑结构制图标准》(GB/T 50105—2010)

1.1.14 《建筑给水排水制图标准》(GB/T 50106—2010)

1.1.15 《暖通空调制图标准》(GB/T 50114—2010)

1.1.16 《供热工程制图标准》(CJJ/T 78—2010)

1.2 设计

1.2.1 《民用建筑设计通则》(GB 50352—2005)

1.2.2 《无障碍设计规范》(GB 50763—2012)

1.2.3 《建筑设计防火规范》(GB 50016—2006)

1.2.4 《建筑内部装修设计防火规范》(GB 50222—95)(2001年修订)

1.2.5 《住宅室内装饰装修设计规范》JGJ 367—2015

1.2.6 《民用建筑工程室内环境污染控制规范》(GB 50325—2010)

1.2.7 《人民防空工程设计防火规范》(GB 50098—2009)

1.2.8 《村镇建筑设计防火规范》(GB 139—90)

1.2.9 《汽车库、修车库、停车场设计防火规范》(GB 50067—2014)

1.2.10 《消防通信指挥系统设计规范》(GB 50313—2000)

1.2.11 《干粉灭火系统设计规范》(GB 50347—2004)

1.2.12 《泡沫灭火系统设计规范》(GB 50151—2010)

1.2.13 《卤代烷1211灭火系统设计规范》(GBJ 110—87)

1.2.14 《卤代烷1301灭火系统设计规范》(GB 50163—92)

1.2.15 《二氧化碳灭火系统设计规范》(GB 50193—93)(2010年版)

1.2.16 《气体灭火系统设计规范》(GB 50370—2005)

1.2.17 《自动喷水灭火系统设计规范》(GB 50084—2001)(2005年版)

1.2.18 《建筑灭火器配置设计规范》(GB 50140—2005)
1.2.19 《火灾自动报警系统设计规范》(GB 50116—2013)
1.2.20 《民用建筑热工设计规范》(GB 50176—93)
1.2.21 《严寒和寒冷地区居住建筑节能设计标准》(JGJ 26—2010)
1.2.22 《公共建筑节能设计标准》(GB 50189—2015)
1.2.23 《夏热冬冷地区居住建筑节能设计标准》(JGJ 134—2001)
1.2.24 《夏热冬暖地区居住建筑节能设计标准》(JGJ 75—2003)
1.2.25 《建筑物防雷设计规范》(GB 50057—94)(2000 年版)
1.2.26 《建筑物电子信息系统防雷技术规范》(GB 50343—2010)
1.2.27 《采暖通风与空气调节术语标准》(GB 50155—92)
1.2.28 《工业建筑供暖通风与空气调节设计规范》(GB 50019—2015)
1.2.29 《建筑隔声评价标准》(GB/T 50121—2005)
1.2.30 《建筑隔声测量规范》(GBJ 75—84)
1.2.31 《工业企业噪声控制设计规范》(GBJ 87—85)
1.2.32 《工业企业噪声测量规范》(GBJ 122—88)
1.2.33 《混响室法吸声系数测量规范》(GBJ 47—83)
1.2.34 《驻波管法吸声系数与声阻抗率测量规范》(GBJ 88—85)
1.2.35 《厅堂混响时间测量规范》(GBJ 76—84)
1.2.36 《厅堂扩声系统设计规范》(GB 50371—2006)
1.2.37 《民用建筑隔声设计规范》(GB 50118—2010)
1.2.38 《剧场、电影院和多用途厅堂建筑声学设计规范》(GB/T 50356—2005)
1.2.39 《体育馆声学设计及测量规程》(JGJ/T 131—2000)
1.2.40 《建筑照明设计标准》(GB 50034—2004)
1.2.41 《建筑照明术语标准》(JGJ/T 119—98)
1.2.42 《建筑采光设计标准》(GB/T 50033—2001)
1.2.43 《工业企业采光设计标准》(GB 50033—91)
1.2.44 《工业企业照明设计标准》(GB 500034—92)
1.2.45 《建筑给水排水设计规范》(GB 50015—2003)(2009 年版)
1.2.46 《污水再生利用工程设计规范》(GB 50335—2002)
1.2.47 《建筑中水设计规范》(GB 50336—2002)
1.2.48 《安全防范工程技术规范》(GB 50348—2004)
1.2.49 《综合布线系统工程设计规范》(GB 50311—2007)
1.2.50 《智能建筑设计标准》(GB/T 50314—2015)
1.2.51 《民用闭路监视电视系统工程技术规范》(GB 50198—94)
1.2.52 《有线电视系统工程技术规范》(GB 50200—94)
1.2.53 《老年人建筑设计规范》(JGJ 122—99)
1.2.54 《住宅设计规范》(GB 50096—2011)
1.2.55 《住宅建筑规范》(GB 50368—2005)
1.2.56 《住宅建筑技术经济评价标准》(JGJ 47—88)
1.2.57 《住宅卫生间功能和尺寸系列》(GB/T 11977—1989)
1.2.58 《住宅性能评定技术标准》(GB/T 50362—2005)
1.2.59 《绿色建筑评价标准》(GB/T 50378—2006)
1.2.60 《老年人居住建筑设计标准》(GB/T 50340—2003)

1.2.61 《健康住宅建设技术要点》(国家住宅与居住环境工程中心，2004 年版)
1.2.62 《托儿所、幼儿园建筑设计规范》(JGJ 39—87)(试行)
1.2.63 《中小学校设计规范》(GB 50099—2011)
1.2.64 《文化馆建筑设计规范》(JGJ/T 41—2014)
1.2.65 《图书馆建筑设计规范》(JGJ 38—2015)
1.2.66 《档案馆建筑设计规范》(JGJ 25—2010)
1.2.67 《博物馆建筑设计规范》(JGJ 66—91)
1.2.68 《剧场建筑设计规范》(JGJ 57—2000)
1.2.69 《电影院建筑设计规范》(JGJ 58—2008)
1.2.70 《办公建筑设计规范》(JGJ 67—2006)
1.2.71 《综合医院建筑设计规范》(GB 51039—2014)
1.2.72 《疗养院建筑设计规范》(JGJ 40—87)
1.2.73 《医院洁净手术部建筑技术规范》(GB 50333—2013)
1.2.74 《生物安全实验室建筑技术规范》(GB 50346—2004)
1.2.75 《汽车客运站建筑设计规范》(JGJ 60—99)
1.2.76 《汽车库建筑设计规范》(JGJ 100—98)
1.2.77 《殡仪馆建筑设计规范》(JGJ 124—99)
1.2.78 《体育建筑设计规范》(JGJ 31—2003)
1.2.79 《特殊教育学校建筑设计规范》(JGJ 76—2003)
1.2.80 《旅馆建筑设计规范》(JGJ 62—90)
1.2.81 《电子信息系统机房设计规范》(GB 50174—2008)
1.2.82 《商店建筑设计规范》(JGJ 48—2014)
1.2.83 《宿舍建筑设计规范》(JGJ 36—2005)
1.2.84 《饮食建筑设计规范》(JGJ 64—98)(试行)
1.2.85 《建筑抗震设防分类标准》(GB 50223—2008)
1.2.86 《建筑结构荷载规范》(GB 50009—2012)
1.2.87 《砌体结构设计规范》(GB 50003—2011)
1.2.88 《木结构设计规范》(GB 50005—2003)(2005 年版)
1.2.89 《钢结构设计规范》(GB 50017—2003)
1.2.90 《金属与石材幕墙工程技术规范》(JGJ 133—2001)
1.2.91 《建筑玻璃应用技术规程》(JGJ 113—2009)
1.2.92 《玻璃幕墙工程技术规范》(JGJ 102—2003)
1.2.93 《点支撑玻璃幕墙支撑装置》(JG 138—2001)
1.2.94 《吊挂式玻璃幕墙支撑装置》(JG 139—2001)
1.2.95 《建筑地面设计规范》(GB 50037—96)
1.2.96 《民用建筑修缮工程查勘与设计规程》(JGJ 117—98)
1.2.97 《电梯自动扶梯自动人行道术语》(GB/T 7024—1997)
1.2.98 《电梯主参数、井道、机房的型式与尺寸》(GB/T 7025—1997)
1.2.99 《液压电梯》(GB 5071—1996)
1.2.100 《住宅电梯的配置和选择》(GB/T 5010—92)
1.2.101 《公园设计规范》(CJJ 48—92)
1.2.102 《城市居住区规划设计规范》(GB 50180—93)(2002 年版)
1.2.103 《风景名胜区规划规范》(GB 50298—1999)

1.2.104 《居住区环境景观设计导则》建设部住宅产业化促进中心（2006年版）
1.2.105 《城市道路绿化规划与设计规范》(CJJ 75—97)
1.2.106 《城市绿地分类标准》(CJJ/T 85—2002)
1.2.107 《城市绿地设计规范》(GB 50420—2007)
1.2.108 《公路环境保护设计规范》(JTJ/T 006—98)
1.2.109 《城市用地竖向规划规范》(CJJ 83—99)
1.2.110 《城市道路交通规划设计规范》(GB 50220—95)
1.2.111 《城市公共交通站、场、厂设计规范》(CJJ 15—87)
1.2.112 《城市规划基本术语标准》(GB/T 50280—98)
1.2.113 《城市环境卫生设施规划规范》(GB 50337—2003)
1.2.114 《城市公共厕所设计标准》(CJJ 14—2005)
1.2.115 《城市垃圾转运站设计规范》(CJJ 47—91)
1.2.116 《城市粪便处理厂（场）设计规范》(CJJ 64—95)
1.2.117 《免水冲卫生厕所》(GB/T 18092—2000)
1.2.118 《城市给水工程规划规范》(GB 50282—98)
1.2.119 《城市排水工程规划规范》(GB 50318—2000)
1.2.120 《城市电力规划规范》(GB 50293—1999)
1.2.121 《历史文化名城保护规划规范》(GB 50357—2005)
1.2.122 《地铁设计规范》(GB 50157—2003)
1.2.123 《铁路线路设计规范》(GB 50090—99)
1.2.124 《铁路车站及枢纽设计规范》(GB 50091—99)
1.2.125 《港口客运站建筑设计规范》(JGJ 86—92)
1.2.126 《工业企业总平面设计规范》(GB 50187—93)
1.2.127 《洁净厂房设计规范》(GB 50073—2013)
1.2.128 《冷库设计规范》(GB 50072—2010)
1.2.129 《工业企业设计卫生标准》(GBZ 1—2002)
1.2.130 《工业建筑防腐性设计规范》(GB 50046—2008)
1.2.131 《锅炉房设计规范》(GB 50041—2008)
1.2.132 《发生炉煤气站设计规范》(GB 50195—94)
1.2.133 《城市综合管理工程技术规范》(GB 50838—2015)

1.3 施工

1.3.1 《住宅装饰装修工程施工规范》(GB 50327—2001)
1.3.2 《建设工程项目管理规范》(GB/T 50326—2001)
1.3.3 《专职外墙防水工程技术规范》(JGS/T 235—2001)
1.3.4 《建设工程监理规范》(GB 50319—2000)
1.3.5 《建筑防腐蚀工程施工及验收规范》(GB 50212—2002)
1.3.6 《屋面工程技术规范》(GB 50345—2012)
1.3.7 《地下工程防水技术规范》(GB 50108—2008)
1.3.8 《自动扶梯和自动人行道的制造与安装安全规范》(GB 16899—1997)
1.3.9 《住宅室内装饰装修管理办法》建设部令110号（附：商品住宅一次到位实施细则）
1.3.10 《建筑涂饰工程施工及验收规范》(JGJ/T 29—2003)
1.3.11 《外墙饰面砖工程施工及验收规范》(JGJ 126—2015)
1.3.12 《施工现场临时用电安装技术规范》(JGJ 46—2005)

1.3.13 《建筑施工高处作业安全技术规范》(JGJ 80—91)

1.3.14 《建筑机械使用安全技术规程》(JGJ 33—2001)

1.3.15 《城市绿化工程施工及验收规范》(CJJ/T 82—99)

1.3.16 《种植屋面工程技术规范》(JGJ 155—2007)

1.3.17 《木骨架组合墙体技术规范》(GB/T 50361—2005)

1.3.18 《古建筑木结构维护与加固技术标准》(GB 50165—92)

1.3.19 《沥青路面施工及验收规范》(GB 50092—96)

1.4 验收

1.4.1 《建筑装饰装修工程质量验收规范》(GB 50210—2001)

1.4.2 《建筑工程施工质量验收统一标准》(GB 50300—2013)

1.4.3 《建筑内部装修防火施工及验收规范》(GB 50354—2005)

1.4.4 《泡沫灭火系统施工及验收规范》(GB 50281—2006)

1.4.5 《自动喷水灭火系统施工及验收规范》(GB 50261—2005)

1.4.6 《火灾自动报警系统施工及验收规范》(GB 50166—2007)

1.4.7 《气体灭火系统施工及验收规范》(GB 50263—97)

1.4.8 《室内装饰装修材料人造板及其制品中甲醛释放限量》(GB 18580—2001)

1.4.9 《室内装饰装修材料溶剂木器涂料中有害物质限量》(GB 18581—2001)

1.4.10 《室内装饰装修材料内墙涂料中有害物质限量》(GB 18582—2001)

1.4.11 《室内装饰装修材料胶粘剂中有害物质限量》(GB 18583—2008)

1.4.12 《室内装饰装修材料木家具中有害物质限量》(GB 18584—2001)

1.4.13 《室内装饰装修材料壁纸中有害物质限量》(GB 18585—2001)

1.4.14 《室内装饰装修材料聚氯乙烯卷材地板中有害物质限量》(GB 18586—2001)

1.4.15 《室内装饰装修材料地毯、地毯衬垫及地毯胶粘剂有害物质限量》(GB 18587—2001)

1.4.16 《混凝土外加剂中释放氨的限量》(GB 18588—2001)

1.4.17 《建筑材料放射性核素限量》(GB 6566—2001)

1.4.18 《屋面工程质量验收规范》(GB 50207—2012)

1.4.19 《木结构工程施工质量验收规范》(GB 50206—2002)

1.4.20 《钢结构工程施工质量验收规范》(GB 50205—2001)

1.4.21 《地下防水工程质量验收规范》(GB 50208—2011)

1.4.22 《塑料门窗安装及验收规程》(JGJ 103—96)

1.4.23 《建筑给水排水及采暖工程施工质量验收规范》(GB 50242—2002)

1.4.24 《通风与空调工程施工质量验收规范》(GB 50243—2002)

1.4.25 《建筑电气工程施工质量验收规范》(GB 50303—2002)

1.4.26 《电梯工程施工质量验收规范》(GB 50310—2002)

1.4.27 《玻璃幕墙工程质量检验标准》(JGJ/T 139—2001)

1.4.28 《智能建筑工程质量验收规范》(GB 50339—2013)

第2篇　建筑与景观设计项目术语

2.0.1　民用建筑　civil building

供人们居住和进行公共活动的建筑的总称。

2.0.2　居住建筑　residential building

供人们居住使用的建筑。

2.0.3　公共建筑　public building

供人们进行各种公共活动的建筑。

2.0.4　无障碍设施　accessibility facilities

方便残疾人、老年人等行动不便或有视力障碍者使用的安全设施。

2.0.5　停车空间　parking space

停放机动车和非机动车的室内、外空间。

2.0.6　建筑地基　construction site

根据用地性质和使用权属确定的建筑工程项目的使用场地。

2.0.7　道路红线　boundary line of roads

规划的城市道路（含居住区级道路）用地的边界线。

2.0.8　用地红线　boundary line of land；property line

各类建筑工程项目用地的使用权属范围的边界线。

2.0.9　建筑控制线　building line

有关法规或详细规划确定的建筑物、构筑物的基底位置不得超出的界线。

2.0.10　建筑密度　building density；building coverage ratio

在一定范围内，建筑物的基底面积总和与占用地面积的比例（%）。

2.0.11　容积率　plot ratio，floor area ratio

在一定范围内，建筑面积总和与用地面积的比值。

2.0.12　绿地率　greening rate

一定地区内，各类绿地总面积占该地区总面积的比例（%）。

2.0.13　日照标准　daylight standards

根据建筑物所处的气候区、城市大小和建筑物的使用性质确定的，在规定的日照标准日（冬至日或大寒日）的有效日照时间范围内，以底层窗台面为计算起点的建筑外窗获得的日照时间。

2.0.14　层高　storey height

建筑物各层之间以楼、地面面层（完成面）计算的垂直距离，屋顶层由该层楼面面层（完成面）至平屋面的结构面层或至坡顶的结构面层与外墙外皮延长线的交点计算的垂直距离。

2.0.15　室内净高　interior net storey height

从楼、地面面层（完成面）至吊顶或楼盖、屋盖底面之间的有效使用空间的垂直距离。

2.0.16　地下室　basement

房间地平面低于室外地平面的高度超过该房间净高的1/2者为地下室。

2.0.17　半地下室　semi - basement

房间地平面低于室外地平面的高度超过该房间净高的1/3，且不超过1/2者为半地下室。

2.0.18 设备层 mechanical floor

建筑物中专为设置暖通、空调、给水排水和配变电等的设备和管道且供人员进入操作用的空间层。

2.0.19 避难层 refuges storey

建筑高度超过100m的高层建筑，为消防安全专门设置的供人们疏散避难的楼层。

2.0.20 架空层 open floor

仅有结构支撑而无外围护结构的开敞空间层。

2.0.21 台阶 step

在室外或室内的地坪或楼层不同标高处设置的供人行走的阶梯。

2.0.22 坡道 ramp

连接不同标高的楼面、地面，供人行或车行的斜坡式交通道。

2.0.23 栏杆 railing

高度在人体胸部至腹部之间，用以保障人身安全或分隔空间用的防护分隔构件。

2.0.24 楼梯 stair

由连续行走的梯级、休息平台和维护安全的栏杆（或栏板）、扶手以及相应的支托结构组成的作为楼层之间垂直交通用的建筑部件。

2.0.25 变形缝 deformation joint

为防止建筑物在外界因素作用下，结构内部产生附加变形和应力，导致建筑物开裂、碰撞甚至破坏而预留的构造缝，包括伸缩缝、沉降缝和抗震缝。

2.0.26 建筑幕墙 building curtain wall

由金属构架与板材组成的、不承担主体结构荷载与作用的建筑外围护结构。

2.0.27 吊顶 suspended ceiling

悬吊在房屋屋顶或楼板结构下的顶棚。

2.0.28 管道井 pipe shaft

建筑物中用于布置竖向设备管线的竖向井道。

2.0.29 烟道 smoke uptake；smoke flue

排除各种烟气的管道。

2.0.30 通风道 air relief shaft

排除室内蒸汽、潮气或污浊空气以及输送新鲜空气的管道。

2.0.31 装修 decoration；finishing

以建筑物主体结构为依托，对建筑内、外空间进行的细部加工和艺术处理。

2.0.32 采光 daylighting

为保证人们生活、工作或生产活动具有适宜的光环境，使建筑物内部使用空间取得的天然光照度满足使用、安全、舒适、美观等要求的技术。

2.0.33 采光系数 daylight factor

在室内给定平面上的一点，由直接或间接地接收来自假定和已知天空亮度分布的天空漫射光而产生的照度与同一时刻该天空半球在室外无遮挡水平面上产生的天空漫射光照度之比。

2.0.34 采光系数标准值 standard value of daylight factor

室内和室外天然光临界照度时的采光系数值。

2.0.35 通风 ventilation

为保证人们生活、工作或生产活动具有适宜的空气环境，采用自然或机械方法，对建筑物内部使用空间进行换气，使空气质量满足卫生、安全、舒适等要求的技术。

2.0.36 噪声 noise

影响人们正常生活、工作、学习、休息，甚至损害身心健康的外界干扰声。

2.0.37 缘石坡道 curb ramp

位于人行道口或人行横道两端，使乘轮椅者避免了人行道路缘石带来的通行障碍，方便乘轮椅者进入人行道行驶的一种坡道。

2.0.38 盲道 sidewalk for the blind

在人行道上铺设一种固定形态的地面砖，使视残者产生不同的脚感，诱导视残者向前行走和辨别方向以及到达目的地的通道。

2.0.39 行进盲道 go-ahead blind sidewalk

表面上呈条状形，使视残者通过脚感和盲杖的触感后，指引视残者可直接向正前方继续行走的盲道。

2.0.40 提示盲道 warning blind sidewalk

表面呈圆点形状，用在盲道的拐弯处、终点处和表示服务设施的设置等，具有提醒注意作用的盲道。

2.0.41 人行通路 passage

在城市广场、公园、景点和建筑基地范围内供人行走的道路。

2.0.42 无障碍入口 barrier-free entrance

不设台阶的建筑入口。

2.0.43 轮椅坡道 ramp for wheelchair

在坡度和宽度上以及地面、扶手、高度等方面符合乘轮椅者通行的坡道。

2.0.44 入口平台 entrance platform

在台阶或坡道与建筑入口之间的水平地面。

2.0.45 无障碍电梯 barrier-free lift

适合乘轮椅者、视残者或担架床可进入和使用的电梯。

2.0.46 无障碍厕位 barrier-free toilet cubical

公共厕所内设置的、乘轮椅残疾人可进入和使用的带坐便器及安全抓杆的隔间厕位。

2.0.47 无障碍厕所 barrier-free lavatory

供残疾人、老年人及妇幼使用的无障碍设施齐全的小型厕所。

2.0.48 无障碍盆浴间 barrier-free bath room

方便乘轮椅者进入和使用的盆浴间。

2.0.49 无障碍淋浴间 barrier-free shower room

方便乘轮椅者进入和使用的淋浴间。

2.0.50 安全抓杆 grab bar

在无障碍厕位、厕所、浴间内，协助行动不便者安全平移和起立的一种设施。

2.0.51 低位小便器 low-level urinal

方便乘轮椅的男性残疾人使用的小便器。

2.0.52 轮椅席位 seat for wheelchair

在观众厅、报告厅和阅览室及教室等，为乘轮椅者提供的可以观赏、听讲和阅读的位置。

2.0.53 无障碍客房 barrier-free-guestroom

客房的出入口、通道、通信、家具和卫生间等均方便乘轮椅者通行和使用的房间。

2.0.54 中间平台 landing

在坡道、梯道之间的水平地面。

2.0.55 缓冲地带 buffer area

在坡道起点与终点处的水平地面。

2.0.56 安全挡台 safty barricade

控制轮椅小轮和拐杖滑出坡道与踏步边界的设施。

2.0.57 明步楼梯 stairs without barricade

楼梯一侧或两侧没有栏杆，或栏杆下方没有安全挡台的楼梯。

2.0.58 升降平台 lift platform

运送残疾人进行垂直或斜向通行的设施。

2.0.59 转弯阳角 angle at turning point

走道转弯处凸出的墙角。

2.0.60 浴间坐台 in－tub seat

供残疾人、老年人洗浴时使用的固定坐台或活动坐板。

2.0.61 轮椅通道 passage for wheelchair

在交通建筑检票口或在购物超市结算口专为残疾人设置的通道。

2.0.62 盲文地图 braille map

供视残者用手触摸的有立体感的建筑位置或建筑平面图及盲文说明。

2.0.63 无障碍住房 barrier－free residence

在住宅及公寓建筑中，设有乘轮椅者可进入和使用的居住套房。

2.0.64 盲文站牌 braille bus－stop board

采用盲文标识，告知视残者公交候车站的站名、公交车线路和终点站名等的车站站牌。

2.0.65 耐火极限 fire resistance rating

在标准耐火试验条件下，建筑构件、配件或结构从受到火的作用时起，到失去稳定性、完整性或隔热性时止的这段时间，用小时表示。

2.0.66 不燃烧体 non－combustible component

用不燃材料做成的建筑构件。

2.0.67 难燃烧体 difficult－combustible component

用难燃材料做成的建筑构件或用可燃材料做成而用不燃材料做保护层的建筑构件。

2.0.68 燃烧体 combustible component

用可燃材料做成的建筑构件。

2.0.69 重要公共建筑 important public building

人员密集、发生火灾后伤亡大、损失大、影响大的公共建筑。

2.0.70 商业服务网点 commercial service facilities

居住建筑的首层或首层及二层设置的百货店、副食店、粮店、邮政所、储蓄所、理发店等小型营业性用房。该用房建筑面积不超过 $300m^2$，采用耐火极限不低于 1.50h 的楼板和耐火极限不低于 2.00h 且无门窗洞口的隔墙与居住部分及其他用房完全分隔，其安全出口、疏散楼梯与居住部分的安全出口、疏散楼梯分别独立设置。

2.0.71 安全出口 safety exit

供人员安全疏散用的楼梯间、室外楼梯的出入口或直通室内外安全区域的出口。

2.0.72 封闭楼梯间 enclosed staircase

用建筑构配件分隔，能防止烟和热气进入的楼梯间。

2.0.73 防烟楼梯间 smoke－proofs taircase

在楼梯间入口处设有防烟前室，或设有专供排烟用的阳台、凹廊等，且通向前室和楼梯间的门均为乙级防火门的楼梯间。

2.2.74 防火分区 fire compartment

在建筑内部采用防火墙、耐火楼板及其他防火分隔设施分隔而成，能在一定时间内防止火灾向同一建筑的其余部分蔓延的局部空间。

2.0.75 防火间距 fire separation distance

防止着火建筑的辐射热在一定时间内引燃相邻建筑，且便于消防扑救的间隔距离。

2.0.76 防烟分区 smoke bay

在建筑内部屋顶或顶板、吊顶下采用具有挡烟功能的构配件进行分隔所形成的，具有一定蓄烟能力的空间。

2.0.77 充实水柱 full water spout

由水枪喷嘴起到射流90%的水柱水量穿过直径380mm圆孔处的一段射流长度。

2.0.78 裙房 skirt building

与高层建筑相连的建筑高度不超过24m的附属建筑。

2.0.79 建筑高度 building altitude

建筑物室外地面到其檐口或屋面面层的高度，屋顶上的水箱间、电梯机房、排烟机房和楼梯出口小间等不计入建筑高度。

2.0.80 综合楼 multiple - use building

由两种及两种以上用途的楼层组成的公共建筑。

2.0.81 商住楼 business - living building

底部商业营业厅与住宅组成的高层建筑。

2.0.82 高级旅馆 high - grade hotel

具备星级条件的且设有空气调节系统的旅馆。

2.0.83 高级住宅 high - grade residence

建筑装修标准高和设有空气调节系统的住宅。

2.0.84 重要的办公楼、科研楼、档案楼 important office building、laboratory、archives

性质重要，建筑装修标准高，设备、资料贵重，火灾危险性大、发生火灾后损失大、影响大的办公楼、科研楼、档案楼。

2.0.85 挡烟垂壁 hang wall

用不燃烧材料制成，从顶棚下垂不小于500mm的固定或活动的挡烟设施。活动挡烟垂壁系指火灾时因感温、感烟或其他控制设备的作用，自动下垂的挡烟垂壁。

2.0.86 民用建筑工程 civil building engineering

民用建筑工程是新建、扩建和改建的民用建筑结构工程和装修工程的统称。

2.0.87 环境测试舱 environmental test chamber

模拟室内环境测试建筑材料和装修材料的污染物释放量的设备。

2.0.88 土壤表面氡析出率 radon exhalation rate from soil surface

单位面积（m^2）上、单位时间（s）内析出的氡的放射性活度（Bq）。

2.0.89 内照射指数 internal exposure index

内照射指数（I_{Ra}）是指建筑材料中天然放射性核素镭—226的放射性比活度，除以本标准规定的限量200而得的商。

2.0.90 外照射指数 external exposure index

外照射指数（I_γ）是指建筑材料中天然放射性核素镭—226、钍—232和钾—40的放射性比活度，分别除以其各自单独存在时本标准规定限量而得的商之和。

$$I_\gamma = C_{Ra}/370 + C_{Th}/260 + C_K/4200$$

式中：C_{Ra}、C_{Th}、C_K 分别为建筑材料中天然放射性核素镭—226、钍—232和钾—40的放射性比活度，贝可/千克（Bq/kg）。

2.0.91 氡浓度 radon consistence

实际测量的单位体积空气内氡的含量。

2.0.92 人造木板 wood-based panels

以植物纤维为原料，经机械加工分离成各种形状的单元材料，再经组合并加入胶粘剂压制而成的板材，包括胶合板、纤维板、刨花板等。

2.0.93 饰面人造木板 decorated wood-based panels

以人造木板为基材，经涂饰或复合装饰材料面层后的板材。

2.0.94 水性涂料 water based coatings

以水为稀释剂的涂料。

2.0.95 水性胶粘剂 water based adhesives

以水为稀释剂的胶粘剂。

2.0.96 水性处理剂 water based treatment agents

以水作为稀释剂，能浸入建筑材料和装修材料内部，提高其阻燃、防水、防腐等性能的液体。

2.0.97 溶剂型涂料 solvent-thinned coatings

以有机溶剂作为稀释剂的涂料。

2.0.98 溶剂型胶粘剂 solvent-thinned adhesives

以有机溶剂作为稀释剂的胶粘剂。

2.0.99 游离甲醛释放量 content of released formaldehyde

在环境测试舱法或干燥器法的测试条件下，材料释放游离甲醛的量。

2.0.100 游离甲醛含量 content of free formaldehyde

在穿孔法的测试条件下，材料单位质量中含有游离甲醛的量。

2.0.101 室内环境污染 indoor environmental pollution

指室内空气中混入有害人体健康的氡、甲醛、苯、氨、总挥发性有机物等气体的现象。

2.0.102 基体 primary structure

建筑物的主体结构和围护结构。

2.0.103 基层 basic course

直接承受装饰装修施工的表面层。

2.0.104 建筑装饰装修 building decoration

为保护建筑物的主体结构、完善建筑物的使用功能和美化建筑物，采用装饰装修材料或饰物，对建筑物的内外表面及空间进行的各种处理过程。

2.0.105 细部 detail

建筑装饰装修工程中局部采用的部件或饰物。

2.0.106 永久荷载 permanent load

在结构使用期间，其值不随时间变化，或其变化与平均值相比可以忽略不计，或其变化是单调的并能趋于限值的荷载。

2.0.107 可变荷载 variable load

在结构使用期间，其值随时间变化，且其变化与平均值相比不可以忽略不计的荷载。

2.0.108 偶然荷载 accidental load

在结构使用期间不一定出现，一旦出现，其值很大且持续时间很短的荷载。

2.0.109 荷载代表值 representative values of a load

设计中用以验算极限状态所采用的荷载量值，例如标准值、组合值、频遇值和准永久值。

2.0.110 设计基准期 design reference period

为确定可变荷载代表值而选用的时间参数。

2.0.111 标准值 characteristic value/nominal value

荷载的基本代表值，为设计基准期内最大荷载统计分布的特征值（例如均值、众值、中值或某个分位值）。

2.0.112 组合值 combination value

对可变荷载，使组合后的荷载效应在设计基准期内的超越概率，能与该荷载单独出现时的相应概率趋于一致的荷载值；或使组合后的结构具有统一规定的可靠指标的荷载值。

2.0.113 频遇值 frequent value

对可变荷载，在设计基准期内，其超越的总时间为规定的较小比率或超越频率为规定频率的荷载值。

2.0.114 准永久值 quasi - permanent value

对可变荷载，在设计基准期内，其超越的总时间约为设计基准期一半的荷载值。

2.0.115 砌体结构 masonry structure

由块体和砂浆砌筑而成的墙、柱作为建筑物主要受力构件的结构。是砖砌体、砌块砌体和石砌体结构的统称。

2.0.116 过梁 lintel

门窗上部承受墙荷载的构件，有砖过梁、钢筋砖过梁、钢筋混凝土梁等。

2.0.117 烧结普通砖 fired common brick

由黏土、页岩、煤矸石或粉煤灰为主要原料，经过焙烧而成的实心或孔洞率不大于规定值且外形尺寸符合规定的砖。分烧结黏土砖、烧结页岩砖、烧结煤矸石砖、烧结粉煤灰砖等。

2.0.118 烧结多孔砖 fired perforated brick

以黏土、页岩、煤矸石或粉煤灰为主要原料，经焙烧而成、孔洞率不小于25%，孔的尺寸小而数量多，主要用于承重部位的砖。简称多孔砖。目前多孔砖分为P型砖和M型砖。

2.0.119 蒸压灰砂砖 autoclaved sand - lime brick

以石灰和砂为主要原料，经坯料制备、压制成型、蒸压养护而成的实心砖。简称灰砂砖。

2.0.120 蒸压粉煤灰砖 autoclaved flyash - lime brick

以粉煤灰、石灰为主要原料，掺加适量石膏和集料，经坯料制备、压制成型、高压蒸汽养护而成的实心砖。简称粉煤灰砖。

2.0.121 混凝土小型空心砌块 concrete small hollow block

由普通混凝土或轻骨料混凝土制成，主规格尺寸为390mm×190mm×190mm、空心率在25%～50%的空心砌块。简称混凝土砌块或砌块。

2.0.122 混凝土砌块砌筑砂浆 mortar for concrete small hollow block

由水泥、砂、水以及根据需要掺入的掺和料和外加剂等组分，按一定比例，采用机械拌和制成，专门用于砌筑混凝土砌块的砌筑砂浆。简称砌块专用砂浆。

2.0.123 绿色建筑 green building

在建筑的全寿命周期内，最大限度地节约资源（节能、节地、节水、节材）、保护环境和减少污染，为人们提供健康、适用和高效的使用空间，与自然和谐共生的建筑。

2.0.124 热岛强度 heat island index

城市内一个区域的气温与郊区气象测点温度的差值，为热岛效应的表征参数。

2.0.125 可再生能源 renewable energy

从自然界获取的、可以再生的非化石能源，包括风能、太阳能、水能、生物质能、地热能和海洋能等。

2.0.126 非传统水源 nontraditional water source

不同于传统地表水供水和地下水供水的水源，包括再生水、雨水、海水等。

2.0.127 可再利用材料 reusable material

在不改变所回收物质形态的前提下进行材料的直接再利用，或经过再组合、再修复后再利用的材料。

2.0.128 可再循环材料 recyclable material

对无法进行再利用的材料通过改变物质形态，生成另一种材料，实现多次循环利用的材料。

2.0.129 参照建筑 reference building

对围护结构热工性能进行权衡判断时，作为计算全年采暖和空气调节能耗用的假想建筑。

2.0.130 建筑物体形系数（S） shape coefficient of building

建筑物与室外大气接触的外表面积与其所包围的体积的比值。外表面积中，不包括地面和不采暖楼梯间隔墙和户门的面积。

2.0.131 窗墙面积比 area ratio of window to wall

窗户洞口面积与房间立面单元面积（即建筑层高与开间定位线围成的面积）的比值。

2.0.132 透明幕墙 transparent curtain wall

可见光可直接透射入室内的幕墙。

2.0.133 可见光透射比 visible transmittance

透过透明材料的可见光光通量与投射在其表面上的可见光光通量之比。

2.0.134 采暖期室外平均温度（t_e） outdoor mean air temperature during heating period

在采暖期起止日期内，室外逐日平均温度的平均值。

2.0.135 围护结构热工性能判断 building envelope trade-off option

当建筑设计不能完全满足规定的围护结构热工设计要求时，计算并比较参照建筑和所设计建筑的全年采暖和空气调节能耗，判定围护结构的总体热工性能是否符合节能设计要求。

2.0.136 采暖度日数 heating degree day based on 18℃

一年中，当某天室外日平均温度低于18℃时，将该日平均温度与18℃的差值乘以1d，并将此乘积累加，得到一年的采暖度日数。

2.0.137 空调度日数 cooling degree day based on 26℃

一年中，当某天室外日平均温度高于26℃时，将该日平均温度与26℃的差值乘以1d，并将此乘积累加，得到一年的空调度日数。

2.0.138 计算采暖期天数 heating period for calculation

采用滑动平均法计算出的累年日平均温度低于或等于5℃的天数。计算采暖期天数仅供建筑节能设计计算时使用，与当地法定的采暖天数不一定相等。

2.0.139 围护结构传热系数 heat transfer coefficient of building envelope

在稳态条件下，围护结构两侧空气温差为1℃，在单位时间内通过单位面积围护结构的传热量。

2.0.140 城市绿地 urban green space

以植被为主要存在形态，用于改善城市生态，保护环境，为居民提供游憩场地和绿化、美化城市的一种城市用地。

城市绿地包括公园绿地、生产绿地、防护绿地、附属绿地、其他绿地五大类。

2.0.141 季相 seasonal appearance of plant

植物及植物群落在不同季节表现出的外观面貌。

2.0.142 种植设计 planting design

按植物生态习性和绿地总体设计的要求，合理配置各种植物，发挥其功能和观赏特性的设计活动。

2.0.143 古树名木 historical tree and famous wood species

古树泛指树龄在百年以上的树木；名木泛指珍贵、稀有或具有历史、科学、文化价值以及有重要纪念意义的树木，也指历史和现代名人种植的树木，或具有历史事件、传说及其他自然文化背景的树木。

2.0.144 驳岸 revetment

保护水体岸边的工程设施。

2.0.145 土壤自然安息角 soil natural angle of repose

土壤在自然堆积条件下，经过自然沉降稳定后的坡面与地平面之间所形成的最大夹角。

2.0.146 标高 elevation

以大地水准面作为基准面，并作零点（水准原点）起算地面至测量点的垂直高度。

2.0.147 土方平衡 balance of cut and fill

在某一地域内挖方数量与填方数量基本相符。

2.0.148 护坡 slope protection

防止土体边坡变迁而设置的斜坡式防护工程。

2.0.149 挡土墙 retaining wall

防止土体边坡坍塌而修筑的墙体。

2.0.150 汀步 steps over water

在水中放置可让人步行过河的步石。

2.0.151 园林建筑 garden building

在城市绿地内，既有一定的使用功能又具有观赏价值，成为绿地景观构成要素的建筑。

2.0.152 特种园林建筑 special garden building

绿地内有特殊形式和功能的建筑，如动物笼舍、温室、地下建筑、水下建筑、游乐建筑等。

2.0.153 园林小品 small garden ornaments

园林中供休息、装饰、景观照明、展示和为园林管理及方便游人之用的小型设施。

2.0.154 绿墙 green wall

用枝叶茂密的植物或植物构架，形成高于人视线的园林设施。

2.0.155 假山 rockwork；artificial hill

用土、石等材料，以造景或登高览胜为目的，人工建造的模仿自然山景的构筑物。

2.0.156 塑石 man-made rockery

用人工材料塑造成的仿真山石。

2.0.157 标识 sign or marker

绿地中设置的标志牌、指示牌、警示牌、说明牌、导游图等。

2.0.158 亲水平台 waterfront flat roof or terrace garden on water；platform

设置于湖滨、河岸、水际，贴近水面并可供游人亲近水体、观景、戏水的单级或多级平台。

2.0.159 种植屋面 planted roof

铺以种植土或设置容器种植植物的建筑屋面和地下建筑顶板。

2.0.160 简单式种植屋面 extensive planted roof

仅以地被植物和低矮灌木绿化的种植屋面。

2.0.161 花园式种植屋面 intensive planted roof

用乔木、灌木和地被植物绿化，并设置园路或园林小品等的种植屋面。

2.0.162 容器种植 container for planting

在容器或种植模块中栽植植物。

2.0.163 耐根穿刺防水层 root resistant waterproof layer

使用耐根穿刺防水材料构成的防水层。

2.0.164 田园土 natural soil

原野的自然土或农耕土。

2.0.165 改良土 improved soil

由田园土、轻质骨料和肥料等混合而成的有机复合种植土。

2.0.166 无机复合种植土 inorganic compound soil

根据土壤的理化性状及植物生理学特性配制而成的非金属矿物人工土壤。

2.0.167 种植穴（槽） plant hole and trough

种植植物挖掘的坑穴。坑穴为圆形或方形称为种植穴，长条形的称为种植槽，又称树池。

2.0.168 规则式种植 formal style planting

按规则图形对称配植，或排列整齐成行的种植方式。

2.0.169 自然式种植 natural style planting

株行距不等，采用不对称的自然配植形式。

2.0.170 土球 soil ball

挖掘苗木时，按一定规格切断根系保留土壤呈圆球状，加以捆扎包装的苗木根部。

2.0.171 裸根苗木 plant of bare root

挖掘苗木时根部不带土或带宿土（即起苗后轻抖根系保留的土壤）。

2.0.172 假植 plant for casual

苗木不能及时种植时，将苗木根系用湿润土壤临时性填埋的措施。

2.0.173 定干高度 determine height of stem

乔木从地面至树冠分枝处即第一个分枝点的高度。

2.0.174 鱼鳞穴 fish scaly hole

为防止水土流失，对树木进行浇水时，在山坡陡地筑成的众多类似鱼鳞状的土堰。

2.0.175 道路绿地（带） road green space

道路及广场用地范围内的可进行绿化的用地。道路绿地分为道路绿带、交通岛绿地、广场绿地和停车场绿地。道路绿带分为分车绿带、行道树绿带和路侧绿带。

2.0.176 通透式配置 transparent configuration

绿地上配植的树木，在距相邻机动车道路面高度 0.9m 至 3.0m 之间的范围内，其树冠不遮挡驾驶员视线的配置方式。

2.0.177 SBS 防水卷材 waterproofing membrane of SBS

弹性体改性沥青防水卷材，以聚酯毡或玻纤毡为胎基，苯乙烯-丁二烯-苯乙烯（SBS）热塑性弹性体作改性剂，两面覆以隔离材料所制成的建筑防水卷材。

2.0.178 APP 防水卷材 waterproofing membrane of APP

塑性体改性沥青防水卷材，以聚酯布、玻纤布、无纺布为胎体，以无规聚丙烯（APP）作改性剂，以 PE 膜为底面防粘隔层或单面粘砂粒自带保护层。在 130℃的高温下受热 2h，卷材无变化。

2.0.179 PVC 防水卷材 waterproofing membrane of PVC

以聚氯乙烯树脂（PVC）为原料，掺加增塑剂、填充剂、抗氧剂、紫外线、吸收剂与其他助剂等加工而成。低温−20℃仍保持良好的柔韧性。高温时，不会出现流淌现象。

第3篇 建筑与景观设计基本规范条文节选

《民用建筑设计通则》(GB 50352—2005)(摘要)

其中第4.2.1、6.6.3(1、4)、6.7.2、6.7.9、6.12.5、6.14.1条(款)为强制性条文，必须严格执行。

1 总则

1.0.3 民用建筑设计除应执行国家有关工程建设的法律、法规外，尚应符合下列要求：

1 应按可持续发展战略的原则，正确处理人、建筑和环境的相互关系；

2 必须保护生态环境，防止污染和破坏环境；

3 应以人为本，满足人们物质与精神的需求；

4 应贯彻节约用地、节约能源、节约用水和节约原材料的基本国策；

5 应符合当地城市规划的要求，并与周围环境相协调；

6 建筑和环境应综合采取防火、抗震、防洪、防空、抗风雪和雷击等防灾安全措施；

7 方便残疾人、老年人等人群使用，应在室内外环境中提供无障碍设施；

8 在国家或地方公布的各级历史文化名城、历史文化保护区、文物保护单位和风景名胜区的各项建设，应按国家或地方制定的保护规划和有关条例进行。

3 基本规定

3.1 民用建筑分类

3.1.1 民用建筑按使用功能可分为居住建筑和公共建筑两大类。

3.1.2 民用建筑按地上层数或高度分类划分应符合下列规定：

1 住宅建筑按层数分类：一层至三层为低层住宅，四层至六层为多层住宅，七层至九层为中高层住宅，十层及十层以上为高层住宅；

2 除住宅建筑之外的民用建筑高度不大于24m者为单层和多层建筑，大于24m者为高层建筑(不包括建筑高度大于24m的单层公共建筑)；

3 建筑高度大于100m的民用建筑为超高层建筑。

注：本条建筑层数和建筑高度计算应符合防火规范的有关规定。

3.1.3 民用建筑等级分类划分应符合有关标准或行业主管部门的规定。

3.2 设计使用年限

3.2.1 民用建筑的设计使用年限应符合表3.2.1的规定。

表3.2.1 设计使用年限分类

类　别	设计使用年限(年)	示　例
1	5	临时性建筑
2	25	易于替换结构构件的建筑
3	50	普通建筑和构筑物
4	100	纪念性建筑和特别重要的建筑

3.3 建筑气候分区对建筑基本要求

3.3.1 建筑气候分区对建筑的基本要求应符合表3.3.1的规定。

表 3.3.1 不同分区对建筑基本要求

分区名称		热工分区名称	气候主要指标	建筑基本要求
Ⅰ	ⅠA ⅠB ⅠC ⅠD	严寒地区	1月平均气温≤−10℃ 7月平均气温≤25℃ 7月平均相对湿度≥50%	1. 建筑物必须满足冬季保温、防寒、防冻等要求 2. ⅠA、ⅠB区应防止冻土、积雪对建筑物的危害 3. ⅠB、ⅠC、ⅠD区的西部，建筑物应防冰雹、防风沙
Ⅱ	ⅡA ⅡB	寒冷地区	1月平均气温−10～0℃ 7月平均气温18～28℃	1. 建筑物应满足冬季保温、防寒、防冻等要求，夏季部分地区应兼顾防热 2. ⅡA区建筑物应防热、防潮、防暴风雨，沿海地带应防盐雾侵蚀
Ⅲ	ⅢA ⅢB ⅢC	夏热冬冷地区	1月平均气温0～10℃ 7月平均气温25～30℃	1. 建筑物必须满足夏季防热，遮阳、通风降温要求，冬季应兼顾防寒 2. 建筑物应防雨、防潮、防洪、防雷电 3. ⅢA区应防台风、暴雨袭击及盐雾侵蚀
Ⅳ	ⅣA ⅣB	夏热冬暖地区	1月平均气温>10℃ 7月平均气温25～29℃	1. 建筑物必须满足夏季防热，遮阳、通风、防雨要求 2. 建筑物应防暴雨、防潮、防洪、防雷电 3. ⅣA区应防台风、暴雨袭击及盐雾侵蚀
Ⅴ	ⅤA ⅤB	温和地区	7月平均气温18～25℃ 1月平均气温0～13℃	1. 建筑物应满足防雨和通风要求 2. ⅤA区建筑物应注意防寒，ⅤB区应特别注意防雷电
Ⅵ	ⅥA ⅥB	严寒地区	7月平均气温<18℃ 1月平均气温0～−22℃	1. 热工应符合严寒和寒冷地区相关要求 2. ⅥA、ⅥB应防冻土对建筑物地基及地下管道的影响，并应特别注意防风沙 3. ⅥC区的东部，建筑物应防雷电
	ⅥC	寒冷地区		
Ⅶ	ⅦA ⅦB ⅦC ⅦD	严寒地区 寒冷地区	7月平均气温≥18℃ 1月平均气温−5～−20℃ 7月平均相对湿度<50%	1. 热工应符合严寒和寒冷地区相关要求 2. 除ⅦD区外，应防冻土对建筑物地基及地下管道的危害 3. ⅦB区建筑物应特别注意积雪的危害 4. ⅦC区建筑物应特别注意防风沙，夏季兼顾防热 5. ⅦD区建筑物应注意夏季防热，吐鲁番盆地应特别注意隔热、降温

3.4 建筑与环境的关系

3.4.1 建筑与环境的关系应符合下列要求：

1 建筑基地应选择在无地质灾害或洪水淹没等危险的安全地段；

2 建筑总体布局应结合当地的自然与地理环境特征，不应破坏自然生态环境；

3 建筑物周围应具有能获得日照、天然采光、自然通风等的卫生条件；

4 建筑物周围环境的空气、土壤、水体等不应构成对人体的危害，确保卫生安全的环境；

5 对建筑物使用过程中产生的垃圾、废气、废水等废弃物应进行处理，并应对噪声、眩光等进行有效的控制，不应引起公害；

6 建筑整体造型与色彩处理应与周围环境协调；

7 建筑基地应做绿化、美化环境设计，完善室外环境设施。

3.5 建筑无障碍设施

3.5.1 居住区道路、公共绿地和公共服务设施应设置无障碍设施，并与城市道路无障碍设施相连接。

3.5.2 设置电梯的民用建筑的公共交通部位应设无障碍设施。

3.5.3 残疾人、老年人专用的建筑物应设置无障碍设施。

3.5.4 居住区及民用建筑无障碍设施的实施范围和设计要求应符合国家现行标准《城市道路和建筑物无障碍设计规范》(JGJ 50—2001)的规定。

3.6 停车空间

3.6.1 新建、扩建的居住区应就近设置停车场(库)或将停车库附建在住宅建筑内。机动车和非机动车停车位数量应符合有关规范或当地城市规划行政主管部门的规定。

3.6.2 新建、扩建的公共建筑应按建筑面积或使用人数,并根据当地城市规划行政主管部门的规定,在建筑物内或在同一基地内,或统筹建设的停车场(库)内设置机动车和非机动车停车车位。

3.6.3 机动车停车场(库)产生的噪声和废气应进行处理,不得影响周围环境,其设计应符合有关规范的规定。

3.7 无标定人数的建筑

3.7.1 建筑物除有固定座位等标明使用人数外,对无标定人数的建筑物应按有关设计规范或经调查分析确定合理的使用人数,并以此为基数计算安全出口的宽度。

3.7.2 公共建筑中如为多功能用途,各种场所有可能同时开放并使用同一出口时,在水平方向应按各部分使用人数叠加计算安全疏散出口的宽度,在垂直方向应按楼层使用人数最多一层计算安全疏散出口的宽度。

4 城市规划对建筑的限定

4.1 建筑基地

4.1.1 基地内建筑使用性质应符合城市规划确定的用地性质。

4.1.2 基地应与道路红线相邻接,否则应设基地道路与道路红线所划定的城市道路相连接。基地内建筑面积小于或等于 3000m^2 时,基地道路的宽度不应小于 4m,基地内建筑面积大于 3000m^2 且只有一条基地道路与城市道路相连接时,基地道路的宽度不应小于 7m,若有两条以上基地道路与城市道路相连接时,基地道路的宽度不应小于 4m。

4.1.3 基地地面高程应符合下列规定:

1 基地地面高程应按城市规划确定的控制标高设计;

2 基地地面高程应与相邻基地标高协调,不妨碍相邻各方的排水;

3 基地地面最低处高程宜高于相邻城市道路最低高程,否则应有排除地面水的措施。

4.1.4 相邻基地的关系应符合下列规定:

1 建筑物与相邻基地之间应按建筑防火等要求留出空地和道路。当建筑前后各自留有空地或道路,并符合防火规范有关规定时,则相邻基地边界两边的建筑可毗连建造;

2 本基地内建筑物和构筑物均不得影响本基地或其他用地内建筑物的日照标准和采光标准;

3 除城市规划确定的永久性空地外,紧贴基地用地红线建造的建筑物不得向相邻基地方向设洞口、门、外平开窗、阳台、挑檐、空调室外机、废气排出口及排泄雨水。

4.1.5 基地机动车出入口位置应符合下列规定:

1 与大中城市主干道交叉口的距离,自道路红线交叉点量起不应小于 70m;

2 与人行横道线、人行过街天桥、人行地道(包括引道、引桥)的最边缘线不应小于 5m;

3 距地铁出入口、公共交通站台边缘不应小于 15m;

4 距公园、学校、儿童及残疾人使用建筑的出入口不应小于 20m;

5 当基地道路坡度大于 8%时,应设缓冲段与城市道路连接;

6 与立体交叉口的距离或其他特殊情况,应符合当地城市规划行政主管部门的规定。

4.1.6 大型、特大型的文化娱乐、商业服务、体育、交通等人员密集建筑的基地应符合下列规定:

1 基地应至少有一面直接临接城市道路,该城市道路应有足够的宽度,以减少人员疏散时对城市正常交通的影响；

2 基地沿城市道路的长度应按建筑规模或疏散人数确定，并至少不小于基地周长的 1/6；

3 基地应至少有两个或两个以上不同方向通向城市道路的（包括以基地道路连接的）出口；

4 基地或建筑物的主要出入口，不得和快速道路直接连接，也不得直对城市主要干道的交叉口；

5 建筑物主要出入口前应有供人员集散用的空地，其面积和长宽尺寸应根据使用性质和人数确定；

6 绿化和停车场布置不应影响集散空地的使用，并不宜设置围墙、大门等障碍物。

4.2 建筑突出物

4.2.1 建筑物及附属设施不得突出道路红线和用地红线建造，不得突出的建筑突出物为：

——地下建筑物及附属设施，包括结构挡土桩、挡土墙、地下室、地下室底板及其基础、化粪池等；

——地上建筑物及附属设施，包括门廊、连廊、阳台、室外楼梯、台阶、坡道、花池、围墙、平台、散水明沟、地下室进排风口、地下室出入口、集水井、采光井等；

——除基地内连接城市的管线、隧道、天桥等市政公共设施外的其他设施。

4.2.2 经当地城市规划行政主管部门批准，允许突出道路红线的建筑突出物应符合下列规定：

1 在有人行道的路面上空：

1) 2.5m 以上允许突出建筑构件：凸窗、窗扇、窗罩、空调机位，突出的深度不应大于 0.5m；

2) 2.5m 以上允许突出活动遮阳，突出宽度不应大于人行道宽度减 1m，并不应大于 3m；

3) 3m 以上允许突出雨篷、挑檐，突出的深度不应大于 2m；

4) 5m 以上允许突出雨篷、挑檐，突出的深度不宜大于 3m。

2 在无人行道的路面上空：

4m 以上允许突出建筑构件：窗罩、空调机位，突出深度不应大于 0.5m（见图 4.2.2）。

3 建筑突出物与建筑本身应有牢固的结合。

4 建筑物和建筑突出物均不得向道路上空直接排泄雨水、空调冷凝水及从其他设施排出的废水。

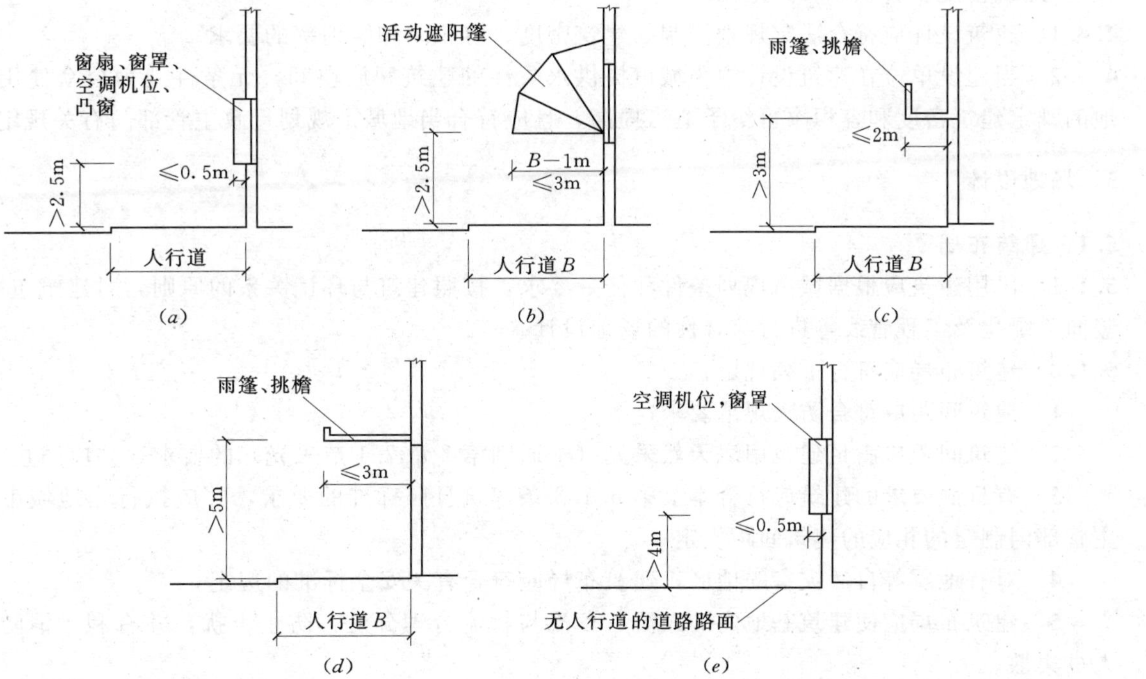

图 4.2.2

4.2.3 当地城市规划行政主管部门在用地红线范围内另行划定建筑控制线时，建筑物的基底不应超出建筑控制线，突出建筑控制线的建筑突出物和附属设施应符合当地城市规划的要求。

4.2.4 属于公益上有需要而不影响交通及消防安全的建筑物、构筑物，包括公共电话亭、公共交通候车亭、治安岗等公共设施及临时性建筑物和构筑物，经当地城市规划行政主管部门的批准，可突入道路红线建造。

4.2.5 骑楼、过街楼和沿道路红线的悬挑建筑建造不应影响交通及消防的安全；在有顶盖的公共空间下不应设置直接排气的空调机、排气扇等设施或排出有害气体的通风系统。

4.3 建筑高度控制

4.3.1 建筑高度不应危害公共空间安全、卫生和景观，下列地区应实行建筑高度控制：

1 对建筑高度有特别要求的地区，应按城市规划要求控制建筑高度；

2 沿城市道路的建筑物，应根据道路的宽度控制建筑裙楼和主体塔楼的高度；

3 机场、电台、电信、微波通信、气象台、卫星地面站、军事要塞工程等周围的建筑，当其处在各种技术作业控制区范围内时，应按净空要求控制建筑高度；

4 当建筑处在本通则第1章第1.0.3条第8款所指的保护规划区内。

注：建筑高度控制尚应符合当地城市规划行政主管部门和有关专业部门的规定。

4.3.2 建筑高度控制的计算应符合下列规定：

1 第4.3.1条3、4款控制区内建筑高度，应按建筑物室外地面至建筑物和构筑物最高点的高度计算；

2 非第4.3.1条3、4款控制区内建筑高度：平屋顶应按建筑物室外地面至其屋面面层或女儿墙顶点的高度计算；坡屋顶应按建筑物室外地面至屋檐和屋脊的平均高度计算。下列突出物不计入建筑高度内：

1) 局部突出屋面的楼梯间、电梯机房、水箱间等辅助用房占屋顶平面面积不超过1/4者；

2) 突出屋面的通风道、烟囱、装饰构件、花架、通信设施等；

3) 空调冷却塔等设备。

4.4 建筑密度、容积率和绿地率

4.4.1 建筑设计应符合法定规划控制的建筑密度、容积率和绿地率的要求。

4.4.2 当建设单位在建筑设计中为城市提供永久性的建筑开放空间，无条件地为公众使用时，该用地的既定建筑密度和容积率可给予适当提高，且应符合当地城市规划行政主管部门有关规定。

5 场地设计

5.1 建筑布局

5.1.1 民用建筑应根据城市规划条件和任务要求，按照建筑与环境关系的原则，对建筑布局、道路、竖向、绿化及工程管线等进行综合性的场地设计。

5.1.2 建筑布局应符合下列规定：

1 建筑间距应符合防火规范要求；

2 建筑间距应满足建筑用房天然采光（本通则第7章7.1节采光）的要求，并应防止视线干扰；

3 有日照要求的建筑应符合本节第5.1.3条建筑日照标准的要求，并应执行当地城市规划行政主管部门制定的相应的建筑间距规定；

4 对有地震等自然灾害的地区，建筑布局应符合有关安全标准的规定；

5 建筑布局应使建筑基地内的人流、车流与物流合理分流，防止干扰，并有利于消防、停车和人员集散；

6 建筑布局应根据地域气候特征，防止和抵御寒冷、暑热、疾风、暴雨、积雪和沙尘等灾害侵袭，并应利用自然气流组织好通风，防止不良小气候产生；

7 根据噪声源的位置、方向和强度，应在建筑功能分区、道路布置、建筑朝向、距离以及地形、绿化和建筑物的屏障作用等方面采取综合措施，以防止或减少环境噪声；

8 建筑物与各种污染源的卫生距离，应符合有关卫生标准的规定。

5.1.3 建筑日照标准应符合下列要求：

1 每套住宅至少应有一个居住空间获得日照，该日照标准应符合现行国家标准《城市居住区规划设计规范》(GB 50180) 有关规定；

2 宿舍半数以上的居室，应能获得同住宅居住空间相等的日照标准；

3 托儿所、幼儿园的主要生活用房，应能获得冬至日不小于 3h 的日照标准；

4 老年人住宅、残疾人住宅的卧室、起居室，医院、疗养院半数以上的病房和疗养室，中小学半数以上的教室应能获得冬至日不小于 2h 的日照标准。

5.2 道路

5.2.1 建筑基地内道路应符合下列规定：

1 基地内应设道路与城市道路相连接，其连接处的车行路面应设限速设施，道路应能通达建筑物的安全出口；

2 沿街建筑应设连通街道和内院的人行通道（可利用楼梯间），其间距不宜大于 80m；

3 道路改变方向时，路边绿化及建筑物不应影响行车有效视距；

4 基地内设地下停车场时，车辆出入口应设有效显示标志；标志设置高度不应影响人、车通行；

5 基地内车流量较大时应设人行道路。

5.2.2 建筑基地道路宽度应符合下列规定：

1 单车道路宽度不应小于 4m，双车道路不应小于 7m；

2 人行道路宽度不应小于 1.50m；

3 利用道路边设停车位时，不应影响有效通行宽度；

4 车行道路改变方向时，应满足车辆最小转弯半径要求；消防车道路应按消防车最小转弯半径要求设置。

5.2.3 道路与建筑物间距应符合下列规定：

1 基地内设有室外消火栓时，车行道路与建筑物的间距应符合防火规范的有关规定；

2 基地内道路边缘至建筑物、构筑物的最小距离应符合现行国家标准《城市居住区规划设计规范》(GB 50180) 的有关规定；

3 基地内不宜设高架车行道路，当设置高架人行道路与建筑平行时应有保护私密性的视距和防噪声的要求。

5.2.4 建筑基地内地下车库的出入口设置应符合下列要求：

1 地下车库出入口距基地道路的交叉路口或高架路的起坡点不应小于 7.50m；

2 地下车库出入口与道路垂直时，出入口与道路红线应保持不小于 7.50m 安全距离；

3 地下车库出入口与道路平行时，应经不小于 7.50m 长的缓冲车道汇入基地道路。

5.3 竖向

5.3.1 建筑基地地面和道路坡度应符合下列规定：

1 基地地面坡度不应小于 0.2%，地面坡度大于 8%时宜分成台地，台地连接处应设挡墙或护坡；

2 基地机动车道的纵坡不应小于 0.2%，亦不应大于 8%，其坡长不应大于 200m，在个别路段可不大于 11%，其坡长不应大于 80m；在多雪严寒地区不应大于 5%，其坡长不应大于 600m；横坡应为 1%～2%；

3 基地非机动车道的纵坡不应小于 0.2%，亦不应大于 3%，其坡长不应大于 50m；在多雪严寒地区不应大于 2%，其坡长不应大于 100m；横坡应为 1%～2%；

4 基地步行道的纵坡不应小于0.2%，亦不应大于8%，多雪严寒地区不应大于4%，横坡应为1%～2%；

5 基地内人流活动的主要地段，应设置无障碍人行道。

注：山地和丘陵地区竖向设计尚应符合有关规范的规定。

5.3.2 建筑基地地面排水应符合下列规定：

1 基地内应有排除地面及路面雨水至城市排水系统的措施，排水方式应根据城市规划的要求确定，有条件的地区应采取雨水回收利用措施；

2 采用车行道排泄地面雨水时，雨水口形式及数量应根据汇水面积、流量、道路纵坡等确定；

3 单侧排水的道路及低洼易积水的地段，应采取排雨水时不影响交通和路面清洁的措施。

5.3.3 建筑物底层出入口处应采取措施防止室外地面雨水回流。

5.4 绿化

5.4.1 建筑工程项目应包括绿化工程，其设计应符合下列要求：

1 宜采用包括垂直绿化和屋顶绿化等在内的全方位绿化，绿地面积的指标应符合有关规范或当地城市规划行政主管部门的规定；

2 绿化的配置和布置方式应根据城市气候、土壤和环境功能等条件确定；

3 绿化与建筑物、构筑物、道路和管线之间的距离，应符合有关规范规定；

4 应保护自然生态环境，并应对古树名木采取保护措施；

5 应防止树木根系对地下管线缠绕及对地下建筑防水层的破坏。

5.5 工程管线布置

5.5.1 工程管线宜在地下敷设；在地上架空敷设的工程管线及工程管线在地上设置的设施，必须满足消防车辆通行的要求，不得妨碍普通车辆、行人的正常活动，并应防止对建筑物、景观的不利影响。

5.5.2 与市政管网衔接的工程管线，其平面位置和竖向标高均应采用城市统一的坐标系统和高程系统。

5.5.3 工程管线的敷设不应影响建筑物的安全，并应防止工程管线受腐蚀、沉陷、振动、荷载等影响而损坏。

5.5.4 工程管线应根据其不同特性和要求综合布置。对安全、卫生、防干扰等有影响的工程管线不应共沟或靠近敷设。利用综合管沟敷设的工程管线若互有干扰的应设置在综合管沟的不同沟（室）内。

5.5.5 地下工程管线的走向宜与道路或建筑主体相平行或垂直。工程管线应从建筑物向道路方向由浅至深敷设。工程管线布置应短捷，减少转弯。管线与管线、管线与道路应减少交叉。

5.5.6 与道路平行的工程管线不宜设于车行道下，当确有需要时，可将埋深较大、翻修较少的工程管线布置在车行道下。

5.5.7 工程管线之间的水平、垂直净距及埋深，工程管线与建筑物、构筑物、绿化树种之间的水平净距应符合有关规范的规定。

5.5.8 七度以上地震区、多年冻土区、严寒地区、湿陷性黄土地区及膨胀土地区的室外工程管线，应符合有关规范的规定。

5.5.9 工程管线的检查井井盖宜有锁闭装置。

6 建筑物设计

6.1 平面布置

6.1.1 平面布置应根据建筑的使用性质、功能、工艺要求，合理布局。

6.1.2 平面布置的柱网、开间、进深等定位轴线尺寸，应符合现行国家标准《建筑模数协调统一标准》(GBJ 2—86) 等有关标准的规定。

6.1.3 根据使用功能，应使大多数房间或重要房间布置在有良好日照、采光、通风和景观的部位。对有私密性要求的房间，应防止视线干扰。

6.1.4 平面布置宜具有一定的灵活性。

6.1.5 地震区的建筑，平面布置宜规整，不宜错层。

6.2 层高和室内净高

6.2.1 建筑层高应结合建筑使用功能、工艺要求和技术经济条件综合确定，并符合专用建筑设计规范的要求。

6.2.2 室内净高应按楼地面完成面至吊顶或楼板或梁底面之间的垂直距离计算；当楼盖、屋盖的下悬构件或管道底面影响有效使用空间者，应按楼地面完成面至下悬构件下缘或管道底面之间的垂直距离计算。

6.2.3 建筑物用房的室内净高应符合专用建筑设计规范的规定；地下室、局部夹层、走道等有人员正常活动的最低处的净高不应小于2m。

6.3 地下室和半地下室

6.3.1 地下室、半地下室应有综合解决其使用功能的措施，合理布置地下停车库、地下人防、各类设备用房等功能空间及各类出入口部；地下空间与城市地铁、地下人行道及地下空间之间应综合开发，相互连接，做到导向明确、流线简捷。

6.3.2 地下室、半地下室作为主要用房使用时，应符合安全、卫生的要求，并应符合下列要求：

1 严禁将幼儿、老年人生活用房设在地下室或半地下室；

2 居住建筑中的居室不应布置在地下室内；当布置在半地下室时，必须对采光、通风、日照、防潮、排水及安全防护采取措施；

3 建筑物内的歌舞、娱乐、放映、游艺场所不应设置在地下二层及二层以下；当设置在地下一层时，地下一层地面与室外出入口地坪的高差不应大于10m。

6.3.3 地下室平面外围护结构应规整，其防水等级及技术要求除应符合现行国家标准《地下工程防水技术规范》(GB 50108) 的规定外，尚应符合下列规定：

1 地下室应在一处或若干处地面较低点设集水坑，并预留排水泵电源和排水管道；

2 地下管道、地下管沟、地下坑井、地漏、窗井等处应有防止涌水、倒灌的措施。

6.3.4 地下室、半地下室的耐火等级、防火分区、安全疏散、防排烟设施、房间内部装修等应符合防火规范的有关规定。

6.4 设备层、避难层和架空层

6.4.1 设备层设置应符合下列规定：

1 设备层的净高应根据设备和管线的安装检修需要确定；

2 当宾馆、住宅等建筑上部有管线较多的房间，下部为大空间房间或转换为其他功能用房而管线需转换时，宜在上下部之间设置设备层；

3 设备层布置应便于市政管线的接入，在防火、防爆和卫生等方面互有影响的设备用房不应相邻布置；

4 设备层应有自然通风或机械通风；当设备层设于地下室又无机械通风装置时，应在地下室外墙设置通风口或通风道，其面积应满足送、排风量的要求；

5 给排水设备的机房应设集水坑并预留排水泵电源和排水管路或接口；配电房应满足线路的敷设；

6 设备用房布置位置及其围护结构，管道穿过隔墙、防火墙和楼板等应符合防火规范的有关规定。

6.4.2 建筑高度超过100m的超高层民用建筑，应设置避难层（间）。

6.4.3 有人员正常活动的架空层及避难层的净高不应低于 2m。

6.5 厕所、盥洗室和浴室

6.5.1 厕所、盥洗室、浴室应符合下列规定：

1 建筑物的厕所、盥洗室、浴室不应直接布置在餐厅、食品加工、食品贮存、医药、医疗、变配电等有严格卫生要求或防水、防潮要求用房的上层；除本套住宅外，住宅卫生间不应直接布置在下层的卧室、起居室、厨房和餐厅的上层。

2 卫生设备配置的数量应符合专用建筑设计规范的规定，在公用厕所男女厕位的比例中，应适当加大女厕位比例。

3 卫生用房宜有天然采光和不向邻室对流的自然通风，无直接自然通风和严寒及寒冷地区用房宜设自然通风道；当自然通风不能满足通风换气要求时，应采用机械通风。

4 楼地面、楼地面沟槽、管道穿楼板及楼板接墙面处应严密防水、防渗漏。

5 楼地面、墙面或墙裙的面层应采用不吸水、不吸污、耐腐蚀、易清洗的材料。

6 楼地面应防滑，楼地面标高宜略低于走道标高，并应有坡度坡向地漏或水沟。

7 室内上下水管和浴室顶棚应防冷凝水下滴，浴室热水管应防止烫人。

8 公用男女厕所宜分设前室，或有遮挡措施。

9 公用厕所宜设置独立的清洁间。

6.5.2 厕所和浴室隔间的平面尺寸不应小于表 6.5.2 的规定。(见图 6.5.2)

表 6.5.2 厕所和浴室隔间平面尺寸

类　　别	平面尺寸（宽度 m×深度 m）
外开门的厕所隔间	0.90× 1.20
内开门的厕所隔间	0.90×1.40
医院患者专用厕所隔间	1.10× 1.40
无障碍厕所隔间	1.40×1.80（改建用 1.00×2.00）
外开门淋浴隔间	1.00× 1.20
内设更衣凳的淋浴隔间	1.00×（1.00+0.60）
无障碍专用浴室隔间	盆浴（门扇向外开启）2.00×2.25 淋浴（门扇向外开启）1.50×2.35

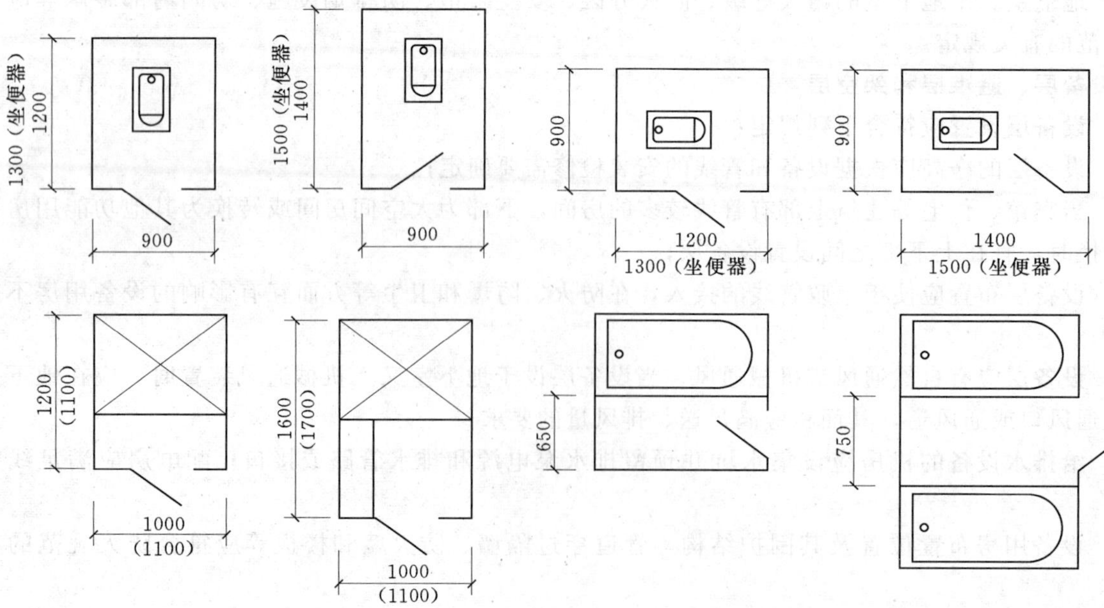

图 6.5.2 （单位：mm）

6.5.3 卫生设备间距应符合下列规定：

1 洗脸盆或盥洗槽水嘴中心与侧墙面净距不宜小于0.55m。

2 并列洗脸盆或盥洗槽水嘴中心间距不应小于0.70m。

3 单侧并列洗脸盆或盥洗槽外沿至对面墙的净距不应小于1.25m。

4 双侧并列洗脸盆或盥洗槽外沿之间的净距不应小于1.80m。

5 浴盆长边至对面墙面的净距不应小于0.65m；无障碍盆浴间短边净宽度不应小于2m。

6 并列小便器的中心距离不应小于0.65m。（见图6.5.3-6）

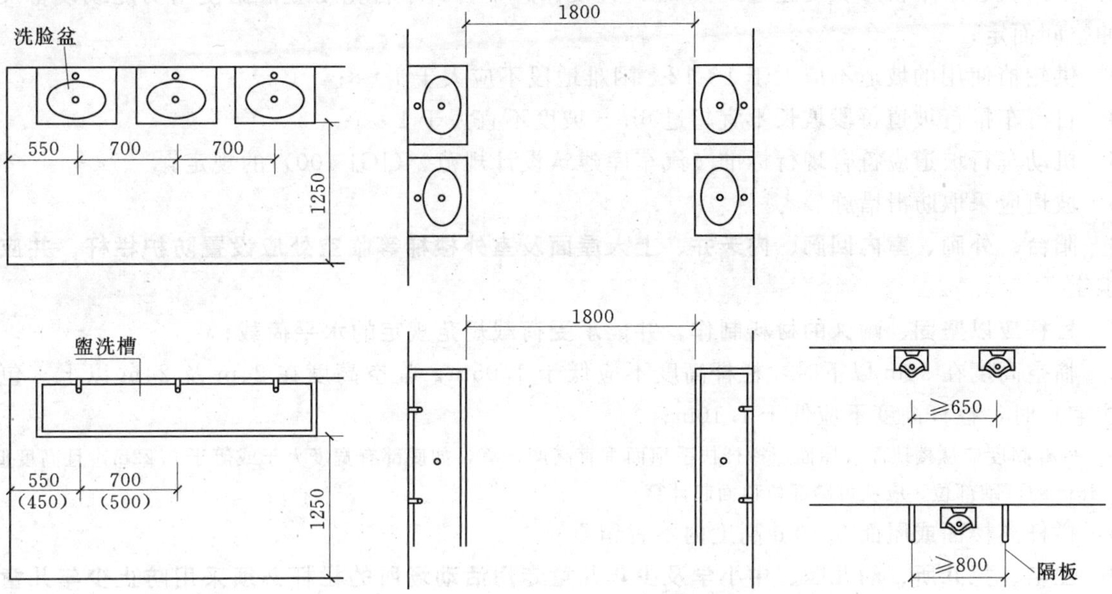

图 6.5.3-6 （单位：mm）

注：括号内的数值为儿童使用的尺寸

7 单侧厕所隔间至对面墙面的净距：当采用内开门时，不应小于1.10m；当采用外开门时不应小于1.30m；双侧厕所隔间之间的净距：当采用内开门时，不应小于1.10m；当采用外开门时不应小于1.30m。

8 单侧厕所隔间至对面小便器或小便槽外沿的净距：当采用内开门时，不应小于1.10m；当采用外开门时，不应小于1.30m。（见图6.5.3-8）

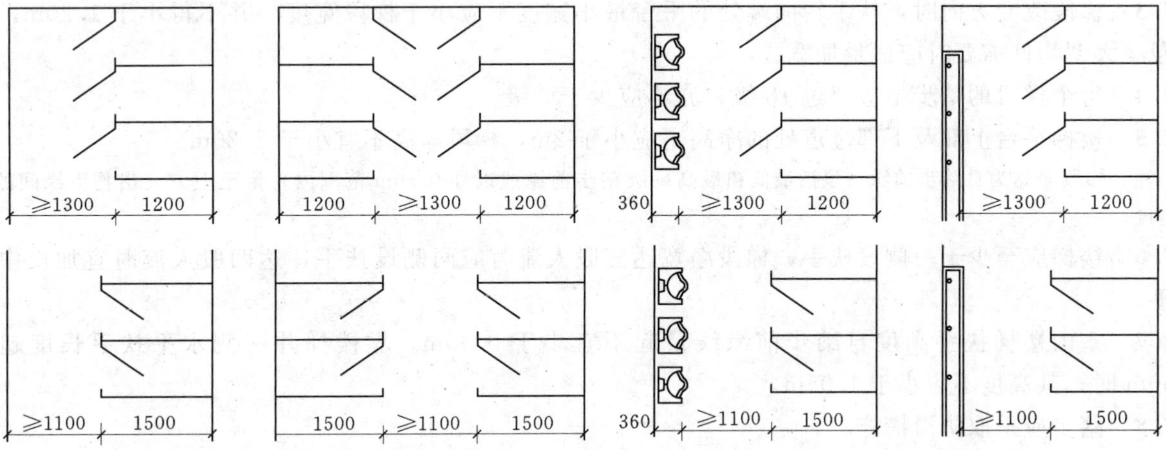

图 6.5.3-8 （单位：mm）

6.6 台阶、坡道和栏杆

6.6.1 台阶设置应符合下列规定：

1 公共建筑室内外台阶踏步宽度不宜小于0.30m，踏步高度不宜大于0.15m，并不宜小于0.10m，踏步应防滑。室内台阶踏步数不应少于2级，当高差不足2级时，应按坡道设置。

2 人流密集的场所台阶高度超过0.70m并侧面临空时，应有防护设施。

6.6.2 坡道设置应符合下列规定：

1 室内坡道坡度不宜大于1∶8，室外坡道坡度不宜大于1∶10；

2 室内坡道水平投影长度超过15m时，宜设休息平台，平台宽度应根据使用功能或设备尺寸所需缓冲空间而定；

3 供轮椅使用的坡道不应大于1∶12，困难地段不应大于1∶8；

4 自行车推行坡道每段坡长不宜超过6m，坡度不宜大于1∶5；

5 机动车行坡道应符合现行标准《汽车库建筑设计规范》(JGJ 100) 的规定；

6 坡道应采取防滑措施。

6.6.3 阳台、外廊、室内回廊、内天井、上人屋面及室外楼梯等临空处应设置防护栏杆，并应符合下列规定：

1 栏杆应以坚固、耐久的材料制作，并能承受荷载规范规定的水平荷载；

2 临空高度在24m以下时，栏杆高度不应低于1.05m，临空高度在24m及24m以上（包括中高层住宅）时，栏杆高度不应低于1.10m；

注：栏杆高度应从楼地面或屋面至栏杆扶手顶面垂直高度计算，如底部有宽度大于或等于0.22m，且高度低于或等于0.45m的可踏部位，应从可踏部位顶面起计算。

3 栏杆离楼面或屋面0.10m高度内不宜留空；

4 住宅、托儿所、幼儿园、中小学及少年儿童专用活动场所的栏杆必须采用防止少年儿童攀登的构造，当采用垂直杆件做栏杆时，其杆件净距不应大于0.11m；

5 文化娱乐建筑、商业服务建筑、体育建筑、园林景观建筑等允许少年儿童进入活动的场所，当采用垂直杆件做栏杆时，其杆件净距也不应大于0.11m。

6.7 楼梯

6.7.1 楼梯的数量、位置、宽度和楼梯间形式应满足使用方便和安全疏散的要求。

6.7.2 墙面至扶手中心线或扶手中心线之间的水平距离即楼梯梯段宽度除应符合防火规范的规定外，供日常主要交通用的楼梯的梯段宽度应根据建筑物使用特征，按每股人流为0.55＋(0～0.15) m的人流股数确定，并不应少于两股人流。0～0.15m为人流在行进中人体的摆幅，公共建筑人流众多的场所应取上限值。

6.7.3 梯段改变方向时，扶手转向端处的平台最小宽度不应小于梯段宽度，并不得小于1.20m，当有搬运大型物件需要时应适量加宽。

6.7.4 每个梯段的踏步不应超过18级，亦不应少于3级。

6.7.5 楼梯平台上部及下部过道处的净高不应小于2m，梯段净高不宜小于2.20m。

注：梯段净高为自踏步前缘（包括最低和最高一级踏步前缘线以外0.30m范围内）量至上方突出物下缘间的垂直高度。

6.7.6 楼梯应至少于一侧设扶手，梯段净宽达三股人流时应两侧设扶手，达四股人流时宜加设中间扶手。

6.7.7 室内楼梯扶手高度自踏步前缘线量起不宜小于0.90m。靠楼梯井一侧水平扶手长度超过0.50m时，其高度不应小于1.05m。

6.7.8 踏步应采取防滑措施。

6.7.9 托儿所、幼儿园、中小学及少年儿童专用活动场所的楼梯，梯井净宽大于0.20m时，必须采

取防止少年儿童攀滑的措施，楼梯栏杆应采取不易攀登的构造，当采用垂直杆件做栏杆时，其杆件净距不应大于 **0.11m。**

6.7.10 楼梯踏步的高宽比应符合表 6.7.10 的规定。

表 6.7.10 楼梯踏步最小宽度和最大高度（m）

楼 梯 类 别	最小宽度	最大高度
住宅共用楼梯	0.26	0.175
幼儿园、小学校等楼梯	0.26	0.15
电影院、剧场、体育馆、商场、医院、旅馆和大中学校等楼梯	0.28	0.16
其他建筑楼梯	0.26	0.17
专用疏散楼梯	0.25	0.18
服务楼梯、住宅套内楼梯	0.22	0.20

注 无中柱螺旋楼梯和弧形楼梯离内侧扶手中心 0.25m 处的踏步宽度不应小于 0.22m。

6.7.11 供老年人、残疾人使用及其他专用服务楼梯应符合专用建筑设计规范的规定。

6.8 电梯、自动扶梯和自动人行道

6.8.1 电梯设置应符合下列规定：

1 电梯不得计作安全出口；

2 以电梯为主要垂直交通的高层公共建筑和 12 层及 12 层以上的高层住宅，每栋楼设置电梯的台数不应少于 2 台；

3 建筑物每个服务区单侧排列的电梯不宜超过 4 台，双侧排列的电梯不宜超过 2×4 台；电梯不应在转角处贴邻布置；

4 电梯候梯厅的深度应符合表 6.8.1 的规定，并不得小于 1.50m；

表 6.8.1 候 梯 厅 深 度

电 梯 类 别	布 置 方 式	候 梯 厅 深 度
住宅电梯	单台	≥B
	多台单侧排列	≥B^*
	多台双侧排列	≥相对电梯 B^* 之和并<3.50m
公共建筑电梯	单台	≥1.5B
	多台单侧排列	≥1.5B^*，当电梯群为 4 台时应≥2.40m
	多台双侧排列	≥相对电梯 B^* 之和并<4.50m
病床电梯	单台	≥1.5B
	多台单侧排列	≥1.5B^*
	多台双侧排列	≥相对电梯 B^* 之和

注 B 为轿厢深度，B^* 为电梯群中最大轿厢深度。

5 电梯井道和机房不宜与有安静要求的用房贴邻布置，否则应采取隔振、隔声措施；

6 机房应为专用的房间，其围护结构应保温隔热，室内应有良好通风、防尘，宜有自然采光，不得将机房顶板作水箱底板及在机房内直接穿越水管或蒸汽管；

7 消防电梯的布置应符合防火规范的有关规定。

6.8.2 自动扶梯、自动人行道应符合下列规定：

1 自动扶梯和自动人行道不得计作安全出口。

2 出入口畅通区的宽度不应小于 2.50m，畅通区有密集人流穿行时，其宽度应加大。

3 栏板应平整、光滑和无突出物；扶手带顶面距自动扶梯前缘、自动人行道踏板面或胶带面的垂直高度不应小于 0.90m；扶手带外边至任何障碍物不应小于 0.50m，否则应采取措施防止障碍物引

起人员伤害。

4 扶手带中心线与平行墙面或楼板开口边缘间的距离、相邻平行交叉设置时两梯（道）之间扶手带中心线的水平距离不宜小于0.50m，否则应采取措施防止障碍物引起人员伤害。

5 自动扶梯的梯级、自动人行道的踏板或胶带上空，垂直净高不应小于2.30m。

6 自动扶梯的倾斜角不应超过30°，当提升高度不超过6m，额定速度不超过0.50m/s时，倾斜角允许增至35°；倾斜式自动人行道的倾斜角不应超过12°。

7 自动扶梯和层间相通的自动人行道单向设置时，应就近布置相匹配的楼梯。

8 设置自动扶梯或自动人行道所形成的上下层贯通空间，应符合防火规范所规定的有关防火分区等要求。

6.9 墙身和变形缝

6.9.1 墙身材料应因地制宜，采用新型建筑墙体材料。

6.9.2 外墙应根据地区气候和建筑要求，采取保温、隔热和防潮等措施。

6.9.3 墙身防潮应符合下列要求：

1 砌体墙应在室外地面以上，位于室内地面垫层处设置连续的水平防潮层；室内相邻地面有高差时，应在高差处墙身侧面加设防潮层。

2 湿度大的房间的外墙或内墙内侧应设防潮层。

3 室内墙面有防水、防潮、防污、防碰等要求时，应按使用要求设置墙裙。

注：地震区防潮层应满足墙体抗震整体连接的要求。

6.9.4 建筑物外墙突出物，包括窗台、凸窗、阳台、空调机搁板、雨水管、通风管、装饰线等处宜采取防止攀登入室的措施。

6.9.5 外墙应防止变形裂缝，在洞口、窗户等处采取加固措施。

6.9.6 变形缝设置应符合下列要求：

1 变形缝应按设缝的性质和条件设计，使其在产生位移或变形时不受阻，不被破坏，并不破坏建筑物；

2 变形缝的构造和材料应根据其部位需要分别采取防排水、防火、保温、防老化、防腐蚀、防虫害和防脱落等措施。

6.10 门窗

6.10.1 门窗产品应符合下列要求：

1 门窗的材料、尺寸、功能和质量等应符合使用要求，并应符合建筑门窗产品标准的规定；

2 门窗的配件应与门窗主体相匹配，并应符合各种材料的技术要求；

3 应推广应用具有节能、密封、隔声、防结露等优良性能的建筑门窗。

注：门窗加工的尺寸，应按门窗洞口设计尺寸扣除墙面装修材料的厚度，按净尺寸加工。

6.10.2 门窗与墙体应连接牢固，且满足抗风压、水密性、气密性的要求，对不同材料的门窗选择相应的密封材料。

6.10.3 窗的设置应符合下列规定：

1 窗扇的开启形式应方便使用，安全和易于维修、清洗；

2 当采用外开窗时应加强牢固窗扇的措施；

3 开向公共走道的窗扇，其底面高度不应低于2m；

4 临空的窗台低于0.80m时，应采取防护措施，防护高度由楼地面起计算不应低于0.80m；

5 防火墙上必须开设窗洞时，应按防火规范设置；

6 天窗应采用防破碎伤人的透光材料；

7 天窗应有防冷凝水产生或引泄冷凝水的措施；

8 天窗应便于开启、关闭、固定、防渗水，并方便清洗。

注：1 住宅窗台低于 0.90m 时，应采取防护措施；

2 低窗台、凸窗等下部有能上人站立的宽窗台面时，贴窗护栏或固定窗的防护高度应从窗台面起计算。

6.10.4 门的设置应符合下列规定：

1 外门构造应开启方便，坚固耐用；

2 手动开启的大门扇应有制动装置，推拉门应有防脱轨的措施；

3 双面弹簧门应在可视高度部分装透明安全玻璃；

4 旋转门、电动门、卷帘门和大型门的邻近应另设平开疏散门，或在门上设疏散门；

5 开向疏散走道及楼梯间的门扇开足时，不应影响走道及楼梯平台的疏散宽度；

6 全玻璃门应选用安全玻璃或采取防护措施，并应设防撞提示标志。

6.11 建筑幕墙

6.11.1 建筑幕墙技术要求应符合下列规定：

1 幕墙所采用的型材、板材、密封材料、金属附件、零配件等均应符合现行的有关标准的规定；

2 幕墙的物理性能：风压变形、雨水渗漏、空气渗透、保温、隔声、耐撞击、平面内变形、防火、防雷、抗震及光学性能等应符合现行的有关标准的规定。

6.11.2 玻璃幕墙应符合下列规定：

1 玻璃幕墙适用于抗震地区和建筑高度应符合有关规范的要求；

2 玻璃幕墙应采用安全玻璃，并应具有抗撞击的性能；

3 玻璃幕墙分隔应与楼板、梁、内隔墙处连接牢固，并满足防火分隔要求；

4 玻璃窗扇开启面积应按幕墙材料规格和通风口要求确定，并确保安全。

6.12 楼地面

6.12.1 底层地面的基本构造层宜为面层、垫层和地基；楼层地面的基本构造层宜为面层和楼板。当底层地面或楼面的基本构造不能满足使用或构造要求时，可增设结合层、隔离层、填充层、找平层和保温层等其他构造层。

6.12.2 除有特殊使用要求外，楼地面应满足平整、耐磨、不起尘、防滑、防污染、隔声、易于清洁等要求。

6.12.3 厕浴间、厨房等受水或非腐蚀性液体经常浸湿的楼地面应采用防水、防滑类面层，且应低于相邻楼地面，并设排水坡坡向地漏；厕浴间和有防水要求的建筑地面必须设置防水隔离层；楼层结构必须采用现浇混凝土或整块预制混凝土板，混凝土强度等级不应小于 C20；楼板四周除门洞外，应做混凝土翻边，其高度不应小于 120mm。

经常有水流淌的楼地面应低于相邻楼地面或设门槛等挡水设施，且应有排水措施，其楼地面应采用不吸水、易冲洗、防滑的面层材料，并应设置防水隔离层。

6.12.4 筑于地基土上的地面，应根据需要采取防潮、防基土冻胀、防不均匀沉陷等措施。

6.12.5 存放食品、食料、种子或药物等的房间，其存放物与楼地面直接接触时，严禁采用有毒性的材料作为楼地面，材料的毒性应经有关卫生防疫部门鉴定。存放吸味较强的食物时，应防止采用散发异味的楼地面材料。

6.12.6 受较大荷载或有冲击力作用的楼地面，应根据使用性质及场所选用由板、块材料、混凝土等组成的易于修复的刚性构造，或由粒料、灰土等组成的柔性构造。

6.12.7 木板楼地面应根据使用要求，采取防火、防腐、防潮、防蛀、通风等相应措施。

6.12.8 采暖房间的楼地面，可不采取保温措施，但遇下列情况之一时应采取局部保温措施：

1 架空或悬挑部分楼层地面，直接对室外或临非采暖房间的；

2 严寒地区建筑物周边无采暖管沟时，底层地面在外墙内侧 0.50～1.00m 范围内宜采取保温措施，其传热阻不应小于外墙的传热阻。

6.13 屋面和吊顶

6.13.1 屋面工程应根据建筑物的性质、重要程度、使用功能及防水层合理使用年限，结合工程特点、地区自然条件等，按不同等级进行设防。

6.13.2 屋面排水坡度应根据屋顶结构形式，屋面基层类别，防水构造形式，材料性能及当地气候等条件确定，并应符合表 6.13.2 的规定。

表 6.13.2 屋面的排水坡度

屋面类别	屋面排水坡度（%）	屋面类别	屋面排水坡度（%）
卷材防水、刚性防水的平屋面	2～5	网架、悬索结构金属板	≥4
平瓦	20～50	压型钢板	5～35
波形瓦	10～50	种植土屋面	1～3
油毡瓦	≥20		

注 1. 平屋面采用结构找坡不应小于 3%，采用材料找坡宜为 2%。
2. 卷材屋面的坡度不宜大于 25%，当坡度大于 25%时应采取固定和防止滑落的措施。
3. 卷材防水屋面天沟、檐沟纵向坡度不应小于 1%，沟底水落差不得超过 200mm。天沟、檐沟排水不得流经变形缝和防火墙。
4. 平瓦必须铺置牢固，地震设防地区或坡度大于 50%的屋面，应采取固定加强措施。
5. 架空隔热屋面坡度不宜大于 5%，种植屋面坡度不宜大于 3%。

6.13.3 屋面构造应符合下列要求：

1 屋面面层应采用不燃烧体材料，包括屋面突出部分及屋顶加层，但一、二级耐火等级建筑物，其不燃烧体屋面基层上可采用可燃卷材防水层。

2 屋面排水宜优先采用外排水；高层建筑、多跨及集水面积较大的屋面宜采用内排水；屋面水落管的数量、管径应通过验（计）算确定。

3 天沟、檐沟、檐口、水落口、泛水、变形缝和伸出屋面管道等处应采取与工程特点相适应的防水加强构造措施，并应符合有关规范的规定。

4 当屋面坡度较大或同一屋面落差较大时，应采取固定加强和防止屋面滑落的措施；平瓦必须铺置牢固。

5 地震设防区或有强风地区的屋面应采取固定加强措施。

6 设保温层的屋面应通过热工验算，并采取防结露、防蒸汽渗透及施工时防保温层受潮等措施。

7 采用架空隔热层的屋面，架空隔热层的高度应按照屋面的宽度或坡度的大小变化确定，架空层不得堵塞；当屋面宽度大于 10m 时，应设置通风屋脊；屋面基层上宜有适当厚度的保温隔热层。

8 采用钢丝网水泥或钢筋混凝土薄壁构件的屋面板应有抗风化、抗腐蚀的防护措施；刚性防水屋面应有抗裂措施。

9 当无楼梯通达屋面时，应设上屋面的检修人孔或低于 10m 时可设外墙爬梯，并应有安全防护和防止儿童攀爬的措施。

10 闷顶应设通风口和通向闷顶的检修人孔；闷顶内应有防火分隔。

6.13.4 吊顶构造应符合下列要求：

1 吊顶与主体结构吊挂应有安全构造措施；高大厅堂管线较多的吊顶内，应留有检修空间，并根据需要设置检修走道和便于进入吊顶的人孔，且应符合有关防火及安全要求。

2 当吊顶内管线较多，而空间有限不能进入检修时，可采用便于拆卸的装配式吊顶板或在需要部位设置检修手孔。

3 吊顶内敷设有上下水管时应采取防止产生冷凝水措施。

4 潮湿房间的吊顶，应采用防水材料和防结露、滴水的措施；钢筋混凝土顶板宜采用现浇板。

6.14 管道井、烟道、通风道和垃圾管道

6.14.1 管道井、烟道、通风道和垃圾管道应分别独立设置，不得使用同一管道系统，并应用非燃烧

体材料制作。

6.14.2 管道井的设置应符合下列规定：

1 管道井的断面尺寸应满足管道安装、检修所需空间的要求；

2 管道井宜在每层靠公共走道的一侧设检修门或可拆卸的壁板；

3 在安全、防火和卫生方面互有影响的管道不应敷设在同一竖井内；

4 管道井壁、检修门及管井开洞部分等应符合防火规范的有关规定。

6.14.3 烟道和通风道的断面、形状、尺寸和内壁应有利于排烟（气）通畅，防止产生阻滞、涡流、窜烟、漏气和倒灌等现象。

6.14.4 烟道和通风道应伸出屋面，伸出高度应有利烟气扩散，并应根据屋面形式、排出口周围遮挡物的高度、距离和积雪深度确定。平屋面伸出高度不得小于0.60m，且不得低于女儿墙的高度。坡屋面伸出高度应符合下列规定：

1 烟道和通风道中心线距屋脊小于1.50m时，应高出屋脊0.60m；

2 烟道和通风道中心线距屋脊1.50～3.00m时，应高于屋脊，且伸出屋面高度不得小于0.60m；

3 烟道和通风道中心线距屋脊大于3m时，其顶部同屋脊的连线同水平线之间的夹角不应大于10°，且伸出屋面高度不得小于0.60m。

6.14.5 民用建筑不宜设置垃圾管道。多层建筑不设垃圾管道时，应根据垃圾收集方式设置相应设施。中高层及高层建筑不设置垃圾管道时，每层应设置封闭的垃圾分类、贮存收集空间，并宜有冲洗排污设施。

6.14.6 如设置垃圾管道时，应符合下列规定：

1 垃圾管道宜靠外墙布置，管道主体应伸出屋面，伸出屋面部分加设顶盖和网栅，并采取防倒灌措施。

2 垃圾出口应有卫生隔离，底部存纳和出运垃圾的方式应与城市垃圾管理方式相适应。

3 垃圾道内壁应光滑、无突出物。

4 垃圾斗应采用不燃烧和耐腐蚀的材料制作，并能自行关闭密合；高层建筑、超高层建筑的垃圾斗应设在垃圾道前室内，该前室应采用丙级防火门。

6.15 室内外装修

6.15.1 室内外装修应符合下列要求：

1 室内外装修严禁破坏建筑物结构的安全性；

2 室内外装修应采用节能、环保型建筑材料；

3 室内外装修工程应根据不同使用要求，采用防火、防污染、防潮、防水和控制有害气体和射线的装修材料和辅料；

4 保护性建筑的内外装修尚应符合有关保护建筑条例的规定。

6.15.2 室内装修应符合下列规定：

1 室内装修不得遮挡消防设施标志、疏散指示标志及安全出口，并不得影响消防设施和疏散通道的正常使用；

2 室内如需要重新装修时，不得随意改变原有设施、设备管线系统。

6.15.3 室外装修应符合下列规定：

1 外墙装修必须与主体结构连接牢靠；

2 外墙外保温材料应与主体结构和外墙饰面连接牢固，并应防开裂、防水、防冻、防腐蚀、防风化和防脱落；

3 外墙装修应防止污染环境的强烈反光。

7　室内环境

7.1　采光

7.1.1　各类建筑应进行采光系数的计算，其采光系数标准值应符合下列规定。

1　居住建筑的采光系数标准值应符合表 7.1.1-1 的规定。

表 7.1.1-1　居住建筑的采光系数标准值

采光等级	房间名称	侧面采光	
		采光系数最低值 C_{min}（%）	室内天然光临界照度（lx）
Ⅳ	起居室（厅）、卧室、书房、厨房	1	50
Ⅴ	卫生间、过厅、楼梯间、餐厅	0.5	25

2　办公建筑的采光系数标准值应符合表 7.1.1-2 的规定。

表 7.1.1-2　办公建筑的采光系数标准值

采光等级	房间名称	侧面采光	
		采光系数最低值 C_{min}（%）	室内天然光临界照度（lx）
Ⅱ	设计室、绘图室	3	150
Ⅲ	办公室、视屏工作室、会议室	2	100
Ⅳ	复印室、档案室	1	50
Ⅴ	走道、楼梯间、卫生间	0.5	25

3　学校建筑的采光系数标准值必须符合 7.1.1-3 的规定。

表 7.1.1-3　学校建筑的采光系数标准值

采光等级	房间名称	侧面采光	
		采光系数最低值 C_{min}（%）	室内天然光临界照度（lx）
Ⅲ	教室、阶梯教室实验室、报告厅	2	100
Ⅴ	走道、楼梯间、卫生间	0.5	25

4　图书馆建筑的采光系数标准值应符合表 7.1.1-4 的规定。

表 7.1.1-4　图书馆建筑的采光系数标准值

采光等级	房间名称	侧面采光		顶部采光	
		采光系数最低值 C_{min}（%）	室内天然光临界照度（lx）	采光系数平均值 C_{min}（%）	室内天然光临界照度（lx）
Ⅲ	阅览室、开架书库	2	100	—	—
Ⅳ	目录室	1	50	1.5	75
Ⅴ	书库、走道、楼梯间、卫生间	0.5	25	—	—

5　医院建筑的采光系数标准值应符合表 7.1.1-5 的规定。

表 7.1.1-5　医院建筑的采光系数标准值

采光等级	房间名称	侧面采光		顶部采光	
		采光系数最低值 C_{min}（%）	室内天然光临界照度（lx）	采光系数平均值 C_{min}（%）	室内天然光临界照度（lx）
Ⅲ	诊室、药房、治疗室、化验室	2	100	—	—
Ⅳ	候诊室、挂号处、综合大厅 病房、医生办公室（护士室）	1	50	1.5	75
Ⅴ	走道、楼梯间、卫生间	0.5	25	—	—

注　表 7.1.1-1 至表 7.1.1-5 所列采光系数标准值适用于Ⅲ类光气候区。其他地区的采光系数标准值应乘以相应地区光气候系数。

7.1.2 有效采光面积计算应符合下列规定：

1 侧窗采光口离地面高度在0.80m以下的部分不应计入有效采光面积；

2 侧窗采光口上部有效宽度超过1m以上的外廊、阳台等外挑遮挡物，其有效采光面积可按采光口面积的70%计算；

3 平天窗采光时，其有效采光面积可按侧面采光口面积的2.50倍计算。

7.2 通风

7.2.1 建筑物室内应有与室外空气直接流通的窗口或洞口，否则应设自然通风道或机械通风设施。

7.2.2 采用直接自然通风的空间，其通风开口面积应符合下列规定：

1 生活、工作的房间的通风开口有效面积不应小于该房间地板面积的1/20；

2 厨房的通风开口有效面积不应小于该房间地板面积的1/10，并不得小于0.60m^2，厨房的炉灶上方应安装排除油烟设备，并设排烟道。

7.2.3 严寒地区居住用房，厨房、卫生间应设自然通风道或通风换气设施。

7.2.4 无外窗的浴室和厕所应设机械通风换气设施，并设通风道。

7.2.5 厨房、卫生间的门的下方应设进风固定百叶，或留有进风缝隙。

7.2.6 自然通风道的位置应设于窗户或进风口相对的一面。

7.3 保温

7.3.1 建筑物宜布置在向阳、无日照遮挡、避风地段。

7.3.2 设置供热的建筑物体形应减少外表面积。

7.3.3 严寒地区的建筑物宜采用围护结构外保温技术，并不应设置开敞的楼梯间和外廊，其出入口应设门斗或采取其他防寒措施；寒冷地区的建筑物不宜设置开敞的楼梯间和外廊，其出入口宜设门斗或采取其他防寒措施。

7.3.4 建筑物的外门窗应减少其缝隙长度，并采取密封措施，宜选用节能型外门窗。

7.3.5 严寒和寒冷地区设置集中供暖的建筑物，其建筑热工和采暖设计应符合有关节能设计标准的规定。

7.3.6 夏热冬冷地区、夏热冬暖地区建筑物的建筑节能设计应符合有关节能设计标准的规定。

7.4 防热

7.4.1 夏季防热的建筑物应符合下列规定：

1 建筑物的夏季防热应采取绿化环境、组织有效自然通风、外围护结构隔热和设置建筑遮阳等综合措施；

2 建筑群的总体布局、建筑物的平面空间组织、剖面设计和门窗的设置，应有利于组织室内通风；

3 建筑物的东、西向窗户，外墙和屋顶应采取有效的遮阳和隔热措施；

4 建筑物的外围护结构，应进行夏季隔热设计，并应符合有关节能设计标准的规定。

7.4.2 设置空气调节的建筑物应符合下列规定：

1 建筑物的体形应减少外表面积。

2 设置空气调节的房间应相对集中布置。

3 空气调节房间的外部窗户应有良好的密闭性和隔热性；向阳的窗户宜设遮阳设施，并宜采用节能窗。

4 设置非中央空气调节设施的建筑物，应统一设计、安装空调机的室外机位置，并使冷凝水有组织排水。

5 间歇使用的空气调节建筑，其外围护结构内侧和内围护结构宜采用轻质材料；连续使用的空调建筑，其外围结构内侧和内围护结构宜采用重质材料。

6 建筑物外围护结构应符合有关节能设计标准的规定。

7.5 隔声

7.5.1 民用建筑各类主要用房的室内允许噪声级应符合表7.5.1的规定。

表7.5.1 室内允许噪声级（昼间）

建筑类别	房间名称	允许噪声级（A声级，dB）			
		特级	一级	二级	三级
住宅	卧室、书房	—	≤40	≤45	≤50
	起居室	—	≤45	≤50	≤50
学校	有特殊安静要求的房间	—	≤40	—	—
	一般教室	—	—	≤50	—
	无特殊安静要求的房间	—	—	—	≤55
医院	病房、医务人员休息室	—	≤40	≤45	≤50
	门诊室	—	≤55	≤55	≤60
	手术室	—	≤45	≤45	≤50
	听力测听室	—	≤25	≤25	≤30
旅馆	客房	≤35	≤40	≤45	≤55
	会议室	≤40	≤45	≤50	≤50
	多用途大厅	≤40	≤45	≤50	—
	办公室	≤45	≤50	≤55	≤55
	餐厅、宴会厅	≤50	≤55	≤60	—

注 夜间室内允许噪声级的数值比昼间小10dB（A）。

7.5.2 不同房间围护结构（隔墙、楼板）的空气声隔声标准应符合表7.5.2规定。

表7.5.2 空气声隔声标准

建筑类别	围护结构部位	计权隔声量（dB）			
		特级	一级	二级	三级
住宅	分户墙、楼板	—	≥50	≥45	≥40
学校	隔墙、楼板	—	≥50	≥45	≥40
医院	病房与病房之间	—	≥45	≥40	≥35
	病房与产生噪声房间之间	—	≥50	≥50	≥45
	手术室与病房之间	—	≥50	≥45	≥40
	手术室与产生噪声房间之间	—	≥50	≥50	≥45
	听力测听室围护结构	—	≥50	≥50	≥50
旅馆	客房与客房间隔墙	≥50	≥45	≥40	≥40
	客房与走廊间隔墙（含门）	≥40	≥40	≥35	≥30
	客房外墙（含窗）	≥40	≥35	≥25	≥20

7.5.3 不同房间楼板撞击声隔声标准应符合表7.5.3的规定。

表7.5.3 撞击声隔声标准

建筑类别	楼板部位	计权标准化撞击声压级（dB）			
		特级	一级	二级	三级
住宅	分户层间	—	≤65	≤75	≤75
学校	教室层间	—	≤65	≤65	≤75
医院	病房与病房之间	—	≤65	≤75	≤75
	病房与手术室之间	—	—	≤75	≤75
	听力测听室上部	—	≤65	≤65	≤65
旅馆	客房层间	≤55	≤65	≤75	≤75
	客房与有振动房间之间	≤55	≤55	≤65	≤65

7.5.4　民用建筑的隔声减噪设计应符合下列规定：

1　对于结构整体性较强的民用建筑，应对附着于墙体和楼板的传声源部件采取防止结构声传播的措施。

2　有噪声和振动的设备用房应采取隔声、隔振和吸声的措施，并应对设备和管道采取减振、消声处理；平面布置中，不宜将有噪声和振动的设备用房设在主要用房的直接上层或贴邻布置，当其设在同一楼层时，应分区布置。

3　安静要求较高的房间内设置吊顶时，应将隔墙砌至梁、板底面；采用轻质隔墙时，其隔声性能应符合有关隔声标准的规定。

8　建筑设备

8.1　给水和排水

8.1.1　民用建筑给水排水设计应满足生活和消防等要求。

8.1.2　生活饮用水的水质，应符合国家现行有关生活饮用水卫生标准的规定。

8.1.3　生活饮用水水池（箱）应与其他用水的水池（箱）分开设置。

8.1.4　建筑物内的生活饮用水水池、水箱的池（箱）体应采用独立结构形式，不得利用建筑物的本体结构作为水池和水箱的壁板、底板及顶板。生活饮用水池（箱）的材质、衬砌材料和内壁涂料不得影响水质。

8.1.5　埋地生活饮用水贮水池周围 10m 以内，不得有化粪池、污水处理构筑物、渗水井、垃圾堆放点等污染源，周围 2m 以内不得有污水管和污染物。

8.1.6　建筑给水设计应符合下列规定：

1　宜实行分质供水，优先采用循环或重复利用的给水系统；

2　应采用节水型卫生洁具和水嘴；

3　住宅应分户设置水表计量，公共建筑的不同用户应分设水表计量；

4　建筑物内的生活给水系统及消防供水系统的压力应符合给排水设计规范和防火规范有关规定；

5　条件许可的新建居住区和公共建筑中可设置管道直饮水系统。

8.1.7　建筑排水应遵循雨水与生活排水分流的原则排出，并应遵循国家或地方有关规定确定设置中水系统。

8.1.8　在水资源紧缺地区，应充分开发利用小区和屋面雨水资源，并因地制宜，将雨水经适当处理后采用入渗和贮存等利用方式。

8.1.9　排水管道不得布置在食堂、饮食业的主副食操作烹调备餐部位的上方，也不得穿越生活饮用水池部位的上方。

8.1.10　室内给水排水管道不得布置在遇水会引起燃烧、爆炸的原料、产品和设备的上面。

8.1.11　排水立管不得穿越卧室、病房等对卫生、安静有较高要求的房间，并不宜靠近与卧室相邻的内墙。

8.1.12　给排水管不应穿越配变电房、档案室、电梯机房、通信机房、大中型计算机网络中心、音像库房等遇水会损坏设备和引发事故的房间内。

8.1.13　给排水管穿越地下室外墙或地下构造物的墙壁处，应采取防水措施。

8.1.14　给水泵房、排水泵房不得设置在有安静要求的房间上面、下面和毗邻的房间内；泵房内应设排水设施，地面应设防水层；泵房内应有隔振防噪设置。消防泵房应符合防火规范的有关规定。

8.1.15　卫生洁具、水泵、冷却塔等给排水设备、管材应选用低噪声的产品。

8.2　暖通和空调

8.2.1　民用建筑中暖通空调系统及其冷热源系统的设计应满足安全、卫生和建筑物功能的要求。

8.2.2　室内空气设计参数及其卫生要求应符合现行国家标准《采暖通风与空气调节设计规范》（GB

50019）及其他相关标准的规定。

8.2.3 采暖设计应符合下列要求：

1 民用建筑采暖系统的热媒宜采用热水。

2 居住建筑采暖系统应有实现热计量的条件。

3 住宅楼集中采暖系统需要专业人员调节、检查、维护的阀门、仪表等装置不应设置在私有套型内；一个私有套型中不应设置其他套型所用的阀门、仪表等装置。

4 采暖系统中的散热器、管道及其连接件应满足系统承压要求。

8.2.4 通风系统应符合下列要求：

1 机械通风系统的进风口应设置在室外空气清新、洁净的位置；

2 废气排放不应设置在有人停留或通行的地带；

3 机械通风系统的管道应选用不燃材料；

4 通风机房不宜与有噪声限制的房间相邻布置；

5 通风机房的隔墙及隔墙上的门应符合防火规范的有关规定。

8.2.5 空气调节系统应符合下列要求：

1 空气调节系统的民用建筑，其层高、吊顶高度应满足空调系统的需要；

2 空气调节系统的风管管道应选用不燃材料；

3 空气调节机房不宜与有噪声限制的房间相邻；

4 空气调节系统的新风采集口应设置在室外空气清新、洁净的位置；

5 空调机房的隔墙及隔墙上的门应符合防火规范的有关规定。

8.2.6 民用建筑中的冷冻机房、水泵房、换热站等的设置应符合下列要求：

1 应预留大型设备的进入口；有条件时，在机房内适当位置预留吊装设施。

2 宜采用压光水泥地面，并应设置冲洗地面的上、下水设施；在设备可能漏水、泄水的位置，设地漏或排水明沟。

3 宜设置修理间、值班室、厕所以及对外通讯和应急照明。

4 设备布置应保证操作方便，并有检修空间。

5 应防止设备振动可能导致的不利影响。

6 有通风换气要求的房间，当室内只设置送风口或只设置排风口时，应能保证关门时室内空气可以流动；既有送风，又有排风的房间，送、排风口的位置应避免气流短路。

8.2.7 居住区集中锅炉房位置应防止燃料运输、噪声、污染物排放等对居住区环境的影响。建筑物、构筑物和场地布置应符合现行国家标准《锅炉房设计规范》（GB 50041）的有关规定。

8.2.8 为民用建筑服务的燃油、燃气锅炉房（或其他有燃烧过程的设备用房）不宜设置在主体建筑中。需要设置在主体建筑中时，应符合有关规范和当地消防、安全等部门的规定。

8.3 建筑电气

8.3.1 民用建筑物内配变电所，应符合下列要求：

1 配变电所位置的选择，应符合下列要求：

1）宜接近用电负荷中心。

2）应方便进出线。

3）应方便设备吊装运输。

4）不应设在厕所、浴室或其他经常积水场所的正下方，且不宜与上述场所相贴邻；装有可燃油电气设备的变配电室，不应设在人员密集场所的正上方、正下方、贴邻和疏散出口的两旁。

5）当配变电所的正上方、正下方为住宅、客房、办公室等场所时，配变电所应作屏蔽处理。

2 安装可燃油油浸电力变压器总容量不超过1260kVA、单台容量不超过630kVA的变配电室可布置在建筑主体内首层或地下一层靠外墙部位，并应设直接对外的安全出口，变压器室的门应为甲级防火门；外墙开口部位上方，应设置宽度不小于1m不燃烧体的防火挑檐。

3 可燃油油浸电力变压器室的耐火等级应为一级，高压配电室的耐火等级不应低于二级，低压配电室的耐火等级不应低于三级，屋顶承重构件的耐火等级不应低于二级。

4 不带可燃油的高、低压配电装置和非油浸的电力变压器，可设置在同一房间内。

5 高压配电室宜设不能开启的距室外地坪不低于1.80m的自然采光窗，低压配电室可设能开启的不临街的自然采光窗。

6 长度大于7m的配电室应在配电室的两端各设一个出口，长度大于60m时，应增加一个出口。

7 变压器室、配电室的进出口门应向外开启。

8 变压器室、配电室等应设置防雨雪和小动物从采光窗、通风窗、门、电缆沟等进入室内的设施。

9 变配电室的电缆夹层、电缆沟和电缆室应采取防水、排水措施。

10 变配电室不应有与其无关的管道和线路通过。

11 变配电室、控制室、楼层配电室宜做等电位联结。

12 变配电室重地应设与外界联络的通信接口、宜设出入口控制。

8.3.2 配变电所防火门的级别应符合下列要求：

1 设在高层建筑内的配变电所，应采用耐火极限不低于2h的隔墙、耐火极限不低于1.50h的楼板和甲级防火门与其他部位隔开；

2 可燃油油浸变压器室通向配电室或变压器室之间的门应为甲级防火门；

3 配变电所内部相通的门，宜为丙级的防火门；

4 配变电所直接通向室外的门，应为丙级防火门。

8.3.3 柴油发电机房应符合下列要求：

1 柴油发电机房的位置选择及其他要求应符合本通则第8.3.1条的要求。

2 柴油发电机房宜设有发电机间、控制及配电室、储油间、备件贮藏间等；设计时可根据具体情况对上述房间进行合并或增减。

3 发电机间应有两个出入口，其中一个出口的大小应满足运输机组的需要，否则应预留吊装孔。

4 发电机间出入口的门应向外开启；发电机间与控制室或配电室之间的门和观察窗应采取防火措施，门开向发电机间。

5 柴油发电机组宜靠近一级负荷或变配电室设置。

6 柴油发电机房可布置在高层建筑裙房的首层或地下一层，并应符合下列要求：

1）柴油发电机房应采用耐火极限不低于2h或3h的隔墙和1.50h的楼板、甲级防火门与其他部位隔开；

2）柴油发电机房内应设置储油间，其总储存量不应超过8h的需要量，储油间应采用防火墙与发电机间隔开；当必须在防火墙上开门时，应设置能自行关闭的甲级防火门；

3）应设置火灾自动报警系统和自动灭火系统；

4）柴油发电机房设置在地下一层时，至少应有一侧靠外墙，热风和排烟管道应伸出室外。排烟管道的设置应达到环境保护要求。

7 柴油发电机房进风口宜设在正对发电机端或发电机端两侧。

8 柴油发电机房应采取机组消声及机房隔声综合治理措施。

8.3.4 智能化系统机房应符合下列要求：

1 智能化系统的机房主要有：消防控制室、安防监控中心、电信机房、卫星接收及有线电视机房、计算机机房、建筑设备监控机房、有线广播及（厅堂）扩声机房等。

2 智能化系统的机房可单独设置，也可合用设置，并应符合下列要求：

1）消防控制室、安防监控中心的设置应符合有关消防、安防规范。

2）消防控制室、安防监控中心宜设在建筑物的首层或地下一层，且应采用耐火极限不低于 2h 或 3h 的隔墙和耐火极限不低于 1.50h 或 2h 的楼板与其他部位隔开，并应设直通室外的安全出口。

3）消防控制室与其他控制室合用时，消防设备在室内应占有独立的工作区域，且相互间不会产生干扰。

4）安防监控中心与其他控制室合用时，风险等级应得到主管安防部门的确认。

5）智能化系统的机房宜铺设架空地板、网络地板或地面线槽；宜采用防静电、防尘材料；机房净高不宜小于 2.50m。

6）机房室内温度冬天不宜低于 18℃，夏天不宜高于 27℃；室内湿度冬天宜大于 30％，夏天宜小于 65％。

7）智能化系统的机房不应设在厕所、浴室或其他经常积水场所的正下方，且不宜与上述场所相贴邻。

3 智能化系统的重要机房应远离强磁场所。

4 智能化系统的设备用房应在初步设计中预留位置及线路敷设通道。

5 智能化系统的重要机房应做好自身的物防、技防。

6 智能化系统应根据系统的风险评估采取防雷措施，应做等电位联结。

8.3.5 电气竖井、智能化系统竖井应符合下列要求：

1 高层建筑电气竖井在利用通道作为检修面积时，竖井的净宽度不宜小于 0.80m；

2 高层建筑智能化系统竖井在利用通道作为检修面积时，竖井的净宽度不宜小于 0.60m；多层建筑智能化系统竖井在利用通道作为检修面积时，竖井的净宽度不宜小于 0.35m；

3 电气竖井、智能化系统竖井内宜预留电源插座，应设应急照明灯，控制开关宜安装在竖井外；

4 智能化系统竖井宜与电气竖井分别设置，其地坪或门槛宜高出本层地坪 0.15～0.30m；

5 电气竖井、智能化系统竖井井壁应为耐火极限不低于 1h 的不燃烧体，检修门应采用不低于丙级的防火门；

6 电气竖井、智能化系统竖井内的环境指标应保证设备正常运行。

8.3.6 线路敷设应符合下列要求：

1 线路敷设应符合现行国家标准《建筑电气工程施工质量验收规范》(GB 50303) 的规定；

2 智能化系统的缆线宜穿金属管或在金属线槽内敷设；

3 暗敷在楼板、墙体、柱内的缆线（有防火要求的缆线除外），其保护管的覆盖层不应小于 15mm；

4 楼板的厚度、建筑物的层高应满足强电缆线及智能化系统缆线水平敷设所需的空间，并应与其他专业管线综合。

《无障碍设计规范》(GB 50763—2012)(摘要)

其中，第 3.7.3（3、5）4.4.5、6.2.4（5）、6.2.7（4）、8.1.4 条（款）为强制性条文，必须严格执行。

3 无障碍设施的设计要求

3.1 缘石坡道

3.1.1 缘石坡道应符合下列规定：

1 缘石坡道的坡面应平整、防滑；

2 缘石坡道的坡口与车行道之间宜没有高差；当有高差时，高出车行道的地面不应大于 10mm；

3 宜优先选用全宽式单面坡缘石坡道。

3.1.2 缘石坡道的坡度应符合下列规定：

1 全宽式单面坡缘石坡道的坡度不应大于 1：20；

2 三面坡缘石坡道正面及侧面的坡度不应大于 1：12；

3 其他形式的缘石坡道的坡度均不应大于 1：12。

3.1.3 缘石坡道的宽度应符合下列规定：

1 全宽式单面坡缘石坡道的宽度应与人行道宽度相同；

2 三面坡缘石坡道的正面坡道宽度不应小于 1.20m；

3 其他形式的缘石坡道的坡口宽度均不应小于 1.50m。

3.2 盲道

3.2.1 盲道应符合下列规定：

1 盲道按其使用功能可分为行进盲道和提示盲道；

2 盲道的纹路应凸出路面 4mm 高；

3 盲道铺设应连续，应避开树木（穴）、电线杆、拉线等障碍物，其他设施不得占用盲道；

4 盲道的颜色宜与相邻的人行道铺面的颜色形成对比，并与周围景观相协调，宜采用中黄色；

5 盲道型材表面应防滑。

3.2.2 行进盲道应符合下列规定：

1 行进盲道应与人行道的走向一致；

2 行进盲道的宽度宜为 250mm～500mm；

3 行进盲道宜在距围墙、花台、绿化带 250mm～500mm 处设置；

4 行进盲道宜在距树池边缘 250mm～500mm 处设置；如无树池，行进盲道与路缘石上沿在同一水平面时，距路缘石不应小于 500mm，行进盲道比路缘石上沿低时，距路缘石不应小于 250mm；盲道应避开非机动车停放的位置；

5 行进盲道的触感条规格应符合表 3.2.2 的规定。

表 3.2.2 行进盲道的触感条规格

部位	尺寸要求（mm）
面宽	25
底宽	35
高度	4
中心距	62～75

3.2.3 提示盲道应符合下列规定：

1 行进盲道在起点、终点、转弯处及其他有需要处应设提示盲道，当盲道的宽度不大于 300mm 时，提示盲道的宽度应大于行进盲道的宽度；

2 提示盲道的触感圆点规格应符合表 3.2.3 的规定。

表 3.2.3 提示盲道的触感圆点规格

部位	尺寸要求（mm）
表面直径	25
底面直径	35
圆点高度	4
圆点中心距	50

3.3 无障碍出入口

3.3.1 无障碍出入口包括以下几种类别：

1 平坡出入口；

2 同时设置台阶和轮椅坡道的出入口；

3 同时设置台阶和升降平台的出入口。

3.3.2 无障碍出入口应符合下列规定：

1 出入口的地面应平整、防滑；

2 室外地面滤水箅子的孔洞宽度不应大于15mm；

3 同时设置台阶和升降平台的出入口宜只应用于受场地限制无法改造坡道的工程，并应符合本规范第3.7.3条的有关规定；

4 除平坡出入口外，在门完全开启的状态下，建筑物无障碍出入口的平台的净深度不应小于1.50m；

5 建筑物无障碍出入口的门厅、过厅如设置两道门，门扇同时开启时两道门的间距不应小于1.50m；

6 建筑物无障碍出入口的上方应设置雨棚。

3.3.3 无障碍出入口的轮椅坡道及平坡出入口的坡度应符合下列规定：

1 平坡出入口的地面坡度不应大于1：20，当场地条件比较好时，不宜大于1：30；

2 同时设置台阶和轮椅坡道的出入口，轮椅坡道的坡度应符合本规范第3.4节的有关规定。

3.4 轮椅坡道

3.4.1 轮椅坡道宜设计成直线形、直角形或折返形。

3.4.2 轮椅坡道的净宽度不应小于1.00m，无障碍出入口的轮椅坡道净宽度不应小于1.20m。

3.4.3 轮椅坡道的高度超过300mm且坡度大于1：20时，应在两侧设置扶手，坡道与休息平台的扶手应保持连贯，扶手应符合本规范第3.8节的相关规定。

3.4.4 轮椅坡道的最大高度和水平长度应符合表3.4.4的规定。

表3.4.4 轮椅坡道的最大高度和水平长度

坡度	1：20	1：16	1：12	1：10	1：8
最大高度（m）	1.20	0.90	0.75	0.60	0.30
水平长度（m）	24.00	14.40	9.00	6.00	2.40

注 其他坡度可用插入法进行计算。

3.4.5 轮椅坡道的坡面应平整、防滑、无反光。

3.4.6 轮椅坡道起点、终点和中间休息平台的水平长度不应小于1.50m。

3.4.7 轮椅坡道临空侧应设置安全阻挡措施。

3.4.8 轮椅坡道应设置无障碍标志，无障碍标志应符合本规范第3.16节的有关规定。

3.5 无障碍通道、门

3.5.1 无障碍通道的宽度应符合下列规定：

1 室内走道不应小于1.20m，人流较多或较集中的大型公共建筑的室内走道宽度不宜小于1.80m；

2 室外通道不宜小于1.50m；

3 检票口、结算口轮椅通道不应小于900mm。

3.5.2 无障碍通道应符合下列规定：

1 无障碍通道应连续，其地面应平整、防滑、反光小或无反光，并不宜设置厚地毯；

2 无障碍通道上有高差时，应设置轮椅坡道；

3　室外通道上的雨水箅子的孔洞宽度不应大于15mm；

4　固定在无障碍通道的墙、立柱上的物体或标牌距地面的高度不应小于2.00m；如小于2.00m时，探出部分的宽度不应大于100mm；如突出部分大于100mm，则其距地面的高度应小于600mm；

5　斜向的自动扶梯、楼梯等下部空间可以进入时，应设置安全挡牌。

3.5.3　门的无障碍设计应符合下列规定：

1　不应采用力度大的弹簧门并不宜采用弹簧门、玻璃门；当采用玻璃门时，应有醒目的提示标志；

2　自动门开启后通行净宽度不应小于1.00m；

3　平开门、推拉门、折叠门开启后的通行净宽度不应小于800mm，有条件时，不宜小于900mm；

4　在门扇内外应留有直径不小于1.50m的轮椅回转空间；

5　在单扇平开门、推拉门、折叠门的门把手一侧的墙面，应设宽度不小于400mm的墙面；

6　平开门、推拉门、折叠门的门扇应设距地900mm的把手，宜设视线观察玻璃，并宜在距地350mm范围内安装护门板；

7　门槛高度及门内外地面高差不应大于15mm，并以斜面过渡；

8　无障碍通道上的门扇应便于开关；

9　宜与周围墙面有一定的色彩反差，方便识别。

3.6　无障碍楼梯、台阶

3.6.1　无障碍楼梯应符合下列规定：

1　宜采用直线形楼梯；

2　公共建筑楼梯的踏步宽度不应小于280mm，踏步高度不应大于160mm；

3　不应采用无踢面和直角形突缘的踏步；

4　宜在两侧均做扶手；

5　如采用栏杆式楼梯，在栏杆下方宜设置安全阻挡措施；

6　踏面应平整防滑或在踏面前缘设防滑条；

7　距踏步起点和终点250mm～300mm宜设提示盲道；

8　踏面和踢面的颜色宜有区分和对比；

9　楼梯上行及下行的第一阶宜在颜色或材质上与平台有明显区别。

3.6.2　台阶的无障碍设计应符合下列规定：

1　公共建筑的室内外台阶踏步宽度不宜小于300mm，踏步高度不宜大于150mm，并不应小于100mm；

2　踏步应防滑；

3　三级及三级以上的台阶应在两侧设置扶手；

4　台阶上行及下行的第一阶宜在颜色或材质上与其他阶有明显区别。

3.7　无障碍电梯、升降平台

3.7.1　无障碍电梯的候梯厅应符合下列规定：

1　候梯厅深度不宜小于1.50m，公共建筑及设置病床梯的候梯厅深度不宜小于1.80m；

2　呼叫按钮高度为0.90～1.10m；

3　电梯门洞的净宽度不宜小于900mm；

4　电梯出入口处宜设提示盲道；

5　候梯厅应设电梯运行显示装置和抵达音响。

3.7.2　无障碍电梯的轿厢应符合下列规定：

1　轿厢门开启的净宽度不应小于800mm；

2 在轿厢的侧壁上应设高 0.90～1.10m 带盲文的选层按钮，盲文宜设置于按钮旁；

3 轿厢的三面壁上应设高 850～900mm 扶手，扶手应符合本规范第 3.8 节的相关规定；

4 轿厢内应设电梯运行显示装置和报层音响；

5 轿厢正面高 900mm 处至顶部应安装镜子或采用有镜面效果的材料；

6 轿厢的规格应依据建筑性质和使用要求的不同而选用。最小规格为深度不应小于 1.40m，宽度不应小于 1.10m；中型规格为深度不应小于 1.60m，宽度不应小于 1.40m；医疗建筑与老人建筑宜选用病床专用电梯；

7 电梯位置应设无障碍标志，无障碍标志应符合本规范第 3.16 节的有关规定。

3.7.3 升降平台应符合下列规定：

1 升降平台只适用于场地有限的改造工程；

2 垂直升降平台的深度不应小于 1.20m，宽度不应小于 900mm，应设扶手、挡板及呼叫控制按钮；

3 垂直升降平台的基坑应采用防止误入的安全防护措施；

4 斜向升降平台宽度不应小于 900mm，深度不应小于 1.00m，应设扶手和挡板；

5 垂直升降平台的传送装置应有可靠的安全防护装置。

3.8 扶手

3.8.1 无障碍单层扶手的高度应为 850～900mm，无障碍双层扶手的上层扶手高度应为 850～900mm，下层扶手高度应为 650～700mm。

3.8.2 扶手应保持连贯，靠墙面的扶手的起点和终点处应水平延伸不小于 300mm 的长度。

3.8.3 扶手末端应向内拐到墙面或向下延伸不小于 100mm，栏杆式扶手应向下成弧形或延伸到地面上固定。

3.8.4 扶手内侧与墙面的距离不应小于 40mm。

3.8.5 扶手应安装坚固，形状易于抓握。圆形扶手的直径应为 35～50mm，矩形扶手的截面尺寸应为 35～50mm。

3.8.6 扶手的材质宜选用防滑、热惰性指标好的材料。

3.9 公共厕所、无障碍厕所

3.9.1 公共厕所的无障碍设计应符合下列规定：

1 女厕所的无障碍设施包括至少 1 个无障碍厕位和 1 个无障碍洗手盆；男厕所的无障碍设施包括至少 1 个无障碍厕位、1 个无障碍小便器和 1 个无障碍洗手盆；

2 厕所的入口和通道应方便乘轮椅者进入和进行回转，回转直径不小于 1.50m；

3 门应方便开启，通行净宽度不应小于 800mm

4 地面应防滑、不积水；

5 无障碍厕位应设置无障碍标志，无障碍标志应符合本规范第 3.16 节的有关规定。

3.9.2 无障碍厕位应符合下列规定：

1 无障碍厕位应方便乘轮椅者到达和进出，尺寸宜做到 2.00m×1.50m，不应小于 1.80m×1.00m；

2 无障碍厕位的门宜向外开启，如向内开启，需在开启后厕位内留有直径不小于 1.50m 的轮椅回转空间，门的通行净宽不应小于 800mm，平开门外侧应设高 900mm 的横扶把手，在关闭的门扇里侧设高 900mm 的关门拉手，并应采用门外可紧急开启的插销；

3 厕位内应设坐便器，厕位两侧距地面 700mm 处应设长度不小于 700mm 的水平安全抓杆，另一侧应设高 1.40m 的垂直安全抓杆。

3.9.3 无障碍厕所的无障碍设计应符合下列规定：

1 位置宜靠近公共厕所，应方便乘轮椅者进入和进行回转，回转直径不小于 1.50m；

2 面积不应小于 4.00m²；

3 当采用平开门，门扇宜向外开启，如向内开启，需在开启后留有直径不小于 1.50m 的轮椅回转空间，门的通行净宽度不应小于 800mm，平开门应设高 900mm 的横扶把手，在门扇里侧应采用门外可紧急开启的门锁；

4 地面应防滑、不积水；

5 内部应设坐便器、洗手盆、多功能台、挂衣钩和呼叫按钮；

6 坐便器应符合本规范第 3.9.2 条的有关规定，洗手盆应符合本规范第 3.9.4 条的有关规定；

7 多功能台长度不宜小于 700mm，宽度不宜小于 400mm，高度宜为 600mm；

8 安全抓杆的设计应符合本规范第 3.9.4 条的有关规定；

9 挂衣钩距地高度不应大于 1.20m；

10 在坐便器旁的墙面上应设高 400～500mm 的救助呼叫按钮；

11 入口应设置无障碍标志，无障碍标志应符合本规范第 3.16 节的有关规定。

3.9.4 厕所里的其他无障碍设施应符合下列规定：

1 无障碍小便器下口距地面高度不应大于 400mm，小便器两侧应在离墙面 250mm 处，设高度为 1.20m 的垂直安全抓杆，并在离墙面 550mm 处，设高度为 900mm 水平安全抓杆，与垂直安全抓杆连接；

2 无障碍洗手盆的水嘴中心距侧墙应大于 550mm，其底部应留出宽 750mm、高 650mm、深 450mm 供乘轮椅者膝部和足尖部的移动空间，并在洗手盆上方安装镜子，出水龙头宜采用杠杆式水龙头或感应式自动出水方式；

3 安全抓杆应安装牢固，直径应为 30～40mm，内侧距墙不应小于 40mm；

4 取纸器应设在坐便器的侧前方，高度为 400～500mm。

3.10 公共浴室

3.10.1 公共浴室的无障碍设计应符合下列规定：

1 公共浴室的无障碍设施包括 1 个无障碍淋浴间或盆浴间以及 1 个无障碍洗手盆；

2 公共浴室的入口和室内空间应方便乘轮椅者进入和使用，浴室内部应能保证轮椅进行回转，回转直径不小于 1.50m；

3 浴室地面应防滑、不积水；

4 浴间入口宜采用活动门帘，当采用平开门时，门扇应向外开启，设高 900mm 的横扶把手，在关闭的门扇里侧设高 900mm 的关门拉手，并应采用门外可紧急开启的插销；

5 应设置一个无障碍厕位。

3.10.2 无障碍淋浴间应符合下列规定：

1 无障碍淋浴间的短边宽度不应小于 1.50m；

2 浴间坐台高度宜为 450mm，深度不宜小于 450mm；

3 淋浴间应设距地面高 700mm 的水平抓杆和高 1.40～1.60m 的垂直抓杆；

4 淋浴间内的淋浴喷头的控制开关的高度距地面不应大于 1.20m；

5 毛巾架的高度不应大于 1.20m。

3.10.3 无障碍盆浴间应符合下列规定：

1 在浴盆一端设置方便进入和使用的坐台，其深度不应小于 400mm；

2 浴盆内侧应设高 600mm 和 900mm 的两层水平抓杆，水平长度不小于 800mm；洗浴坐台一侧的墙上设高 900mm、水平长度不小于 600mm 的安全抓杆；

3 毛巾架的高度不应大于 1.20m。

3.11 无障碍客房

3.11.1 无障碍客房应设在便于到达、进出和疏散的位置。

3.11.2 房间内应有空间能保证轮椅进行回转，回转直径不小于 1.50m。

3.11.3 无障碍客房的门应符合本规范第 3.5 节的有关规定。

3.11.4 无障碍客房卫生间内应保证轮椅进行回转，回转直径不小于 1.50m，卫生器具应设置安全抓杆，其地面、门、内部设施应符合本规范第 3.9.3 条、第 3.10.2 条及第 3.10.3 条的有关规定。

3.11.5 无障碍客房的其他规定：

1 床间距离不应小于 1.20m；

2 家具和电器控制开关的位置和高度应方便乘轮椅者靠近和使用，床的使用高度为 450mm；

3 客房及卫生间应设高 400～500mm 的救助呼叫按钮；

4 客房应设置为听力障碍者服务的闪光提示门铃。

3.12 无障碍住房及宿舍

3.12.1 户门及户内门开启后的净宽应符合本规范第 3.5 节的有关规定。

3.12.2 通往卧室、起居室（厅）、厨房、卫生间、储藏室及阳台的通道应为无障碍通道，并按照本规范第 3.8 节的要求在一侧或两侧设置扶手。

3.12.3 浴盆、淋浴、坐便器、洗手盆及安全抓杆等应符合本规范第 3.9 节、第 3.10 节的有关规定。

3.12.4 无障碍住房及宿舍的其他规定：

1 单人卧室面积不应小于 7.00m^2，双人卧室面积不应小于 10.50m^2，兼起居室的卧室面积不应小于 16.00m^2，起居室面积不应小于 14.00m^2，厨房面积不应小于 6.00m^2；

2 设坐便器、洗浴器（浴盆或淋浴）、洗面盆三件卫生洁具的卫生间面积不应小于 4.00m^2；设坐便器、洗浴器二件卫生洁具的卫生间面积不应小于 3.00m^2；设坐便器、洗面盆二件卫生洁具的卫生间面积不应小于 2.50m^2；单设坐便器的卫生间面积不应小于 2.00m^2；

3 供乘轮椅者使用的厨房，操作台下方净宽和高度都不应小于 650mm，深度不应小于 250mm；

4 居室和卫生间内应设求助呼叫按钮；

5 家具和电器控制开关的位置和高度应方便乘轮椅者靠近和使用；

6 供听力障碍者使用的住宅和公寓应安装闪光提示门铃。

3.13 轮椅席位

3.13.1 轮椅席位应设在便于到达疏散口及通道的附近，不得设在公共通道范围内。

3.13.2 观众厅内通往轮椅席位的通道宽度不应小于 1.20m。

3.13.3 轮椅席位的地面应平整、防滑，在边缘处宜安装栏杆或栏板。

3.13.4 每个轮椅席位的占地面积不应小于 1.10m×0.80m。

3.13.5 在轮椅席位上观看演出和比赛的视线不应受到遮挡，但也不应遮挡他人的视线。

3.13.6 在轮椅席位旁或在邻近的观众席内宜设置 1∶1 的陪护席位。

3.13.7 轮椅席位处地面上应设置无障碍标志，无障碍标志应符合本规范第 3.16 节的有关规定。

3.14 无障碍机动车停车位

3.14.1 应将通行方便、行走距离路线最短的停车位设为无障碍机动车停车位。

3.14.2 无障碍机动车停车位的地面应平整、防滑、不积水，地面坡度不应大于 1∶50。

3.14.3 无障碍机动车停车位一侧，应设宽度不小于 1.20m 的通道，供乘轮椅者从轮椅通道直接进入人行道和到达无障碍出入口。

3.14.4 无障碍机动车停车位的地面应涂有停车线、轮椅通道线和无障碍标志。

3.15 低位服务设施

3.15.1 设置低位服务设施的范围包括问询台、服务窗口、电话台、安检验证台、行李托运台、借阅台、各种业务台、饮水机等。

3.15.2 低位服务设施上表面距地面高度宜为 700～850mm，其下部宜至少留出宽 750mm，高 650mm，深 450mm 供乘轮椅者膝部和足尖部的移动空间。

3.15.3 低位服务设施前应有轮椅回转空间，回转直径不小于 1.50m。

3.15.4 挂式电话离地不应高于 900mm。

3.16 无障碍标识系统、信息无障碍

3.16.1 无障碍标志应符合下列规定：

1 无障碍标志包括下列几种：

1）通用的无障碍标志应符合本规范附录 A 的规定；

2）无障碍设施标志牌符合本规范附录 B 的规定；

3）带指示方向的无障碍设施标志牌符合本规范附录 C 的规定。

2 无障碍标志应醒目，避免遮挡。

3 无障碍标志应纳入城市环境或建筑内部的引导标志系统，形成完整的系统，清楚地指明无障碍设施的走向及位置。

3.16.2 盲文标志应符合下列规定：

1 盲文标志可分成盲文地图、盲文铭牌、盲文站牌；

2 盲文标志的盲文必须采用国际通用的盲文表示方法。

3.16.3 信息无障碍应符合下列规定：

1 根据需求，因地制宜设置信息无障碍的设备和设施，使人们便捷地获取各类信息；

2 信息无障碍设备与设施位置和布局应合理。

4 城市道路

4.1 实施范围

4.1.1 城市道路无障碍设计的范围应包括：

1 城市各级道路；

2 城镇主要道路；

3 步行街；

4 旅游景点、城市景观带的周边道路。

4.1.2 城市道路、桥梁、隧道、立体交叉中人行系统均应进行无障碍设计，无障碍设施应沿行人通行路径布置。

4.1.3 人行系统中的无障碍设计主要包括人行道、人行横道、人行天桥及地道、公交车站。

4.2 人行道

4.2.1 人行道处缘石坡道设计应符合下列规定：

1 人行道在各种路口、各种出入口位置必须设置缘石坡道；

2 人行横道两端必须设置缘石坡道。

4.2.2 人行道处盲道设置应符合下列规定：

1 城市主要商业街、步行街的人行道应设置盲道；

2 视觉障碍者集中区域周边道路应设置盲道；

3 坡道的上下坡边缘处应设置提示盲道；

4 道路周边场所、建筑等出入口设置的盲道应与道路盲道相衔接。

4.2.3 人行道的轮椅坡道设置应符合下列规定：

1 人行道设置台阶处，应同时设置轮椅坡道；

2 轮椅坡道的设置应避免干扰行人通行及其他设施的使用。

4.2.4 人行道处服务设施设置应符合下列规定：

1 服务设施的设置应为残障人士提供方便；

2 宜为视觉障碍者提供触摸及音响一体化信息服务设施；

3 设置屏幕信息服务设施，宜为听觉障碍者提供屏幕手语及字幕信息服务；

4 低位服务设施的设置，应方便乘轮椅者使用；

5 设置休息座椅时，应设置轮椅停留空间。

4.3 人行横道

4.3.1 人行横道范围内的无障碍设计应符合下列规定：

1 人行横道宽度应满足轮椅通行需求；

2 人行横道安全岛的形式应方便乘轮椅者使用；

3 城市中心区及视觉障碍者集中区域的人行横道，应配置过街音响提示装置。

4.4 人行天桥及地道

4.4.1 盲道的设置应符合下列规定：

1 设置于人行道中的行进盲道应与人行天桥及地道出入口处的提示盲道相连接；

2 人行天桥及地道出入口处应设置提示盲道；

3 距每段台阶与坡道的起点与终点 250～500mm 处应设提示盲道，其长度应与坡道、梯道相对应。

4.4.2 人行天桥及地道处坡道与无障碍电梯的选择应符合下列规定：

1 要求满足轮椅通行需求的人行天桥及地道处宜设置坡道，当设置坡道有困难时，应设置无障碍电梯；

2 坡道的净宽度不应小于 2.00m；

3 坡道的坡度不应大于 1∶12；

4 弧线形坡道的坡度，应以弧线内缘的坡度进行计算；

5 坡道的高度每升高 1.50m 时，应设深度不小于 2.00m 的中间平台；

6 坡道的坡面应平整、防滑。

4.4.3 扶手设置应符合下列规定：

1 人行天桥及地道在坡道的两侧应设扶手，扶手宜设上、下两层；

2 在栏杆下方宜设置安全阻挡措施；

3 扶手起点水平段宜安装盲文铭牌。

4.4.4 当人行天桥及地道无法满足轮椅通行需求时，宜考虑地面安全通行。

4.4.5 人行天桥桥下的三角区净空高度小于 2.00 m 时，应安装防护设施，并应在防护设施外设置提示盲道。

4.5 公交车站

4.5.1 公交车站处站台设计应符合下列规定：

1 站台有效通行宽度不应小于 1.50m；

2 在车道之间的分隔带设公交车站时应方便乘轮椅者使用。

4.5.2 盲道与盲文信息布置应符合下列规定：

1 站台距路缘石 250～500mm 处应设置提示盲道，其长度应与公交车站的长度相对应；

2 当人行道中设有盲道系统时，应与公交车站的盲道相连接；

3 宜设置盲文站牌或语音提示服务设施，盲文站牌的位置、高度、形式与内容应方便视觉障碍者的使用。

4.6 无障碍标识系统

4.6.1 无障碍设施位置不明显时，应设置相应的无障碍标识系统。

4.6.2 无障碍标志牌应沿行人通行路径布置，构成标识引导系统。

4.6.3 无障碍标志牌的布置应与其他交通标志牌相协调。

5 城市广场

5.1 实施范围

5.1.1 城市广场进行无障碍设计的范围应包括下列内容：

1 公共活动广场；

2 交通集散广场。

5.2 实施部位和设计要求

5.2.1 城市广场的公共停车场的停车数在 50 辆以下时应设置不少于 1 个无障碍机动车停车位，100 辆以下时应设置不少于 2 个无障碍机动车停车位，100 辆以上时应设置不少于总停车数 2%的无障碍机动车停车位。

5.2.2 城市广场的地面应平整、防滑、不积水。

5.2.3 城市广场盲道的设置应符合下列规定：

1 设有台阶或坡道时，距每段台阶与坡道的起点与终点 250～500mm 处应设提示盲道，其长度应与台阶、坡道相对应，宽度应为 250～500mm；

2 人行道中有行进盲道时，应与提示盲道相连接。

5.2.4 城市广场的地面有高差时，坡道与无障碍电梯的选择应符合下列规定：

1 设置台阶的同时应设置轮椅坡道；

2 当设置轮椅坡道有困难时，可设置无障碍电梯。

5.2.5 城市广场内的服务设施应同时设置低位服务设施。

5.2.6 男、女公共厕所均应满足本规范第 8.13 节的有关规定。

5.2.7 城市广场的无障碍设施的位置应设置无障碍标志，无障碍标志应符合本规范第 3.16 节的有关规定，带指示方向的无障碍设施标志牌应与无障碍设施标志牌形成引导系统，满足通行的连续性。

6 城市绿地

6.1 实施范围

6.1.1 城市绿地进行无障碍设计的范围应包括下列内容：

1 城市中的各类公园，包括综合公园、社区公园、专类公园、带状公园、街旁绿地等；

2 附属绿地中的开放式绿地；

3 对公众开放的其他绿地。

6.2 公园绿地

6.2.1 公园绿地停车场的总停车数在 50 辆以下时应设置不少于 1 个无障碍机动车停车位，100 辆以下时应设置不少于 2 个无障碍机动车停车位，100 辆以上时应设置不少于总停车数 2%的无障碍机动车停车位。

6.2.2 售票处的无障碍设计应符合下列规定：

1 主要出入口的售票处应设置低位售票窗口；

2 低位售票窗口前地面有高差时，应设轮椅坡道以及不小于 1.50m×1.50m 的平台；

3 售票窗口前应设提示盲道，距售票处外墙应为 250～500mm。

6.2.3 出入口的无障碍设计应符合下列规定：

1 主要出入口应设置为无障碍出入口，设有自动检票设备的出入口，也应设置专供乘轮椅者使用的检票口；

2 出入口检票口的无障碍通道宽度不应小于 1.20m

3 出入口设置车挡时，车挡间距不应小于 900mm。

6.2.4 无障碍游览路线应符合下列规定：

1 无障碍游览主园路应结合公园绿地的主路设置，应能到达部分主要景区和景点，并宜形成环路，纵坡宜小于5%，山地公园绿地的无障碍游览主园路纵坡应小于8%；无障碍游览主园路不宜设置台阶、梯道，必须设置时应同时设置轮椅坡道；

2 无障碍游览支园路应能连接主要景点，并和无障碍游览主园路相连，形成环路；小路可到达景点局部，不能形成环路时，应便于折返，无障碍游览支园路和小路的纵坡应小于8%；坡度超过8%时，路面应作防滑处理，并不宜轮椅通行；

3 园路坡度大于8%时，宜每隔10.00～20.00m在路旁设置休息平台；

4 紧邻湖岸的无障碍游览园路应设置护栏，高度不低于900mm；

5 在地形险要的地段应设置安全防护设施和安全警示线；

6 路面应平整、防滑、不松动，园路上的窨井盖板应与路面平齐，排水沟的滤水箅子孔的宽度不应大于15mm。

6.2.5 游憩区的无障碍设计应符合下列规定：

1 主要出入口或无障碍游览园路沿线应设置一定面积的无障碍游憩区；

2 无障碍游憩区应方便轮椅通行，有高差时应设置轮椅坡道，地面应平整、防滑、不松动；

3 无障碍游憩区的广场树池宜高出广场地面，与广场地面相平的树池应加箅子。

6.2.6 常规设施的无障碍设计应符合下列规定：

1 在主要出入口、主要景点和景区，无障碍游憩区内的游憩设施、服务设施、公共设施、管理设施应为无障碍设施；

2 游憩设施的无障碍设计应符合下列规定：

1）在没有特殊景观要求的前提下，应设为无障碍游憩设施；

2）单体建筑和组合建筑包括亭、廊、榭、花架等，若有台明和台阶时，台明不宜过高，入口应设置坡道，建筑室内应满足无障碍通行；

3）建筑院落的出入口以及院内广场、通道有高差时，应设置轮椅坡道；有三个以上出入口时，至少应设两个无障碍出入口，建筑院落的内廊或通道的宽度不应小于1.20m；

4）码头与无障碍园路和广场衔接处有高差时应设置轮椅坡道；

5）无障碍游览路线上的桥应为平桥或坡度在8%以下的小拱桥，宽度不应小于1.20m，桥面应防滑，两侧应设栏杆。桥面与园路、广场衔接有高差时应设轮椅坡道。

3 服务设施的无障碍设计应符合下列规定：

1）小卖店等的售货窗口应设置低位窗口；

2）茶座、咖啡厅、餐厅、摄影部等出入口应为无障碍出入口，应提供一定数量的轮椅席位；

3）服务台、业务台、咨询台、售货柜台等应设有低位服务设施。

4 公共设施的无障碍设计应符合下列规定：

1）公共厕所应满足本规范第8.13节的有关规定，大型园林建筑和主要游览区应设置无障碍厕所；

2）饮水器、洗手台、垃圾箱等小品的设置应方便乘轮椅者使用；

3）游客服务中心应符合本规范第8.8节的有关规定；

4）休息座椅旁应设置轮椅停留空间。

5 管理设施的无障碍设计应符合本规范第8.2节的有关规定。

6.2.7 标识与信息应符合下列规定：

1 主要出入口、无障碍通道、停车位、建筑出入口、公共厕所等无障碍设施的位置应设置无障碍标志，并应形成完整的无障碍标识系统，清楚地指明无障碍设施的走向及位置，无障碍标志应符合第3.16节的有关规定；

2 应设置系统的指路牌、定位导览图、景区景点和园中园说明牌；

3 出入口应设置无障碍设施位置图、无障碍游览图；

4 危险地段应设置必要的警示、提示标志及安全警示线。

6.2.8 不同类别的公园绿地的特殊要求：

1 大型植物园宜设置盲人植物区域或者植物角，并提供语音服务、盲文铭牌等供视觉障碍者使用的设施；

2 绿地内展览区、展示区、动物园的动物展示区应设置便于乘轮椅者参观的窗口或位置。

6.3 附属绿地

6.3.1 附属绿地中的开放式绿地应进行无障碍设计。

6.3.2 附属绿地中的无障碍设计应符合本规范第6.2节和第7.2节的有关规定。

6.4 其他绿地

6.4.1 其他绿地中的开放式绿地应进行无障碍设计。

6.4.2 其他绿地的无障碍设计应符合本规范第6.2节的有关规定。

7 居住区、居住建筑

7.1 道路

7.1.1 居住区道路进行无障碍设计的范围应包括居住区路、小区路、组团路、宅间小路的人行道。

7.1.2 居住区级道路无障碍设计应符合本规范第4章的有关规定。

7.2 居住绿地

7.2.1 居住绿地的无障碍设计应符合下列规定：

1 居住绿地内进行无障碍设计的范围及建筑物类型包括：出入口、游步道、休憩设施、儿童游乐场、休闲广场、健身运动场、公共厕所等；

2 基地地坪坡度不大于5%的居住区的居住绿地均应满足无障碍要求，地坪坡度大于5%的居住区，应至少设置1个满足无障碍要求的居住绿地；

3 满足无障碍要求的居住绿地，宜靠近设有无障碍住房和宿舍的居住建筑设置，并通过无障碍通道到达。

7.2.2 出入口应符合下列规定：

1 居住绿地的主要出入口应设置为无障碍出入口；有3个以上出入口时，无障碍出入口不应少于2个；

2 居住绿地内主要活动广场与相接的地面或路面高差小于300mm时，所有出入口均应为无障碍出入口；高差大于300mm时，当出入口少于3个，所有出入口均应为无障碍出入口，当出入口为3个或3个以上，应至少设置2个无障碍出入口；

3 组团绿地、开放式宅间绿地、儿童活动场、健身运动场出入口应设提示盲道。

7.2.3 游步道及休憩设施应符合下列规定：

1 居住绿地内的游步道应为无障碍通道，轮椅园路纵坡不应大于4%；轮椅专用道不应大于8%；

2 居住绿地内的游步道及园林建筑、园林小品如亭、廊、花架等休憩设施不宜设置高于450mm的台明或台阶；必须设置时，应同时设置轮椅坡道并在休憩设施入口处设提示盲道；

3 绿地及广场设置休息座椅时，应留有轮椅停留空间。

7.2.4 活动场地应符合下列规定：

1 林下铺装活动场地，以种植乔木为主，林下净空不得低于2.20m；

2 儿童活动场地周围不宜种植遮挡视线的树木，保持较好的可通视性，且不宜选用硬质叶片的丛生植物。

7.3 配套公共设施

7.3.1 居住区内的居委会、卫生站、健身房、物业管理、会所、社区中心、商业等为居民服务的建筑应设置无障碍出入口。设有电梯的建筑至少应设置1部无障碍电梯；未设有电梯的多层建筑，应至少设置1部无障碍楼梯。

7.3.2 供居民使用的公共厕所应满足本规范第8.13节的有关规定。

7.3.3 停车场和车库应符合下列规定：

1 居住区停车场和车库的总停车位应设置不少于0.5%的无障碍机动车停车位；若设有多个停车场和车库，宜每处设置不少于1个无障碍机动车停车位；

2 地面停车场的无障碍机动车停车位宜靠近停车场的出入口设置。有条件的居住区宜靠近住宅出入口设置无障碍机动车停车位；

3 车库的人行出入口应为无障碍出入口。设置在非首层的车库应设无障碍通道与无障碍电梯或无障碍楼梯连通，直达首层。

7.4 居住建筑

7.4.1 居住建筑进行无障碍设计的范围应包括住宅及公寓、宿舍建筑（职工宿舍、学生宿舍）等。

7.4.2 居住建筑的无障碍设计应符合下列规定：

1 设置电梯的居住建筑应至少设置1处无障碍出入口，通过无障碍通道直达电梯厅；未设置电梯的低层和多层居住建筑，当设置无障碍住房及宿舍时，应设置无障碍出入口；

2 设置电梯的居住建筑，每居住单元至少应设置1部能直达户门层的无障碍电梯。

7.4.3 居住建筑应按每100套住房设置不少于2套无障碍住房。

7.4.4 无障碍住房及宿舍宜建于底层。当无障碍住房及宿舍设在二层及以上且未设置电梯时，其公共楼梯应满足本规范第3.6节的有关规定。

7.4.5 宿舍建筑中，男女宿舍应分别设置无障碍宿舍，每100套宿舍各应设置不少于1套无障碍宿舍；当无障碍宿舍设置在二层以上且宿舍建筑设置电梯时，应设置不少于1部无障碍电梯，无障碍电梯应与无障碍宿舍以无障碍通道连接。

7.4.6 当无障碍宿舍内未设置厕所时，其所在楼层的公共厕所至少有1处应满足本规范3.9.1条的有关规定或设置无障碍厕所，并宜靠近无障碍宿舍设置。

8 公共建筑

8.1 一般规定

8.1.1 公共建筑基地的无障碍设计应符合下列规定：

1 建筑基地的车行道与人行通道地面有高差时，在人行通道的路口及人行横道的两端应设缘石坡道；

2 建筑基地的广场和人行通道的地面应平整、防滑、不积水；

3 建筑基地的主要人行通道当有高差或台阶时应设置轮椅坡道或无障碍电梯。

8.1.2 建筑基地内总停车数在100辆以下时应设置不少于1个无障碍机动车停车位，100辆以上时应设置不少于总停车数1%的无障碍机动车停车位。

8.1.3 公共建筑的主要出入口宜设置坡度小于1∶30的平坡出入口。

8.1.4 建筑内设有电梯时，至少应设置1部无障碍电梯。

8.1.5 当设有各种服务窗口、售票窗口、公共电话台、饮水器等时应设置低位服务设施。

8.1.6 主要出入口、建筑出入口、通道、停车位、厕所电梯等无障碍设施的位置，应设置无障碍标志，无障碍标志应符合本规范第3.16节的有关规定；建筑物出入口和楼梯前室宜设楼面示意图，在重要信息提示处宜设电子显示屏。

8.1.7 公共建筑的无障碍设施应成系统设计，并宜相互靠近。

8.2 办公、科研、司法建筑

8.2.1 办公、科研、司法建筑进行无障碍设计的范围包括：政府办公建筑、司法办公建筑、企事业办公建筑、各类科研建筑、社区办公及其他办公建筑等。

8.2.2 为公众办理业务与信访接待的办公建筑的无障碍设施应符合下列规定：

1 建筑的主要出入口应为无障碍出入口；

2 建筑出入口大厅、休息厅、贵宾休息室、疏散大厅等人员聚集场所有高差或台阶时应设轮椅坡道，宜提供休息座椅和可以放置轮椅的无障碍休息区；

3 公众通行的室内走道应为无障碍通道，走道长度大于60.00m时，宜设休息区，休息区应避开行走路线；

4 供公众使用的楼梯宜为无障碍楼梯；

5 供公众使用的男、女公共厕所均应满足本规范第3.9.1条的有关规定或在男、女公共厕所附近设置1个无障碍厕所，且建筑内至少应设置1个无障碍厕所，内部办公人员使用的男、女公共厕所至少应各有1个满足本规范第3.9.1条的有关规定或在男、女公共厕所附近设置1个无障碍厕所；

6 法庭、审判庭及为公众服务的会议及报告厅等的公众坐席座位数为300座及以下时应至少设置1个轮椅席位，300座以上时不应少于0.2%且不少于2个轮椅席位。

8.2.3 其他办公建筑的无障碍设施应符合下列规定：

1 建筑物至少应有1处为无障碍出入口，且宜位于主要出入口处；

2 男、女公共厕所至少各有1处应满足本规范第3.9.1条或第3.9.2条的有关规定；

3 多功能厅、报告厅等至少应设置1个轮椅坐席。

8.3 教育建筑

8.3.1 教育建筑进行无障碍设计的范围应包括托儿所、幼儿园建筑、中小学建筑、高等院校建筑、职业教育建筑、特殊教育建筑等。

8.3.2 教育建筑的无障碍设施应符合下列规定：

1 凡教师、学生和婴幼儿使用的建筑物主要出入口应为无障碍出入口，宜设置为平坡出入口；

2 主要教学用房应至少设置1部无障碍楼梯；

3 公共厕所至少有1处应满足本规范第3.9.1条的有关规定。

8.3.3 接收残疾生源的教育建筑的无障碍设施应符合下列规定：

1 主要教学用房每层至少有1处公共厕所应满足本规范第3.9.1条的有关规定；

2 合班教室、报告厅以及剧场等应设置不少于2个轮椅坐席，服务报告厅的公共厕所应满足本规范第3.9.1条的有关规定或设置无障碍厕所；

3 有固定座位的教室、阅览室、实验教室等教学用房，应在靠近出入口处预留轮椅回转空间。

8.3.4 视力、听力、言语、智力残障学校设计应符合现行行业标准《特殊教育学校建筑设计规范》JGJ 76的有关要求。

8.4 医疗康复建筑

8.4.1 医疗康复建筑进行无障碍设计的范围应包括综合医院、专科医院、疗养院、康复中心、急救中心和其他所有与医疗、康复有关的建筑物。

8.4.2 医疗康复建筑中，凡病人、康复人员使用的建筑的无障碍设施应符合下列规定：

1 室外通行的步行道应满足本规范第3.5节有关规定的要求；

2 院区室外的休息座椅旁，应留有轮椅停留空间；

3 主要出入口应为无障碍出入口，宜设置为平坡出入口；

4 室内通道应设置无障碍通道，净宽不应小于1.80m，并按照本规范第3.8节的要求设置扶手；

5 门应符合本规范第3.5节的要求；

6 同一建筑内应至少设置1部无障碍楼梯；

7 建筑内设有电梯时，每组电梯应至少设置 1 部无障碍电梯；

8 首层应至少设置 1 处无障碍厕所；各楼层至少有 1 处公共厕所应满足本规范第 3.9.1 条的有关规定或设置无障碍厕所；病房内的厕所应设置安全抓杆，并符合本规范第 3.9.4 条的有关规定；

9 儿童医院的门、急诊部和医技部，每层宜设置至少 1 处母婴室，并靠近公共厕所；

10 诊区、病区的护士站、公共电话台、查询处、饮水器、自助售货处、服务台等应设置低位服务设施；

11 无障碍设施应设符合我国国家标准的无障碍标志，在康复建筑的院区主要出入口处宜设置盲文地图或供视觉障碍者使用的语音导医系统和提示系统、供听力障碍者需要的手语服务及文字提示导医系统。

8.4.3 门、急诊部的无障碍设施还应符合下列规定：

1 挂号、收费、取药处应设置文字显示器以及语言广播装置和低位服务台或窗口；

2 候诊区应设轮椅停留空间。

8.4.4 医技部的无障碍设施应符合下列规定：

1 病人更衣室内应留有直径不小于 1.50m 的轮椅回转空间，部分更衣箱高度应小于 1.40m；

2 等候区应留有轮椅停留空间，取报告处宜设文字显示器和语音提示装置。

8.4.5 住院部病人活动室墙面四周扶手的设置应满足本规范第 3.8 节的有关规定。

8.4.6 理疗用房应根据治疗要求设置扶手，并满足本规范第 3.8 节的有关规定。

8.4.7 办公、科研、餐厅、食堂、太平间用房的主要出入口应为无障碍出入口。

8.5 福利及特殊服务建筑

8.5.1 福利及特殊服务建筑进行无障碍设计的范围应包括福利院、敬（安、养）老院、老年护理院、老年住宅、残疾人综合服务设施、残疾人托养中心、残疾人体训中心及其他残疾人集中或使用频率较高的建筑等。

8.5.2 福利及特殊服务建筑的无障碍设施应符合下列规定：

1 室外通行的步行道应满足本规范第 3.5 节有关规定的要求；

2 室外院区的休息座椅旁应留有轮椅停留空间；

3 建筑物首层主要出入口应为无障碍出入口，宜设置为平坡出入口。主要出入口设置台阶时，台阶两侧宜设置扶手；

4 建筑出入口大厅、休息厅等人员聚集场所宜提供休息座椅和可以放置轮椅的无障碍休息区；

5 公共区域的室内通道应为无障碍通道，走道两侧墙面应设置扶手，并满足本规范 3.8 节的有关规定；室外的连通走道应选用平整、坚固、耐磨、不光滑的材料并宜设防风避雨设施；

6 楼梯应为无障碍楼梯；

7 电梯应为无障碍电梯；

8 居室户门净宽不应小于 900mm；居室内走道净宽不应小于 1.20m；卧室、厨房、卫生间门净宽不应小于 800mm；

9 居室内宜留有直径不小于 1.5m 的轮椅回转空间；

10 居室内的厕所应设置安全抓杆，并符合本规范第 3.9.4 条的有关规定；居室外的公共厕所应满足本规范第 3.9.1 条的有关规定或设置无障碍厕所；

11 公共浴室应满足本规范第 3.10 节的有关规定；居室内的淋浴间或盆浴间应设置安全抓杆，并符合本规范第 3.10.2 及 3.10.3 条的有关规定；

12 居室宜设置语音提示装置。

8.5.3 其他不同建筑类别应符合国家现行的有关建筑设计规范与标准的设计要求。

8.6 体育建筑

8.6.1 体育建筑进行无障碍设计的范围应包括作为体育比赛（训练）、体育教学、体育休闲的体育场馆和场地设施等。

8.6.2 体育建筑的无障碍设施应符合下列规定：

1 特级、甲级场馆基地内应设置不少于停车数量的2%，且不少于2个无障碍机动车停车位，乙级、丙级场馆基地内应设置不少于2个无障碍机动车停车位；

2 建筑物的观众、运动员及贵宾出入口应至少各设1处无障碍出入口，其他功能分区的出入口可根据需要设置无障碍出入口；

3 建筑的检票口及无障碍出入口到各种无障碍设施的室内走道应为无障碍通道，通道长度大于60.00m时宜设休息区，休息区应避开行走路线；

4 大厅、休息厅、贵宾休息室、疏散大厅等主要人员聚集场所宜设放置轮椅的无障碍休息区；

5 供观众使用的楼梯应为无障碍楼梯；

6 特级、甲级场馆内各类观众看台区、主席台、贵宾区内如设置电梯应至少各设置1部无障碍电梯，乙级、丙级场馆内坐席区设有电梯时，至少应设置1部无障碍电梯，并应满足赛事和观众的需要；

7 特级、甲级场馆每处观众区和运动员区使用的男、女公共厕所均应满足本规范第3.9.1条的有关规定或在每处男、女公共厕所附近设置1个无障碍厕所，且场馆内至少应设置1个无障碍厕所，主席台休息区、贵宾休息区应至少各设置1个无障碍厕所；乙级、丙级场馆的观众区和运动员区各至少有1处男、女公共厕所应满足本规范第3.9.1条的有关规定或各在男、女公共厕所附近设置1个无障碍厕所；

8 运动员浴室均应满足本规范第3.10节的有关规定；

9 场馆内各类观众看台的坐席区都应设置轮椅席位，并在轮椅席位旁或邻近的坐席处，设置1∶1的陪护席位，轮椅席位数不应少于观众席位总数的0.2%。

8.7 文化建筑

8.7.1 文化建筑进行无障碍设计的范围应包括文化馆、活动中心、图书馆、档案馆、纪念馆、纪念塔、纪念碑、宗教建筑、博物馆、展览馆、科技馆、艺术馆、美术馆、会展中心、剧场、音乐厅、电影院、会堂、演艺中心等。

8.7.2 文化类建筑的无障碍设施应符合下列规定：

1 建筑物至少应有1处为无障碍出入口，且宜位于主要出入口处；

2 建筑出入口大厅、休息厅（贵宾休息厅）、疏散大厅等主要人员聚集场所有高差或台阶时应设轮椅坡道，宜设置休息座椅和可以放置轮椅的无障碍休息区；

3 公众通行的室内走道及检票口应为无障碍通道，走道长度大于60.00m，宜设休息区，休息区应避开行走路线；

4 供公众使用的主要楼梯宜为无障碍楼梯；

5 供公众使用的男、女公共厕所每层至少有1处应满足本规范第3.9.1条的有关规定或在男、女公共厕所附近设置1个无障碍厕所；

6 公共餐厅应提供总用餐数2%的活动座椅，供乘轮椅者使用。

8.7.3 文化馆、少儿活动中心、图书馆、档案馆、纪念馆、纪念塔、纪念碑、宗教建筑、博物馆、展览馆、科技馆、艺术馆、美术馆、会展中心等建筑物的无障碍设施还应符合下列规定：

1 图书馆、文化馆等安有探测仪的出入口应便于乘轮椅者进入；

2 图书馆、文化馆等应设置低位目录检索台；

3 报告厅、视听室、陈列室、展览厅等设有观众席位时应至少设1个轮椅席位；

4 县、市级及以上图书馆应设盲人专用图书室（角），在无障碍入口、服务台、楼梯间和电梯间入口、盲人图书室前应设行进盲道和提示盲道；

5 宜提供语音导览机、助听器等信息服务。

8.7.4 剧场、音乐厅、电影院、会堂、演艺中心等建筑物的无障碍设施应符合下列规定：

1 观众厅内座位数为300座及以下时应至少设置1个轮椅席位，300座以上时不应少于0.2%且不少于2个轮椅席位；

2 演员活动区域至少有1处男、女公共厕所应满足本规范第3.9节的有关规定的要求，贵宾室宜设1个无障碍厕所。

8.8 商业服务建筑

8.8.1 商业服务建筑进行无障碍设计的范围包括各类百货店、购物中心、超市、专卖店、专业店、餐饮建筑、旅馆等商业建筑，银行、证券等金融服务建筑，邮局、电信局等邮电建筑，娱乐建筑等。

8.8.2 商业服务建筑的无障碍设计应符合下列规定：

1 建筑物至少应有1处为无障碍出入口，且宜位于主要出入口处；

2 公众通行的室内走道应为无障碍通道；

3 供公众使用的男、女公共厕所每层至少有1处应满足本规范第3.9.1条的有关规定或在男、女公共厕所附近设置1个无障碍厕所，大型商业建筑宜在男、女公共厕所满足本规范第3.9.1条的有关规定的同时且在附近设置1个无障碍厕所；

4 供公众使用的主要楼梯应为无障碍楼梯。

8.8.3 旅馆等商业服务建筑应设置无障碍客房，其数量应符合下列规定：

1 100间以下，应设1间～2间无障碍客房；

2 100间～400间，应设2间～4间无障碍客房；

3 400间以上，应至少设4间无障碍客房。

8.8.4 设有无障碍客房的旅馆建筑，宜备方便导盲犬休息的设施。

8.9 汽车客运站

8.9.1 汽车客运站建筑进行无障碍设计的范围包括各类长途汽车站。

8.9.2 汽车客运站建筑的无障碍设计应符合下列规定：

1 站前广场人行通道的地面应平整、防滑、不积水，有高差时应做轮椅坡道；

2 建筑物至少应有1处为无障碍出入口，宜设置为平坡出入，且宜位于主要出入口处；

3 门厅、售票厅、候车厅、检票口等旅客通行的室内走道应为无障碍通道；

4 供旅客使用的男、女公共厕所每层至少有1处应满足本规范第3.9.1条的有关规定或在男、女公共厕所附近设置1个无障碍厕所，且建筑内至少应设置1个无障碍厕所；

5 供公众使用的主要楼梯应为无障碍楼梯；

6 行包托运处（含小件寄存处）应设置低位窗口。

8.10 公共停车场（库）

8.10.1 公共停车场（库）应设置无障碍机动车停车位，其数量应符合下列规定：

1 Ⅰ类公共停车场（库）应设置不少于停车数量2%的无障碍机动车停车位；

2 Ⅱ类及Ⅲ类公共停车场（库）应设置不少于停车数量2%，且不少于2个无障碍机动车停车位；

3 Ⅳ类公共停车场（库）应设置不少于1个无障碍机动车停车位。

8.10.2 设有楼层公共停车库的无障碍机动车停车位宜设在与公共交通道路同层的位置，或通过无障碍设施衔接通往地面层。

8.11 汽车加油加气站

8.11.1 汽车加油加气站附属建筑的无障碍设计应符合下列规定：

1 建筑物至少应有1处为无障碍出入口，且宜位于主要出入口处；

2 男、女公共厕所宜满足本规范第8.13节的有关规定。

8.12 高速公路服务区建筑

8.12.1 高速公路服务区建筑内的服务建筑的无障碍设计应符合下列规定：

1 建筑物至少应有1处为无障碍出入口，且宜位于主要出入口处；

2 男、女公共厕所应满足本规范第8.13节的有关规定。

8.13 城市公共厕所

8.13.1 城市公共厕所进行无障碍设计的范围应包括独立式、附属式公共厕所。

8.13.2 城市公共厕所的无障碍设计应符合下列规定：

1 出入口应为无障碍出入口；

2 在两层公共厕所中，无障碍厕位应设在地面层；

3 女厕所的无障碍设施包括至少1个无障碍厕位和1个无障碍洗手盆；男厕所的无障碍设施包括至少1个无障碍厕位、1个无障碍小便器和1个无障碍洗手盆；并应满足本规范第3.9.1条的有关规定；

4 宜在公共厕所旁另设1处无障碍厕所；

5 厕所内的通道应方便乘轮椅者进出和回转，回转直径不小于1.50m；

6 门应方便开启，通行净宽度不应小于800mm；

7 地面应防滑、不积水

9 历史文物保护建筑无障碍建设与改造

9.1 实施范围

9.1.1 历史文物保护建筑进行无障碍设计的范围应包括开放参观的历史名园、开放参观的古建博物馆、使用中的庙宇、开放参观的近现代重要史迹及纪念性建筑、开放的复建古建筑等。

9.2 无障碍游览路线

9.2.1 对外开放的文物保护单位应根据实际情况设计无障碍游览路线，无障碍游览路线上的文物建筑宜尽量满足游客参观的需求。

9.3 出入口

9.3.1 无障碍游览路线上对游客开放参观的文物建筑对外的出入口至少应设1处无障碍出入口，其设置标准要以保护文物为前提，坡道、平台等可为可拆卸的活动设施。

9.3.2 展厅、陈列室、视听室等，至少应设1处无障碍出入口，其设置标准要以保护文物为前提，坡道、平台等可为可拆卸的活动设施。

9.3.3 开放的文物保护单位的对外接待用房的出入口宜为无障碍出入口。

9.4 院落

9.4.1 无障碍游览路线上的游览通道的路面应平整、防滑，其纵坡不宜大于1：50，有台阶处应同时设置轮椅坡道，坡道、平台等可为可拆卸的活动设施。

9.4.2 开放的文物保护单位内可不设置盲道，当特别需要时可设置，且应与周围环境相协调。

9.4.3 位于无障碍游览路线上的院落内的公共绿地及其通道、休息凉亭等设施的地面应平整、防滑，有台阶处宜同时设置坡道，坡道、平台等可为可拆卸的活动设施。

9.4.4 院落内的休息座椅旁宜设轮椅停留空间。

9.5 服务设施

9.5.1 供公众使用的男、女公共厕所至少应有1处满足本规范第8.13节的有关规定。

9.5.2 供公众使用的服务性用房的出入口至少应有l处为无障碍出入口，且宜位于主要出入口处。

9.5.3 售票处、服务台、公用电话、饮水器等应设置低位服务设施。

9.5.4 纪念品商店如有开放式柜台、收银台，应配备低位柜台。

9.5.5 设有演播电视等服务设施的，其观众区应至少设置1个轮椅席位。

9.5.6 建筑基地内设有停车场的，应设置不少于1个无障碍机动车停车位。

9.6 信息与标识

9.6.1 信息与标识的无障碍设计应符合下列规定：

1 主要出入口、无障碍通道、停车位、建筑出入口、厕所等无障碍设施的位置，应设置无障碍标志，无障碍标志应符合本规范第3.16节的有关规定；

2 重要的展览性陈设，宜设置盲文解说牌。

《建筑设计防火规范》(GB 50016—2014)(摘要)

其中，3.2.2、3.2.3、3.2.4、3.2.7、3.2.9、3.2.15、3.3.1、3.3.2、3.3.4、3.3.5、3.3.6（2）、3.3.8、3.3.9、3.4.1、3.4.2、3.4.4、3.4.9、3.5.1、3.5.2、3.6.2、3.6.6、3.6.8、3.6.11、3.6.12、3.7.2、3.7.3、3.7.6、3.8.2、3.8.3、3.8.7、4.1.2、4.1.3、4.2.1、4.2.2、4.2.3、4.2.5（3、4、5、6）、4.3.1、4.3.2、4.3.3、4.3.8、4.4.1、4.4.2、4.4.5、5.1.3、5.1.4、5.2.2、5.2.6、5.3.1、5.3.2、5.3.4、5.3.5、5.4.2、5.4.3、5.4.4（1、2、3、4）、5.4.5、5.4.6、5.4.9（1、4、5、6）、5.4.10（1、2）、5.4.11、5.4.12、5.4.13（2、3、4、5、6）、5.4.15（1、2）、5.4.17（1、2、3、4、5）、5.5.8、5.5.12、5.5.13、5.5.15、5.5.16（1）、5.5.17、5.5.18、5.5.21（1、2、3、4）、5.5.23、5.5.24、5.5.25、5.5.26、5.5.29、5.5.30、5.5.31、6.1.1、6.1.2、6.1.5、6.1.7、6.2.2、6.2.4、6.2.5、6.2.6、6.2.7、6.2.9（1、2、3）、6.3.5、6.4.1（2、3、4、5、6）、6.4.2、6.4.3（1、3、4、5、6）、6.4.4、6.4.5、6.4.10、6.4.11、6.6.2、6.7.2、6.7.4、6.7.5、6.7.6、7.1.2、7.1.3、7.1.8（1、2、3）、7.2.1、7.2.2（1、2、3）、7.2.3、7.2.4、7.3.1、7.3.2、7.3.5（2、3、4）、7.3.6、8.1.2、8.1.3、8.1.6、8.1.7（1、3、4）、8.1.8、8.2.1、8.3.1、8.3.2、8.3.3、8.3.4、8.3.5、8.3.7、8.3.8、8.3.9、8.3.10、8.4.1、8.4.3、8.5.1、8.5.2、8.5.3、8.5.4、9.1.2、9.1.3、9.1.4、9.2.2、9.2.3、9.3.2、9.3.5、9.3.8、9.3.9、9.3.11、9.3.16、10.1.1、10.1.2、10.1.5、10.1.6、10.1.8、10.1.10（1、2）、10.2.1、10.2.4、10.3.1、10.3.2、10.3.3、11.0.3、11.0.4、11.0.7（2、3、4）、11.0.9、11.0.10、12.1.3、12.1.4、12.3.1、12.5.1、12.5.4条（款）为强制性条文，必须严格执行。

5 民用建筑

5.1 建筑分类和耐火等级

5.1.1 民用建筑根据其建筑高度和层数可分为单、多层民用建筑和高层民用建筑。高层民用建筑根据其建筑高度、使用功能和楼层的建筑面积可分为一类和二类。民用建筑的分类应符合表5.1.1的规定。

表5.1.1 民用建筑的分类

名称	高层民用建筑		单、多层民用建筑
	一类	二类	
住宅建筑	建筑高度大于54m的住宅建筑（包括设置商业服务网点的住宅建筑）	建筑高度大于27m，但不大于54m的住宅建筑（包括设置商业服务网点的住宅建筑）	建筑高度不大于27m的住宅建筑（包括设置商业服务网点的住宅建筑）
公共建筑	1. 建筑高度大于50m的公共建筑； 2. 建筑高度24m以上部分任一楼层建筑面积大于1000m² 的商店、展览、电信、邮政、财贸金融建筑和其他多种功能组合的建筑； 3. 医疗建筑、重要公共建筑； 4. 省级及以上的广播电视和防灾指挥调度建筑、网局级和省级电力调度建筑； 5. 藏书超过100万册的图书馆、书库	除一类高层公共建筑外的其他高层公共建筑	1. 建筑高度大于24m的单层公共建筑； 2. 建筑高度不大于24m的其他公共建筑

注 1. 表中未列入的建筑，其类别应根据本表类比确定。
2. 除本规范另有规定外，宿舍、公寓等非住宅类居住建筑的防火要求，应符合本规范有关公共建筑的规定。
3. 除本规范另有规定外，裙房的防火要求应符合本规范有关高层民用建筑的规定。

5.1.2 民用建筑的耐火等级可分为一、二、三、四级。除本规范另有规定外，不同耐火等级建筑相应构件的燃烧性能和耐火极限不应低于表5.1.2的规定。

表5.1.2 不同耐火等级建筑相应构件的燃烧性能和耐火极限（h）

构件名称		耐火等级			
		一级	二级	三级	四级
墙	防火墙	不燃性 3.00	不燃性 3.00	不燃性 3.00	不燃性 3.00
	承重墙	不燃性 3.00	不燃性 2.50	不燃性 2.00	难燃性 0.50
	非承重外墙	不燃性 1.00	不燃性 1.00	不燃性 0.50	可燃性
	楼梯间和前室的墙 电梯井的墙 住宅建筑单元之间的墙和分户墙	不燃性 2.00	不燃性 2.00	不燃性 1.50	难燃性 0.50
	疏散走道两侧的隔墙	不燃性 1.00	不燃性 1.00	不燃性 0.50	难燃性 0.25
	房间隔墙	不燃性 0.75	不燃性 0.50	难燃性 0.50	难燃性 0.25
柱		不燃性 3.00	不燃性 2.50	不燃性 2.00	难燃性 0.50
梁		不燃性 2.00	不燃性 1.50	不燃性 1.00	难燃性 0。50
楼板		不然性 1.50	不然性 1.00	不燃性 0.50	可燃性
屋顶承重构件		不燃性 1.50	不燃性 1.00	可燃性 0.50	可燃性
疏散楼梯		不燃性 1.50	不燃性 1.00	不燃性 0.50	可燃性
吊顶（包括吊顶搁栅）		不燃性 0.25	难燃性 0.25	难燃性 0.15	可燃性

注 1. 除本规范另有规定外，以木柱承重且墙体采用不燃材料的建筑，其耐火等级应按四级确定。
2. 住宅建筑构件的耐火极限和燃烧性能可按现行国家标准《住宅建筑规范》GB 50368的规定执行。

5.1.3 民用建筑的耐火等级应根据其建筑高度、使用功能、重要性和火灾扑救难度等确定，并应符合下列规定：

1 地下或半地下建筑（室）和一类高层建筑的耐火等级不应低于一级；

2 单、多层重要公共建筑和二类高层建筑的耐火等级不应低于二级。

5.1.4 建筑高度大于100m的民用建筑，其楼板的耐火极限不应低于2.00h。

一、二级耐火等级建筑的上人平屋顶，其屋面板的耐火极限分别不应低于1.50h和1.00h

5.1.5 一、二级耐火等级建筑的屋面板应采用不燃材料。

屋面防水层宜采用不燃、难燃材料，当采用可燃防水材料且铺设在可燃、难燃保温材料上时，防水材料或可燃、难燃保温材料应采用不燃材料作防护层。

5.1.6 二级耐火等级建筑内采用难燃性墙体的房间隔墙，其耐火极限不应低于0.75h；当房间的建筑面积不大于$100m^2$时，房间隔墙可采用耐火极限不低于0.50h的难燃性墙体或耐火极限不低于

0.30h的不燃性墙体。

二级耐火等级多层住宅建筑内采用预应力钢筋混凝土的楼板，其耐火极限不应低于0.75h。

5.1.7 建筑中的非承重外墙、房间隔墙和屋面板，当确需采用金属夹芯板材时，其芯材应为不燃材料，且耐火极限应符合本规范有关规定。

5.1.8 二级耐火等级建筑内采用不燃材料的吊顶，其耐火极限不限。

三级耐火等级的医疗建筑、中小学校的教学建筑、老年人建筑及托儿所、幼儿园的儿童用房和儿童游乐厅等儿童活动场所的吊顶，应采用不燃材料；当采用难燃材料时，其耐火极限不应低于0.25h。

二、三级耐火等级建筑内门厅、走道的吊顶应采用不燃材料。

5.1.9 建筑内预制钢筋混凝土构件的节点外露部位，应采取防火保护措施，且节点的耐火极限不应低于相应构件的耐火极限。

5.2 总平面布局

5.2.2 民用建筑之间的防火间距不应小于表5.2.2的规定，与其他建筑的防火间距，除应符合本节规定外，尚应符合本规范其他章的有关规定。(见图5.3.2-1～6)

表5.2.2 民用建筑之间的防火间距（m）

建筑类别		高层民用建筑	裙房和其他民用建筑		
		一、二级	一、二级	三级	四级
高层民用建筑	一、二级	13	9	11	14
裙房和其他民用建筑	一、二级	9	6	7	9
	三级	11	7	8	10
	四级	14	9	10	12

注 1. 相邻两座单、多层建筑，当相邻外墙为不然性墙体且无外露的可燃性屋檐，每面外墙上无防火保护的门、窗、洞口不正对开设且该门、窗、洞口的面积之和不大于外墙面积的5%时，其防火间距可按本表的规定减少25%。

2. 两座建筑相邻较高一面外墙为防火墙，或高出相邻较低一座一、二级耐火等级建筑的屋面15m及以下范围内的外墙为防火墙时，其防火间距不限。

3. 相邻两座高度相同的一、二级耐火等级建筑中相邻任一侧外墙为防火墙，屋顶的耐火极限不低于1.00h时，其防火间距不限。

4. 相邻两座建筑中较低一座建筑的耐火等级不低于二级，相邻较低一面外墙为防火墙且屋顶无天窗，屋顶的耐火极限不低于1.00h时，其防火间距不应小于3.5m；对于高层建筑，不应小于4m。

5. 相邻两座建筑中较低一座建筑的耐火等级不低于二级且屋顶无天窗，相邻较高一面外墙高出较低一座建筑的屋面15m及以下范围内的开口部位设置甲级防火门、窗，或设置符合现行国家标准《自动喷水灭火系统设计规范》GB 50084规定的防火分隔水幕或本规范第6.5.3条规定的防火卷帘时，其防火间距不应小于3.5m；对于高层建筑，不应小于4m。

6. 相邻建筑通过连廊、天桥或底部的建筑物等连接时，其间距不应小于本表的规定。

7. 耐火等级低于四级的既有建筑，其耐火等级可按四级确定。

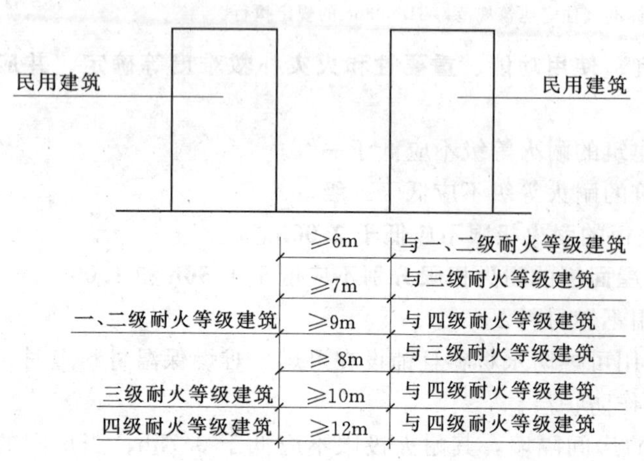

图5.3.2-1

5.2.4 除高层民用建筑外，数座一、二级耐火等级的住宅建筑或办公建筑，当建筑物的占地面积总和不大于2500m²时，可成组布置，但组内建筑物之间的间距不宜小于4m。组与组或组与相邻建筑物的防火间距不应小于本规范第5.2.2条的规定。(见图5.2.4)

5.3 防火分区和层数

5.3.1 除本规范另有规定外，不同耐火等级建筑的允许建筑高度或层数、防火分区最大允许建筑面积应符合表5.3.1的规定。

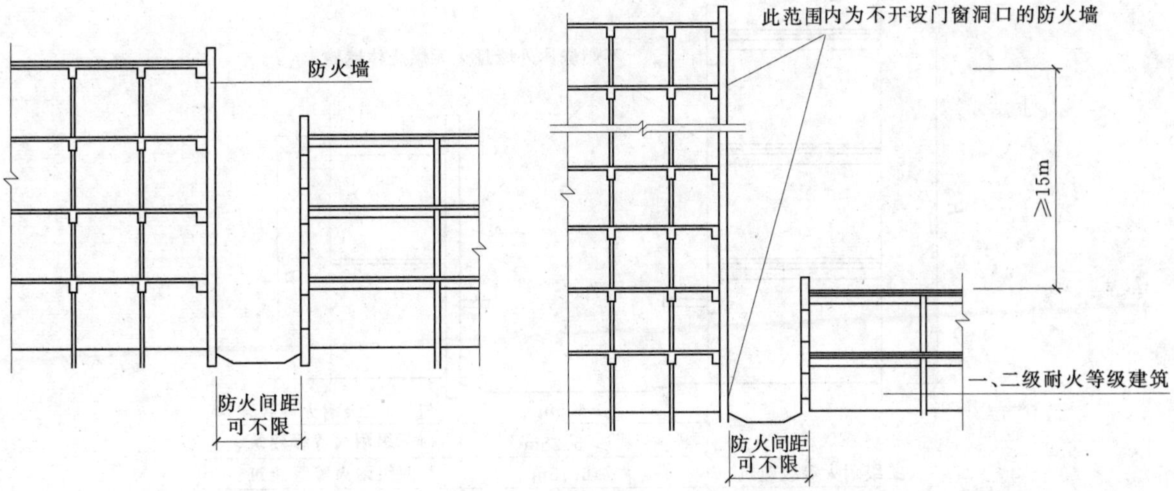

图 5.3.2-2

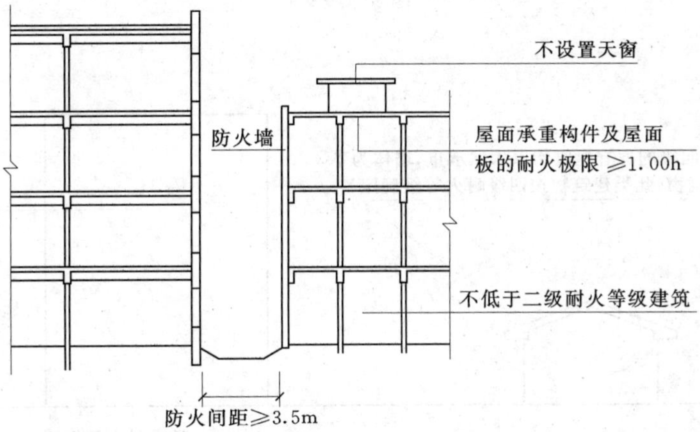

图 5.3.2-3

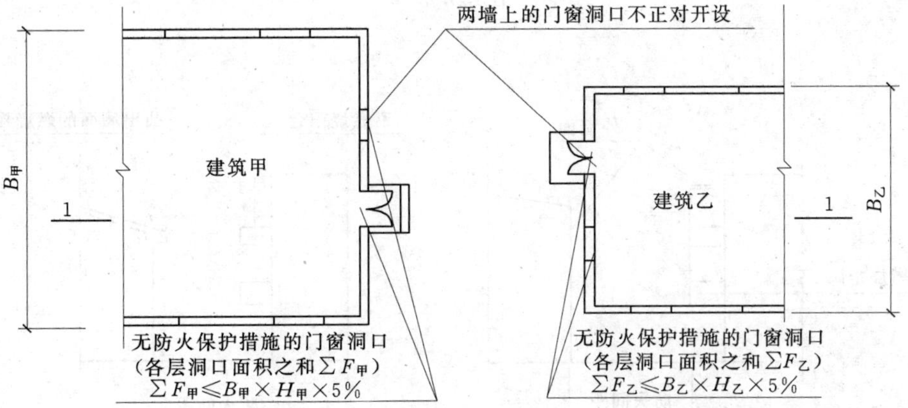

图 5.3.2-4

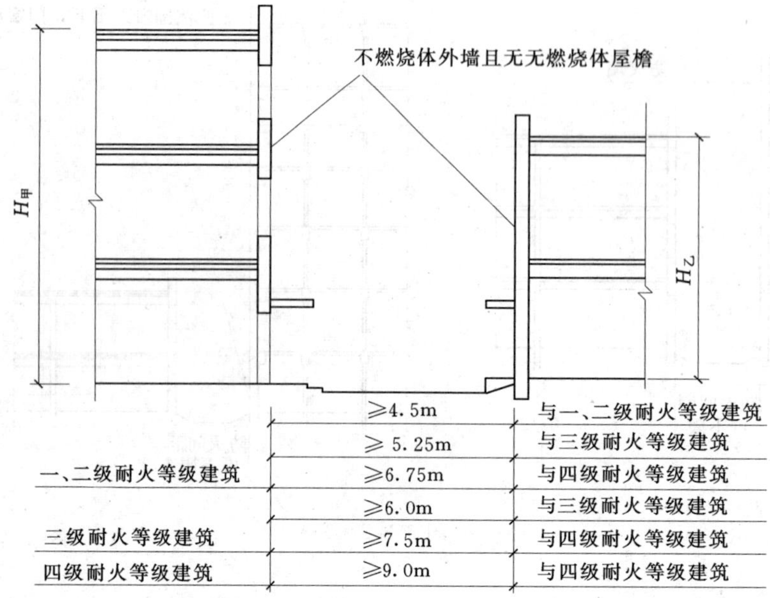

图 5.3.2－5

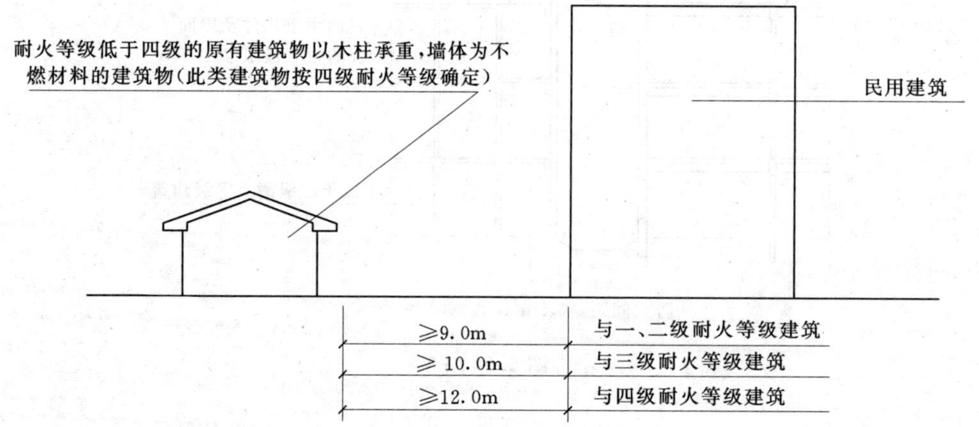

图 5.3.2－6

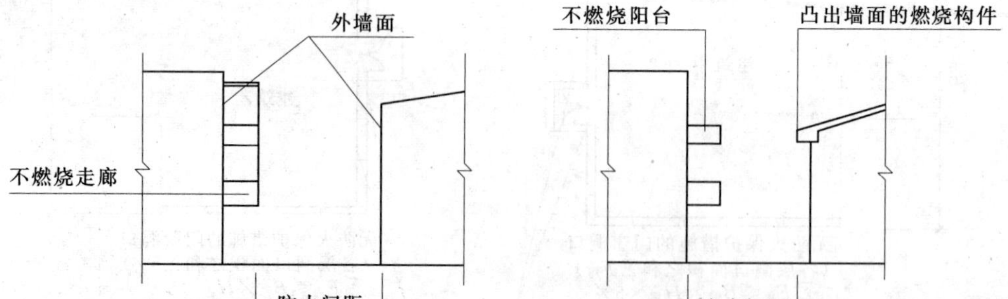

图 5.3.2－2

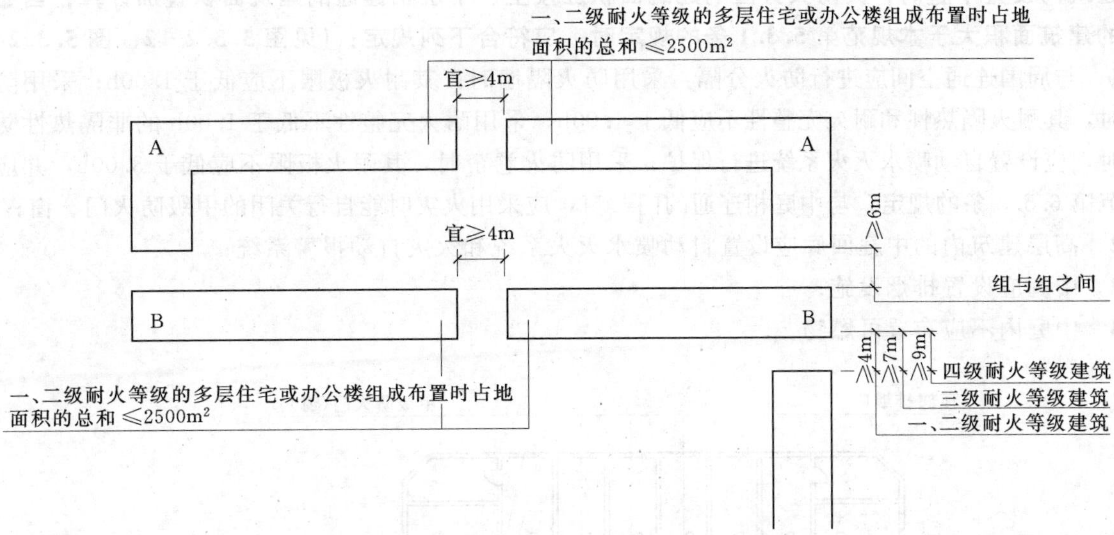

图 5.2.4

表 5.3.1 不同耐火等级建筑的允许建筑高度或层数、防火分区最大允许建筑面积

名　　称	耐火等级	允许建筑高度或层数	防火分区的最大允许建筑面积（m²）	备　　注
高层民用建筑	一、二级	按本规范第 5.1.1 条确定	1500	对于体育馆、剧场的观众厅，防火分区的最大允许建筑面积可适当增加
单、多层民用建筑	一、二级	按本规范第 5.1.1 条确定	2500	
	三级	5 层	1200	
	四级	2 层	600	
地下或半地下建（室）	一级	—	500	设备用房的防火分区最大允许建筑面积不应大于 1000m²

注 1. 表中规定的防火分区最大允许建筑面积，当建筑内设置自动灭火系统时，可按本表的规定增加 1.0 倍；局部设置时，防火分区的增加面积可按该局部面积的 1.0 倍计算。

2. 裙房与高层建筑主体之间设置防火墙时，裙房的防火分区可按单、多层建筑的要求确定。

5.3.2 建筑内设置自动扶梯、敞开楼梯等上、下层相连通的开口时，其防火分区的建筑面积应按上、下层相连通的建筑面积叠加计算；当叠加计算后的建筑面积大于本规范第 5.3.1 条的规定时，应划分防火分区。（见图 5.3.2－1）

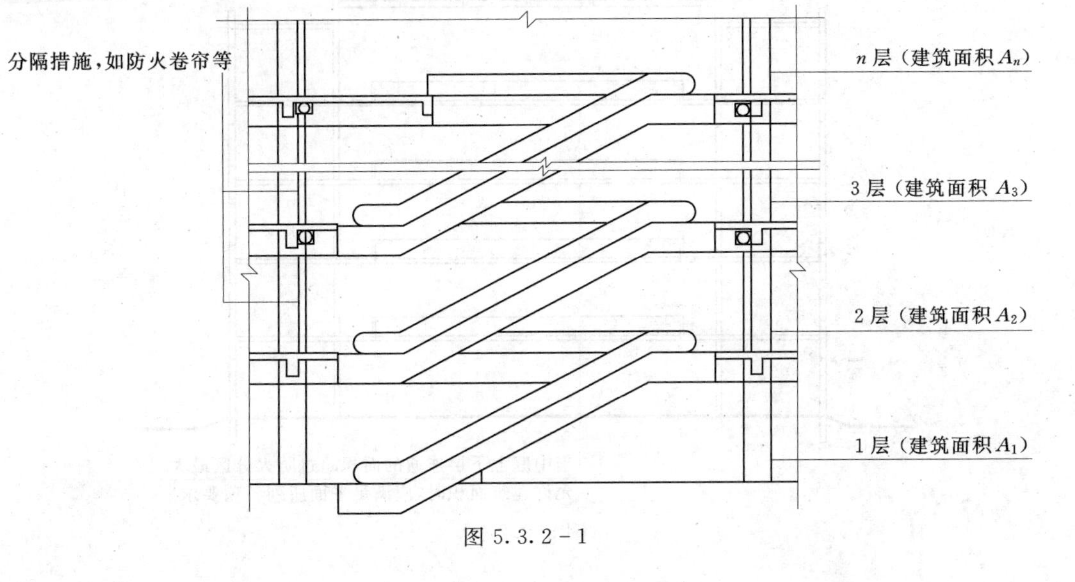

图 5.3.2－1

建筑内设置中庭时，其防火分区的建筑面积应按上、下层相连通的建筑面积叠加计算；当叠加计算后的建筑面积大于本规范第 5.3.1 条的规定时，应符合下列规定：(见图 5.3.2-2、图 5.3.2-3)

1 与周围连通空间应进行防火分隔：采用防火隔墙时，其耐火极限不应低于 1.00h；采用防火玻璃墙时，其耐火隔热性和耐火完整性不应低于 1.00h，采用耐火完整性不低于 1.00h 的非隔热性防火玻璃墙时，应设置自动喷水灭火系统进行保护；采用防火卷帘时，其耐火极限不应低于 3.00h，并应符合本规范第 6.5.3 条的规定；与中庭相连通的门、窗，应采用火灾时能自行关闭的甲级防火门、窗；

2 高层建筑内的中庭回廊应设置自动喷水灭火系统和火灾自动报警系统；

3 中庭应设置排烟设施；

4 中庭内不应布置可燃物。

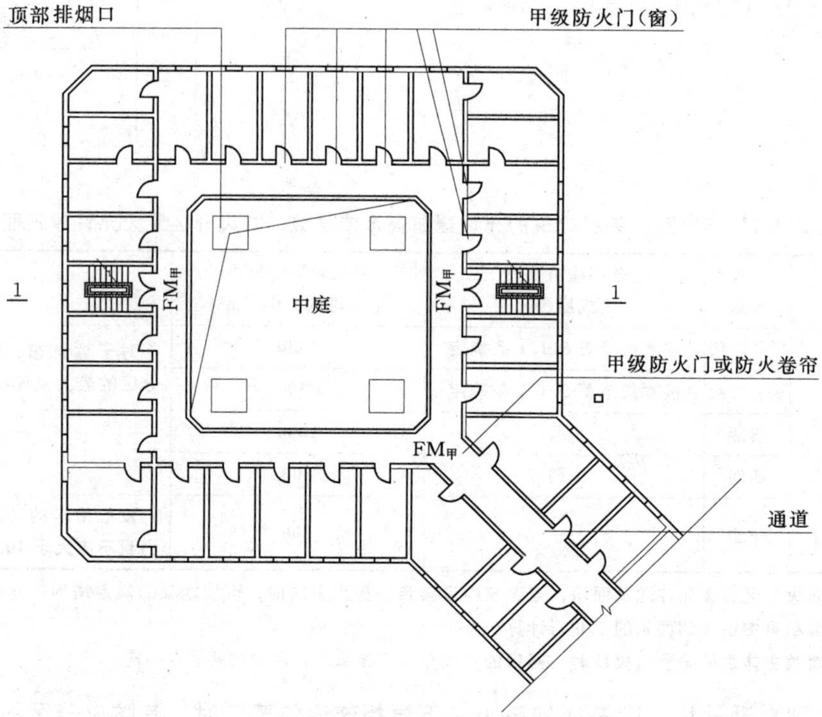

图 5.3.2-2

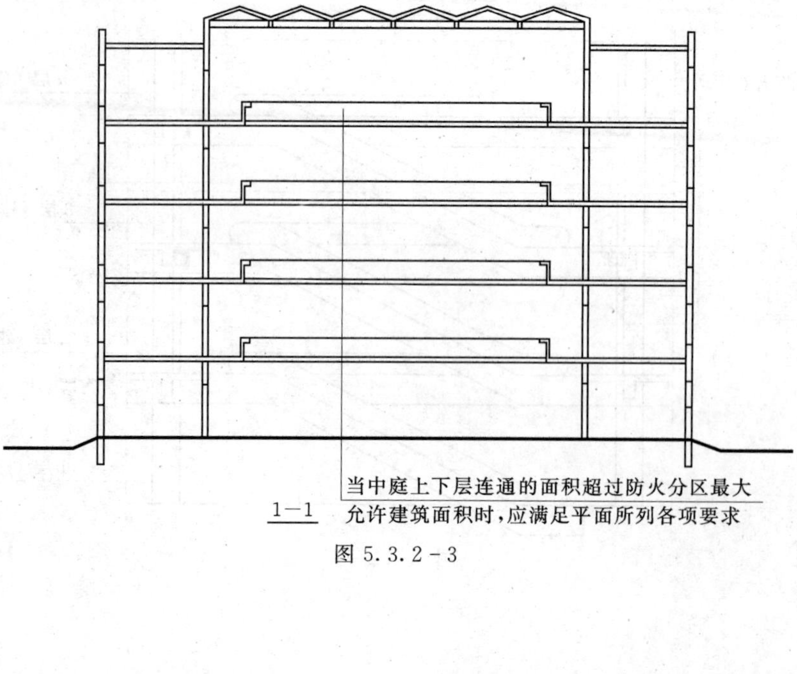

图 5.3.2-3

5.3.3 防火分区之间应采用防火墙分隔，确有困难时，可采用防火卷帘等防火分隔设施分隔。采用防火卷帘分隔时，应符合本规范第 6.5.3 条的规定。

5.3.4 一、二级耐火等级建筑内的商店营业厅、展览厅，当设置自动灭火系统和火灾自动报警系统并采用不燃或难燃装修材料时，其每个防火分区的最大允许建筑面积应符合下列规定：

1 设置在高层建筑内时，不应大于 $4000m^2$；

2 设置在单层建筑或仅设置在多层建筑的首层内时，不应大于 $10000m^2$；

3 设置在地下或半地下时，不应大于 $2000m^2$。

5.3.5 总建筑面积大于 $20000m^2$ 的地下或半地下商店，应采用无门、窗、洞口的防火墙、耐火极限不低于 2.00h 的楼板分隔为多个建筑面积不大于 $20000m^2$ 的区域。相邻区域确需局部连通时，应采用下沉式广场等室外开敞空间、防火隔间、避难走道、防烟楼梯间等方式进行连通，并应符合下列规定：

1 下沉式广场等室外开敞空间应能防止相邻区域的火灾蔓延和便于安全疏散，并应符合本规范第 6.4.12 条的规定；

2 防火隔间的墙应为耐火极限不低于 3.00h 的防火隔墙，并应符合本规范第 6.4.13 条的规定；

3 避难走道应符合本规范第 6.4.14 条的规定；（见图 5.3.5）

4 防烟楼梯间的门应采用甲级防火门。

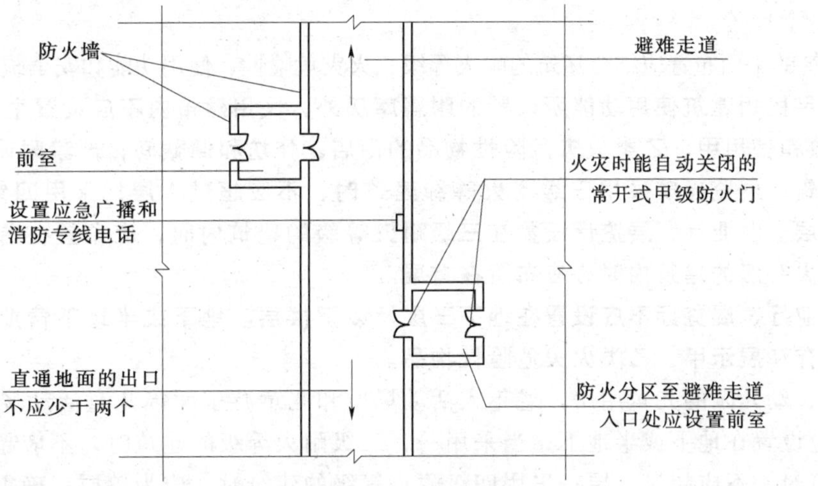

图 5.3.5

5.3.6 餐饮、商店等商业设施通过有顶棚的步行街连接，且步行街两侧的建筑需利用步行街进行安全疏散时，应符合下列规定：

1 步行街两侧建筑的耐火等级不应低于二级。

2 步行街两侧建筑相对面的最近距离均不应小于本规范对相应高度建筑的防火间距要求且不应小于 9m。步行街的端部在各层均不宜封闭，确需封闭时，应在外墙上设置可开启的门窗，且可开启门窗的面积不应小于该部位外墙面积的一半。步行街的长度不宜大于 300m。

3 步行街两侧建筑的商铺之间应设置耐火极限不低于 2.00h 的防火隔墙，每间商铺的建筑面积不宜大于 $300m^2$。

4 步行街两侧建筑的商铺，其面向步行街一侧的围护构件的耐火极限不应低于 1.00h，并宜采用实体墙，其门、窗应采用乙级防火门、窗；当采用防火玻璃墙（包括门、窗）时，其耐火隔热性和耐火完整性不应低于 1.00h；当采用耐火完整性不低于 1.00h 的非隔热性防火玻璃墙（包括门、窗）时，应设置闭式自动喷水灭火系统进行保护。相邻商铺之间面向步行街一侧应设置宽度不小于 1.0m、耐火极限不低于 1.00h 的实体墙。

当步行街两侧的建筑为多个楼层时，每层面向步行街一侧的商铺均应设置防止火灾竖向蔓延的措施，并应符合本规范第6.2.5条的规定；设置回廊或挑檐时，其出挑宽度不应小于1.2m；步行街两侧的商铺在上部各层需设置回廊和连接天桥时，应保证步行街上部各层楼板的开口面积不应小于步行街地面面积的37%，且开口宜均匀布置。

5 步行街两侧建筑内的疏散楼梯应靠外墙设置并宜直通室外，确有困难时，可在首层直接通至步行街；首层商铺的疏散门可直接通至步行街，步行街内任一点到达最近室外安全地点的步行距离不应大于60m。步行街两侧建筑二层及以上各层商铺的疏散门至该层最近疏散楼梯口或其他安全出口的直线距离不应大于37.5m。

6 步行街的顶棚材料应采用不燃或难燃材料，其承重结构的耐火极限不应低于1.00h。步行街内不应布置可燃物。

7 步行街的顶棚下檐距地面的高度不应小于6.0m，顶棚应设置自然排烟设施并宜采用常开式的排烟口，且自然排烟口的有效面积不应小于步行街地面面积的25%。常闭式自然排烟设施应能在火灾时手动和自动开启。

8 步行街两侧建筑的商铺外应每隔30m设置DN65的消火栓，并应配备消防软管卷盘或消防水龙，商铺内应设置自动喷水灭火系统和火灾自动报警系统；每层回廊均应设置自动喷水灭火系统。步行街内宜设置自动跟踪定位射流灭火系统。

9 步行街两侧建筑的商铺内外均应设置疏散照明、灯光疏散指示标志和消防应急广播系统。

5.4 平面布置

5.4.1 民用建筑的平面布置应结合建筑的耐火等级、火灾危险性、使用功能和安全疏散等因素合理布置。

5.4.2 除为满足民用建筑使用功能所设置的附属库房外，民用建筑内不应设置生产车间和其他库房。

经营、存放和使用甲、乙类火灾危险性物品的商店、作坊和储藏间，严禁附设在民用建筑内。

5.4.3 商店建筑、展览建筑采用三级耐火等级建筑时，不应超过2层；采用四级耐火等级建筑时，应为单层。营业厅、展览厅设置在三级耐火等级的建筑内时，应布置在首层或二层；设置在四级耐火等级的建筑内时，应布置在首层。

营业厅、展览厅不应设置在地下三层及以下楼层。地下或半地下营业厅、展览厅不应经营、储存和展示甲、乙类火灾危险性物品。

5.4.4 托儿所、幼儿园的儿童用房，老年人活动场所和儿童游乐厅等儿童活动场所宜设置在独立的建筑内，且不应设置在地下或半地下；当采用一、二级耐火等级的建筑时，不应超过3层；采用三级耐火等级的建筑时，不应超过2层；采用四级耐火等级的建筑时，应为单层；确需设置在其他民用建筑内时，应符合下列规定：

1 设置在一、二级耐火等级的建筑内时，应布置在首层、二层或三层；

2 设置在三级耐火等级的建筑内时，应布置在首层或二层；

3 设置在四级耐火等级的建筑内时，应布置在首层；

4 设置在高层建筑内时，应设置独立的安全出口和疏散楼梯；

5 设置在单、多层建筑内时，宜设置独立的安全出口和疏散楼梯。

5.4.6 教学建筑、食堂、菜市场采用三级耐火等级建筑时，不应超过2层；采用四级耐火等级建筑时，应为单层；设置在三级耐火等级的建筑内时，应布置在首层或二层；设置在四级耐火等级的建筑内时，应布置在首层。

5.4.8 建筑内的会议厅、多功能厅等人员密集的场所，宜布置在首层、二层或三层。设置在三级耐火等级的建筑内时，不应布置在三层及以上楼层。确需布置在一、二级耐火等级建筑的其他楼层时，应符合下列规定：

1 一个厅、室的疏散门不应少于2个，且建筑面积不宜大于400m^2；

2 设置在地下或半地下时，宜设置在地下一层，不应设置在地下三层及以下楼层；

3 设置在高层建筑内时，应设置火灾自动报警系统和自动喷水灭火系统等自动灭火系统。

5.4.9 歌舞厅、录像厅、夜总会、卡拉OK厅（含具有卡拉OK功能的餐厅）、游艺厅（含电子游艺厅）、桑拿浴室（不包括洗浴部分）、网吧等歌舞娱乐放映游艺场所（不含剧场、电影院）的布置应符合下列规定：

1 不应布置在地下二层及以下楼层；

2 宜布置在一、二级耐火等级建筑内的首层、二层或三层的靠外墙部位；

3 不宜布置在袋形走道的两侧或尽端；

4 确需布置在地下一层时，地下一层的地面与室外出入口地坪的高差不应大于10m；

5 确需布置在地下或四层及以上楼层时，一个厅、室的建筑面积不应大于$200m^2$；

6 厅、室之间及与建筑的其他部位之间，应采用耐火极限不低于2.00h的防火隔墙和1.00h的不燃性楼板分隔，设置在厅、室墙上的门和该场所与建筑内其他部位相通的门均应采用乙级防火门。

5.4.11 设置商业服务网点的住宅建筑，其居住部分与商业服务网点之间应采用耐火极限不低于2.00h且无门、窗、洞口的防火隔墙和1.50h的不燃性楼板完全分隔，住宅部分和商业服务网点部分的安全出口和疏散楼梯应分别独立设置。

商业服务网点中每个分隔单元之间应采用耐火极限不低于2.00h且无门、窗、洞口的防火隔墙相互分隔，当每个分隔单元任一层建筑面积大于$200m^2$时，该层应设置2个安全出口或疏散门。每个分隔单元内的任一点至最近直通室外的出口的直线距离不应大于本规范表5.5.17中有关多层其他建筑位于袋形走道两侧或尽端的疏散门至最近安全出口的最大直线距离。

注：室内楼梯的距离可按其水平投影长度的1.50倍计算。

5.4.17 建筑采用瓶装液化石油气瓶组供气时，应符合下列规定：

1 应设置独立的瓶组间；

2 瓶组间不应与住宅建筑、重要公共建筑和其他高层公共建筑贴邻，液化石油气气瓶的总容积不大于$1m^3$的瓶组间与所服务的其他建筑贴邻时，应采用自然气化方式供气；

3 液化石油气气瓶的总容积大于$1m^3$、不大于$4m^3$的独立瓶组间，与所服务建筑的防火间距应符合本规范表5.4.17的规定；

表5.4.17 液化石油气气瓶的独立瓶组间与所服务建筑的防火间距（m）

名称		液化石油气气瓶的独立瓶组间的总容积 v (m^3)	
		$v \leq 2$	$2 < v \leq 4$
明火或散发火花地点		25	30
重要公共建筑、一类高层民用建筑		15	20
裙房和其他民用建筑		8	10
道路（路边）	主要	10	
	次要	5	

注 气瓶总容积应按配置气瓶个数与单瓶几何容积的乘积计算。

4 在瓶组间的总出气管道上应设置紧急事故自动切断阀；

5 瓶组间应设置可燃气体浓度报警装置；

6 其他防火要求应符合现行国家标准《城镇燃气设计规范》GB 50028的规定。

5.5 安全疏散和避难

Ⅰ 一般要求

5.5.1 民用建筑应根据其建筑高度、规模、使用功能和耐火等级等因素合理设置安全疏散和避难设施。安全出口和疏散门的位置、数量、宽度及疏散楼梯间的形式，应满足人员安全疏散的要求。

5.5.2 建筑内的安全出口和疏散门应分散布置，且建筑内每个防火分区或一个防火分区的每个楼层、每个住宅单元每层相邻两个安全出口以及每个房间相邻两个疏散门最近边缘之间的水平距离不应小于5m。（见图5.5.2）

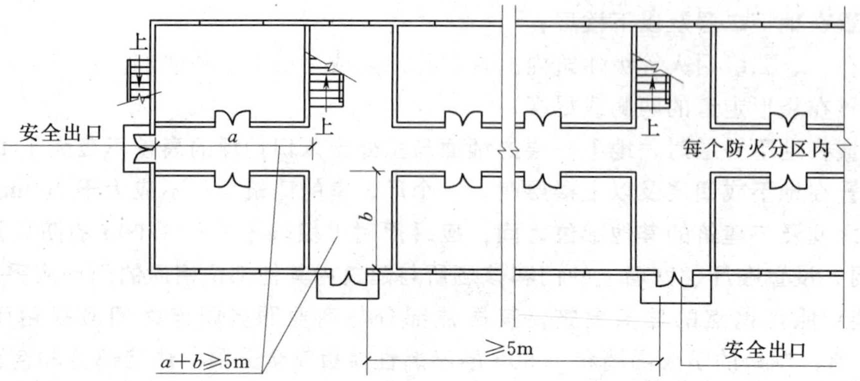

图 5.5.2

5.5.3 建筑的楼梯间宜通至屋面，通向屋面的门或窗应向外开启。

5.5.4 自动扶梯和电梯不应计作安全疏散设施。

5.5.5 除人员密集场所外，建筑面积不大于500m²、使用人数不超过30人且埋深不大于10m的地下或半地下建筑（室），当需要设置2个安全出口时，其中一个安全出口可利用直通室外的金属竖向梯。

除本规范另有规定外，建筑面积不大于200m²的地下或半地下设备间、建筑面积不大于50m²且经常停留人数不超过15人的其他地下或半地下房间，可设置1个疏散门。

Ⅱ 公共建筑

5.5.8 公共建筑内每个防火分区或一个防火分区的每个楼层，其安全出口的数量应经计算确定，且不应少于2个。符合下列条件之一的公共建筑，可设置1个安全出口或1部疏散楼梯：

1 除托儿所、幼儿园外，建筑面积不大于200m² 且人数不超过50人的单层公共建筑或多层公共建筑的首层；

2 除医疗建筑，老年人建筑，托儿所、幼儿园的儿童用房，儿童游乐厅等儿童活动场所和歌舞娱乐放映游艺场所等外，符合表5.5.8规定的公共建筑。

表 5.5.8 可设置1部疏散楼梯的公共建筑

耐火等级	最多层数	每层最大建筑面积（m²）	人　　数
一、二级	3层	200	第二、三层的人数之和不超过50人
三级	3层	200	第二、三层的人数之和不超过25人
四级	2层	200	第二层人数不超过15人

5.5.9 一、二级耐火等级公共建筑内的安全出口全部直通室外确有困难的防火分区，可利用通向相邻防火分区的甲级防火门作为安全出口，但应符合下列要求：

1 利用通向相邻防火分区的甲级防火门作为安全出口时，应采用防火墙与相邻防火分区进行分隔；

2 建筑面积大于1000m²的防火分区，直通室外的安全出口不应少于2个；建筑面积不大于1000m²的防火分区，直通室外的安全出口不应少于1个；

3　该防火分区通向相邻防火分区的疏散净宽度不应大于其按本规范第5.5.21条规定计算所需疏散总净宽度的30%，建筑各层直通室外的安全出口总净宽度不应小于按照本规范第5.5.21条规定计算所需疏散总净宽度。

5.5.11　设置不少于2部疏散楼梯的一、二级耐火等级多层公共建筑，如顶层局部升高，当高出部分的层数不超过2层、人数之和不超过50人且每层建筑面积不大于200m² 时，高出部分可设置1部疏散楼梯，但至少应另外设置1个直通建筑主体上人平屋面的安全出口，且上人屋面应符合人员安全疏散的要求。

5.5.13　下列多层公共建筑的疏散楼梯，除与敞开式外廊直接相连的楼梯间外，均应采用封闭楼梯间：

1　医疗建筑、旅馆、老年人建筑及类似使用功能的建筑；

2　设置歌舞娱乐放映游艺场所的建筑；

3　商店、图书馆、展览建筑、会议中心及类似使用功能的建筑；

4　6层及以上的其他建筑。

5.5.14　公共建筑内的客、货电梯宜设置电梯候梯厅，不宜直接设置在营业厅、展览厅、多功能厅等场所内。

5.5.15　公共建筑内房间的疏散门数量应经计算确定且不应少于2个。除托儿所、幼儿园、老年人建筑、医疗建筑、教学建筑内位于走道尽端的房间外，符合下列条件之一的房间可设置1个疏散门：

1　位于两个安全出口之间或袋形走道两侧的房间，对于托儿所、幼儿园、老年人建筑，建筑面积不大于50m²；对于医疗建筑、教学建筑，建筑面积不大于75m²；对于其他建筑或场所，建筑面积不大于120m²。

2　位于走道尽端的房间，建筑面积小于50m² 且疏散门的净宽度不小于0.90m，或由房间内任一点至疏散门的直线距离不大于15m、建筑面积不大于200m² 且疏散门的净宽度不小于1.40m。

3　歌舞娱乐放映游艺场所内建筑面积不大于50m² 且经常停留人数不超过15人的厅、室。

5.5.16　剧场、电影院、礼堂和体育馆的观众厅或多功能厅，其疏散门的数量应经计算确定且不应少于2个，并应符合下列规定：

1　对于剧场、电影院、礼堂的观众厅或多功能厅，每个疏散门的平均疏散人数不应超过250人；当容纳人数超过2000人时，其超过2000人的部分，每个疏散门的平均疏散人数不应超过400人。

2　对于体育馆的观众厅，每个疏散门的平均疏散人数不宜超过400人～700人。

5.5.17　公共建筑的安全疏散距离应符合下列规定：（见图5.5.17-1、图5.5.17-2）

1　直通疏散走道的房间疏散门至最近安全出口的直线距离不应大于表5.5.17的规定。

2　楼梯间应在首层直通室外，确有困难时，可在首层采用扩大的封闭楼梯间或防烟楼梯间前室。当层数不超过4层且未采用扩大的封闭楼梯间或防烟楼梯间前室时，可将直通室外的门设置在离楼梯间不大于15m处。

3　房间内任一点至房间直通疏散走道的疏散门的直线距离，不应大于表5.5.17规定的袋形走道两侧或尽端的疏散门至最近安全出口的直线距离。

4　一、二级耐火等级建筑内疏散门或安全出口不少于2个的观众厅、展览厅、多功能厅、餐厅、营业厅等，其室内任一点至最近疏散门或安全出口的直线距离不应大于30m；当疏散门不能直通室外地面或疏散楼梯间时，应采用长度不大于10m的疏散走道通至最近的安全出口。当该场所设置自动喷水灭火系统时，室内任一点至最近安全出口的安全疏散距离可分别增加25%。（见图5.5.17-3、图5.5.17-4）

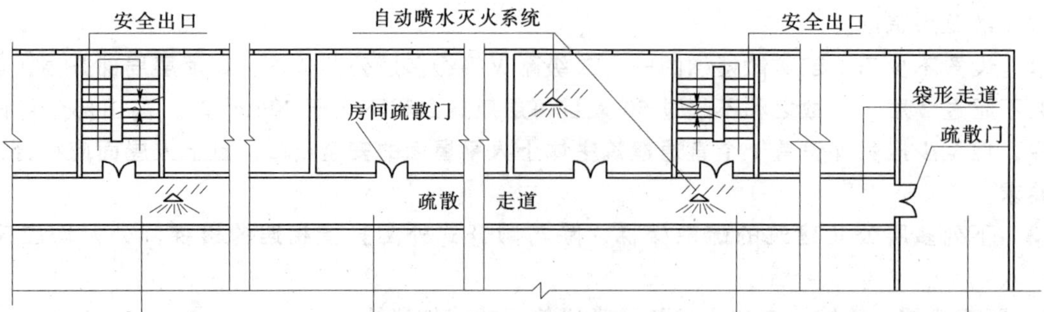

	位于两个安全出口之间的疏散门至最近安全出口的最大距离		位于袋形走道两侧或尽端的疏散门至最近安全出口的最大距离
托儿所、幼儿园	≤25m (31.25m)	一、二级耐火等级建筑	≤20m(25m)
	≤20m (25m)	三级耐火等级建筑	≤15m(18.75m)
医院、疗养院	≤35m (43.75m)	一、二级耐火等级建筑	≤20m(25m)
	≤30m(37.5m)	三级耐火等级建筑	≤15m(18.75m)
学校	≤35m(43.75m)	一、二级耐火等级建筑	≤22m(27.5m)
	≤ 30m(37.5m)	三级耐火等级建筑	≤20m(25m)
其他民用建筑	≤40m(50m)	一、二级耐火等级建筑	≤22m(27.5m)
	≤35m(43.75m)	三级耐火等级建筑	≤20m(25m)
	≤25m(31.25m)	四级耐火等级建筑	≤15m(18.75m)

图 5.5.17－1

（建筑物内全部设自动喷水灭火系统时，安全疏散距离按括号内数字）

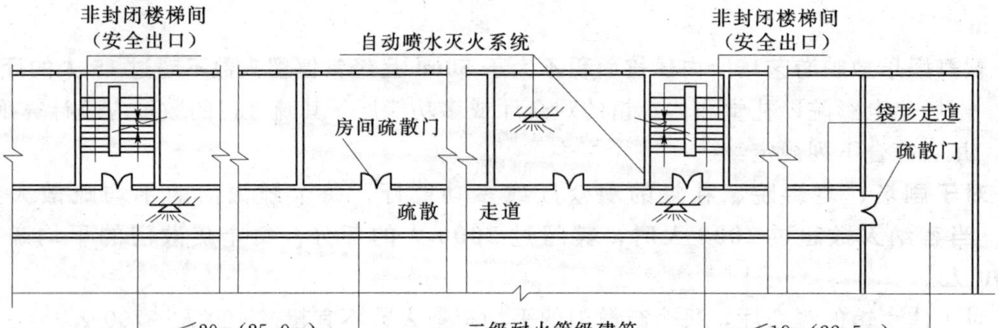

	位于两个安全出口之间的疏散门至最近非封闭楼梯间的最大距离		位于袋形走道两侧或尽端的疏散门至最近非封闭楼梯间的最大距离
托儿所、幼儿园	≤20m (25.0m)	一、二级耐火等级建筑	≤18m(22.5m)
	≤15m (18.75m)	三级耐火等级建筑	≤13m(16.25m)
医院、疗养院	≤30m(37.5m)	一、二级耐火等级建筑	≤18m(22.5m)
	≤25m(31.25m)	三级耐火等级建筑	≤13m(16.25m)
学校	≤30m(37.5m)	一、二级耐火等级建筑	≤20m(25m)
	≤25m(31.25m)	三级耐火等级建筑	≤18m(22.5m)
其他民用建筑	≤35m(43.75m)	一、二级耐火等级建筑	≤20m(25m)
	≤30m(37.5m)	三级耐火等级建筑	≤18m(22.5m)
	≤ 20m(25m)	四级耐火等级建筑	≤13m(16.25m)

图 5.5.17－2　疏散门至非封闭楼梯间

（建筑物内全部设自动喷水灭火系统时，安全疏散距离按括号内数字）

表 5.5.17 直通疏散走道的房间疏散门至最近安全出口的直线距离（m）

名称			位于两个安全出口之间的疏散门			位于袋形走道两侧或尽端的疏散门		
			一、二级	三级	四级	一、二级	三级	四级
托儿所、幼儿园、老年人建筑			25	20	15	20	15	10
歌舞娱乐放映游艺场所			25	20	15	9	—	—
医疗建筑	单、多层		35	30	25	20	15	10
	高层	病房部分	24	—	—	12	—	—
		其他部分	30	—	—	15	—	—
教学建筑	单、多层		35	30	25	22	20	10
	高层		30	—	—	15	—	—
高层旅馆；展览建筑			30	—	—	15	—	—
其他建筑	单、多层		40	35	25	22	20	15
	高层		40	—	—	20	—	—

注 1. 建筑内开向敞开式外廊的房间疏散门至最近安全出口的直线距离可按本表的规定增加 5m。
2. 直通疏散走道的房间疏散门至最近敞开楼梯间的直线距离，当房间位于两个楼梯间之间时，应按本表的规定减少 5m；当房间位于袋形走道两侧或尽端时，应按本表的规定减少 2m。
3. 建筑物内全部设置自动喷水灭火系统时，其安全疏散距离可按本表的规定增加 25%。

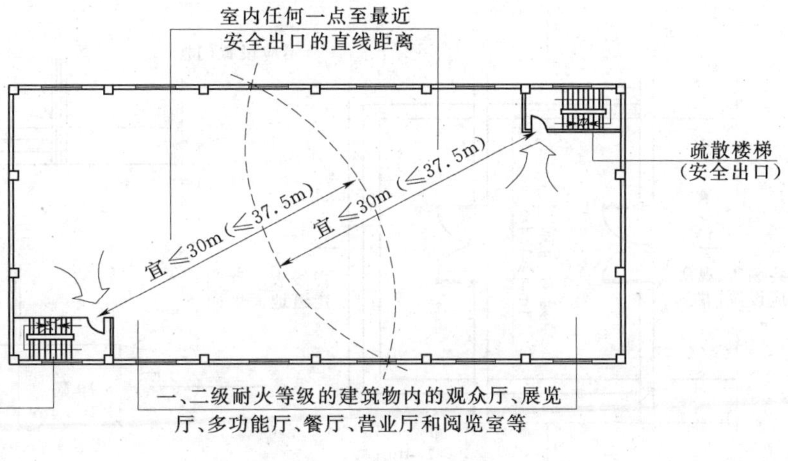

图 5.5.17-3

5.5.18 除本规范另有规定外，公共建筑内疏散门和安全出口的净宽度不应小于 0.90m，疏散走道和疏散楼梯的净宽度不应小于 1.10m。

5.5.19 人员密集的公共场所、观众厅的疏散门不应设置门槛，其净宽度不应小于 1.40m，且紧靠门口内外各 1.40m 范围内不应设置踏步。（见图 5.5.19）

人员密集的公共场所的室外疏散通道的净宽度不应小于 3.00m，并应直接通向宽敞地带。

5.5.20 剧场、电影院、礼堂、体育馆等场所的疏散走道、疏散楼梯、疏散门、安全出口的各自总净宽度，应符合下列规定：

1 观众厅内疏散走道的净宽度应按每 100 人不小于 0.60m 计算，且不应小于 1.00m；边走道的净宽度不宜小于 0.80m。

布置疏散走道时，横走道之间的座位排数不宜超过 20 排；纵走道之间的座位数：剧场、电影院、礼堂等，每排不宜超过 22 个；体育馆，每排不宜超过 26 个；前后排座椅的排距不小于 0.90m 时，可增加 1.0 倍，但不得超过 50 个；仅一侧有纵走道时，座位数应减少一半。（见图

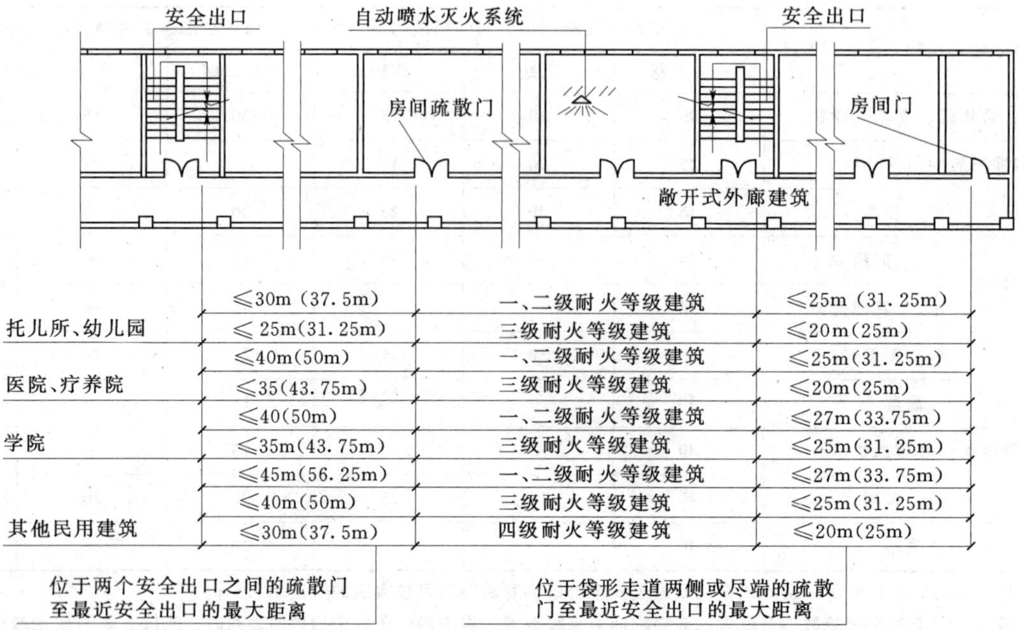

图 5.5.17-4

（建筑物内全部设自动喷水灭火系统时，安全距离按括号内数字）

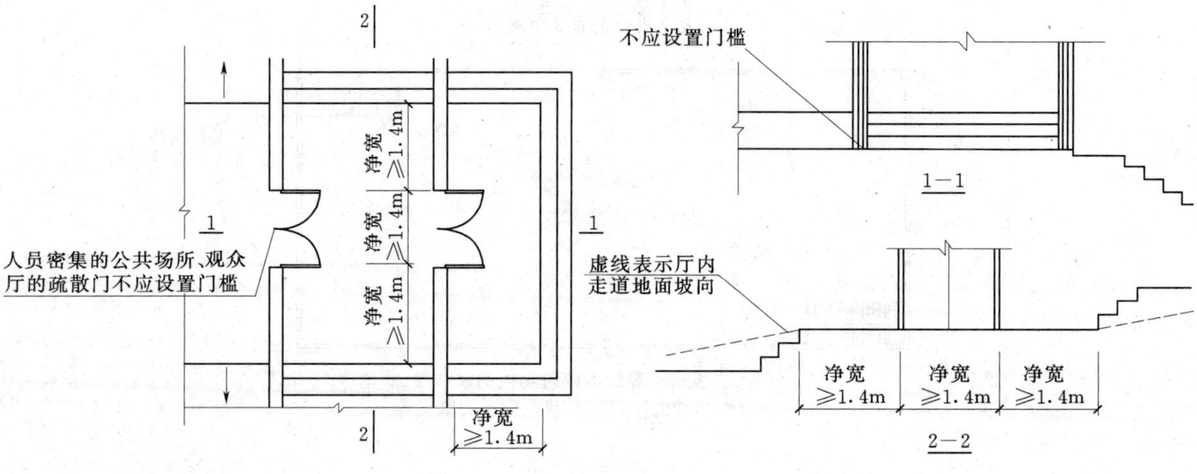

图 5.5.19

5.5.20-1）

2 剧场、电影院、礼堂等场所供观众疏散的所有内门、外门、楼梯和走道的各自总净宽度，应根据疏散人数按每 100 人的最小疏散净宽度不小于表 5.5.20-1 的规定计算确定。（见图 5.5.20-2）

表 5.5.20-1 剧场、电影院、礼堂等场所每 100 人所需最小疏散净宽度（m/百人）

观众厅座位数（座）			≤2500	≤1200
耐火等级			一、二级	三级
疏散部位	门和走道	平坡地面	0.65	0.85
		阶梯地面	0.75	1.00
	楼梯		0.75	1.00

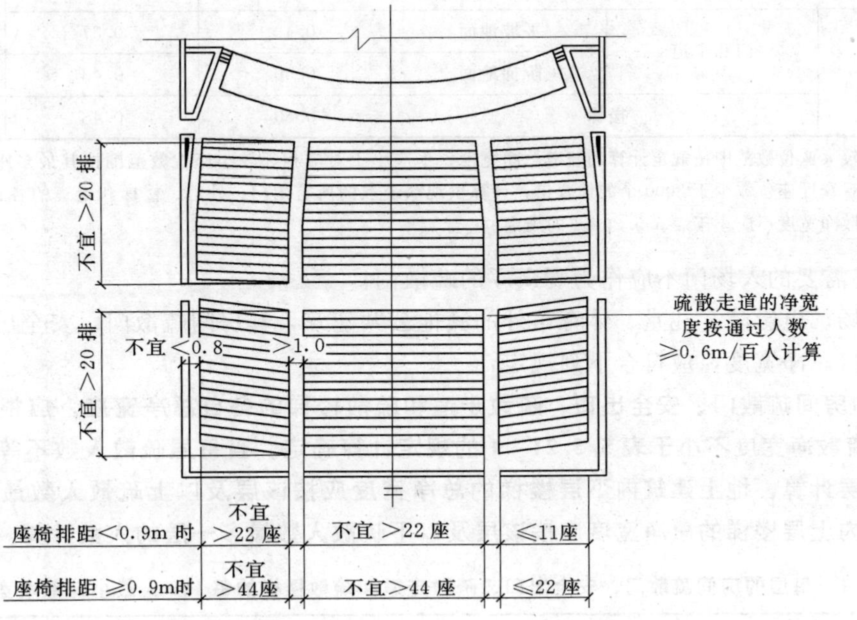

图 5.5.20-1

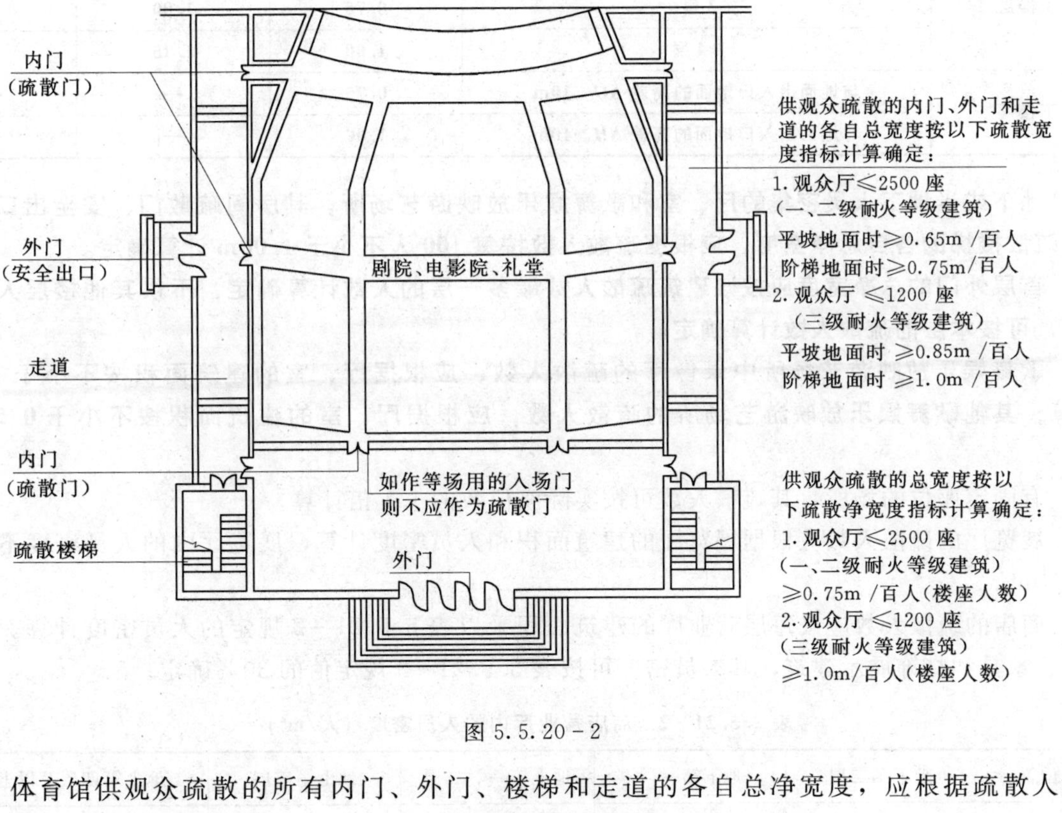

图 5.5.20-2

3 体育馆供观众疏散的所有内门、外门、楼梯和走道的各自总净宽度，应根据疏散人数按每100人的最小疏散净宽度不小于表 5.5.20-2 的规定计算确定。

表 5.5.20-2 体育馆每 100 人所需最小疏散净宽度（m/百人）

观众厅座位数范围（座）			3000～5000	5001～10000	10001～20000
疏散部位	门和走道	平坡地面	0.43	0.37	0.32
		阶梯地面	0.50	0.43	0.37
	楼梯		0.50	0.43	0.37

注 本表中对应较大座位数范围按规定计算的疏散总净宽度，不应小于对应相邻较小座位数范围按其最多座位数计算的疏散总净宽度。对于观众厅座位数少于 3000 个的体育馆，计算供观众疏散的所有内门、外门、楼梯和走道的各自总净宽度时，每 100 人的最小疏散净宽度不应小于表 5.5.20-1 的规定。

4 有等场需要的入场门不应作为观众厅的疏散门。

5.5.21 除剧场、电影院、礼堂、体育馆外的其他公共建筑，其房间疏散门、安全出口、疏散走道和疏散楼梯的各自总净宽度，应符合下列规定：

1 每层的房间疏散门、安全出口、疏散走道和疏散楼梯的各自总净宽度，应根据疏散人数按每 100 人的最小疏散净宽度不小于表 5.5.21-1 的规定计算确定。当每层疏散人数不等时，疏散楼梯的总净宽度可分层计算，地上建筑内下层楼梯的总净宽度应按该层及以上疏散人数最多一层的人数计算；地下建筑内上层楼梯的总净宽度应按该层及以下疏散人数最多一层的人数计算。

表 5.5.21-1 每层的房间疏散门、安全出口、疏散走道和疏散楼梯的每 100 人最小疏散净宽度（m/百人）

建筑层数		**建筑的耐火等级**		
		一、二级	**三级**	**四级**
地上楼层	**1～2 层**	**0.65**	**0.75**	**1.00**
	3 层	**0.75**	**1.00**	**—**
	≥4 层	**1.00**	**1.25**	**—**
地下楼层	**与地面出入口地面的高差 $\Delta H \leqslant 10m$**	**0.75**	**—**	**—**
	与地面出入口地面的高差 $\Delta H > 10m$	**1.00**	**—**	**—**

2 地下或半地下人员密集的厅、室和歌舞娱乐放映游艺场所，其房间疏散门、安全出口、疏散走道和疏散楼梯的各自总净宽度，应根据疏散人数按每 100 人不小于 1.00m 计算确定。

3 首层外门的总净宽度应按该建筑疏散人数最多一层的人数计算确定，不供其他楼层人员疏散的外门，可按本层的疏散人数计算确定。

4 歌舞娱乐放映游艺场所中录像厅的疏散人数，应根据厅、室的建筑面积按不小于 1.0 人/m^2 计算；其他歌舞娱乐放映游艺场所的疏散人数，应根据厅、室的建筑面积按不小于 0.5 人/m^2 计算。

5 有固定座位的场所，其疏散人数可按实际座位数的 1.1 倍计算。

6 展览厅的疏散人数应根据展览厅的建筑面积和人员密度计算，展览厅内的人员密度不宜小于 0.75 人/m^2。

7 商店的疏散人数应按每层营业厅的建筑面积乘以表 5.5.21-2 规定的人员密度计算。对于建材商店、家具和灯饰展示建筑，其人员密度可按表 5.5.21-2 规定值的 30%确定。

表 5.5.21-2 商店营业厅内的人员密度（人/m^2）

楼层位置	地下第二层	地下第一层	地上第一、二层	地上第三层	地上第四层及以上各层
人员密度	0.56	0.60	0.43～0.60	0.39～0.54	0.30～0.42

5.5.22 人员密集的公共建筑不宜在窗口、阳台等部位设置封闭的金属栅栏，确需设置时，应能从内部易于开启；窗口、阳台等部位宜根据其高度设置适用的辅助疏散逃生设施。

6 建筑构造

6.1 防火墙

6.1.1 防火墙应直接设置在建筑的基础或框架、梁等承重结构上，框架、梁等承重结构的耐火极限不应低于防火墙的耐火极限。

防火墙应从楼地面基层隔断至梁、楼板或屋面板的底面基层。当高层厂房（仓库）屋顶承重结构和屋面板的耐火极限低于1.00h，其他建筑屋顶承重结构和屋面板的耐火极限低于0.50h时，防火墙应高出屋面0.5m以上。

6.1.2 防火墙横截面中心线水平距离天窗端面小于4.0m，且天窗端面为可燃性墙体时，应采取防止火势蔓延的措施。

6.1.3 建筑外墙为难燃性或可燃性墙体时，防火墙应凸出墙的外表面0.4m以上，且防火墙两侧的外墙均应为宽度均不小于2.0m的不燃性墙体，其耐火极限不应低于外墙的耐火极限。

建筑外墙为不燃性墙体时，防火墙可不凸出墙的外表面，紧靠防火墙两侧的门、窗、洞口之间最近边缘的水平距离不应小于2.0m；采取设置乙级防火窗等防止火灾水平蔓延的措施时，该距离不限。

6.1.4 建筑内的防火墙不宜设置在转角处，确需设置时，内转角两侧墙上的门、窗、洞口之间最近边缘的水平距离不应小于4.0m；采取设置乙级防火窗等防止火灾水平蔓延的措施时，该距离不限。

6.1.5 防火墙上不应开设门、窗、洞口，确需开设时，应设置不可开启或火灾时能自动关闭的甲级防火门、窗。

可燃气体和甲、乙、丙类液体的管道严禁穿过防火墙。防火墙内不应设置排气道。

6.1.6 除本规范第6.1.5条规定外的其他管道不宜穿过防火墙，确需穿过时，应采用防火封堵材料将墙与管道之间的空隙紧密填实，穿过防火墙处的管道保温材料，应采用不燃材料；当管道为难燃及可燃材料时，应在防火墙两侧的管道上采取防火措施。

6.1.7 防火墙的构造应能在防火墙任意一侧的屋架、梁、楼板等受到火灾的影响而破坏时，不会导致防火墙倒塌。

6.2 建筑构件和管道井

6.2.1 剧场等建筑的舞台与观众厅之间的隔墙应采用耐火极限不低于3.00h的防火隔墙。

舞台上部与观众厅闷顶之间的隔墙可采用耐火极限不低于1.50h的防火隔墙，隔墙上的门应采用乙级防火门。

舞台下部的灯光操作室和可燃物储藏室应采用耐火极限不低于2.00h的防火隔墙与其他部位分隔。

电影放映室、卷片室应采用耐火极限不低于1.50h的防火隔墙与其他部位分隔，观察孔和放映孔应采取防火分隔措施。

6.2.2 医疗建筑内的手术室或手术部、产房、重症监护室、贵重精密医疗装备用房、储藏间、实验室、胶片室等，附设在建筑内的托儿所、幼儿园的儿童用房和儿童游乐厅等儿童活动场所、老年人活动场所，应采用耐火极限不低于2.00h的防火隔墙和1.00h的楼板与其他场所或部位分隔，墙上必须设置的门、窗应采用乙级防火门、窗。

6.2.3 建筑内的下列部位应采用耐火极限不低于2.00h的防火隔墙与其他部位分隔，墙上的门、窗应采用乙级防火门、窗，确有困难时，可采用防火卷帘，但应符合本规范第6.5.3条的规定：

4 民用建筑内的附属库房，剧场后台的辅助用房；

5 除居住建筑中套内的厨房外，宿舍、公寓建筑中的公共厨房和其他建筑内的厨房；

6 附设在住宅建筑内的机动车库。

6.2.4 建筑内的防火隔墙应从楼地面基层隔断至梁、楼板或屋面板的底面基层。住宅分户墙和单元

之间的墙应隔断至梁、楼板或屋面板的底面基层，屋面板的耐火极限不应低于 0.50h。

6.2.5 除本规范另有规定外，建筑外墙上、下层开口之间应设置高度不小于 1.2m 的实体墙或挑出宽度不小于 1.0m、长度不小于开口宽度的防火挑檐；当室内设置自动喷水灭火系统时，上、下层开口之间的实体墙高度不应小于 0.8m。当上、下层开口之间设置实体墙确有困难时，可设置防火玻璃墙，但高层建筑的防火玻璃墙的耐火完整性不应低于 1.00h，多层建筑的防火玻璃墙的耐火完整性不应低于 0.50h。外窗的耐火完整性不应低于防火玻璃墙的耐火完整性要求。

实体墙、防火挑檐和隔板的耐火极限和燃烧性能，均不应低于相应耐火等级建筑外墙的要求。

6.2.6 建筑幕墙应在每层楼板外沿处采取符合本规范第 6.2.5 条规定的防火措施，幕墙与每层楼板、隔墙处的缝隙应采用防火封堵材料封堵。(见图 6.2.6－1)

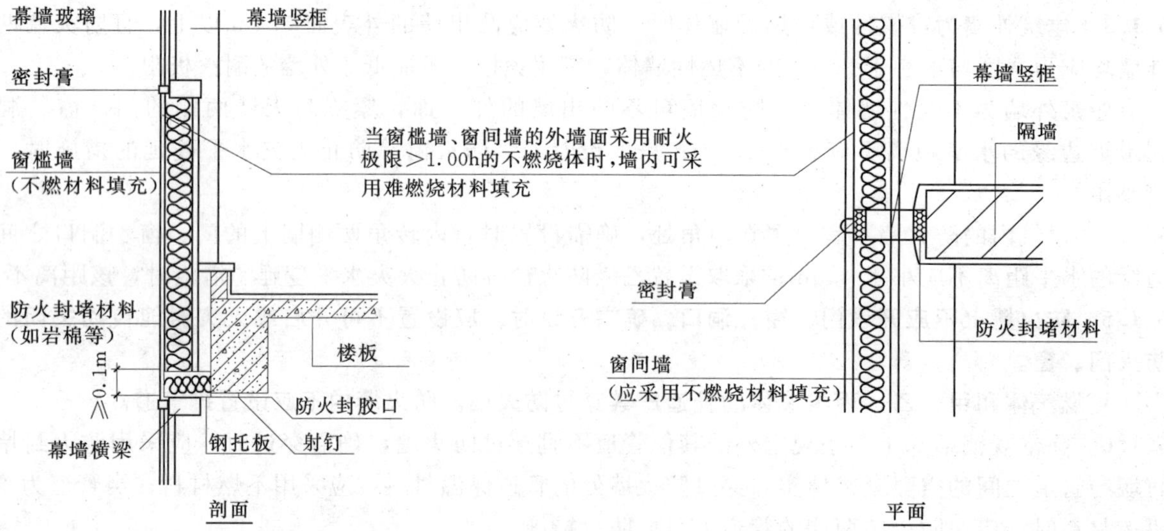

图 6.2.6－1

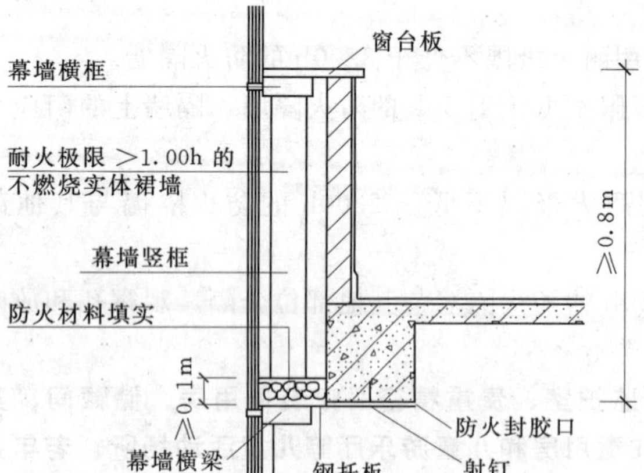

图 6.2.6－2

6.2.7 附设在建筑内的消防控制室、灭火设备室、消防水泵房和通风空气调节机房、变配电室等，应采用耐火极限不低于 2.00h 的防火隔墙和 1.50h 的楼板与其他部位分隔。

6.2.9 建筑内的电梯井等竖井应符合下列规定：

1 电梯井应独立设置，井内严禁敷设可燃气体和甲、乙、丙类液体管道，不应敷设与电梯无关的电缆、电线等。电梯井的井壁除设置电梯门、安全逃生门和通气孔洞外，不应设置其他开口。

2 电缆井、管道井、排烟道、排气道、垃圾道等竖向井道，应分别独立设置。井壁的耐火极限不应低于 1.00h，井壁上的检查门应采用丙级防火门。

3 建筑内的电缆井、管道井应在每层楼板处采用不低于楼板耐火极限的不燃材料或防火封堵材料封堵。

建筑内的电缆井、管道井与房间、走道等相连通的孔隙应采用防火封堵材料封堵。

4 建筑内的垃圾道宜靠外墙设置，垃圾道的排气口应直接开向室外，垃圾斗应采用不燃材料制作，并应能自行关闭。

5　电梯层门的耐火极限不应低于1.00h，并应符合现行国家标准《电梯层门耐火试验完整性、隔热性和热通量测定法》GB/T 27903规定的完整性和隔热性要求。

6.2.10　户外电致发光广告牌不应直接设置在有可燃、难燃材料的墙体上。

户外广告牌的设置不应遮挡建筑的外窗，不应影响外部灭火救援行动。

6.3　屋顶、闷顶和建筑缝隙

6.3.1　在三、四级耐火等级建筑的闷顶内采用可燃材料作绝热层时，屋顶不应采用冷摊瓦。

闷顶内的非金属烟囱周围0.5m、金属烟囱0.7m范围内，应采用不燃材料作绝热层。

6.3.2　层数超过2层的三级耐火等级建筑内的闷顶，应在每个防火隔断范围内设置老虎窗，且老虎窗的间距不宜大于50m。

6.3.3　内有可燃物的闷顶，应在每个防火隔断范围内设置净宽度和净高度均不小于0.7m的闷顶入口；对于公共建筑，每个防火隔断范围内的闷顶入口不宜少于2个。闷顶入口宜布置在走廊中靠近楼梯间的部位。

6.3.4　变形缝内的填充材料和变形缝的构造基层应采用不燃材料。

电线、电缆、可燃气体和甲、乙、丙类液体的管道不宜穿过建筑内的变形缝，确需穿过时，应在穿过处加设不燃材料制作的套管或采取其他防变形措施，并应采用防火封堵材料封堵。

6.3.5　防烟、排烟、供暖、通风和空气调节系统中的管道及建筑内的其他管道，在穿越防火隔墙、楼板和防火墙处的孔隙应采用防火封堵材料封堵。

风管穿过防火隔墙、楼板和防火墙时，穿越处风管上的防火阀、排烟防火阀两侧各2.0m范围内的风管应采用耐火风管或风管外壁应采取防火保护措施，且耐火极限不应低于该防火分隔体的耐火极限。

6.3.6　建筑内受高温或火焰作用易变形的管道，在贯穿楼板部位和穿越防火隔墙的两侧宜采取阻火措施。

6.3.7　建筑屋顶上的开口与邻近建筑或设施之间，应采取防止火灾蔓延的措施。

6.4　疏散楼梯间和疏散楼梯等

6.4.1　疏散楼梯间应符合下列规定：

1　楼梯间应能天然采光和自然通风，并宜靠外墙设置。靠外墙设置时，楼梯间、前室及合用前室外墙上的窗口与两侧门、窗、洞口最近边缘的水平距离不应小于1.0m。

2　楼梯间内不应设置烧水间、可燃材料储藏室、垃圾道。

3　楼梯间内不应有影响疏散的凸出物或其他障碍物。

4　封闭楼梯间、防烟楼梯间及其前室，不应设置卷帘。

5　楼梯间内不应设置甲、乙、丙类液体管道。

6　封闭楼梯间、防烟楼梯间及其前室内禁止穿过或设置可燃气体管道。敞开楼梯间内不应设置可燃气体管道，当住宅建筑的敞开楼梯间内确需设置可燃气体管道和可燃气体计量表时，应采用金属管和设置切断气源的阀门。

6.4.2　封闭楼梯间除应符合本规范第6.4.1条的规定外，尚应符合下列规定：

1　不能自然通风或自然通风不能满足要求时，应设置机械加压送风系统或采用防烟楼梯间。

2　除楼梯间的出入口和外窗外，楼梯间的墙上不应开设其他门、窗、洞口。

3　高层建筑、人员密集的公共建筑、人员密集的多层丙类厂房、甲、乙类厂房，其封闭楼梯间的门应采用乙级防火门，并应向疏散方向开启；其他建筑，可采用双向弹簧门。

4　楼梯间的首层可将走道和门厅等包括在楼梯间内形成扩大的封闭楼梯间，但应采用乙级防火门等与其他走道和房间分隔。

6.4.3　防烟楼梯间除应符合本规范第6.4.1条的规定外，尚应符合下列规定：

1　应设置防烟设施。

2　前室可与消防电梯间前室合用。

3　前室的使用面积：公共建筑、高层厂房（仓库），不应小于 6.0m^2；住宅建筑，不应小于 4.5m^2。

与消防电梯间前室合用时，合用前室的使用面积：公共建筑、高层厂房（仓库），不应小于 10.0m^2；住宅建筑，不应小于 6.0m^2。

4　疏散走道通向前室以及前室通向楼梯间的门应采用乙级防火门。

5　除住宅建筑的楼梯间前室外，防烟楼梯间和前室内的墙上不应开设除疏散门和送风口外的其他门、窗、洞口。

6　楼梯间的首层可将走道和门厅等包括在楼梯间前室内形成扩大的前室，但应采用乙级防火门等与其他走道和房间分隔。

6.4.4　除通向避难层错位的疏散楼梯外，建筑内的疏散楼梯间在各层的平面位置不应改变。

除住宅建筑套内的自用楼梯外，地下或半地下建筑（室）的疏散楼梯间，应符合下列规定：

1　室内地面与室外出入口地坪高差大于 10m 或 3 层及以上的地下、半地下建筑（室），其疏散楼梯应采用防烟楼梯间；其他地下或半地下建筑（室），其疏散楼梯应采用封闭楼梯间。

2　应在首层采用耐火极限不低于 2.00h 的防火隔墙与其他部位分隔并应直通室外，确需在隔墙上开门时，应采用乙级防火门。

3　建筑的地下或半地下部分与地上部分不应共用楼梯间，确需共用楼梯间时，应在首层采用耐火极限不低于 2.00h 的防火隔墙和乙级防火门将地下或半地下部分与地上部分的连通部位完全分隔，并应设置明显的标志。

6.4.5　室外疏散楼梯应符合下列规定：

1　栏杆扶手的高度不应小于 1.10m，楼梯的净宽度不应小于 0.90m。

2　倾斜角度不应大于 45°。

3　梯段和平台均应采用不燃材料制作。平台的耐火极限不应低于 1.00h，梯段的耐火极限不应低于 0.25h。

4　通向室外楼梯的门应采用乙级防火门，并应向外开启。

5　除疏散门外，楼梯周围 2m 内的墙面上不应设置门、窗、洞口。疏散门不应正对梯段。

6.4.7　疏散用楼梯和疏散通道上的阶梯不宜采用螺旋楼梯和扇形踏步；确需采用时，踏步上、下两级所形成的平面角度不应大于 10°，且每级离扶手 250mm 处的踏步深度不应小 220mm。（见图 6.4.7）

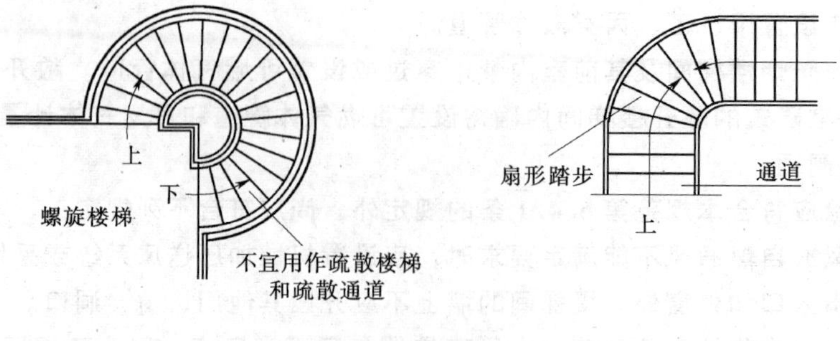

图 6.4.7

6.4.8　建筑内的公共疏散楼梯，其两梯段及扶手间的水平净距不宜小于 150mm。

6.4.9　高度大于 10m 的三级耐火等级建筑应设置通至屋顶的室外消防梯。室外消防梯不应面对老虎窗，宽度不应小于 0.6m，且宜从离地面 3.0m 高处设置。

6.4.10 疏散走道在防火分区处应设置常开甲级防火门。

6.4.11 建筑内的疏散门应符合下列规定：

1 民用建筑和厂房的疏散门，应采用向疏散方向开启的平开门，不应采用推拉门、卷帘门、吊门、转门和折叠门。除甲、乙类生产车间外，人数不超过60人且每樘门的平均疏散人数不超过30人的房间，其疏散门的开启方向不限。

2 开向疏散楼梯或疏散楼梯间的门，当其完全开启时，不应减少楼梯平台的有效宽度。

3 人员密集场所内平时需要控制人员随意出入的疏散门和设置门禁系统的住宅、宿舍、公寓建筑的外门，应保证火灾时不需使用钥匙等任何工具即能从内部易于打开，并应在显著位置设置具有使用提示的标识。

6.4.12 用于防火分隔的下沉式广场等室外开敞空间，应符合下列规定：

1 分隔后的不同区域通向下沉式广场等室外开敞空间的开口最近边缘之间的水平距离不应小于13m。室外开敞空间除用于人员疏散外不得用于其他商业或可能导致火灾蔓延的用途，其中用于疏散的净面积不应小于169m²。

2 下沉式广场等室外开敞空间内应设置不少于1部直通地面的疏散楼梯。当连接下沉广场的防火分区需利用下沉广场进行疏散时，疏散楼梯的总净宽度不应小于任一防火分区通向室外开敞空间的设计疏散总净宽度。

3 确需设置防风雨篷时，防风雨篷不应完全封闭，四周开口部位应均匀布置，开口的面积不应小于该空间地面面积的25%，开口高度不应小于1.0m；开口设置百叶时，百叶的有效排烟面积可按百叶通风口面积的60%计算。

6.4.13 防火隔间的设置应符合下列规定：

1 防火隔间的建筑面积不应小于6.0m²；

2 防火隔间的门应采用甲级防火门；

3 不同防火分区通向防火隔间的门不应计入安全出口，门的最小间距不应小于4m；

4 防火隔间内部装修材料的燃烧性能应为A级；

5 不应用于除人员通行外的其他用途。

6.4.14 避难走道的设置应符合下列规定：

1 避难走道防火隔墙的耐火极限不应低于3.00h，楼板的耐火极限不应低于1.50h。

2 避难走道直通地面的出口不应少于2个，并应设置在不同方向；当避难走道仅与一个防火分区相通且该防火分区至少有1个直通室外的安全出口时，可设置1个直通地面的出口。任一防火分区通向避难走道的门至该避难走道最近直通地面的出口的距离不应大于60m。

3 避难走道的净宽度不应小于任一防火分区通向该避难走道的设计疏散总净宽度。

4 避难走道内部装修材料的燃烧性能应为A级。

5 防火分区至避难走道入口处应设置防烟前室，前室的使用面积不应小于6.0m²，开向前室的门应采用甲级防火门，前室开向避难走道的门应采用乙级防火门。

6 避难走道内应设置消火栓、消防应急照明、应急广播和消防专线电话。

6.5 防火门、窗和防火卷帘

6.5.1 防火门的设置应符合下列规定：

1 设置在建筑内经常有人通行处的防火门宜采用常开防火门。常开防火门应能在火灾时自行关闭，并应具有信号反馈的功能。

2 除允许设置常开防火门的位置外，其他位置的防火门均应采用常闭防火门。常闭防火门应在其明显位置设置“保持防火门关闭”等提示标识。

3 除管井检修门和住宅的户门外，防火门应具有自行关闭功能。双扇防火门应具有按顺序自行关闭的功能。

4 除本规范第 6.4.11 条第 4 款的规定外，防火门应能在其内外两侧手动开启。

5 设置在建筑变形缝附近时，防火门应设置在楼层较多的一侧，并应保证防火门开启时门扇不跨越变形缝。

6 防火门关闭后应具有防烟性能。

7 甲、乙、丙级防火门应符合现行国家标准《防火门》GB 12955 的规定。

6.5.2 设置在防火墙、防火隔墙上的防火窗，应采用不可开启的窗扇或具有火灾时能自行关闭的功能。

防火窗应符合现行国家标准《防火窗》GB 16809 的有关规定。

6.5.3 防火分隔部位设置防火卷帘时，应符合下列规定：

1 除中庭外，当防火分隔部位的宽度不大于 30m 时，防火卷帘的宽度不应大于 10m；当防火分隔部位的宽度大于 30m 时，防火卷帘的宽度不应大于该部位宽度的 1/3，且不应大于 20m。

2 防火卷帘应具有火灾时靠自重自动关闭功能。

3 除本规范另有规定外，防火卷帘的耐火极限不应低于本规范对所设置部位墙体的耐火极限要求。

当防火卷帘的耐火极限符合现行国家标准《门和卷帘的耐火试验方法》GB/T 7633 有关耐火完整性和耐火隔热性的判定条件时，可不设置自动喷水灭火系统保护。

当防火卷帘的耐火极限仅符合现行国家标准《门和卷帘的耐火试验方法》GB/T 7633 有关耐火完整性的判定条件时，应设置自动喷水灭火系统保护。自动喷水灭火系统的设计应符合现行国家标准《自动喷水灭火系统设计规范》GB50084 的规定，但火灾延续时间不应小于该防火卷帘的耐火极限。

4 防火卷帘应具有防烟性能，与楼板、梁、墙、柱之间的空隙应采用防火封堵材料封堵。

5 需在火灾时自动降落的防火卷帘，应具有信号反馈的功能。

6 其他要求，应符合现行国家标准《防火卷帘》GB 14102 的规定。

6.6 天桥、栈桥和管沟

6.6.1 天桥、跨越房屋的栈桥以及供输送可燃材料、可燃气体和甲、乙、丙类液体的栈桥，均应采用不燃材料。

6.6.4 连接两座建筑物的天桥、连廊，应采取防止火灾在两座建筑间蔓延的措施。当仅供通行的天桥、连廊采用不燃材料，且建筑物通向天桥、连廊的出口符合安全出口的要求时，该出口可作为安全出口。

6.7 建筑保温和外墙装饰

6.7.1 建筑的内、外保温系统，宜采用燃烧性能为 A 级的保温材料，不宜采用 B_2 级保温材料，严禁采用 B_3 级保温材料；设置保温系统的基层墙体或屋面板的耐火极限应符合本规范的有关规定。

6.7.2 建筑外墙采用内保温系统时，保温系统应符合下列规定：

1 对于人员密集场所，用火、燃油、燃气等具有火灾危险性的场所以及各类建筑内的疏散楼梯间、避难走道、避难间、避难层等场所或部位，应采用燃烧性能为 A 级的保温材料。

2 对于其他场所，应采用低烟、低毒且燃烧性能不低于 B_1 级的保温材料。

3 保温系统应采用不燃材料做防护层。采用燃烧性能为 B_1 级的保温材料时，防护层的厚度不应小于 10mm。

6.7.3 建筑外墙采用保温材料与两侧墙体构成无空腔复合保温结构体时，该结构体的耐火极限应符合本规范的有关规定；

当保温材料的燃烧性能为 B_1、B_2 级时，保温材料两侧的墙体应采用不燃材料且厚度均不应小于 50mm。

6.7.4　设置人员密集场所的建筑，其外墙外保温材料的燃烧性能应为 A 级。

6.7.5　与基层墙体、装饰层之间无空腔的建筑外墙外保温系统，其保温材料应符合下列规定：

2　除住宅建筑和设置人员密集场所的建筑外，其他建筑：

1）建筑高度大于 50m 时，保温材料的燃烧性能应为 A 级；

2）建筑高度大于 24m，但不大于 50m 时，保温材料的燃烧性能不应低于 B_1 级；

3）建筑高度不大于 24m 时，保温材料的燃烧性能不应低于 B_2 级。

6.7.6　除设置人员密集场所的建筑外，与基层墙体、装饰层之间有空腔的建筑外墙外保温系统，其保温材料应符合下列规定：

1　建筑高度大于 24m 时，保温材料的燃烧性能应为 A 级；

2　建筑高度不大于 24m 时，保温材料的燃烧性能不应低于 B_1 级。

6.7.7　除本规范第 6.7.3 条规定的情况外，当建筑的外墙外保温系统按本节规定采用燃烧性能为 B_1、B_2 级的保温材料时，应符合下列规定：

1　除采用 B_1 级保温材料且建筑高度不大于 24m 的公共建筑或采用 B_1 级保温材料且建筑高度不大于 27m 的住宅建筑外，建筑外墙上门、窗的耐火完整性不应低于 0.50h。

2　应在保温系统中每层设置水平防火隔离带。防火隔离带应采用燃烧性能为 A 级的材料，防火隔离带的高度不应小于 300mm。

6.7.8　建筑的外墙外保温系统应采用不燃材料在其表面设置防护层，防护层应将保温材料完全包覆。除本规范第 6.7.3 条规定的情况外，当按本节规定采用 B_1、B_2 级保温材料时，防护层厚度首层不应小于 15mm，其他层不应小于 5mm。

6.7.9　建筑外墙外保温系统与基层墙体、装饰层之间的空腔，应在每层楼板处采用防火封堵材料封堵。

6.7.10　建筑的屋面外保温系统，当屋面板的耐火极限不低于 1.00h 时，保温材料的燃烧性能不应低于 B_2 级；当屋面板的耐火极限低于 1.00h 时，不应低于 B_1 级。采用 B_1、B_2 级保温材料的外保温系统应采用不燃材料作防护层，防护层的厚度不应小于 10mm。

当建筑的屋面和外墙外保温系统均采用 B_1、B_2 级保温材料时，屋面与外墙之间应采用宽度不小于 500mm 的不燃材料设置防火隔离带进行分隔。

6.7.11　电气线路不应穿越或敷设在燃烧性能为 B_1 或 B_2 级的保温材料中；确需穿越或敷设时，应采取穿金属管并在金属管周围采用不燃隔热材料进行防火隔离等防火保护措施。设置开关、插座等电器配件的部位周围应采取不燃隔热材料进行防火隔离等防火保护措施。

6.7.12　建筑外墙的装饰层应采用燃烧性能为 A 级的材料，但建筑高度不大于 50m 时，可采用 B_1 级材料。

7　灭火救援设施

7.1　消防车道

7.1.1　街区内的道路应考虑消防车的通行，道路中心线间的距离不宜大于 160m。

当建筑物沿街道部分的长度大于 150m 或总长度大于 220m 时，应设置穿过建筑物的消防车道。确有困难时，应设置环形消防车道。

7.1.2　高层民用建筑，超过 3000 个座位的体育馆，超过 2000 个座位的会堂，占地面积大于 3000m² 的商店建筑、展览建筑等单、多层公共建筑应设置环形消防车道，确有困难时，可沿建筑的两个长边设置消防车道；对于高层住宅建筑和山坡地或河道边临空建造的高层民用建筑，可沿建筑的一个长边设置消防车道，但该长边所在建筑立面应为消防车登高操作面。

7.1.4　有封闭内院或天井的建筑物，当内院或天井的短边长度大于 24m 时，宜设置进入内院或天井的消防车道；当该建筑物沿街时，应设置连通街道和内院的人行通道（可利用楼梯间），其间距不宜大于 80m。

7.1.5 在穿过建筑物或进入建筑物内院的消防车道两侧，不应设置影响消防车通行或人员安全疏散的设施。

7.1.7 供消防车取水的天然水源和消防水池应设置消防车道。消防车道的边缘距离取水点不宜大于 2m。

7.1.8 消防车道应符合下列要求：

1 车道的净宽度和净空高度均不应小于 4.0m；

2 转弯半径应满足消防车转弯的要求；

3 消防车道与建筑之间不应设置妨碍消防车操作的树木、架空管线等障碍物；

4 消防车道靠建筑外墙一侧的边缘距离建筑外墙不宜小于 5m；

5 消防车道的坡度不宜大于 8%。

7.1.9 环形消防车道至少应有两处与其他车道连通。尽头式消防车道应设置回车道或回车场，回车场的面积不应小于 12m×12m；对于高层建筑，不宜小于 15m×15m；供重型消防车使用时，不宜小于 18m×18m。

消防车道的路面、救援操作场地、消防车道和救援操作场地下面的管道和暗沟等，应能承受重型消防车的压力。

消防车道可利用城乡、厂区道路等，但该道路应满足消防车通行、转弯和停靠的要求。

7.2 救援场地和入口

7.2.1 高层建筑应至少沿一个长边或周边长度的 1/4 且不小于一个长边长度的底边连续布置消防车登高操作场地，该范围内的裙房进深不应大于 4m。

建筑高度不大于 50m 的建筑，连续布置消防车登高操作场地确有困难时，可间隔布置，但间隔距离不宜大于 30m，且消防车登高操作场地的总长度仍应符合上述规定。

7.2.2 消防车登高操作场地应符合下列规定：

1 场地与厂房、仓库、民用建筑之间不应设置妨碍消防车操作的树木、架空管线等障碍物和车库出入口。

2 场地的长度和宽度分别不应小于 15m 和 10m。对于建筑高度大于 50m 的建筑，场地的长度和宽度分别不应小于 20m 和 10m。

3 场地及其下面的建筑结构、管道和暗沟等，应能承受重型消防车的压力。

4 场地应与消防车道连通，场地靠建筑外墙一侧的边缘距离建筑外墙不宜小于 5m，且不应大于 10m，场地的坡度不宜大于 3%。

7.2.3 建筑物与消防车登高操作场地相对应的范围内，应设直通室外的楼梯或直通楼梯间的入口。

7.2.4 厂房、仓库、公共建筑的外墙应在每层的适当位置设置可供消防救援人员进入的窗口。

7.2.5 供消防救援人员进入的窗口的净高度和净宽度均不应小于 1.0m，下沿距室内地面不宜大于 1.2m，间距不宜大于 20m 且每个防火分区不应少于 2 个，设置位置应与消防车登高操作场地相对应。窗口的玻璃应易于破碎，并应设置可在室外易于识别的明显标志。

7.3 消防电梯

7.3.1 下列建筑应设置消防电梯：

2 一类高层公共建筑和建筑高度大于 32m 的二类高层公共建筑；

3 设置消防电梯的建筑的地下或半地下室，埋深大于 10m 且总建筑面积大于 3000m² 的其他地下或半地下建筑（室）。

7.3.2 消防电梯应分别设置在不同防火分区内，且每个防火分区不应少于 1 台。

7.3.4 符合消防电梯要求的客梯或货梯可兼作消防电梯。

7.3.5 除设置在仓库连廊、冷库穿堂或谷物筒仓工作塔内的消防电梯外，消防电梯应设置前室，并应符合下列规定：

1 前室宜靠外墙设置，并应在首层直通室外或经过长度不大于 30m 的通道通向室外；

2 前室的使用面积不应小于 6.0m²；与防烟楼梯间合用的前室，应符合本规范第 5.5.28 条和第 6.4.3 条的规定；

3 除前室的出入口、前室内设置的正压送风口和本规范第 5.5.27 条规定的户门外，前室内不应开设其他门、窗、洞口；

4 前室或合用前室的门应采用乙级防火门，不应设置卷帘。

7.3.6 消防电梯井、机房与相邻电梯井、机房之间应设置耐火极限不低于 2.00h 的防火隔墙，隔墙上的门应采用甲级防火门。

7.3.7 消防电梯的井底应设置排水设施，排水井的容量不应小于 2m³，排水泵的排水量不应小于 10L/s。消防电梯间前室的门口宜设置挡水设施。

7.3.8 消防电梯应符合下列规定：

1 应能每层停靠；

2 电梯的载重量不应小于 800kg；

3 电梯从首层至顶层的运行时间不宜大于 60s；

4 电梯的动力与控制电缆、电线、控制面板应采取防水措施；

5 在首层的消防电梯入口处应设置供消防队员专用的操作按钮；

6 电梯轿厢的内部装修应采用不燃材料；

7 电梯轿厢内部应设置专用消防对讲电话。

8 消防设施的设置

8.1 一般规定

8.1.1 消防给水和消防设施的设置应根据建筑的用途及其重要性、火灾危险性、火灾特性和环境条件等因素综合确定。

8.1.3 自动喷水灭火系统、水喷雾灭火系统、泡沫灭火系统和固定消防炮灭火系统等系统以及下列建筑的室内消火栓给水系统应设置消防水泵接合器：

1 超过 5 层的公共建筑；

4 超过 2 层或建筑面积大于 10000m² 的地下建筑（室）。

8.1.6 消防水泵房的设置应符合下列规定：

1 单独建造的消防水泵房，其耐火等级不应低于二级；

2 附设在建筑内的消防水泵房，不应设置在地下三层及以下或室内地面与室外出入口地坪高差大于 10m 的地下楼层；

3 疏散门应直通室外或安全出口。

8.1.7 设置火灾自动报警系统和需要联动控制的消防设备的建筑（群）应设置消防控制室。消防控制室的设置应符合下列规定：

1 单独建造的消防控制室，其耐火等级不应低于二级；

2 附设在建筑内的消防控制室，宜设置在建筑内首层或地下一层，并宜布置在靠外墙部位；

3 不应设置在电磁场干扰较强及其他可能影响消防控制设备正常工作的房间附近；

4 疏散门应直通室外或安全出口。

5 消防控制室内的设备构成及其对建筑消防设施的控制与显示功能以及向远程监控系统传输相关信息的功能，应符合现行国家标准《火灾自动报警系统设计规范》GB 50116 和《消防控制室通用技术要求》3GB 25506 的规定。

8.1.8 消防水泵房和消防控制室应采取防水淹的技术措施。

8.1.9 设置在建筑内的防排烟风机应设置在不同的专用机房内，有关防火分隔措施应符合本规范第6.2.7条的规定。

8.1.11 建筑外墙设置有玻璃幕墙或采用火灾时可能脱落的墙体装饰材料或构造时，供灭火救援用的水泵接合器、室外消火栓等室外消防设施，应设置在距离建筑外墙相对安全的位置或采取安全防护措施。

8.1.12 设置在建筑室内外供人员操作或使用的消防设施，均应设置区别于环境的明显标志。

8.1.13 有关消防系统及设施的设计，应符合现行国家标准《消防给水及消火栓系统技术规范》GB 50974、《自动喷水灭火系统设计规范》GB 50084、《火灾自动报警系统设计规范》GB50116等标准的规定。

8.2 室内消火栓系统

8.2.1 下列建筑或场所应设置室内消火栓系统：

2 高层公共建筑和建筑高度大于21m的住宅建筑；

3 体积大于5000m³的车站、码头、机场的候车（船、机）建筑、展览建筑、商店建筑、旅馆建筑、医疗建筑和图书馆建筑等单、多层建筑；

4 特等、甲等剧场，超过800个座位的其他等级的剧场和电影院等以及超过1200个座位的礼堂、体育馆等单、多层建筑；

5 建筑高度大于15m或体积大于10000m³的办公建筑、教学建筑和其他单、多层民用建筑。

8.2.3 国家级文物保护单位的重点砖木或木结构的古建筑，宜设置室内消火栓系统。

8.2.4 人员密集的公共建筑、建筑高度大于100m的建筑和建筑面积大于200m²的商业服务网点内应设置消防软管卷盘或轻便消防水龙。高层住宅建筑的户内宜配置轻便消防水龙。

8.3 自动灭火系统

8.3.3 除本规范另有规定和不宜用水保护或灭火的场所外，下列高层民用建筑或场所应设置自动灭火系统，并宜采用自动喷水灭火系统：

1 一类高层公共建筑（除游泳池、溜冰场外）及其地下、半地下室；

2 二类高层公共建筑及其地下、半地下室的公共活动用房、走道、办公室和旅馆的客房、可燃物品库房、自动扶梯底部；

3 高层民用建筑内的歌舞娱乐放映游艺场所；

8.3.4 除本规范另有规定和不宜用水保护或灭火的场所外，下列单、多层民用建筑或场所应设置自动灭火系统，并宜采用自动喷水灭火系统：

1 特等、甲等剧场，超过1500个座位的其他等级的剧场，超过2000个座位的会堂或礼堂，超过3000个座位的体育馆，超过5000人的体育场的室内人员休息室与器材间等；

2 任一层建筑面积大于1500m²或总建筑面积大于3000m²的展览、商店、餐饮和旅馆建筑以及医院中同样建筑规模的病房楼、门诊楼和手术部；

3 设置送回风道（管）的集中空气调节系统且总建筑面积大于3000m²的办公建筑等；

4 藏书量超过50万册的图书馆；

5 大、中型幼儿园，总建筑面积大于500m²的老年人建筑；

6 总建筑面积大于500m²的地下或半地下商店；

7 设置在地下或半地下或地上四层及以上楼层的歌舞娱乐放映游艺场所（除游泳场所外），设置在首层、二层和三层且任一层建筑面积大于300m²的地上歌舞娱乐放映游艺场所（除游泳场所外）。

8.3.5 根据本规范要求难以设置自动喷水灭火系统的展览厅、观众厅等人员密集的场所和丙类生产车间、库房等高大空间场所，应设置其他自动灭火系统，并宜采用固定消防炮等灭火系统。

8.3.6 下列部位宜设置水幕系统：

1 特等、甲等剧场、超过1500个座位的其他等级的剧场、超过2000个座位的会堂或礼堂和高层民用建筑内超过800个座位的剧场或礼堂的舞台口及上述场所内与舞台相连的台、后台的洞口；

2 应设置防火墙等防火分隔物而无法设置的局部开口部位；

3 需要防护冷却的防火卷帘或防火幕的上部。

注：舞台口也可采用防火幕进行分隔，侧台、后台的较小洞口宜设置乙级防火门、窗。

8.3.7 下列建筑或部位应设置雨淋自动喷水灭火系统：

5 特等、甲等剧场、超过1500个座位的其他等级剧场和超过2000个座位的会堂或礼堂的舞台葡萄架下部；

6 建筑面积不小于 $400m^2$ 的演播室，建筑面积不小于 $500m^2$ 的电影摄影棚。

8.3.11 餐厅建筑面积大于 $1000m^2$ 的餐馆或食堂，其烹饪操作间的排油烟罩及烹饪部位应设置自动灭火装置，并应在燃气或燃油管道上设置与自动灭火装置联动的自动切断装置。

食品工业加工场所内有明火作业或高温食用油的食品加工部位宜设置自动灭火装置。

8.4 火灾自动报警系统

8.4.1 下列建筑或场所应设置火灾自动报警系统：

3 任一层建筑面积大于 $1500m^2$ 或总建筑面积大于 $3000m^2$ 的商店、展览、财贸金融、客运和货运等类似用途的建筑，总建筑面积大于 $500m^2$ 的地下或半地下商店；

4 图书或文物的珍藏库，每座藏书超过50万册的图书馆，重要的档案馆；

5 地市级及以上广播电视建筑、邮政建筑、电信建筑，城市或区域性电力、交通和防灾等指挥调度建筑；

6 特等、甲等剧场，座位数超过1500个的其他等级的剧场或电影院，座位数超过2000个的会堂或礼堂，座位数超过3000个的体育馆；

7 大、中型幼儿园的儿童用房等场所，老年人建筑，任一层建筑面积大于 $1500m^2$ 或总建筑面积大于 $3000m^2$ 的疗养院的病房楼、旅馆建筑和其他儿童活动场所，不少于200床位的医院门诊楼、病房楼和手术部等；

8 歌舞娱乐放映游艺场所；

9 净高大于2.6m且可燃物较多的技术夹层，净高大于0.8m且有可燃物的闷顶或吊顶内；

10 电子信息系统的主机房及其控制室、记录介质库，特殊贵重或火灾危险性大的机器、仪表、仪器设备室、贵重物品库房；

11 二类高层公共建筑内建筑面积大于 $50m^2$ 的可燃物品库房和建筑面积大于 $500m^2$ 的营业厅；

12 其他一类高层公共建筑；

13 设置机械排烟、防烟系统，雨淋或预作用自动喷水灭火系统，固定消防水炮灭火系统、气体灭火系统等需与火灾自动报警系统联锁动作的场所或部位。

8.5 防烟和排烟设施

8.5.1 建筑的下列场所或部位应设置防烟设施：

1 防烟楼梯间及其前室；

2 消防电梯间前室或合用前室；

3 避难走道的前室、避难层（间）。

建筑高度不大于50m的公共建筑、厂房、仓库和建筑高度不大于100m的住宅建筑，当其防烟楼梯间的前室或合用前室符合下列条件之一时，楼梯间可不设置防烟系统：

1 前室或合用前室采用敞开的阳台、凹廊；

2 前室或合用前室具有不同朝向的可开启外窗，且可开启外窗的面积满足自然排烟口的面积要求。

8.5.3 民用建筑的下列场所或部位应设置排烟设施：

1 设置在一、二、三层且房间建筑面积大于 $100m^2$ 的歌舞娱乐放映游艺场所，设置在四层及以

上楼层、地下或半地下的歌舞娱乐放映游艺场所；

2　中庭；

3　公共建筑内建筑面积大于 100m² 且经常有人停留的地上房间；

4　公共建筑内建筑面积大于 300m² 且可燃物较多的地上房间；

5　建筑内长度大于 20m 的疏散走道。

8.5.4　地下或半地下建筑（室）、地上建筑内的无窗房间，当总建筑面积大于 200m² 或一个房间建筑面积大于 50m²，且经常有人停留或可燃物较多时，应设置排烟设施。

9　供暖、通风和空气调节

9.1　一般规定

9.1.1　供暖、通风和空气调节系统应采取防火措施。

9.1.4　民用建筑内空气中含有容易起火或爆炸危险物质的房间，应设置自然通风或独立的机械通风设施，且其空气不应循环使用。

9.2　供暖

9.2.4　供暖管道不应穿过存在与供暖管道接触能引起燃烧或爆炸的气体、蒸气或粉尘的房间，确需穿过时，应采用不燃材料隔热。

9.2.5　供暖管道与可燃物之间应保持一定距离，并应符合下列规定：

1　当供暖管道的表面温度大于 100℃时，不应小于 100mm 或采用不燃材料隔热；

2　当供暖管道的表面温度不大于 100℃时，不应小于 50mm 或采用不燃材料隔热。

9.2.6　建筑内供暖管道和设备的绝热材料应符合下列规定：

2　对于其他建筑，宜采用不燃材料，不得采用可燃材料。

9.3　通风和空气调节

9.3.1　通风和空气调节系统，横向宜按防火分区设置，竖向不宜超过 5 层。当管道设置防止回流设施或防火阀时，管道布置可不受此限制。竖向风管应设置在管井内。

9.3.11　通风、空气调节系统的风管在下列部位应设置公称动作温度为 70℃ 的防火阀：

1　穿越防火分区处；

2　穿越通风、空气调节机房的房间隔墙和楼板处；

3　穿越重要或火灾危险性大的场所的房间隔墙和楼板处；

4　穿越防火分隔处的变形缝两侧；

5　竖向风管与每层水平风管交接处的水平管段上。

注：当建筑内每个防火分区的通风、空气调节系统均独立设置时，水平风管与竖向总管的交接处可不设置防火阀。

9.3.12　公共建筑的浴室、卫生间和厨房的竖向排风管，应采取防止回流措施并宜在支管上设置公称动作温度为 70℃的防火阀。

公共建筑内厨房的排油烟管道宜按防火分区设置，且在与竖向排风管连接的支管处应设置公称动作温度为 150℃的防火阀。

9.3.13　防火阀的设置应符合下列规定：

1　防火阀宜靠近防火分隔处设置；

2　防火阀暗装时，应在安装部位设置方便维护的检修口；

3　在防火阀两侧各 2.0m 范围内的风管及其绝热材料应采用不燃材料；

4　防火阀应符合现行国家标准《建筑通风和排烟系统用防火阀门》GB 15930 的规定。

9.3.14　除下列情况外，通风、空气调节系统的风管应采用不燃材料：

1　接触腐蚀性介质的风管和柔性接头可采用难燃材料；

2 体育馆、展览馆、候机（车、船）建筑（厅）等大空间建筑，单、多层办公建筑和丙、丁、戊类厂房内通风、空气调节系统的风管，当不跨越防火分区且在穿越房间隔墙处设置防火阀时，可采用难燃材料。

10 电气

10.1 消防电源及其配电

10.1.2 下列建筑物、储罐（区）和堆场的消防用电应按二级负荷供电：

5 座位数超过1500个的电影院、剧场，座位数超过3000个的体育馆，任一层建筑面积大于$3000m^2$的商店和展览建筑，省（市）级及以上的广播电视、电信和财贸金融建筑，室外消防用水量大于25L/s的其他公共建筑。

10.1.5 建筑内消防应急照明和灯光疏散指示标志的备用电源的连续供电时间应符合下列规定：

1 建筑高度大于100m的民用建筑，不应小于1.5h；

2 医疗建筑、老年人建筑、总建筑面积大于$100000m^2$的公共建筑和总建筑面积大于$20000m^2$的地下、半地下建筑，不应少于1.0h；

3 其他建筑，不应少于0.5h。

10.1.6 消防用电设备应采用专用的供电回路，当建筑内的生产、生活用电被切断时，应仍能保证消防用电。

备用消防电源的供电时间和容量，应满足该建筑火灾延续时间内各消防用电设备的要求。

10.1.7 消防配电干线宜按防火分区划分，消防配电支线不宜穿越防火分区。

10.1.8 消防控制室、消防水泵房、防烟和排烟风机房的消防用电设备及消防电梯等的供电，应在其配电线路的最末一级配电箱处设置自动切换装置。

10.1.9 按一、二级负荷供电的消防设备，其配电箱应独立设置；按三级负荷供电的消防设备，其配电箱宜独立设置。

消防配电设备应设置明显标志。

10.1.10 消防配电线路应满足火灾时连续供电的需要，其敷设应符合下列规定：

1 明敷时（包括敷设在吊顶内），应穿金属导管或采用封闭式金属槽盒保护，金属导管或封闭式金属槽盒应采取防火保护措施；当采用阻燃或耐火电缆并敷设在电缆井、沟内时，可不穿金属导管或采用封闭式金属槽盒保护；当采用矿物绝缘类不燃性电缆时，可直接明敷。

2 暗敷时，应穿管并应敷设在不燃性结构内且保护层厚度不应小于30mm。

3 消防配电线路宜与其他配电线路分开敷设在不同的电缆井、沟内；确有困难需敷设在同一电缆井、沟内时，应分别布置在电缆井、沟的两侧，且消防配电线路应采用矿物绝缘类不燃性电缆。

10.2 电力线路及电器装置

10.2.3 配电线路不得穿越通风管道内腔或直接敷设在通风管道外壁上，穿金属导管保护的配电线路可紧贴通风管道外壁敷设。

配电线路敷设在有可燃物的闷顶、吊顶内时，应采取穿金属导管、采用封闭式金属槽盒等防火保护措施。

10.2.4 开关、插座和照明灯具靠近可燃物时，应采取隔热、散热等防火措施。

卤钨灯和额定功率不小于100W的白炽灯泡的吸顶灯、槽灯、嵌入式灯，其引入线应采用瓷管、矿棉等不燃材料作隔热保护。

额定功率不小于60W的白炽灯、卤钨灯、高压钠灯、金属卤化物灯、荧光高压汞灯（包括电感镇流器）等，不应直接安装在可燃物体上或采取其他防火措施。

10.2.7 下列建筑或场所的非消防用电负荷宜设置电气火灾监控系统：

3　座位数超过1500个的电影院、剧场，座位数超过3000个的体育馆，任一层建筑面积大于3000m^2的商店和展览建筑，省（市）级及以上的广播电视、电信和财贸金融建筑，室外消防用水量大于25L/s的其他公共建筑；

4　国家级文物保护单位的重点砖木或木结构的古建筑。

10.3　消防应急照明和疏散指示标志

10.3.1　除建筑高度小于27m的住宅建筑外，民用建筑、厂房和丙类仓库的下列部位应设置疏散照明：

1　封闭楼梯间、防烟楼梯间及其前室、消防电梯间的前室或合用前室、避难走道、避难层(间)；

2　观众厅、展览厅、多功能厅和建筑面积大于200m^2的营业厅、餐厅、演播室等人员密集的场所；

3　建筑面积大于100m^2的地下或半地下公共活动场所；

4　公共建筑内的疏散走道；

10.3.2　建筑内疏散照明的地面最低水平照度应符合下列规定：

1　对于疏散走道，不应低于1.0lx。

2　对于人员密集场所、避难层（间），不应低于3.0lx；对于病房楼或手术部的避难间，不应低于10.0lx。

3　对于楼梯间、前室或合用前室、避难走道，不应低于5.0lx。

10.3.3　消防控制室、消防水泵房、自备发电机房、配电室、防排烟机房以及发生火灾时仍需正常工作的消防设备房应设置备用照明，其作业面的最低照度不应低于正常照明的照度。

10.3.4　疏散照明灯具应设置在出口的顶部、墙面的上部或顶棚上；备用照明灯具应设置在墙面的上部或顶棚上。

10.3.5　公共建筑、建筑高度大于54m的住宅建筑、高层厂房（库房）和甲、乙、丙类单、多层厂房，应设置灯光疏散指示标志，并应符合下列规定：

1　应设置在安全出口和人员密集的场所的疏散门的正上方。

2　应设置在疏散走道及其转角处距地面高度1.0m以下的墙面或地面上。灯光疏散指示标志的间距不应大于20m；对于袋形走道，不应大于10m；在走道转角区，不应大于1.0m。

10.3.6　下列建筑或场所应在疏散走道和主要疏散路径的地面上增设能保持视觉连续的灯光疏散指示标志或蓄光疏散指示标志：

1　总建筑面积大于8000m^2的展览建筑；

2　总建筑面积大于5000m^2的地上商店；

3　总建筑面积大于500m^2的地下或半地下商店；

4　歌舞娱乐放映游艺场所；

5　座位数超过1500个的电影院、剧场，座位数超过3000个的体育馆、会堂或礼堂；

6　车站、码头建筑和民用机场航站楼中建筑面积大于3000m^2的候车、候船厅和航站楼的公共区。

10.3.7　建筑内设置的消防疏散指示标志和消防应急照明灯具，除应符合本规范的规定外，还应符合现行国家标准《消防安全标志》GB 13495和《消防应急照明和疏散指示系统》GB 17945的规定。

11　木结构建筑

11.0.1　木结构建筑的防火设计可按本章的规定执行。建筑构件的燃烧性能和耐火极限应符合表11.0.1的规定。

表 11.0.1　木结构建筑构件的燃烧性能和耐火极限

构件名称	燃烧性能和耐火极限（h）
防火墙	不燃性　3.00
承重墙，住宅建筑单元之间的墙和分户墙，楼梯间的墙	难燃性　1.00
电梯井的墙	不燃性　1.00
非承重外墙，疏散走道两侧的隔墙	难燃性　0.75
房间隔墙	难燃性　0.50
承重柱	可燃性　1.00
梁	可燃性　1.00
楼板	难燃性　0.75
屋顶承重构件	可燃性　0.50
疏散楼梯	难燃性　0.50
吊顶	难燃性　0.15

注　1. 除本规范另有规定外，当同一座木结构建筑存在不同高度的屋顶时，较低部分的屋顶承重构件和屋面不应采用可燃性构件，采用难燃性屋顶承重构件时，其耐火极限不应低于 0.75h。
2. 轻型木结构建筑的屋顶，除防水层、保温层及屋面板外，其他部分均应视为屋顶承重构件，且不应采用可燃性构件，耐火极限不应低于 0.50h。
3. 当建筑的层数不超过 2 层、防火墙间的建筑面积小于 $600m^2$ 且防火墙间的建筑长度小于 60m 时，建筑构件的燃烧性能和耐火极限可按本规范有关四级耐火等级建筑的要求确定。

11.0.2　建筑采用木骨架组合墙体时，应符合下列规定：

1　建筑高度不大于 18m 的住宅建筑、建筑高度不大于 24m 的办公建筑和丁、戊类厂房（库房））的房间隔墙和非承重外墙可采用木骨架组合墙体，其他建筑的非承重外墙不得采用木骨架组合墙体；

2　墙体填充材料的燃烧性能应为 A 级；

3　木骨架组合墙体的燃烧性能和耐火极限应符合表 11.0.2 的规定，其他要求应符合现行国家标准《木骨架组合墙体技术规范》GB/T 50361 的规定。

表 11.0.2　木骨架组合墙体的燃烧性能和耐火极限（h）

构件名称	建筑物的耐火等级或类型				
	一级	二级	三级	木结构建筑	四级
非承重外墙	不允许	难燃性 1.25	难燃性 0.75	难燃性 0.75	无要求
房间隔墙	难燃性 1.00	难燃性 0.75	难燃性 0.50	难燃性 0.50	难燃性 0.25

11.0.3　甲、乙、丙类厂房（库房）不应采用木结构建筑或木结构组合建筑。丁、戊类厂房（库房）和民用建筑，当采用木结构建筑或木结构组合建筑时，其允许层数和允许建筑高度应符合表 11.0.3－1 的规定，木结构建筑中防火墙间的允许建筑长度和每层最大允许建筑面积应符合表 11.0.3－2 的规定。

表 11.0.3－1　木结构建筑或木结构组合建筑的允许层数和允许建筑高度

木结构建筑的形式	普通木结构建筑	轻型木结构建筑	胶合木结构建筑		木结构组合建筑
允许层数（层）	2	3	1	3	7
允许建筑高度（m）	10	10	不限	15	24

表 11.0.3－2　木结构建筑中防火墙间的允许建筑长度和每层最大允许建筑面积

层数（层）	防火墙间的允许建筑长度（m）	防火墙间的每层最大允许建筑面积（m^2）
1	100	1800
2	80	900
3	60	600

注　1. 当设置自动喷水灭火系统时，防火墙间的允许建筑长度和每层最大允许建筑面积可按本表的规定增加 1.0 倍，对于丁、戊类地上厂房，防火墙间的每层最大允许建筑面积不限。

2. 体育场馆等高大空间建筑，其建筑高度和建筑面积可适当增加。

11.0.4　老年人建筑的住宿部分，托儿所、幼儿园的儿童用房和活动场所设置在木结构建筑内时，应布置在首层或二层。

商店、体育馆和丁、戊类厂房（库房）应采用单层木结构建筑。

11.0.7　民用木结构建筑的安全疏散设计应符合下列规定：

1　建筑的安全出口和房间疏散门的设置，应符合本规范第 5.5 节的规定。当木结构建筑的每层建筑面积小于 $200m^2$ 且第二层和第三层的人数之和不超过 25 人时，可设置 1 部疏散楼梯。

2　房间直通疏散走道的疏散门至最近安全出口的直线距离不应大于表 11.0.7－1 的规定。

表 11.0.7－1　房间直通疏散走道的疏散门至最近安全出口的直线距离（m）

名　　称	位于两个安全出口之间的疏散门	位于袋形走道两侧或尽端的疏散门
托儿所、幼儿园、老年人建筑	15	10
歌舞娱乐放映游艺场所	15	6
医院和疗养院建筑、教学建筑	25	12
其他民用建筑	30	15

3　房间内任一点至该房间直通疏散走道的疏散门的直线距离，不应大于表 11. 0.7－1 中有关袋形走道两侧或尽端的疏散门至最近安全出口的直线距离。

4　建筑内疏散走道、安全出口、疏散楼梯和房间疏散门的净宽度，应根据疏散人数按每 100 人的最小疏散净宽度不小于表 11.0.7－2 的规定计算确定。

表 11.0.7－2　疏散走道、安全出口、疏散楼梯和房间疏散门每 100 人的最小疏散净宽度（m/百人）

层 数	地上 1～2 层	地上 3 层
每 100 人的疏散净宽度	0.75	1.00

11.0.9　管道、电气线路敷设在墙体内或穿过楼板、墙体时，应采取防火保护措施，与墙体、楼板之间的缝隙应采用防火封堵材料填塞密实。

住宅建筑内厨房的明火或高温部位及排油烟管道等，应采用防火隔热措施。

11.0.10　民用木结构建筑之间及其与其他民用建筑的防火间距不应小于表 11.0.10 的规定。

民用木结构建筑与厂房（仓库）等建筑的防火间距、木结构厂房（仓库）之间及其与其他民用建筑的防火间距，应符合本规范第 3、4 章有关四级耐火等级建筑的规定。

表 11.0.10　民用木结构建筑之间及其与其他民用建筑的防火间距（m）

建筑耐火等级或类别	一、二级	三级	木结构建筑	四级
木结构建筑	8	9	10	11

注　1. 两座木结构建筑之间或木结构建筑与其他民用建筑之间，外墙均无任何门、窗、洞口时，防火间距可为 4m；外墙上的门、窗、洞口不正对且开口面积之和不大于外墙面积的 10%时，防火间距可按本表的规定减少 25%。

2. 当相邻建筑外墙有一面为防火墙，或建筑物之间设置防火墙且墙体截断不燃性屋面或高出难燃性、可燃性屋面不低于 0.5m 时，防火间距不限。

11.0.11　木结构墙体、楼板及封闭吊顶或屋顶下的密闭空间内应采取防火分隔措施，且水平分隔长度或宽度均不应大于 20m，建筑面积不应大于 300m²，墙体的竖向分隔高度不应大于 3m。

轻型木结构建筑的每层楼梯梁处应采取防火分隔措施。

11.0.12 木结构建筑与钢结构、钢筋混凝土结构或砌体结构等其他结构类型组合建造时，应符合下列规定：

1 竖向组合建造时，木结构部分的层数不应超过 3 层并应设置在建筑的上部，木结构部分与其他结构部分宜采用耐火极限不低于 1.00h 的不燃性楼板分隔。

水平组合建造时，木结构部分与其他结构部分宜采用防火墙分隔。

2 当木结构部分与其他结构部分之间按上款规定进行了防火分隔时，木结构部分和其他部分的防火设计，可分别执行本规范对木结构建筑和其他结构建筑的规定；其他情况，建筑的防火设计应执行本规范有关木结构建筑的规定。

3 室内消防给水应根据建筑的总高度、体积或层数和用途按本规范第 8 章和国家现行有关标准的规定确定，室外消防给水应按本规范有关四级耐火等级建筑的规定确定。

11.0.13 总建筑面积大于 1500m² 的木结构公共建筑应设置火灾自动报警系统，木结构住宅建筑内应设置火灾探测与报警装置。

11.0.14 木结构建筑的其他防火设计应执行本规范有关四级耐火等级建筑的规定，防火构造要求除应符合本规范的规定外，尚应符合现行国家标准《木结构设计规范》GB 50005 等标准的规定。

附录 各类建筑构件的燃烧性能和耐火极限

附表 1 各类非木结构构件的燃烧性能和耐火极限

序号	构件名称		构件厚度或截面最小尺寸（mm）	耐火极限（h）	燃烧性能
一	承重墙				
1	普通黏土砖、硅酸盐砖，混凝土、钢筋混凝土实体墙		120 180 240 370	2.50 3.50 5.50 10.50	不燃性 不燃性 不燃性 不燃性
2	加气混凝土砌块墙		100	2.00	不燃性
3	轻质混凝土砌块、天然石料的墙		120 240 370	1.50 3.50 5.50	不燃性 不燃性 不燃性
二	非承重墙				
1	普通黏土砖墙	1. 不包括双面抹灰	60 120	1.50 3.00	不燃性 不燃性
		2. 包括双面抹灰（15mm 厚）	150 180 240	4.50 5.00 8.00	不燃性 不燃性 不燃性
2	七孔黏土砖墙（不包括墙中空 120mm）	1. 不包括双面抹灰	120	8.00	不燃性
		2. 包括双面抹灰	140	9.00	不燃性
3	粉煤灰硅酸盐砌块墙		200	4.00	不燃性
4	轻质混凝土墙	1. 加气混凝土砌块墙	75 100 200	2.50 6.00 8.00	不燃性 不燃性 不燃性
		2. 钢筋加气混凝土垂直墙板墙	150	3.00	不燃性
		3. 粉煤灰加气混凝土砌块墙	100	3.40	不燃性
		4. 充气混凝土砌块墙	150	7.50	不燃性

续表

序号	构件名称		构件厚度或截面最小尺寸（mm）	耐火极限（h）	燃烧性能
5	空心条板隔墙	1. 菱苦土珍珠岩圆孔	80	1.30	不燃性
		2. 炭化石灰圆孔	90	1.75	不燃性
6	钢筋混凝土大板墙（C20）		60 120	1.00 2.60	不燃性 不燃性
7	轻质复合隔墙	1. 菱苦土板夹纸蜂窝隔墙，构造（mm）：2.5＋50（纸蜂窝）＋25	77.5	0.33	难燃性
		2. 水泥刨花复合板隔墙（内空层 60mm）	80	0.75	难燃性
		3. 水泥刨花板龙骨水泥板隔墙，构造（mm）：12＋86（空）＋12	110	0.50	难燃性
		4. 石棉水泥龙骨石棉水泥板隔墙，构（mm）：5＋80（空）＋60	145	0.45	不燃性
8	石膏空心条板隔墙	1. 石膏珍珠岩空心条板，膨胀珍珠岩的容重为（50～80）kg/m³	60	1.50	不燃性
		2. 石膏珍珠岩空心条板，膨胀珍珠岩的容重为（60～120）kg/m³	60	1.20	不燃性
		3. 石膏珍珠岩塑料网空心条板，膨胀珍珠岩的容重为（60～120）kg/m³	60	1.30	不燃性
		4. 石膏珍珠岩双层空心条板，构造（mm）：60＋50（空）＋60 膨胀珍珠岩的容重为（50～80）kg/m³ 膨胀珍珠岩的容重为（60～120）kg/m³	170 60	3.75 1.50	不燃性 不燃性
		5. 石膏硅酸盐空心条板	90	2.25	不燃性
		6. 石膏粉煤灰空心条板	60	1.28	不燃性
		7. 增强石膏空心墙板	90	2.50	不燃性
9	石膏龙骨两面钉表右侧材料的隔墙	1. 纤维石膏板，构造（mm）： 10＋64（空）＋10 8.5＋103（填矿棉，容重为 100kg/m³）＋8.5 10＋90（填矿棉，容重为 100kg/m³）＋10	84 120 110	1.35 1.00 1.00	不燃性 不燃性 不燃性
		2. 纸面石膏板，构造（mm）： 11＋68（填矿棉，容重为 100kg/m³）＋11 12＋80（空）＋12 11＋28（空）＋11＋65（空）＋11＋28（空）＋11 9＋12＋128（空）＋12＋9 25＋134（空）＋12＋9 12＋80（空）＋12＋12＋80（空）＋12	90 104 165 170 180 208	0.75 0.33 1.50 1.20 1.50 1.00	不燃性 不燃性 不燃性 不燃性 不燃性 不燃性
10	木龙骨两面钉表右侧材料的隔墙	1. 石膏板，构造（mm）：12＋50（空）＋12	74	0.30	难燃性
		2. 纸面玻璃纤维石膏板，构造（mm）：10＋55（空）＋10	75	0.60	难燃性
		3. 纸面纤维石膏板，构造（mm）：10＋55（空）＋15	75	0.60	难燃性
		4. 钢丝网（板）抹灰，构造（mm）：15＋50（空）＋15	80	0.85	难燃性
		5. 板条抹灰，构造（mm）：15＋50（空）＋15	80	0.85	难燃性
		6. 水泥刨花板，构造（mm）：15＋50（空）＋15	80	0.30	难燃性
		7. 板条抹 1∶4 石棉水泥隔热灰浆，构造（mm）：20＋50（空）＋20	90	1.25	难燃性
		8. 苇箔抹灰，构造（mm）：15＋70＋15	100	0.85	难燃性

续表

序号	构件名称		构件厚度或截面最小尺寸（mm）	耐火极限（h）	燃烧性能
11	钢龙骨两面钉表右侧材料的隔墙	1. 纸面石膏板，构造：20mm＋46mm（空）＋12mm			
		2×12mm＋70mm（空）＋2×12mm	78	0.33	不燃性
		2×12mm＋70mm（空）＋3×12mm	118	1.20	不燃性
		2×12mm＋75mm（填岩棉，容重为100kg/m^3）	130	1.25	不燃性
		＋2×12mm	123	1.50	不燃性
		12mm＋75mm（填50mm玻璃棉）＋12mm	99	0.50	不燃性
		2×12mm＋75mm（填50mm玻璃棉）＋2×12mm	123	1.00	不燃性
		3×12mm＋75mm（填50mm玻璃棉）＋3×12mm	147	1.50	不燃性
		12mm＋75mm（空）＋12mm	99	0.52	不燃性
		12mm＋75mm（其中5.0%厚岩棉）＋12mm	99	0.90	不燃性
		15mm＋9.5mm＋75mm＋15mm	123	1.50	不燃性
		2. 复合纸面石膏板，构造（mm）：			
		10＋55（空）＋10	75	0.60	不燃性
		15＋75（空）＋1.5＋9.5（双层板受火）	101	1.10	不燃性
		3. 耐火纸面石膏板，构造：			
		12mm＋75mm（其中5.0%厚岩棉）＋12mm	99	1.05	不燃性
		2×12mm＋75mm＋2×12mm	123	1.10	不燃性
		2×15mm＋100mm（其中8.0%厚岩棉）＋15mm	145	1.50	不燃性
		4. 双层石膏板，板内掺纸纤维，构造：			
		2×12mm＋75mm（空）＋2×12mm	123	1.10	不燃性
		5. 单层石膏板，构造（mm）：12＋75（空）＋12	99	0.50	不燃性
		12＋75（填50mm厚岩棉，容重100kg/m^3）＋12	99	1.20	不燃性
		6. 双层石膏板，构造：18mm＋70mm（空）＋18mm	106	1.35	不燃性
		2×12mm＋75mm（空）＋2×12mm	123	1.35	不燃性
		2×12mm＋75mm（填岩棉，容重100kg/m^3）	123	2.10	不燃性
		＋2×12mm			
		7. 防火石膏板，板内掺玻璃纤维，岩棉容重60kg/m^3，构造：			
		2×12mm＋75mm（空）＋2×12mm	123	1.35	不燃性
		2×12mm＋75mm（填40mm岩棉）＋2×2mm	123	1.60	不燃性
		12mm＋75mm（填50mm岩棉）＋12mm	99	1.20	不燃性
		3×12mm＋75mm（填50mm岩棉）＋3×12mm	147	2.00	不燃性
		4×12mm＋75mm（填50mm岩棉）＋4×12mm	171	3.00	不燃性
		8. 单层玻镁砂光防火板，硅酸铝纤维棉容重为180kg/m^3，构造：			
		8mm＋75mm（填硅酸铝纤维棉）＋8mm	91	1.50	不燃性
		10mm＋75mm（填硅酸铝纤维棉）＋10mm	95	2.00	不燃性
		9. 布面石膏板，构造：			
		12mm＋75mm（空）＋12mm	99	0.40	难燃性
		12mm＋75mm（填玻璃棉）＋12mm	99	0.50	难燃性
		2×12mm＋75mm（空）＋2×12mm	123	1.00	难燃性
		2×12mm＋75mm（填玻璃棉）＋2×12mm	123	1.20	难燃性
		10. 矽酸钙板（氧化镁板）填岩棉，岩棉容重为180kg/m^3，构造：			
		8mm＋75mm＋8mm	91	1.50	不燃性
		10mm＋75mm＋10mm	95	2.00	不燃性
		11. 硅酸钙板填岩棉，岩棉容重为100kg/m^3，构造：			
		8mm＋75mm＋8mm	91	1.00	不燃性
		2×8mm＋75mm＋2×8mm	107	2.00	不燃性
		9mm＋100mm＋9mm	118	1.75	不燃性
		10mm＋100mm＋10mm	120	2.00	不燃性

续表

序号	构件名称		构件厚度或截面最小尺寸（mm）	耐火极限（h）	燃烧性能
12	轻钢龙骨两面钉表右侧材料的隔墙	1. 耐火纸面石膏板，构造： 3×12mm+100mm（岩棉）+2×12mm 3×15mm+100mm（50mm厚岩棉）+2×12mm 3×15mm+100mm（80mm厚岩棉）+2×15mm 3×15mm+150mm（100mm厚岩棉）+3×15mm 9.5mm+3×12mm+100mm（空）+100mm（80mm厚岩棉）+2×12mm+9.5mm+12mm	160 169 175 240 291	2.00 2.95 2.82 4.00 3.00	不燃性 不燃性 不燃性 不燃性 不燃性
		2. 水泥纤维复合硅酸钙板，构造（mm）： 4（水泥纤维板）+52（水泥聚苯乙烯粒）+4（水泥纤维板） 20（水泥纤维板）+60（岩棉）+20（水泥纤维板） 4（水泥纤维板）+92（岩棉）+4（水泥纤维板）	60 100 100	1.20 2.10 2.00	不燃性 不燃性 不燃性
		3. 单层双面夹矿棉硅酸钙板	100 90 140	1.50 1.00 2.00	不燃性 不燃性 不燃性
		4. 双层双面夹矿棉硅酸钙板钢龙骨水泥刨花板，构造（mm）： 12+76（空）+12 钢龙骨石棉水泥板，构造（mm）：12+75（空）+6	100 93	0.45 0.30	难燃性 难燃性
13	两面用强度等级42.5#普通硅酸盐水泥，1∶3水泥砂浆的抹面的隔墙	1. 钢丝网架矿棉或聚苯乙烯芯板隔墙，构造（mm）： 25（砂浆）+50（矿棉）+25（砂浆） 25（砂浆）+50（聚苯乙烯）+25（砂浆）	100 100	2.00 1.07	不燃性 难燃性
		2. 钢丝网聚苯乙烯泡沫塑料复合板隔墙，构造（mm）： 23（砂浆）+54（聚苯乙烯）+23（砂浆）	100	1.30	难燃性
		3. 钢丝网塑夹芯板（内填自熄性聚苯乙烯泡沫）隔墙	76	1.20	难燃性
		4. 钢丝网架石膏复合墙板，构造（mm）： 15（石膏板）+50（硅酸盐水泥）+50（岩棉）+50（硅酸盐水泥）+15（石膏板）	180	4.00	不燃性
		5. 钢丝网岩棉夹芯复合板	110	2.00	不燃性
		6. 钢丝网架水泥聚苯乙烯夹芯板隔墙，构造（mm）： 35（砂浆）+50（聚苯乙烯）+35（砂浆）	120	1.00	难燃性
14	增强石膏轻质板墙 增强石膏轻质内墙板（带孔）		60 90	1.28 2.50	不燃性 不燃性
15	空心轻质板墙	1. 孔径38，表面为10mm水泥砂浆	100	2.00	不燃性
		2. 62mm孔空心板拼装，两侧抹灰19mm（砂：碳：水泥比为：5∶1∶1）	100	2.00	不燃性
16	混凝土砌块墙	1. 轻集料小型空心砌块	330×140 330×190	1.98 1.25	不燃性 不燃性
		2. 轻集料（陶粒）混凝土砌块	330×240 330×290	2.92 4.00	不燃性 不燃性
		3. 轻集料小型空心砌块（实体墙体）	330×190	4.00	不燃性
		4. 普通混凝土承重空心砌块	330×140 330×190 330×290	1.65 1.93 4.00	不燃性 不燃性 不燃性

续表

序号	构件名称		构件厚度或截面最小尺寸（mm）	耐火极限（h）	燃烧性能
17	纤维增强硅酸钙板轻质复合隔墙		50～100	2.00	不燃性
18	纤维增强水泥加压平板墙		50～100	2.00	不燃性
19	1. 水泥聚苯乙烯粒子复合板（纤维复合）墙		60	1.20	不燃性
	2. 水泥纤维加压板墙		100	2.00	不燃性
20	采用纤维水泥加轻质粗细填充骨料混合浇注，振动滚压成型玻璃纤维增强水泥空心板隔墙		60	1.50	不燃性
21	金属岩棉夹芯板隔墙，构造： 双面单层彩钢板，中间填充岩棉（容重为100kg/m³）		50 80 100 120 150 200	0.30 0.50 0.80 1.00 1.50 2.00	不燃性 不燃性 不燃性 不燃性 不燃性 不燃性
22	轻质条板隔墙，构造： 双面单层4mm硅钙板，中间填充聚苯混凝土		90 100 120	1.00 1.20 1.50	不燃性 不燃性 不燃性
23	轻集料混凝土条板隔墙		90 120	1.50 2.00	不燃性 不燃性
24	灌浆水泥板隔构造（mm）	6＋75（中灌聚苯混凝土）＋6 9＋75（中灌聚苯混凝土）＋9 9＋100（中灌聚苯混凝土）＋9 12＋150（中灌聚苯混凝土）＋12	87 93 118 174	2.00 2.50 3.00 4.00	不燃性 不燃性 不燃性 不燃性
25	双面单层彩钢面玻镁夹芯板隔墙	1. 内衬一层5mm玻镁板，中空	50	0.30	不燃性
		2. 内衬一层10mm玻镁板，中空	50	0.50	不燃性
		3. 内衬一层12mm玻镁板，中空	50	0.60	不燃性
		4. 内衬一层5mm玻镁板，中填容重为100kg/m³的岩棉	50	0.90	不燃性
		5. 内衬一层10mm玻镁板，中填铝蜂窝	50	0.60	不燃性
		6. 内衬一层12mm玻镁板，中填铝蜂窝	50	0.70	不燃性
26	双面单层彩钢面石膏复合板隔墙	1. 内衬一层12mm石膏板，中填纸蜂窝	50	0.70	难燃性
		2. 内衬一层12mm石膏板，中填岩棉（120kg/m³）	50 100	1.00 1.50	不燃性 不燃性
		3. 内衬一层12mm石膏板，中空	75 100	0.70 0.90	不燃性 不燃性
27	钢框架间填充墙、混凝土墙，当钢框架为	1. 用金属网抹灰保护，其厚度为：25mm	—	0.75	不燃性
		2. 用砖砌面或混凝土保护，其厚度为： 60mm 120mm	 — —	 2.00 4.00	 不燃性 不燃性
三	柱				
1	钢筋混凝土柱		180×240 200×200 200×300 240×240 300×300 200×400 200×500 300×500 370×370	1.20 1.40 2.50 2.00 3.00 2.70 3.00 3.50 5.00	不燃性 不燃性 不燃性 不燃性 不燃性 不燃性 不燃性 不燃性 不燃性

续表

序号	构件名称		构件厚度或截面最小尺寸（mm）	耐火极限（h）	燃烧性能
2	普通黏土砖柱		370× 370	5.00	不燃性
3	钢筋混凝土圆柱		直径 300 直径 450	3.00 4.00	不燃性 不燃性
4	有保护层的钢柱，保护层	1. 金属网抹 M5 砂浆，厚度（mm）：25 50	— —	0.80 1.30	不燃性 不燃性
		2. 加气混凝土，厚度（mm）：40 50 70 80	— — — —	1.00 1.40 2.00 2.33	不燃性 不燃性 不燃性 不燃性
		3. C20 混凝土，厚度（mm）：25 50 100	— — —	0.80 2.00 2.85	不燃性 不燃性 不燃性
		4. 普通黏土砖，厚度（mm）：120	—	2.85	不燃性
		5. 陶粒混凝土，厚度（mm）：80	—	3.00	不燃性
		6. 薄涂型钢结构防火涂料，厚度（mm）：5.5 7.0	— —	1.00 1.50	不燃性 不燃性
		7. 厚涂型钢结构防火涂料，厚度（mm）：15 20 30 40 50	— — — — —	1.00 1.50 2.00 2.50 3.00	不燃性 不燃性 不燃性 不燃性 不燃性
5	有保护层的钢管混凝土圆柱（λ≤60），保护层	金属网抹 M5 砂浆，厚度（mm）：25 35 45 60 70	D=200	1.00 1.50 2.00 2.50 3.00	不燃性 不燃性 不燃性 不燃性 不燃性
		金属网抹 M5 砂浆，厚度（mm）：20 30 35 45 50	D=600	1.00 1.50 2.00 2.50 3.00	不燃性 不燃性 不燃性 不燃性 不燃性
		金属网抹 M5 砂浆，厚度（mm）：18 26 32 40 45	D=1000	1.00 1.50 2.00 2.50 3.00	不燃性 不燃性 不燃性 不燃性 不燃性
		金属网抹 M5 砂浆，厚度（mm）：15 25 30 36 40	D≥1400	1.00 1.50 2.00 2.50 3.00	不燃性 不燃性 不燃性 不燃性 不燃性
		厚涂型钢结构防火涂料，厚度（mm）：8 10 14 16 20	D=200	1.00 1.50 2.00 2.50 3.00	不燃性 不燃性 不燃性 不燃性 不燃性

续表

序号	构件名称		构件厚度或截面最小尺寸（mm）	耐火极限（h）	燃烧性能
5	有保护层的钢管混凝土圆柱（λ≤60），保护层	厚涂型钢结构防火涂料，厚度（mm）：7	D=600	1.00	不燃性
		9		1.50	不燃性
		12		2.00	不燃性
		14		2.50	不燃性
		16		3.00	不燃性
		厚涂型钢结构防火涂料，厚度（mm）：6	D=1000	1.00	不燃性
		8		1.50	不燃性
		10		2.00	不燃性
		12		2.50	不燃性
		14		3.00	不燃性
		厚涂型钢结构防火涂料，厚度（mm）：5	D≥1400	1.00	不燃性
		7		1.50	不燃性
		9		2.00	不燃性
		10		2.50	不燃性
		12		3.00	不燃性
6	有保护层的钢管混凝土方柱、矩形柱（λ≤60），保护层	金属网抹 M5 砂浆，厚度（mm）：40	B=200	1.00	不燃性
		55		1.50	不燃性
		70		2.00	不燃性
		80		2.50	不燃性
		90		3.00	不燃性
		金属网抹 M5 砂浆，厚度（mm）：30	B=600	1.00	不燃性
		40		1.50	不燃性
		55		2.00	不燃性
		65		2.50	不燃性
		70		3.00	不燃性
		金属网抹 M5 砂浆，厚度（mm）：25	B=1000	1.00	不燃性
		35		1.50	不燃性
		45		2.00	不燃性
		55		2.50	不燃性
		65		3.00	不燃性
		金属网抹 M5 砂浆，厚度（mm）：20	B≥1400	1.00	不燃性
		30		1.50	不燃性
		40		2.00	不燃性
		45		2.50	不燃性
		55		3.00	不燃性
		厚涂型钢结构防火涂料，厚度（mm）：8	B=200	1.00	不燃性
		10		1.50	不燃性
		14		2.00	不燃性
		18		2.00	不燃性
		25		3.00	不燃性
		厚涂型钢结构防火涂料，厚度（mm）：6	B=600	1.00	不燃性
		8		1.50	不燃性
		10		2.00	不燃性
		12		2.50	不燃性
		15		3.00	不燃性
		厚涂型钢结构防火涂料，厚度（mm）：5	B=1000	1.00	不燃性
		6		1.50	不燃性
		8		2.00	不燃性
		10		2.50	不燃性
		12		3.00	不燃性
		厚涂型钢结构防火涂料，厚度（mm）：4	B=1400	1.00	不燃性
		5		1.50	不燃性
		6		2.00	不燃性
		8		2.50	不燃性
		10		3.00	不燃性

续表

序号	构件名称		构件厚度或截面最小尺寸（mm）	耐火极限（h）	燃烧性能
四	梁				
4	简支的钢筋混凝土梁	1. 非预应力钢筋，保护层厚度（mm）：10	—	1.20	不燃性
		20	—	1.75	不燃性
		25	—	2.00	不燃性
		30	—	2.30	不燃性
		40	—	2.90	不燃性
		50	—	3.50	不燃性
		2. 预应力钢筋或高强度钢丝，保护层厚度（mm）：25	—	1.00	不燃性
		30	—	1.20	不燃性
		40	—	1.50	不燃性
		50	—	2.00	不燃性
		3. 有保护层的钢梁：15mm 厚 LG 防火隔热涂料保护层	—	1.50	不燃性
		20mm 厚 LY 防火隔热涂料保护层		2.30	不燃性
五	楼板和屋顶承重构件				
1	非预应力简支钢筋混凝土圆孔空心楼板，保护层厚度（mm）：10		—	0.90	不燃性
	20		—	1.25	不燃性
	30		—	1.50	不燃性
2	预应力简支钢筋混凝土圆孔空心楼板，保护层厚度（mm）：10		—	0.40	不燃性
	20		—	0.70	不燃性
	30		—	0.85	不燃性
3	四边简支的钢筋混凝土楼板，保护层厚度（mm）：10		70	1.40	不燃性
	15		80	1.45	不燃性
	20		80	1.50	不燃性
	30		90	1.85	不燃性
4	现浇的整体式梁板，保护层厚度（mm）：10		80	1.40	不燃性
	15		80	1.45	不燃性
	20		80	1.50	不燃性
	现浇的整体式梁板，保护层厚度（mm）：10		90	1.75	不燃性
	20		90	1.85	不燃性
	现浇的整体式梁板，保护层厚度（mm）：10		100	2.00	不燃性
	15		100	2.00	不燃性
	20		100	2.10	不燃性
	30		100	2.15	不燃性
	现浇的整体式梁板，保护层厚度（mm）：10		110	2.25	不燃性
	15		110	2.30	不燃性
	20		110	2.30	不燃性
	30		110	2.40	不燃性
	现浇的整体式梁板，保护层厚度（mm）：10		120	2.50	不燃性
	20		120	2.65	不燃性
5	钢丝网抹灰粉刷的钢梁，保护层厚度（mm）：10		—	0.50	不燃性
	20		—	1.00	不燃性
	30		—	1.25	不燃性

续表

序号	构件名称		构件厚度或截面最小尺寸（mm）	耐火极限（h）	燃烧性能
6	屋面板	1. 钢筋加气混凝土屋面板，保护层厚度10mm	—	1.25	不燃性
		2. 钢筋充气混凝土屋面板，保护层厚度10mm	—	1.60	不燃性
		3. 钢筋混凝土方孔屋面板，保护层厚度10mm	—	1.20	不燃性
		4. 预应力钢筋混凝土槽形屋面板，保护层厚度10mm	—	0.50	不燃性
		5. 预应力钢筋混凝土槽瓦，保护层厚度10mm	—	0.50	不燃性
		6. 轻型纤维石膏板屋面板	—	0.60	不燃性
六	吊顶				
1	木吊顶搁栅	1. 钢丝网抹灰	15	0.25	难燃性
		2. 板条抹灰	15	0.25	难燃性
		3. 1：4水泥石棉浆钢丝网抹灰	20	0.50	难燃性
		4. 1：4水泥石棉浆板条抹灰	20	0.50	难燃性
		5. 钉氧化镁锯末复合板	13	0.25	难燃性
		6. 钉石膏装饰板	10	0.25	难燃性
		7. 钉平面石膏板	12	0.30	难燃性
		8. 钉纸面石膏板	9.5	0.25	难燃性
		9. 钉双层石膏板（各厚8mm）	16	0.45	难燃性
		10. 钉珍珠岩复合石膏板（穿孔板和吸音板各厚15mm）	30	0.30	难燃性
		11. 钉矿棉吸音板	—	0.15	难燃性
		12. 钉硬质木屑板	10	0.20	难燃性
2	钢吊顶搁栅	1. 钢丝网（板）抹灰	15	0.25	不燃性
		2. 钉石棉板	10	0.85	不燃性
		3. 钉双层石膏板	10	0.30	不燃性
		4. 挂石棉型硅酸钙板	10	0.30	不燃性
		5. 两侧挂0.5mm厚薄钢板，内填容重为100kg/m³的陶瓷棉复合板	40	0.40	不燃性
3	双面单层彩钢面岩棉夹芯板吊顶，中间填容重为120kg/m³的岩棉		50 100	0.30 0.50	不燃性 不燃性
4	钢龙骨单面钉表右侧材料	1. 防火板，填容重为100kg/m³的岩棉，构造： 9mm＋75mm（岩棉） 12mm＋100mm（岩棉） 2×9mm＋100mm（岩棉）	 84 112 118	 0.50 0.75 0.90	 不燃性 不燃性 不燃性
		2. 纸面石膏板，构造：12mm＋2mm填缝料＋60mm（空） 12mm＋1mm填缝料＋12mm＋1mm填缝料＋60mm（空）	74 86	0.10 0.40	不燃性 不燃性
		3. 防火纸面石膏板，构造：12mm＋50mm（填60kg/m³的岩棉） 15mm＋1mm填缝料＋15mm＋1mm填缝料＋60mm（空）	62 92	0.20 0.50	不燃性 不燃性

续表

序号	构件名称		构件厚度或截面最小尺寸（mm）	耐火极限（h）	燃烧性能
七	防火门				
1	木质防火门：木质面板或木质面板内设防火板	1. 门扇内填充珍珠岩 2. 门扇内填充氯化镁、氧化镁 丙级 乙级 甲级	 40～50 45～50 50～90	 0.50 1.00 1.50	 难燃性 难燃性 难燃性
2	钢木质防火门	1. 木质面板 1）钢质或钢木质复合门框、木质骨架，迎/背火面一面或两面设防火板，或不设防火板。门扇内填充珍珠岩，或氯化镁、氧化镁 2）木质门框、木质骨架，迎/背火面一面或两面设防火板或钢板。门扇内填充珍珠岩，或氯化镁、氧化镁 2. 钢质面板 钢质或钢木质复合门框、钢质或木质骨架，迎/背火面一面或两面设防火板，或不设防火板。门扇内填充珍珠岩，或氯化镁、氧化镁 丙级 乙级 甲级	40～50 45～50 50～90	0.50 1.00 1.50	难燃性 难燃性 难燃性
3	钢质防火 门	钢质门框、钢质面板、钢质骨架。迎/背火面一面或两面设防火板，或不设防火板。门扇内填充珍珠岩或氯化镁、氧化镁 丙级 乙级 甲级	40～50 45～70 50～90	0.50 1.00 1.50	不燃性 不燃性 不燃性
八	防火窗				
1	钢质防火窗	窗框钢质，窗扇钢质，窗框填充水泥砂浆，窗扇内填充珍珠岩，或氧化镁、氯化镁，或防火板。复合防火玻璃	25～30 30～38	1.00 1.50	不燃性 不燃性
2	木质防火窗	窗框、窗扇均为木质，或均为防火板和木质复合。窗框无填充材料，窗扇迎/背火面外设防火板和木质面板，或为阻燃实木。复合防火玻璃	25～30 30～38	1.00 1.50	难燃性 难燃性
3	钢木复合防火窗	窗框钢质，窗扇木质，窗框填充采用水泥砂浆、窗扇迎背火面外设防火板和木质面板，或为阻燃实木。复合防火玻璃	25～30 30～38	1.00 1.50	难燃性 难燃性
九	防火卷帘				
	1. 钢质普通型防火卷帘（帘板为单层）		—	1.50～3.00	不燃性
	2. 钢质复合型防火卷帘（帘板为双层）		—	2.00～4.00	不燃性
	3. 无机复合防火卷帘（采用多种无机材料复合而成）		—	3.00～4.00	不燃性
	4. 无机复合轻质防火卷帘（双层，不需水幕保护）		—	4.00	不燃性

注 1. λ 为钢管混凝土构件长细比，对于圆钢管混凝土，$\lambda=4L/D$；对于方、矩形钢管混凝土，$\lambda=2\sqrt{3}L/B$；L 为构件的计算长度。

2. 对于矩形钢管混凝土柱，B 为截面短边边长。
3. 钢管混凝土柱的耐火极限为根据福州大学土木建筑工程学院提供的理论计算值，未经逐个试验验证。
4. 确定墙的耐火极限不考虑墙上有无洞孔。
5. 墙的总厚度包括抹灰粉刷层。
6. 中间尺寸的构件，其耐火极限建议经试验确定，亦可按插入法计算。
7. 计算保护层时，应包括抹灰粉刷层在内。
8. 现浇的无梁楼板按简支板的数据采用。
9. 无防火保护层的钢梁、钢柱、钢楼板和钢屋架，其耐火极限可按 0.25h 确定。
10. 人孔盖板的耐火极限可参照防火门确定。
11. 防火门和防火窗中的“木质”均为经阻燃处理。

《建筑内部装修设计防火规范》(GB 50222—95)(2001年修订)(摘要)

该规范第3.1.15A条、第3.1.18条、第3.2.3条、第3.3.2条款内容均为强制性条文，必须执行。

1 总则

1.0.4 本规范规定的建筑内部装修设计，在民用建筑中包括顶棚、墙面、地面、隔断的装修，以及固定家具、窗帘、帷幕、床罩、家具包布、固定饰物等；在工业厂房中包括顶棚、墙面、地面和隔断的装修。

注：(1) 隔断系指不到顶的隔断，到顶的固定隔断装修应与墙面规定相同。

(2) 柱面的装修应与墙面的规定相同。

(3) 兼有空间分隔功能的到顶橱柜应认定为固定家具。

2 装修材料的分类和分级

2.0.1 装修材料按其使用部位和功能，可划分为顶棚装修材料、墙面装修材料、地面装修材料、隔断装修材料、固定家具、装饰织物、其他装饰材料七类。

注：(1) 装饰织物系指窗帘、帷幕、床罩、家具包布等；

(2) 其他装饰材料系指楼梯扶手、挂镜线、踢脚板、窗帘盒、暖气罩等。

2.0.2 装修材料按其燃烧性能划分为四个等级，并应符合表2.0.2的规定。

表 2.0.2 装修材料燃烧性能等级

等 级	装修材料燃烧性能
A	不燃性
B_1	难燃性
B_2	可燃性
B_3	易燃性

2.0.4 安装在钢龙骨上燃烧性能达到B_1级的纸面石膏板、矿棉吸声板，可作为A级装修材料使用。

2.0.5 当胶合板表面涂覆一级饰面型防火涂料时，可作为B_1级装修材料使用。当胶合板用于顶棚和墙面装修并且不内含电器、电线等物体时，宜仅在胶合板外表面涂覆防火涂料；当胶合板用于顶棚和墙面装修并且内含有电器、电线等物体时，胶合板的内、外表面以及相应的木龙骨应涂覆防火涂料，或采用阻燃浸渍处理达到B_1级。

注：饰面型防火涂料的等级应符合现行国家标准《防火涂料防火性能试验方法及分级标准》的有关规定。

2.0.6 单位重量小于300g/m^{2}的纸质、布质壁纸，当直接粘贴在A级基材上时，可作为B_1级装修材料使用。

2.0.7 施涂于A级基材上的无机装饰涂料，可作为A级装修材料使用；施涂于A级基材上，湿涂覆比小于1.5kg/m^{2}的有机装饰涂料，可作为B_1级装修材料使用。涂料施涂于B_1、B_2级基材上时，应将涂料连同基材一起按规范有关规定确定其燃烧性能等级。

2.0.8 当采用不同装修材料进行分层装修时，各层装修材料的燃烧性能等级均应符合规范的规定。复合型装修材料应由专业检测机构进行整体测试并划分其燃烧性能等级。

3 民用建筑

3.1 一般规定

3.1.1 当顶棚或墙面表面局部采用多孔或泡沫状塑料时，其厚度不应大于15mm，且面积不得超过该房间顶棚或墙面积的10%。

3.1.2 除地下建筑外，无窗房间的内部装修材料的燃烧性能等级，除A级外，应在规定的基础上提高一级。

3.1.3 图书室、资料室、档案室和存放文物的房间，其顶棚、墙面应采用 A 级装修材料，地面应采用不低于 B_1 级的装修材料。

3.1.4 大中型电子计算机房、中央控制室、电话总机房等放置特殊贵重设备的房间，其顶棚和墙面应采用 A 级装修材料，地面及其他装修应采用不低于 B_1 级的装修材料。

3.1.5 消防水泵房、排烟机房、固定灭火系统钢瓶间、配电室、变压器室、通风和空调机房等，其内部所有装修均应采用 A 级装修材料。

3.1.6 无自然采光楼梯间、封闭楼梯间、防烟楼梯间及其前室的顶棚、墙面和地面均应采用 A 级装修材料。

3.1.7 建筑物内设有上下层相连通的中庭、走马廊、开敞楼梯、自动扶梯时，其连通部位的顶棚、墙面应采用 A 级装修材料，其他部位应采用不低于 B_1 级的装修材料。

3.1.8 防烟分区的挡烟垂壁，其装修材料应采用 A 级装修材料。

3.1.9 建筑内部的变形缝（包括沉降缝、伸缩缝、抗震缝等）两侧的基层应采用 A 级材料，表面装修应采用不低于 B_1 级的装修材料。

3.1.10 建筑内部的配电箱不应直接安装在低于 B_1 级的装修材料上。

3.1.11 照明灯具的高温部位，当靠近非 A 级装修材料时，应采取隔热、散热等防火保护措施。灯饰所用材料的燃烧性能等级不应低于 B_1 级。

3.1.12 公共建筑内部不宜设置采用 B_3 级装饰材料制成的壁挂、雕塑、模型、标本，当需要设置时，不应靠近火源或热源。

3.1.13 地上建筑的水平疏散走道和安全出口的门厅，其顶棚装饰材料应采用 A 级装修材料，其他部位应采用不低于 B_1 级的装修材料。

3.1.14 建筑内部消火栓的门不应被装饰物遮掩，消火栓门四周的装修材料颜色应与消火栓门的颜色有明显区别。

3.1.15 建筑内部装修不应遮挡消防设施、疏散指示标志及安全出口，并且不应妨碍消防设施和疏散走道的正常使用。因特殊要求做改动时，应符合国家有关消防规范和法规的规定。

3.1.15A 建筑内部装修不应减少安全出口、疏散出口和疏散走道的设计所需的净宽度和数量。

3.1.16 建筑物内的厨房，其顶棚、墙面、地面均应采用 A 级装修材料。

3.1.17 经常使用明火器具的餐厅、科研试验室，装修材料的燃烧性能等级，除 A 级外，应在规定的基础上提高一级。

3.1.18 当歌舞厅、卡拉 OK 厅（含具有卡拉 OK 功能的餐厅）、夜总会、录像厅、放映厅、桑拿浴室（除洗浴部分外）、游艺厅（含电子游艺厅）、网吧等歌舞娱乐放映游艺场所（以下简称歌舞娱乐放映游艺场所）设置在一、二级耐火等级建筑的四层及四层以上时，室内装修的顶棚材料应采用 A 级装修材料，其他部位应采用不低于 B_1 级的装修材料；当设置在地下一层时，室内装修的顶棚、墙面材料应采用 A 级装修材料，其他部位应采用不低于 B_1 级的装修材料。

3.2 单层、多层民用建筑

3.2.1 单层、多层民用建筑内部各部位装修材料的燃烧性能等级，不应低于表 3.2.1 的规定。

3.2.2 单层、多层民用建筑内面积小于 $100m^2$ 的房间，当采用防火墙和甲级防火门窗与其他部位分隔时，其装修材料的燃烧性能等级可在表 3.2.1 的基础上降低一级。

3.2.3 除第 3.1.18 条规定外，当单层、多层民用建筑需做内部装修的空间内装有自动灭火系统时，除顶棚外，其内部装修材料的燃烧性能等级可在表 3.2.1 规定的基础上降低一级；当同时装有火灾自动报警装置和自动灭火系统时，其顶棚装修材料的燃烧性能等级可在表 3.2.1 规定的基础上降低一级，其他装修材料的燃烧性能等级可不限制。

表 3.2.1 单层、多层民用建筑内部各部位装修材料的燃烧性能等级

建筑物及场所	建筑规模、性质	装修材料燃烧性能等级							
		顶棚	墙面	地面	隔断	固定家具	装饰织物		其他装饰材料
							窗帘	帷幕	
候机楼的候机大厅、商店、餐厅、贵宾候机室、售票厅等	建筑面积＞10000m² 的候机楼	A	A	B_1	B_1	B_1	B_1		B_1
	建筑面积≤10000m² 的候机楼	A	B_1	B_1	B_1	B_2	B_2		B_2
汽车站、火车站、轮船客运站的候车（船）室、餐厅、商场等	建筑面积＞10000m² 的车站、码头	A	A	B_1	B_1	B_2	B_2		B_2
	建筑面积≤10000m² 的车站、码头	B_1	B_1	B_1	B_2	B_2	B_2		B_2
影院、会堂、礼堂、剧院、音乐厅	＞800 座位	A	A	B_1	B_1	B_1	B_1	B_1	B_1
	≤800 座位	A	B_1	B_1	B_1	B_2	B_1	B_1	B_2
体育馆	＞3000 座位	A	A	B_1	B_1	B_1	B_1	B_1	B_2
	≤3000 座位	A	B_1	B_1	B_1	B_2	B_2	B_1	B_2
商场营业厅	每层建筑面积＞3000m² 或总建筑面积＞9000m² 的营业厅	A	B_1	A	A	B_1	B_1		B_2
	每层建筑面积 1000～3000m² 或总建筑面积为 3000～9000m² 的营业厅	A	B_1	B_1	B_1	B_2	B_1		
	每层建筑面积＜1000m² 或总建筑面积＜3000m² 营业厅	B_1	B_1	B_1	B_2	B_2	B_2		
饭店、旅馆的客房及公共活动用房等	设有中央空调系统的饭店、旅馆	A	B_1	B_1	B_1	B_2	B_2		B_2
	其他饭店、旅馆	B_1	B_1	B_2	B_2	B_2	B_2		
歌舞厅、餐馆等娱乐、餐饮建筑	营业面积＞100m²	A	B_1	B_1	B_1	B_2	B_1		B_2
	营业面积≤100m²	B_1	B_1	B_1	B_2	B_2	B_2		B_2
幼儿园、托儿所、中、小学、养老院、医院病房楼、疗养院		A	B_1	B_2	B_1	B_2	B_2		B_2
纪念馆、展览馆、博物馆、图书馆、档案馆、资料馆等	国家级、省级	A	B_1	B_1	B_1	B_2	B_1		B_2
	省级以下	B_1	B_1	B_2	B_2	B_2	B_2		B_2
办公楼、综合楼	设有中央空调系统的办公楼、综合楼	A	B_1	B_1	B_1	B_2	B_2		B_2
	其他办公楼、综合楼	B_1	B_1	B_2	B_2	B_2			
住宅	高级住宅	B_1	B_1	B_1	B_1	B_2	B_2		B_2
	普通住宅	B_1	B_2	B_2	B_2	B_2			

3.3 高层民用建筑

3.3.1 高层民用建筑内部各部位装修材料的燃烧性能等级不应低于表 3.3.1 的规定。

3.3.2 除第 3.1.18 条所规定的场所和 100m 以上的高层民用建筑及大于 800 座位的观众厅、会议厅、顶层餐厅外，当设有火灾自动报警装置和自动灭火系统时，除顶棚外，其内部装修材料的燃烧性能等级可在表 3.3.1 规定的基础上降低一级。

3.3.3 高层民用建筑的裙房内面积小于 500m² 的房间，当设有自动灭火系统，并且采用耐火等级不低于 2h 的隔墙、甲级防火门、窗与其他部位分隔时，顶棚、墙面、地面的装修材料的燃烧性能等级可在表 3.3.1 规定的基础上降低一级。

3.3.4 电视塔等特殊高层建筑的内部装修，装饰织物应不低于 B_1 级，其他均应采用 A 级装修材料。

表 3.3.1 高层民用建筑内部各部位装修材料的燃烧性能等级

建筑物	建筑规模、性质	装修材料燃烧性能等级									
		顶棚	墙面	地面	隔断	固定家具	装饰织物				其他装饰材料
							窗帘	帷幕	床罩	家具包布	
高级旅馆	＞800座位的观众厅、会议厅；顶层餐厅	A	B_1	B_1	B_1	B_1	B_1	B_1		B_1	B_1
	≤800座位的观众厅、会议厅	A	B_1	B_1	B_1	B_2	B_1	B_1		B_2	B_1
	其他部位	A	B_1	B_1	B_2	B_2	B_1	B_2	B_1	B_2	B_1
商业楼、展览楼、综合楼、商住楼、医院病房楼	一类建筑	A	B_1	B_1	B_1	B_2	B_1	B_1		B_2	B_1
	二类建筑	B_1	B_1	B_2	B_2	B_2	B_2	B_2		B_2	B_2
电信楼、财贸金融楼、邮政楼、广播电视楼、电力调度楼、防灾指挥调度楼	一类建筑	A	A	B_1	B_1	B_1	B_1	B_1		B_2	B_1
	二类建筑	B_1	B_1	B_2	B_2	B_2	B_1	B_2		B_2	B_2
教学楼、办公楼、科研楼、档案楼、图书馆	一类建筑	A	B_1	B_1	B_1	B_2	B_1	B_1		B_1	B_1
	二类建筑	B_1	B_1	B_2	B_1	B_2	B_1	B_2		B_2	B_2
住宅、普通旅馆	一类普通旅馆 高级住宅	A	B_1	B_2	B_1	B_2	B_1		B_1	B_2	B_1
	二类普通旅馆 普通住宅	B_1	B_1	B_2	B_2	B_2	B_2		B_2	B_2	B_2

注 1.“顶层餐厅”包括设在高空的餐厅、观光厅等。

2. 建筑物的类别、规模、性质应符合国家现行标准《高层民用建筑设计防火规范》(GB 50045—95)(2005年版)的有关规定。

3.4 地下民用建筑

3.4.1 地下民用建筑内部各部位装修材料的燃烧性能等级，不应低于表 3.4.1 的规定。

注：地下民用建筑系指单层、多层、高层民用建筑的地下部分，单独建造在地下的民用建筑以及平战结合的地下人防工程。

3.4.2 地下民用建筑的疏散走道和安全出口的门厅，其顶棚、墙面和地面的装修材料应采用 A 级装修材料。

3.4.3 单独建造的地下民用建筑的地上部分，其门厅、休息室、办公室等内部装修材料的燃烧性能等级可在表 3.4.1 的基础上降低一级要求。

3.4.4 地下商场、地下展览厅的售货柜台、固定货架、展览台等，应采用 A 级装修材料。

表 3.4.1 地下民用建筑内部各部位装修材料的燃烧性能等级

建筑物及场所	装修材料燃烧性能等级						
	顶棚	墙面	地面	隔断	固定家具	装饰织物	其他装饰材料
休息室和办公室等 旅馆的客房及公共活动用房等	A	B_1	B_1	B_1	B_1	B_2	B_2
娱乐场所、旱冰场等 舞厅、展览厅等 医院的病房、医疗用房等	A	A	B_1	B_1	B_1	B_1	B_2
电影院的观众厅 商场的营业厅	A	A	A	B_1	B_1	B_1	B_2
停车库、人行通道 图书资料库、档案库	A	A	A	A	A		

附录B 常用建筑室内装修材料燃烧性能等级划分举例

材料类别	级 别	材 料 举 例
各部位材料	A	花岗石、大理石、水磨石、水泥制品、混凝土制品、石膏板、石灰制品、黏土制品、玻璃、瓷砖、马赛克、钢铁、铝、铜合金等
顶棚材料	B_1	纸面石膏板、纤维石膏板、水泥刨花板、矿棉装饰吸声板、玻璃棉装饰吸声板、珍珠岩装饰吸声板、难燃胶合板、难燃中密度纤维板、岩棉装饰板、难燃木材、铝箔复合材料、难燃酚醛胶合板、铝箔玻璃钢复合材料等
墙面材料	B_1	纸面石膏板、纤维石膏板、水泥刨花板、矿棉板、玻璃棉板、珍珠岩板、难燃胶合板、难燃中密度纤维板、防火塑料装饰板、难燃双面刨花板、多彩涂料、难燃墙纸、难燃墙布，难燃仿花岗岩装饰板、氯氧镁水泥装配式墙板、难燃玻璃钢平板、PVC塑料护墙板、轻质高强复合墙板、阻燃模压木质复合板材、彩色阻燃人造板、难燃玻璃钢等
	B_2	各类天然木材、木制人造板、竹材、纸制装饰板、装饰微薄木贴面板、印刷木纹人造板、塑料贴面装饰板、聚酯装饰板、复塑装饰板、塑纤板、胶合板、塑料壁纸、无纺贴墙布、墙布、复合壁纸、天然材料壁纸，人造革等
地面材料	B_1	硬PVC塑料地板、水泥刨花板、水泥木丝板、氯丁橡胶地板等
	B_2	半硬质PVC塑料地板、PVC卷材地板、木地板氯纶地毯等
装饰织物	B_1	经阻燃处理的各类难燃织物等
	B_2	纯毛装饰布、纯麻装饰布、经阻燃处理的其他织物等
其他装饰材料	B_1	聚氯乙烯塑料、酚醛塑料、聚碳酸酯塑料、聚四氟乙烯塑料、三聚氰胺、脲醛塑料、硅树脂塑料装饰型材、经阻燃处理的各类织物等。另见顶棚材料和墙面材料内中的有关材料
	B_2	经阻燃处理的聚乙烯、聚丙烯、聚氨酯、聚苯乙烯，玻璃钢，化纤织物、木制品等

《民用建筑工程室内环境污染控制规范》(GB 50325—2010)(2013年版)(摘要)

其中，第1.0.5、3.1.1、3.1.2、3.2.1、3.6.1、4.1.1、4.2.4、4.2.5、4.2.6、4.3.1、4.3.2、4.3.4、4.3.9、5.1.2、5.2.1、5.2.3、5.2.5、5.2.6、5.3.3、5.3.6、6.0.3、6.0.4、6.0.19、6.0.21条为强制性条文，必须严格执行。

1 总则

1.0.2 本规范适用于新建、扩建和改建的民用建筑工程室内环境污染控制，不适用于工业生产建筑工程、仓储性建筑工程、构筑物和有特殊净化卫生要求的室内环境污染控制，也不适用于民用建筑工程交付使用后，非建筑装修产生的室内环境污染控制。

注：本规范所称室内环境污染系指由建筑材料和装修材料产生的室内环境污染。民用建筑工程交付使用后，非建筑装修材料产生的室内环境污染，不属于本规范控制范围。

1.0.3 本规范控制的室内环境污染物有氡(Rn—222)、甲醛、氨、苯和总挥发性有机化合物(TVOC)。

1.0.4 民用建筑工程根据控制室内环境污染的不同要求，划分为以下两类：

1 Ⅰ类民用建筑工程：住宅、医院、老年建筑、幼儿园、学校教室等民用建筑工程；

2 Ⅱ类民用建筑工程：办公楼、商店、旅馆、文化娱乐场所、书店、图书馆、展览馆、体育馆、公共交通等候室、餐厅、理发店等民用建筑工程。

1.0.5 民用建筑工程所选用的建筑材料和装修材料必须符合本规范的规定。

3 材料

3.1 无机非金属建筑主体材料和装修材料

3.1.1 民用建筑工程所使用的砂、石、砖、水泥、混凝土、混凝土预制构件等无机非金属建筑主体材料的放射性指标限量，应符合表3.1.1的规定。

3.1.2 民用建筑工程所使用的无机非金属装修材料，包括石材、建筑卫生陶瓷、石膏板、吊顶材料、无机瓷质砖黏结材料等，进行分类时，其放射性限量应符合表 3.1.2 的规定。

表 3.1.1 无机非金属建筑主体材料放射性指标限量

测定项目	限 量
内照射指数 I_{Ra}	≤1.0
外照射指数 I_γ	≤1.0

表 3.1.2 无机非金属装修材料放射性指标限量

测定项目	限 量	
	A	B
内照射指数 I_{Ra}	≤1.0	≤1.3
外照射指数 I_γ	≤1.3	≤1.9

3.1.3 民用建筑工程所使用的加气混凝土和空心率（孔洞率）大于 25%的空心砖、空心砌块等建筑主体材料，其放射性限量应符合表 3.1.3 的规定。

3.1.4 建筑主体材料和装修材料放射性核素的检测方法应符合现行国家标准《建筑材料放射性核素限量》（GB 6566）的规定，表面氡析出率的检测方法应符合本规范附录 A 的规定。

表 3.1.3 加气混凝土和空心率（孔洞率）大于 25%的建筑主体材料放射性限量

测定项目	限 量
表面氡析出率 [Bq/(m² · s)]	≤0.015
内照射指数 I_{Ra}	≤1.0
外照射指数 I_γ	≤1.3

3.2 人造木板及饰面人造木板

3.2.1 民用建筑工程室内用人造木板及饰面人造木板，必须测定游离甲醛含量或游离甲醛释放量。

3.2.2 当采用环境测试舱法测定游离甲醛释放量，并依此对人造木板进行分级时，其限量应符合现行国家标准《室内装饰装修材料人造板及其制品中甲醛释放限量》（GB 18580）的规定，见表 3.2.2。

3.2.3 当采用穿孔法测定游离甲醛含量，并依此对人造木板进行分类时，其限量应符合现行国家标准《室内装饰装修材料人造板及其制品中甲醛释放限量》（GB 18580）的规定。

3.2.4 当采用干燥器法测定游离甲醛释放量，并依此对人造木板进行分级时，其限量应符合现行国家标准《室内装饰装修材料人造板及其制品中甲醛释放限量》（GB 18580）的规定。

表 3.2.2 环境测试舱法测定游离甲醛释放量限量

类 别	限量（mg/m³）
E_1	≤ 0.12

3.2.5 饰面人造木板可采用环境测试舱法或干燥器法测定游离甲醛释放量，当发生争议时应以环境测试舱法的测定结果为准；胶合板、细木工板宜采用干燥器法测定游离甲醛释放量；刨花板、纤维板等宜采用穿孔法测定游离甲醛含量。

3.2.6 环境测试舱法测定游离甲醛释放量，宜按本规范附录 B 进行。

3.2.7 采用穿孔法及干燥器法进行检测时，应符合现行国家标准《室内装饰装修材料人造板及其制品中甲醛释放限量》（GB 18580）的规定。

表 3.3.1 室内用水性涂料和水性腻子中游离甲醛限量

测定项目	限 量	
	水性涂料	水性腻子
游离甲醛（mg/kg）	≤100	

3.3 涂料

3.3.1 民用建筑工程室内用水性涂料和水性腻子，应测定挥发性有机化合物（VOCs）和游离甲醛的含量，其限量应符合表 3.3.1 的规定。

3.3.2 民用建筑工程室内用溶剂型涂料和木器用溶剂型腻子，应按其规定的最大稀释比例混合后，测定 VOC 和苯、甲苯＋二甲苯＋乙苯的含量，其限量应符合表 3.3.2 的规定。

表 3.3.2 室内用溶剂型涂料和木器用溶剂型腻子中 VOC、苯、甲苯＋二甲苯＋乙苯限量

涂料类别	VOC (g/L)	苯 (%)	甲苯＋二甲苯＋乙苯 (%)	涂料类别	VOC (g/L)	苯 (%)	甲苯＋二甲苯＋乙苯 (%)
醇酸类涂料	≤500	≤0.3	≤5	酚醛防锈漆	≤270	≤0.3	—
硝基类涂料	≤720	≤0.3	≤30	其他溶剂型涂料	≤600	≤0.3	≤30
聚氨酯类涂料	≤670	≤0.3	≤30	木器用溶剂型腻子	≤550	≤0.3	≤30

3.3.3 聚氨酯漆测定固化剂中游离二异氰酸酯（TDI、HDI）的含量后，应按其规定的最小稀释比例计算出聚氨酯漆中游离二异氰酸酯（TDI、HDI）含量，且不应大于4g/kg。测定方法宜符合现行国家标准《色漆和清漆用漆基异氰酸酯树脂中二异氰酸酯（TDI）单体的测定》（GB/T 18446）的有关规定。

3.3.4 水性涂料和水性腻子中游离甲醛含量的测定方法，宜符合现行国家标准《室内装饰装修材料 内墙涂料中有害物质限量》（GB 18582）有关的规定。

3.4 胶粘剂

3.4.1 民用建筑工程室内用水性胶粘剂，应测定其挥发性有机化合物（VOC）和游离甲醛的含量，其限量应符合表3.4.1的规定。

3.4.2 民用建筑工程室内用溶剂型胶粘剂，应测定其挥发性有机化合物（VOC）、苯、甲苯＋二甲苯的含量，其限量应符合表3.4.2的规定。

表3.4.1 室内用水性胶粘剂中VOC和游离甲醛限量

测定项目	限量			
	聚乙酸乙烯酯胶粘剂	橡胶类胶粘剂	聚氨酯类胶粘剂	其他胶粘剂
挥发性有机化合物（VOC）（g/L）	≤110	≤250	≤100	≤350
游离甲醛（g/kg）	≤1.0	≤1.0	—	≤1.0

表3.4.2 室内用溶剂型胶粘剂中VOC、苯、甲苯＋二甲苯限量

项目	限量			
	氯丁橡胶胶粘剂	SBS胶粘剂	聚氨酯类胶粘剂	其他胶粘剂
苯（g/kg）	≤5.0			
甲苯＋二甲苯（g/kg）	≤200	≤150	≤150	≤150
挥发性有机物（g/L）	≤700	≤650	≤700	≤700

3.4.3 聚氨酯胶粘剂应测定游离甲苯二异氰酸酯（TDI）的含量，按产品推荐的最小稀释量计算出聚氨酯漆中游离甲苯二异氰酸酯（TDI）含量，且不应大于4g/kg。测定方法宜符合现行国家标准《室内装饰装修材料 胶粘剂中有害物质限量》（GB 18583—2008）附录D的规定。

3.4.4 水性缩甲醛胶粘剂中游离甲醛、挥发性有机化合物（VOC）含量的测定方法，宜符合现行国家标准《室内装饰装修材料 胶粘剂中有害物质限量》（GB 18583—2008）附录A和附录F的规定。

3.4.5 溶剂型胶粘剂中挥发性有机化合物（VOC）、苯、甲苯＋二甲苯含量测定方法，宜符合本规范附录C的规定。

3.5 水性处理剂

3.5.1 民用建筑工程室内用水性阻燃剂（包括防火涂料）、防水剂、防腐剂等水性处理剂，应测定游离甲醛的含量，其限量应符合表3.5.1的规定。

3.5.2 水性处理剂中游离甲醛含量的测定方法，宜按现行国家标准《室内装饰装修材料 内墙涂料中有害物质限量》（GB 18582）的方法进行。

表3.5.1 室内用水性处理剂中游离甲醛限量

测定项目	限量
游离甲醛（mg/kg）	≤100

3.6 其他材料

3.6.1 民用建筑工程中所使用的能释放氨的阻燃剂、混凝土外加剂，氨的释放量不应大于0.10%，测定方法应符合现行国家标准《混凝土外加剂中释放氨的限量》（GB 18588）的有关规定。

3.6.2 能释放甲醛的混凝土外加剂，其游离甲醛含量不应大于500mg/kg，测定方法应符合现行国家标准《室内装饰装修材料内墙涂料中有害物质限量》（GB 18582）的有关规定。

3.6.3 民用建筑工程中使用的粘合木结构材料，游离甲醛释放量不应大于0.12mg/m^3，其测定方法应符合本规范附录B的有关规定。

3.6.4 民用建筑工程室内装修时，所使用的壁布、帷幕等游离甲醛释放量不应大于0.12mg/m³，其测定方法应符合本规范附录B的有关规定。

3.6.5 民用建筑工程室内用壁纸中甲醛含量不应大于120mg/kg，测定方法应符合现行国家标准《室内装饰装修材料壁纸中有害物质限量》(GB 18585) 的有关规定。

3.6.6 民用建筑工程室内用聚氯乙烯卷材地板中挥发物含量测定方法应符合现行国家标准《室内装饰装修材料聚氯乙烯卷材地板中有害物质限量》(GB 18586) 的规定，其限量应符合表3.6.6的有关规定。

3.6.7 民用建筑工程室内用地毯、地毯衬垫中总挥发性有机化合物和游离甲醛的释放量测定方法应符合本规范附录B的规定，其限量应符合表3.6.7的有关规定。

表3.6.6 聚氯乙烯卷材地板中挥发物限量

名称		限量 (g/m²)
发泡类卷材地板	玻璃纤维基材	≤75
	其他基材	≤35
非发泡类卷材地板	玻璃纤维基材	≤40
	其他基材	≤10

表3.6.7 地毯、地毯衬垫中有害物质释放限量

名称	有害物质项目	限量 [mg/(m²·h)]	
		A级	B级
地毯	总挥发性有机化合物	≤0.500	≤0.600
	游离甲醛	≤0.050	≤0.050
地毯衬垫	总挥发性有机化合物	≤1.000	≤1.200
	游离甲醛	≤0.050	≤0.050

4 工程勘察设计

4.1 一般规定

4.1.1 新建、扩建的民用建筑工程设计前，应进行建筑工程所在城市区域土壤中氡浓度或土壤表面氡析出率调查，并提交相应的调查报告。未进行过区域土壤中氡浓度或土壤表面氡析出率测定的，应进行建筑场地土壤中氡浓度或土壤氡析出率测定，并提供相应的检测报告。

4.1.2 民用建筑工程设计必须根据建筑物的类型和用途控制材料的使用量。

4.1.3 民用建筑工程的室内通风设计，应符合现行国家标准《民用建筑设计通则》(GB 50352) 的有关规定，对于采用中央空调的民用建筑工程，新风量应符合现行国家标准《公共建筑节能设计标准》(GB 50189) 的有关规定。

4.1.4 采用自然通风的民用建筑工程，自然间的通风开口有效面积不应小于该房间地板面积的1/20。夏热冬冷地区、寒冷地区、严寒地区等Ⅰ类民用建筑工程需要长时间关闭门窗使用时，房间应采取通风换气措施。

4.2 工程地点土壤中氡浓度调查及防氡

4.2.1 新建、扩建的民用建筑工程的工程地质勘察资料，应包括工程所在城市区域土壤氡浓度或土壤表面氡析出率测定历史资料及土壤氡浓度或土壤表面氡析出率平均值数据。

4.2.2 已进行过土壤中氡浓度或土壤表面氡析出率区域性测定的民用建筑工程，当土壤氡浓度测定结果平均值不大于10000Bq/m³或土壤表面氡析出率测定结果平均值不大于0.02Bq/(m²·s)，且工程场地所在地点不存在地质断裂构造时，可不再进行土壤氡浓度测定；其他情况均应进行工程场地土壤氡浓度或土壤表面氡析出率测定。

4.2.3 当民用建筑工程场地土壤氡浓度不大于20000Bq/m³或土壤表面氡析出率不大于0.05Bq/(m²·s)时，可不采取防氡工程措施。

4.2.4 当民用建筑工程场地土壤氡浓度测定结果大于20000Bq/m³且小于30000Bq/m³，或土壤表面氡析出率大于0.05Bq/(m²·s)且小于0.1Bq/(m²·s)时，应采取建筑物底层地面抗开裂措施。

4.2.5 当民用建筑工程场地土壤氡浓度测定结果大于或等于30000Bq/m³且小于50000Bq/m³，或土壤表面氡析出率大于或等于0.1Bq/(m²·s)且小于0.3Bq/(m²·s)时，除采取建筑物内底层地面抗开裂措施外，还必须按现行国家标准《地下工程防水技术规范》(GB 50108) 中的一级防水要求，对

基础进行处理。

4.2.6 当民用建筑工程场地土壤氡浓度测定结果大于或等于 50000Bq/m³，或土壤表面氡析出率平均值大于或等于 0.3Bq/（m²·s）时，应采取建筑的综合防氡措施。

4.2.7 当Ⅰ类民用建筑工程场地土壤中氡浓度大于或等于 50000Bq/m³，或土壤表面氡析出率大于或等于 0.3Bq/(m²·s) 时，应进行工程场地土壤中的镭—226、钍—232、钾—40 比活度测定。当内照射指数（I_{Ra}）大于 1.0 或外照射指数（I_γ）大于 1.3 时，工程场地土壤不得作为工程回填土使用。

4.2.8 民用建筑工程场地土壤中氡浓度测定方法及土壤表面氡析出率测定方法应符合本规范附录 E 的规定。

4.3 材料选择

4.3.1 民用建筑工程室内不得使用国家禁止使用、限制使用的建筑材料。

4.3.2 Ⅰ类民用建筑工程室内装修采用的无机非金属装修材料必须为 A 类。

4.3.3 Ⅱ类民用建筑工程宜采用 A 类无机非金属装修材料；当 A 类和 B 类无机非金属装修材料混合使用时，应按下式计算，确定每种材料的使用量：

$$\sum f_i \cdot I_{Rai} \leqslant 1 \tag{4.3.3-1}$$

$$\sum f_i \cdot I_{\gamma i} \leqslant 1.3 \tag{4.3.3-2}$$

式中 f_i——第 i 种材料在材料总用量中所占的质量百分比（%）；

I_{Rai}——第 i 种材料的内照射指数；

$I_{\gamma i}$——第 i 种材料的外照射指数。

4.3.4 Ⅰ类民用建筑工程的室内装修，采用的人造木板及饰面人造木板必须达到 E_1 级要求。

4.3.5 Ⅱ类民用建筑工程的室内装修，采用的人造木板及饰面人造木板宜达到 E_1 级要求；当采用 E_2 级人造木板时，直接暴露于空气的部位应进行表面涂覆密封处理。

4.3.6 民用建筑工程的室内装修，所采用的涂料、胶粘剂、水性处理剂，其苯、甲苯和二甲苯、游离甲醛、游离甲苯二异氰酸酯（TDI）、挥发性有机化合物（VOC）的含量，应符合本规范的规定。

4.3.7 民用建筑工程室内装修时，不应采用聚乙烯醇水玻璃内墙涂料、聚乙烯醇缩甲醛内墙涂料和树脂以硝化纤维素为主、溶剂以二甲苯为主的水包油型（O/W）多彩内墙涂料。

4.3.8 民用建筑工程室内装修时，不应采用聚乙烯醇缩甲醛胶粘剂。

4.3.9 民用建筑工程室内装修中所使用的木地板及其他木质材料，严禁采用沥青、煤焦油类防腐、防潮处理剂。

4.3.10 Ⅰ类民用建筑工程室内装修粘贴塑料地板时，不应采用溶剂型胶粘剂。

4.3.11 Ⅱ类民用建筑工程中地下室及不与室外直接自然通风的房间粘贴塑料地板时，不宜采用溶剂型胶粘剂。

4.3.12 民用建筑工程中，不应在室内采用脲醛树脂泡沫塑料作为保温、隔热和吸声材料。

5 工程施工

5.1 一般规定

5.1.1 建设施工单位应按设计要求及本规范的有关规定，对所用建筑材料和装修材料进行进场抽查复验。

5.1.2 当建筑材料和装修材料进场检验，发现不符合设计要求及本规范的有关规定时，严禁使用。

5.1.3 施工单位应按设计要求及本规范的有关规定进行施工，不得擅自更改设计文件要求。当需要更改时，应按规定程序进行设计变更。

5.1.4 民用建筑工程室内装修，当多次重复使用同一设计时，宜先做样板间，并对其室内环境污染物浓度进行检测。

5.1.5 样板间室内环境污染物浓度的检测方法，应符合本规范第 6 章的有关规定。当检测结果不符合本规范的规定时，应查找原因并采取相应措施进行处理。

5.2 材料进场检验

5.2.1 民用建筑工程中，建筑主体采用的无机非金属材料和建筑装修采用的花岗岩、瓷质砖、磷石膏制品必须有放射性指标检测报告，并应附合本规范第3章、第4章要求。

5.2.2 民用建筑工程室内饰面采用的天然花岗岩石材或瓷质砖使用面积大于200m^2时，应对不同产品、不同批次材料分别进行放射性指标的抽查复验。

5.2.3 民用建筑工程室内装修中所采用的人造木板及饰面人造木板，必须有游离甲醛含量或游离甲醛释放量检测报告，并应符合设计要求和本规范的规定。

5.2.4 民用建筑工程室内装修中采用的人造木板或饰面人造木板面积大于500m^2时，应对不同产品、不同批次材料的游离甲醛含量或游离甲醛释放量分别进行抽查复验。

5.2.5 民用建筑工程室内装修中所采用的水性涂料、水性胶粘剂、水性处理剂必须有同批次产品的挥发性有机化合物（VOC）和游离甲醛含量检测报告；溶剂型涂料、溶剂型胶粘剂必须有同批次产品的挥发性有机化合物（VOC）、苯、甲苯＋二甲苯、游离甲苯二异氰酸酯（TDI）含量检测报告，并应符合设计要求和本规范的有关规定。

5.2.6 建筑材料和装修材料的检测项目不全或对检测结果有疑问时，必须将材料送有资格的检测机构进行检验，检验合格后方可使用。

5.3 施工要求

5.3.1 采取防氡设计措施的民用建筑工程，其地下工程的变形缝、施工缝、穿墙管（盒）、埋设件、预留孔洞等特殊部位的施工工艺，应符合现行国家标准《地下工程防水技术规范》（GB 50108）的有关规定。

5.3.2 Ⅰ类民用建筑工程当采用异地土作为回填土时，该回填土应进行镭—226、钍—232、钾—40的比活度测定。当内照射指数（I_{Ra}）不大于1.0和外照射指数（I_{γ}）不大于1.3时，方可使用。

5.3.3 民用建筑工程室内装修时，严禁使用苯、工业苯、石油苯、重质苯及混苯作为稀释剂和溶剂。

5.3.4 民用建筑工程室内装修施工时，不应使用苯、甲苯、二甲苯和汽油进行除油和清除旧油漆作业。

5.3.5 涂料、胶粘剂、水性处理剂、稀释剂和溶剂等使用后，应及时封闭存放，废料应及时清出。

5.3.6 民用建筑工程室内严禁使用有机溶剂清洗施工用具。

5.3.7 采暖地区的民用建筑工程，室内装修施工不宜在采暖期内进行。

5.3.8 民用建筑工程室内装修中，进行饰面人造木板拼接施工时，对达不到E_1级的芯板应对其断面及无饰面部位进行密封处理。

5.3.9 壁纸（布）、地毯、装饰板、吊顶等施工时，应注意防潮，避免覆盖局部潮湿区域。空调冷凝水导排应符合现行国家标准《采暖通风与空气调节设计规范》（GB 50019）的有关规定。

6 验收

6.0.1 民用建筑工程及室内装修工程的室内环境质量验收，应在工程完工至少7d以后、工程交付使用前进行。

6.0.2 民用建筑工程及其室内装修工程验收时，应检查下列资料：

1 工程地质勘察报告、工程地点土壤中氡浓度或氡析出率检测报告、工程地点土壤天然放射性核素镭—226、钍—232、钾—40含量检测报告；

2 涉及室内新风量的设计、施工文件，以及新风量的检测报告；

3 涉及室内环境污染控制的施工图设计文件及工程设计变更文件；

4 建筑材料和装修材料的污染物检测报告、材料进场检验记录、复验报告；

5 与室内环境污染控制有关的隐蔽工程验收记录、施工记录；

6 样板间室内环境污染物浓度检测报告（不做样板间的除外）。

6.0.3　民用建筑工程所用建筑材料和装修材料的类别、数量和施工工艺等，应符合设计要求和本规范的有关规定。

6.0.4　民用建筑工程验收时，必须进行室内环境污染物浓度检测。其限量应符合表 6.0.4 的规定。

6.0.12　民用建筑工程验收时，应抽检每个建筑单体有代表性的房间室内环境污染物浓度，氡、甲醛、氨、苯、TVOC 的抽检数量不得少于房间总数的 5%，每个建筑单体不得少于 3 间；当房间总数少于 3 间时，应全数检测。

6.0.13　民用建筑工程验收时，凡进行了样板间室内环境污染物浓度检测且检测结果合格的，抽检数量减半，并不得少于 3 间。

6.0.14　民用建筑工程验收时，室内环境污染物浓度检测点数应按表 6.0.13 设置。

表 6.0.4　民用建筑工程室内环境污染物浓度限量

污　染　物	Ⅰ类民用建筑工程	Ⅱ类民用建筑工程
氡（Bq/m^3）	≤200	≤400
甲醛（mg/m^3）	≤0.08	≤0.1
苯（mg/m^3）	≤0.09	≤0.09
氨（mg/m^3）	≤0.2	≤0.2
TVOC（mg/m^3）	≤0.5	≤0.6

注　1. 表中污染物浓度测定值，除氡外均指室内测量值扣除同步测定的室外上风向空气测量值（本底值）后的测量值。

2. 表中污染物浓度测量值的极限值判定，采用全数值比较法。

表 6.0.14　室内环境污染物浓度检测点数设置

房间使用面积（m^2）	检测点数（个）
<50	1
≥50，<100	2
≥100，<500	不少于 3
≥500，<1000	不少于 5
≥1000，<3000	不少于 6
≥3000	每 1000m^2 不少于 3

6.0.15　当房间内有 2 个及以上检测点时，应采用对角线、斜线、梅花状均衡布点，并取各点检测结果的平均值作为该房间的检测值。

6.0.16　民用建筑工程验收时，环境污染物浓度现场检测点应距内墙面不小于 0.5m、距楼地面高度 0.8～1.5m。检测点应均匀分布，避开通风道和通风口。

6.0.17　民用建筑工程室内环境中甲醛、苯、氨、总挥发性有机化合物（TVOC）浓度检测时，对采用集中空调的民用建筑工程，应在空调正常运转的条件下进行；对采用自然通风的民用建筑工程，检测应在对外门窗关闭 1h 后进行。在对甲醛、氨、苯、TVOC 取样检测时，装饰装修工程中完成的固定式家具，应保持正常使用状态。

6.0.18　民用建筑工程室内环境中氡浓度检测时，对采用集中空调的民用建筑工程，应在空调正常运转的条件下进行；对采用自然通风的民用建筑工程，应在房间的对外门窗关闭 24h 以后进行。

6.0.19　当室内环境污染物浓度的全部检测结果符合本规范表 6.0.4 的规定时，应判定该工程室内环境质量合格。

6.0.20　当室内环境污染物浓度检测结果不符合本规范的规定时，应查找原因并采取措施进行处理。采取措施进行处理后的工程可对不合格项进行再次检测。再次检测时，抽检数量应增加 1 倍，并应包含同类型房间及原不合格房间。再次检测结果全部符合本规范的规定时，应判定为室内环境质量合格。

6.0.21　室内环境质量验收不合格的民用建筑工程，严禁投入使用。

《住宅装饰装修工程施工规范》（GB 50327—2001）（摘要）

其中，3.1.3、3.1.7、3.2.2、4.1.1、4.3.4、4.3.6、4.3.7、10.1.6 为强制性条文，必须严格执行。

3　基本规定

3.1　施工基本要求

3.1.1　施工前应进行设计交底工作，并应对施工现场进行核查，了解物业管理的有关规定。

3.1.2 各工序、各分项工程应自检、互检及交接检。

3.1.3 施工中，严禁损坏房屋原有绝热设施；严禁损坏受力钢筋；严禁超荷载集中堆放物品；严禁在预制混凝土空心楼板上打孔安装埋件。

3.1.4 施工中，严禁擅自改动建筑主体、承重结构或改变房间主要使用功能；严禁擅自拆改燃气、暖气、通信等配套设施。

3.1.5 管道、设备工程的安装及调试应在装饰装修工程施工前完成，必须同步进行的应在饰面层施工前完成。装饰装修工程不得影响管道、设备的使用和维修。涉及燃气管道的装饰装修工程必须符合有关安全管理的规定。

3.1.6 施工人员应遵守有关施工安全、劳动保护、防火、防毒的法律、法规。

3.1.7 施工现场用电应符合下列规定：

1 施工现场用电应从户表以后设立临时施工用电系统。

2 安装、维修或拆除临时施工用电系统，应由电工完成。

3 临时施工供电开关箱中应装设漏电保护器。进入开关箱的电源线不得用插销连接。

4 临时用电线路应避开易燃、易爆物品堆放地。

5 暂停施工时应切断电源。

3.1.8 施工现场用水应符合下列规定：

1 不得在未做防水的地面蓄水。

2 临时用水管不得有破损、滴漏。

3 暂停施工时应切断水源。

3.1.9 文明施工和现场环境应符合下列要求：

1 施工人员应衣着整齐。

2 施工人员应服从物业管理或治安保卫人员的监督、管理。

3 应控制粉尘、污染物、噪声、震动等对相邻居民、居民区和城市环境的污染及危害。

4 施工堆料不得占用楼道内的公共空间，封堵紧急出口。

5 室外堆料应遵守物业管理规定，避开公共通道、绿化地、化粪池等市政公用设施。

6 工程垃圾宜密封包装，并放在指定垃圾堆放地。

7 不得堵塞、破坏上下水管道、垃圾道等公共设施，损坏楼内各种公共标识。

8 工程验收前应将施工现场清理干净。

3.2 材料、设备基本要求

3.2.1 住宅装饰装修工程所用材料的品种、规格、性能应符合设计的要求及国家现行有关标准的规定。

3.2.2 严禁使用国家明令淘汰的材料。

3.2.3 住宅装饰装修所用的材料应按设计要求进行防火、防腐和防蛀处理。

3.2.4 施工单位应对进场主要材料的品种、规格、性能进行验收。主要材料应有产品合格证书，有特殊要求的应有相应的性能检测报告和中文说明书。

3.2.5 现场配制的材料应按设计要求或产品说明书制作。

3.2.6 应配备满足施工要求的配套机具设备及检测仪器。

3.2.7 住宅装饰装修工程应积极使用新材料、新技术、新工艺、新设备。

3.3 成品保护

3.3.1 施工过程中材料运输应符合下列规定：

1 材料运输使用电梯时，应对电梯采取保护措施。

2 材料搬运时要避免损坏楼道内顶、墙、扶手、楼道窗户及楼道门。

3.3.2 施工过程中应采取下列成品保护措施：

1 各工种在施工中不得污染、损坏其他工种的半成品、成品。

2　材料表面保护膜应在工程竣工时撤除。

3　对邮箱、消防、供电、电视、报警、网络等公共设施应采取保护措施。

4　防火安全

4.1　一般规定

4.1.1　施工单位必须制定施工防火安全制度，施工人员必须严格遵守。

4.1.2　住宅装饰装修材料的燃烧性能等级要求，应符合现行国家标准《建筑内部装修设计防火规范》（GB 50222）的规定。

4.2　材料的防火处理

4.2.1　对装饰织物进行阻燃处理时，应使其被阻燃剂浸透，阻燃剂的干含量应符合产品说明书的要求。

4.2.2　对木质装饰装修材料进行防火涂料涂布前应对其表面进行清洁。涂布至少分两次进行，且第二次涂布应在第一次涂布的涂层表干后进行，涂布量应不小于 $500g/m^2$。

4.3　施工现场防火

4.3.1　易燃物品应相对集中放置在安全区域并应有明显标识。施工现场不得大量积存可燃材料。

4.3.2　易燃易爆材料的施工，应避免敲打、碰撞、摩擦等可能出现火花的操作。配套使用的照明灯、电动机、电气开关、应有安全防爆装置。

4.3.3　使用油漆等挥发性材料时，应随时封闭其容器。擦拭后的棉纱等物品应集中存放且远离热源。

4.3.4　施工现场动用电气焊等明火时，必须清除周围及焊渣滴落区的可燃物质，并设专人监督。

4.3.5　施工现场必须配备灭火器、砂箱或其他灭火工具。

4.3.6　严禁在施工现场吸烟。

4.3.7　严禁在运行中的管道、装有易燃易爆的容器和受力构件上进行焊接和切割。

4.4　电气防火

4.4.1　照明、电热器等设备的高温部位靠近非 A 级材料、或导线穿越 B_2 级以下装修材料时，应采用岩棉、瓷管或玻璃棉等 A 级材料隔热。当照明灯具或镇流器嵌入可燃装饰装修材料中时，应采取隔热措施予以分隔。

4.4.2　配电箱的壳体和底板宜采用 A 级材料制作。配电箱不得安装在 B_2 级以下（含 B_2 级）的装修材料上。开关、插座应安装在 B_1 级以上的材料上。

4.4.3　卤钨灯灯管附近的导线应采用耐热绝缘材料制成的护套，不得直接使用具有延燃性绝缘的导线。

4.4.4　明敷塑料导线应穿管或加线槽板保护，吊顶内的导线应穿金属管或 B_1 级 PVC 管保护，导线不得裸露。

4.5　消防设施的保护

4.5.1　住宅装饰装修不得遮挡消防设施、疏散指示标志及安全出口，并且不应妨碍消防设施和疏散通道的正常使用。不得擅自改动防火门。

4.5.2　消火栓门四周的装饰装修材料颜色应与消火栓门的颜色有明显区别。

4.5.3　住宅内部火灾报警系统的穿线管，自动喷淋灭火系统的水管线应用独立的吊管架固定。不得借用装饰装修用的吊杆和放置在吊顶上固定。

4.5.4　当装饰装修重新分割了住宅房间的平面布局时，应根据有关设计规范针对新的平面调整火灾自动报警探测器与自动灭火喷头的布置。

4.5.5　喷淋管线、报警器线路、接线箱及相关器件宜暗装处理。

5　室内环境污染控制

5.0.1　本规范中控制的室内环境污染物为：氡（^{222}Rn）、甲醛、氨、苯和总挥发性有机物（TVOC）。

5.0.2 住宅装饰装修室内环境污染控制除应符合本规范外，尚应符合《民用建筑工程室内环境污染控制规范》（GB 50325—2001）等国家现行标准的规定。设计、施工应选用低毒性、低污染的装饰装修材料。

5.0.3 对室内环境污染控制有要求的，可按有关规定对5.0.1条的内容全部或部分进行检测，其污染物浓度限值应符合表5.0.3的要求。

表5.0.3 住宅装饰装修后室内环境污染物浓度限值

室内环境污染物	浓度限值
氡（Bq/m^3）	≤200
甲醛（mg/m^3）	≤0.08
苯（mg/m^3）	≤0.09
氨（mg/m^3）	≤0.20
总挥发性有机物TVOC（mg/m^3）	≤0.50

6 防水工程

6.1 一般规定

6.1.1 本章适用于卫生间、厨房、阳台的防水工程施工。

6.1.2 防水施工宜采用涂膜防水。

6.1.3 防水施工人员应具备相应的岗位证书。

6.1.4 防水工程应在地面、墙面隐蔽工程完毕并经检查验收后进行。其施工方法应符合国家现行标准、规范的有关规定。

6.1.5 施工时应设置安全照明，并保持通风。

6.1.6 施工环境温度应符合防水材料的技术要求，并宜在5℃以上。

6.1.7 防水工程应做两次蓄水试验。

6.2 主要材料质量要求

6.2.1 防水材料的性能应符合国家现行有关标准的规定，并应有产品合格证书。

6.3 施工要点

6.3.1 基层表面应平整，不得有松动、空鼓、起沙、开裂等缺陷，含水率应符合防水材料的施工要求。

6.3.2 地漏、套管、卫生洁具根部、阴阳角等部位，应先做防水附加层。

6.3.3 防水层应从地面延伸到墙面，高出地面100mm；浴室墙面的防水层不得低于1800mm。

6.3.4 防水砂浆施工应符合下列规定：

1 防水砂浆的配合比应符合设计或产品的要求，防水层应与基层结合牢固，表面应平整，不得有空鼓、裂缝和麻面起砂，阴阳角应做成圆弧形。

2 保护层水泥砂浆的厚度、强度应符合设计要求。

6.3.5 涂膜防水施工应符合下列规定：

1 涂膜涂刷应均匀一致，不得漏刷。总厚度应符合产品技术性能要求。

2 玻纤布的接槎应顺流水方向搭接，搭接宽度应不小于100mm。两层以上玻纤布的防水施工，上、下搭接应错开幅宽的1/2。

7 抹灰工程

7.1 一般规定

7.1.1 本章适用于住宅内部抹灰工程施工。

7.1.2 顶棚抹灰层与基层之间及各抹灰层之间必须黏结牢固，无脱层、空鼓。

7.1.3 不同材料基体交接处表面的抹灰应采取防止开裂的加强措施。

7.1.4 室内墙面、柱面和门洞口的阳角做法应符合设计要求。设计无要求时，应采用1∶2水泥砂浆做暗护角，其高度不应低于2m，每侧宽度不应小于50mm。

7.1.5 水泥砂浆抹灰层应在抹灰24h后进行养护。抹灰层在凝结前，应防止快干、水冲、撞击和震动。

7.1.6 冬期施工，抹灰时的作业面温度不宜低于5℃；抹灰层初凝前不得受冻。

7.2 主要材料质量要求

7.2.1 抹灰用的水泥宜为硅酸盐水泥、普通硅酸盐水泥，其强度等级不应小于 42.5#。

7.2.2 不同品种不同标号的水泥不得混合使用。

7.2.3 水泥应有产品合格证书。

7.2.4 抹灰用砂子宜选用中砂，砂子使用前应过筛，不得含有杂物。

7.2.5 抹灰用石灰膏的熟化期不应少于 15d。罩面用磨细石灰粉的熟化期不应少于 3d。

7.3 施工要点

7.3.1 基层处理应符合下列规定：

1 砖砌体，应清除表面杂物、尘土，抹灰前应洒水湿润。

2 混凝土，表面应凿毛或在表面洒水润湿后涂刷 1∶1 水泥砂浆（加适量胶粘剂）。

3 加气混凝土，应在湿润后边刷界面剂，边抹强度不大于 M5 的水泥混合砂浆。

7.3.2 抹灰层的平均总厚度应符合设计要求。

7.3.3 大面积抹灰前应设置标筋。抹灰应分层进行，每遍厚度宜为 5～7mm。抹石灰砂浆和水泥混合砂浆每遍厚度宜为 7～9mm。当抹灰总厚度超出 35mm 时，应采取加强措施。

7.3.4 用水泥砂浆和水泥混合砂浆抹灰时，应待前一抹灰层凝结后方可抹后一层；用石灰砂浆抹灰时，应待前一抹灰层七八成干后方可抹后一层。

7.3.5 底层的抹灰层强度不得低于面层的抹灰层强度。

7.3.6 水泥砂浆拌好后，应在初凝前用完，凡结硬砂浆不得继续使用。

8 吊顶工程

8.1 一般规定

8.1.1 本章适用于明龙骨和暗龙骨吊顶工程的施工。

8.1.2 吊杆、龙骨的安装间距、连接方式应符合设计要求。后置埋件、金属吊杆、龙骨应进行防腐处理。木吊杆、木龙骨、造型木板和木饰面板应进行防腐、防火、防蛀处理。

8.1.3 吊顶材料在运输、搬运、安装、存放时应采取相应措施，防止受潮、变形及损坏板材的表面和边角。

8.1.4 重型灯具、电扇及其他重型设备严禁安装在吊顶龙骨上。

8.1.5 吊顶内填充的吸音、保温材料的品种和铺设厚度应符合设计要求，并应有防散落措施。

8.1.6 饰面板上的灯具、烟感器、喷淋头、风口篦子等设备的位置应合理、美观，与饰面板交接处应严密。

8.1.7 吊顶与墙面、窗帘盒的交接应符合设计要求。

8.1.8 搁置式轻质饰面板，应按设计要求设置压卡装置。

8.1.9 胶粘剂的类型应按所用饰面板的品种配套选用。

8.2 主要材料质量要求

8.2.1 吊顶工程所用材料的品种、规格和颜色应符合设计要求。饰面板、金属龙骨应有产品合格证书。木吊杆、木龙骨的含水率应符合国家现行标准的有关规定。

8.2.2 饰面板表面应平整，边缘应整齐、颜色应一致。穿孔板的孔距应排列整齐；胶合板、木质纤维板、大芯板不应脱胶、变色。

8.2.3 防火涂料应有产品合格证书及使用说明书。

8.3 施工要点

8.3.1 龙骨的安装应符合下列要求：

1 应根据吊顶的设计标高在四周墙上弹线。弹线应清晰、位置应准确。

2 主龙骨吊点间距、起拱高度应符合设计要求。当设计无要求时，吊点间距应小于 1.2m，应按房间短向跨度的1‰～3‰起拱。主龙骨安装后应及时校正其位置标高。

3 吊杆应通直，距主龙骨端部距离不得超过300mm。当吊杆与设备相遇时，应调整吊点构造或增设吊杆。

4 次龙骨应紧贴主龙骨安装。固定板材的次龙骨间距不得大于600mm，在潮湿地区和场所，间距宜为300～400mm。用沉头自攻钉安装饰面板时，接缝处次龙骨宽度不得小于40mm。

5 暗龙骨系列横撑龙骨应用连接件将其两端连接在通长次龙骨上。明龙骨系列的横撑龙骨与通长龙骨搭接处的间隙不得大于1mm。

6 边龙骨应按设计要求弹线，固定在四周墙上。

7 全面校正主、次龙的位置及平整度，连接件应错位安装。

8.3.2 安装饰面板前应完成吊顶内管道和设备的调试和验收。

8.3.3 饰面板安装前应按规格、颜色等进行分类选配。

8.3.4 暗龙骨饰面板（包括纸面石膏板、纤维水泥加压板、胶合板、金属方块板、金属条形板、塑料条形板、石膏板、钙塑板、矿棉板和格栅等）的安装应符合下列规定：

1 以轻钢龙骨、铝合金龙骨为骨架，采用钉固法安装时应使用沉头自攻钉固定。

2 以木龙骨为骨架，采用钉固法安装时应使用木螺钉固定，胶合板可用铁钉固定。

3 金属饰面板采用吊挂连接件、插接件固定时应按产品说明书的规定放置。

4 采用复合粘贴法安装时，胶粘剂未完全固化前板材不得有强烈振动。

8.3.5 纸面石膏板和纤维水泥加压板安装应符合下列规定：

1 板材应在自由状态下进行安装，固定时应从板的中间向板的四周固定。

2 纸面石膏板螺钉与板边距离：纸包边宜为10～15mm，切割边，宜为15～20mm；水泥加压板螺钉与板边距离宜为8～15mm。

3 板周边钉距宜为150～170mm，板中钉距不得大于200mm。

4 安装双层石膏板时，上下层板的接缝应错开，不得在同一根龙骨上接缝。

5 螺钉头宜略埋入板面，并不得使纸面破损。钉眼应做防锈处理并用腻子抹平。

6 石膏板的接缝应按设计要求进行板缝处理。

8.3.6 石膏板、钙塑板的安装应符合下列规定：

1 当采用钉固法安装时，螺钉与板边距离不得小于15mm，螺钉间距宜为150～170mm，均匀布置，并应与板面垂直，钉帽应进行防锈处理，并应用与板面颜色相同涂料涂饰或用石膏腻子抹平。

2 当采用粘接法安装时，胶粘剂应涂抹均匀，不得漏涂。

8.3.7 矿棉装饰吸声板安装应符合下列规定：

1 房间内湿度过大时不宜安装。

2 安装前应预先排板，保证花样、图案的整体性。

3 安装时，吸声板上不得放置其他材料，防止板材受压变形。

8.3.8 明龙骨饰面板的安装应符合以下规定：

1 饰面板安装应确保企口的相互咬接及图案花纹的吻合。

2 饰面板与龙骨嵌装时应防止相互挤压过紧或脱挂。

3 采用搁置法安装时应留有板材安装缝，每边缝隙不宜大于1mm。

4 玻璃吊顶龙骨上留置的玻璃搭接宽度应符合设计要求，并应采用软连接。

5 装饰吸声板的安装如采用搁置法安装，应有定位措施。

9 轻质隔墙工程

9.1 一般规定

9.1.1 本章适用于板材隔墙、骨架隔墙和玻璃隔墙等非承重轻质隔墙工程的施工。

9.1.2 轻质隔墙的构造、固定方法应符合设计要求。

9.1.3 轻质隔墙材料在运输和安装时，应轻拿轻放，不得损坏表面和边角。应防止受潮变形。

9.1.4 当轻质隔墙下端用木踢脚覆盖时，饰面板应与地面留有 20～30mm 缝隙；当用大理石、瓷砖、水磨石等做踢脚板时，饰面板下端应与踢脚板上口齐平，接缝应严密。

9.1.5 板材隔墙、饰面板安装前应按品种、规格、颜色等进行分类选配。

9.1.6 轻质隔墙与顶棚和其他墙体的交接处应采取防开裂措施。

9.1.7 接触砖、石、混凝土的龙骨和埋置的木楔应作防腐处理。

9.1.8 胶粘剂应按饰面板的品种选用。现场配置胶粘剂，其配合比应由试验决定。

9.2 主要材料质量要求

9.2.1 板材隔墙的墙板、骨架隔墙的饰面板和龙骨、玻璃隔墙的玻璃应有产品合格证书。

9.2.2 饰面板表面应平整，边沿应整齐，不应有污垢、裂纹、缺角、翘曲、起皮、色差和图案不完整等缺陷。胶合板不应有脱胶、变色和腐朽。

9.2.3 复合轻质墙板的板面与基层（骨架）黏结必须牢固。

9.3 施工要点

9.3.1 墙位放线应按设计要求，沿地、墙、顶弹出隔墙的中心线和宽度线，宽度线应与隔墙厚度一致。弹线应清晰，位置应准确。

9.3.2 轻钢龙骨的安装应符合下列规定：

1 应按弹线位置固定沿地、沿顶龙骨及边框龙骨，龙骨的边线应与弹线重合。龙骨的端部应安装牢固，龙骨与基体的固定点间距应不大于 1m。

2 安装竖向龙骨应垂直，龙骨间距应符合设计要求。潮湿房间和钢板网抹灰墙，龙骨间距不宜大于 400mm。

3 安装支撑龙骨时，应先将支撑卡安装在竖向龙骨的开口方向，卡距宜为 400～600mm，距龙骨两端的距离宜为 20～25mm。

4 安装贯通系列龙骨时，低于 3m 的隔墙安装一道，3～5m 隔墙安装两道。

5 饰面板横向接缝处不在沿地、沿顶龙骨上时，应加横撑龙骨固定。

6 门窗或特殊接点处安装附加龙骨应符合设计要求。

9.3.3 木龙骨的安装应符合下列规定：

1 木龙骨的横截面积及纵、横向间距应符合设计要求。

2 骨架横、竖龙骨宜采用开半榫、加胶、加钉连接。

3 安装饰面板前应对龙骨进行防火处理。

9.3.4 骨架隔墙在安装饰面板前应检查骨架的牢固程度、墙内设备管线及填充材料的安装是否符合设计要求，如有不符合处应采取措施。

9.3.5 纸面石膏板的安装应符合以下规定：

1 石膏板宜竖向铺设，长边接缝应安装在竖龙骨上。

2 龙骨两侧的石膏板及龙骨一侧的双层板的接缝应错开，不得在同一根龙骨上接缝。

3 轻钢龙骨应用自攻螺钉固定，木龙骨应用木螺钉固定。沿石膏板周边钉间距不得大于 200mm，板中钉间距不得大于 300mm，螺钉与板边距离应为 10～15mm。

4 安装石膏板时应从板的中部向板的四边固定。钉头略埋入板内，但不得损坏纸面。钉眼应进行防锈处理。

5 石膏板的接缝应按设计要求进行板缝处理。石膏板与周围墙或柱应留有 3mm 的槽口，以便进行防开裂处理。

9.3.6 胶合板的安装应符合下列规定：

1 胶合板安装前应对板背面进行防火处理。

2 轻钢龙骨应采用自攻螺钉固定。木龙骨采用圆钉固定时，钉距宜为 80～150mm，钉帽应砸扁；采用钉枪固定时，钉距宜为 80～100mm。

3 阳角处宜作护角。

4 胶合板用木压条固定时，固定点间距不应大于 200mm。

9.3.7 板材隔墙的安装应符合下列规定：

1 墙位放线应清晰，位置应准确。隔墙上下基层应平整，牢固。

2 板材隔墙安装拼接应符合设计和产品构造要求。

3 安装板材隔墙时宜使用简易支架。

4 安装板材隔墙所用的金属件应进行防腐处理。

5 板材隔墙拼接用的芯材应符合防火要求。

6 在板材隔墙上开槽、打孔应用云石机切割或电钻钻孔，不得直接剔凿和用力敲击。

9.3.8 玻璃砖墙的安装应符合下列规定：

1 玻璃砖墙宜以 1.5m 高为一个施工段，待下部施工段胶结材料达到设计强度后再进行上部施工。

2 当玻璃砖墙面积过大时应增加支撑。玻璃砖墙的骨架应与结构连接牢固。

3 玻璃砖应排列均匀整齐，表面平整，嵌缝的油灰或密封膏应饱满密实。

9.3.9 平板玻璃隔墙的安装应符合下列规定：

1 墙位放线应清晰，位置应准确。隔墙基层应平整、牢固。

2 骨架边框的安装应符合设计和产品组合的要求。

3 压条应与边框紧贴，不得弯棱、凸鼓。

4 安装玻璃前应对骨架、边框的牢固程度进行检查，如有不牢应进行加固。

5 玻璃安装应符合本规范门窗工程的有关规定。

10 门窗工程

10.1 一般规定

10.1.1 本章适用于木门窗、铝合金门窗、塑料门窗安装工程的施工。

10.1.2 门窗安装前应按下列要求进行检查：

1 门窗的品种、规格、开启方向、平整度等应符合国家现行有关标准规定，附件应齐全。

2 门窗洞口应符合设计要求。

10.1.3 门窗的存放、运输应符合下列规定：

1 木门窗应采取措施防止受潮、碰伤、污染与暴晒。

2 塑料门窗贮存的环境温度应小于 50℃；与热源的距离不应小于 1m。当在环境温度为 0℃的环境中存放时，安装前应在室温下放置 24h。

3 铝合金、塑料门窗运输时应竖立排放并固定牢靠。樘与樘间应用软质材料隔开，防止相互磨损及压坏玻璃和五金件。

10.1.4 门窗的固定方法应符合设计要求。门窗框、扇在安装过程中，应防止变形和损坏。

10.1.5 门窗安装应采用预留洞口的施工方法，不得采用边安装边砌口或先安装后砌口的施工方法。

10.1.6 推拉门窗扇必须有防脱落措施，扇与框的搭接量应符合设计要求。

10.1.7 建筑外门窗的安装必须牢固，在砖砌体上安装门窗严禁用射钉固定。

10.2 主要材料质量要求

10.2.1 门窗、玻璃、密封胶等应按设计要求选用，并应有产品合格证书。

10.2.2 门窗的外观、外形尺寸、装配质量、力学性能应符合国家现行标准的有关规定，塑料门窗中的竖框、中横框或拼樘料等主要受力杆件中的增强型钢，应在产品说明中注明规格、尺寸。门窗表面不应有影响外观质量的缺陷。

10.2.3 木门窗采用的木材，其含水率应符合国家现行标准的有关规定。

10.2.4 在木门窗的结合处和安装五金配件处，均不得有木节或已填补的木节。

10.2.5 金属门窗选用的零附件及固定件，除不锈钢外均应经防腐蚀处理。

10.2.6 塑料门窗组合窗及连窗门的拼樘应采用与其内腔紧密吻合的增强型钢作为内衬，型钢两端比拼樘料长出10～15mm。外窗的拼樘料截面积尺寸及型钢形状、壁厚，应能使组合窗承受本地区的瞬间风压值。

10.3 施工要点

10.3.1 木门窗的安装应符合下列规定：

1 门窗框与砖石砌体、混凝土或抹灰层接触部位以及固定用木砖等均应进行防腐处理。

2 门窗框安装前应校正方正，加钉必要拉条避免变形。安装门窗框时，每边固定点不得少于两处，其间距不得大于1.2m。

3 门窗框需镶贴脸时，门窗框应凸出墙面，凸出的厚度应等于抹灰层或装饰面层的厚度。

4 木门窗五金配件的安装应符合下列规定：

1）合页距门窗扇上下端宜取立梃高度的1/10，并应避开上、下冒头。

2）五金配件安装应用木螺钉固定。硬木应钻2/3深度的孔，孔径应略小于木螺钉直径。

3）门锁不宜安装在冒头与立梃的结合处。

4）窗拉手距地面宜为1.5～1.6m，门拉手距地面宜为0.9～1.05m。

10.3.2 铝合金门窗的安装应符合下列规定：

1 门窗装入洞口应横平竖直，严禁将门窗框直接埋入墙体。

2 密封条安装时应留有比门窗的装配边长20～30mm的余量，转角处应斜面断开，并用胶粘剂粘贴牢固，避免收缩产生缝隙。

3 门窗框与墙体间缝隙不得用水泥沙浆填塞，应采用弹性材料填嵌饱满，表面应用密封胶密封。

10.3.3 塑料门窗的安装应符合下列规定：

1 门窗安装五金配件时，应钻孔后用自攻螺钉拧入，不得直接锤击钉入。

2 门窗框、副框和扇的安装必须牢固。固定片或膨胀螺栓的数量与位置应正确，连接方式应符合设计要求，固定点应距窗角、中横框、中竖框100～150mm，固定点间距应小于或等于600mm。

3 安装组合窗时应将两窗框与拼樘料卡接，卡接后应用紧固件双向拧紧，其间距应小于或等于600mm，紧固件端头及拼樘料与窗框间的缝隙应用嵌缝膏进行密封处理。拼樘料型钢两端必须与洞口固定牢固。

4 门窗框与墙体间缝隙不得用水泥砂浆填塞，应采用弹性材料填嵌饱满，表面应用密封胶密封。

10.3.4 木门窗玻璃的安装应符合下列规定：

1 玻璃安装前应检查框内尺寸、将裁口内的污垢清除干净。

2 安装长边大于1.5m或短边大于1m的玻璃，应用橡胶垫并用压条和螺钉固定。

3 安装木框、扇玻璃，可用钉子固定，钉距不得大于300mm，且每边不少于两个；用木压条固定时，应先刷底油后安装，并不得将玻璃压得过紧。

4 安装玻璃隔墙时，玻璃在上框面应留有适量缝隙，防止木框变形，损坏玻璃。

5 使用密封膏时，接缝处的表面应清洁、干燥。

10.3.5 铝合金、塑料门窗玻璃的安装应符合下列规定：

1 安装玻璃前，应清出槽口内的杂物。

2 使用密封膏前，接缝处的表面应清洁、干燥。

3 玻璃不得与玻璃槽直接接触，并应在玻璃四边垫上不同厚度的垫块，边框上的垫块应用胶粘剂固定。

4 镀膜玻璃应安装在玻璃的最外层，单面镀膜玻璃应朝向室内。

11 细部工程

11.1 一般规定

11.1.1 本章适用木门窗套、窗帘盒、固定柜橱、护栏、扶手、花饰等细部工程的制作安装施工。

11.1.2 细部工程应在隐蔽工程已完成并经验收后进行。

11.1.3 框架结构的固定柜橱应用榫连接。板式结构的固定柜橱应用专用连接件连接。

11.1.4 细木饰面板安装后，应立即刷一遍底漆。

11.1.5 潮湿部位的固定橱柜、木门套应做防潮处理。

11.1.6 护栏、扶手应采用坚固、耐久材料，并能承受规范允许的水平荷载。

11.1.7 扶手高度不应小于 0.90m，护栏高度不应小于 1.05m，栏杆间距不应大于 0.11m。

11.1.8 湿度较大的房间，不得使用未经防水处理的石膏花饰、纸质花饰等。

11.1.9 花饰安装完毕后，应采取成品保护措施。

11.2 主要材料质量要求

11.2.1 人造木板、胶粘剂的甲醛含量应符合国家现行标准的有关规定，应有产品合格证书。

11.2.2 木材含水率应符合国家现行标准的有关规定。

11.3 施工要点

11.3.1 木门窗套的制作安装应符合下列规定：

1 门窗洞口应方正垂直，预埋木砖应符合设计要求，并应进行防腐处理。

2 根据洞口尺寸、门窗中心线和位置线，用方木制成搁栅骨架并应做防腐处理，横撑位置必须与预埋件位置重合。

3 搁栅骨架应平整牢固，表面刨平。安装搁栅骨架应方正，除预留出板面厚度外，搁栅骨架与木砖间的间隙应垫以木垫，连接牢固。安装洞口搁栅骨架时，一般先上端后两侧，洞口上部骨架应与紧固件连接牢固。

4 与墙体对应的基层板板面应进行防腐处理，基层板安装应牢固。

5 饰面板颜色、花纹应谐调。板面应略大于搁栅骨架，大面应净光，小面应刮直。木纹根部应向下，长度方向需要对接时，花纹应通顺，其接头位置应避开视线平视范围，宜在室内地面 2m 以上或 1.2m 以下，接头应留在横撑上。

6 贴脸、线条的品种、颜色、花纹应与饰面板谐调。贴脸接头应成 45°角，贴脸与门窗套板面结合应紧密、平整，贴脸或线条盖住抹灰墙面应不小于 10mm。

11.3.2 木窗帘盒的制作安装应符合下列规定：

1 窗帘盒宽度应符合设计要求。当设计无要求时，窗帘盒宜伸出窗口两侧 200～300mm，窗帘盒中线应对准窗口中线，并使两端伸出窗口长度相同。窗帘盒下沿与窗口上沿应平齐或略低。

2 当采用木龙骨双包夹板工艺制作窗帘盒时，遮挡板外立面不得有明榫、露钉帽，底边应做封边处理。

3 窗帘盒底板可采用后置埋木楔或膨胀螺栓固定，遮挡板与顶棚交接处宜用角线收口。窗帘盒靠墙部分应与墙面紧贴。

4 窗帘轨道安装应平直。窗帘轨固定点必须在底板的龙骨上，连接必须用木螺钉，严禁用圆钉固定。采用电动窗帘轨时，应按产品说明书进行安装调试。

11.3.3 固定橱柜的制作安装应符合下列规定：

1 根据设计要求及地面及顶棚标高，确定橱柜的平面位置和标高。

2 制作木框架时，整体立面应垂直、平面应水平，框架交接处应做榫连接，并应涂刷木工乳胶。

3 侧板、底板、面板应用扁头钉与框架固定牢固，钉帽应做防腐处理。

4 抽屉应采用燕尾榫连接，安装时应配置抽屉滑轨。

5 五金件可先安装就位，油漆之前将其拆除，五金件安装应整齐、牢固。

11.3.4 扶手、护栏的制作安装应符合下列规定：

1 木扶手与弯头的接头要在下部连接牢固。木扶手的宽度或厚度超过 70mm 时，其接头应黏结加强。

2 扶手与垂直杆件连接牢固，紧固件不得外露。

3 整体弯头制作前应做足尺样板，按样板划线。弯头黏结时，温度不宜低于 5℃。弯头下部应与栏杆扁钢结合紧密、牢固。

4 木扶手弯头加工成形应刨光，弯曲应自然，表面应磨光。

5 金属扶手、护栏垂直杆件与预埋件连接应牢固、垂直，如焊接，则表面应打磨抛光。

6 玻璃栏板应使用夹层玻璃或安全玻璃。

11.3.5 花饰的制作安装应符合下列规定：

1 装饰线安装的基层必须平整、坚实，装饰线不得随基层起伏。

2 装饰线、件的安装应根据不同基层，采用相应的连接方式。

3 木（竹）质装饰线、件的接口应拼对花纹，拐弯接口应齐整无缝，同一种房间的颜色应一致，封口压边条与装饰线、件应连接紧密牢固。

4 石膏装饰线、件安装的基层应干燥，石膏线与基层连接的水平线和定位线的位置、距离应一致，接缝应 45°角拼接。当使用螺钉固定花件时，应用电钻打孔，螺钉钉头应沉入孔内，螺钉应做防锈处理；当使用胶粘剂固定花件时，应选用短时间固化的胶粘材料。

5 金属类装饰线、件安装前应做防腐处理。基层应干燥、坚实。铆接、焊接或紧固件连接时，紧固件位置应整齐，焊接点应在隐蔽处、焊接表面应无毛刺。刷漆前应去除氧化层。

12 墙面铺装工程

12.1 一般规定

12.1.1 本章适用于石材、墙面砖、木材、织物、壁纸等材料的住宅墙面铺贴安装工程施工。

12.1.2 墙面铺装工程应在墙面隐蔽及抹灰工程、吊顶工程已完成并经验收后进行。当墙体有防水要求时，应对防水工程进行验收。

12.1.3 采用湿作业法铺贴的天然石材应作防碱处理。

12.1.4 在防水层上粘贴饰面砖时，黏结材料应与防水材料的性能相容。

12.1.5 墙面面层应有足够的强度，其表面质量应符合国家现行标准的有关规定。

12.1.6 湿作业施工现场环境温度宜在 5℃以上；裱糊时空气相对湿度不得大于 85%，应防止湿度及温度剧烈变化。

12.2 主要材料质量要求

12.2.1 石材的品种、规格应符合设计要求，天然石材表面不得有隐伤、风化等缺陷。

12.2.2 墙面砖的品种、规格应符合设计要求，并应有产品合格证书。

12.2.3 木材的品种、质量等级应符合设计要求，含水率应符合国家现行标准的有关要求。

12.2.4 织物、壁纸、胶黏剂等应符合设计要求，并应有性能检测报告和产品合格证书。

12.3 施工要点

12.3.1 墙面砖铺贴应符合下列规定：

1 墙面砖铺贴前应进行挑选，并应浸水 2h 以上，晾干表面水分。

2 铺贴前应进行放线定位和排砖，非整砖应排放在次要部位或阴角处。每面墙不宜有两列非整砖，非整砖宽度不宜小于整砖的 1/3。

3 铺贴前应确定水平及竖向标志，垫好底尺，挂线铺贴。墙面砖表面应平整、接缝应平直、缝宽应均匀一致。阴角砖应压向正确，阳角线宜做成45°角对接。在墙面突出物处，应整砖套割吻合，不得用非整砖拼凑铺贴。

4 结合砂浆宜采用1∶2水泥砂浆，砂浆厚度宜为6～10mm。水泥砂浆应满铺在墙砖背面，一面墙不宜一次铺贴到顶，以防塌落。

12.3.2 墙面石材铺装应符合下列规定：

1 墙面石材铺贴前应进行挑选，并应按设计要求进行预拼。

2 强度较低或较薄的石材应在背面粘贴玻璃纤维网布。

3 当采用湿作业法施工时，固定石材的钢筋网应与预埋件连接牢固。每块石材与钢筋网拉接点不得少于4个。拉接用金属丝应具有防锈性能。灌注砂浆前应将石材背面及基层湿润，并应用填缝材料临时封闭石材板缝，避免漏浆。灌注砂浆宜用1∶2.5水泥砂浆，灌注时应分层进行，每层灌注高度宜为150～200mm，且不超过板高的1/3，插捣应密实。待其初凝后方可灌注上层水泥砂浆。

4 当采用粘贴法施工时，基层处理应平整但不应压光。胶黏剂的配合比应符合产品说明书的要求。胶液应均匀、饱满的刷抹在基层和石材背面，石材就位时应准确，并应立即挤紧、找平、找正，进行顶、卡固定。溢出胶液应随时清除。

12.3.3 木装饰装修墙制作安装应符合下列规定：

1 制作安装前应检查基层的垂直度和平整度，有防潮要求的应进行防潮处理。

2 按设计要求弹出标高、竖向控制线、分格线。打孔安装木砖或木楔，深度应不小于40mm，木砖或木楔应做防腐处理。

3 龙骨间距应符合设计要求。当设计无要求时：横向间距宜为300mm，竖向间距宜为400mm。龙骨与木砖或木楔连接应牢固。龙骨、木质基层板应进行防火处理。

4 饰面板安装前应进行选配，颜色、木纹对接应自然谐调。

5 饰面板固定应采用射钉或胶粘接，接缝应在龙骨上，接缝应平整。

6 镶接式木装饰墙可用射钉从凹榫边倾斜射入。安装第一块时必须校对竖向控制线。

7 安装封边收口线条时应用射钉固定，钉的位置应在线条的凹槽处或背视线的一侧。

12.3.4 软包墙面制作安装应符合下列规定：

1 软包墙面所用填充材料、纺织面料和龙骨、木基层板等均应进行防火处理。

2 墙面防潮处理应均匀涂刷一层清油或满铺油纸。不得用沥青油毡做防潮层。

3 木龙骨宜采用凹槽榫工艺预制，可整体或分片安装，与墙体连接应紧密、牢固。

4 填充材料制作尺寸应正确，棱角应方正，应与木基层板粘接紧密。

5 织物面料裁剪时经纬应顺直。安装应紧贴墙面，接缝应严密，花纹应吻合，无波纹起伏、翘边和褶皱，表面应清洁。

6 软包布面与压线条、贴脸线、踢脚板、电气盒等交接处应严密，顺直，无毛边。电气盒盖等开洞处，套割尺寸应准确。

12.3.5 墙面裱糊应符合下列规定：

1 基层表面应平整、不得有粉化、起皮、裂缝和突出物，色泽应一致。有防潮要求的应进行防潮处理。

2 裱糊前应按壁纸、墙布的品种、花色、规格进行选配、拼花、裁切、编号，裱糊时应按编号顺序粘贴。

3 墙面应采用整幅裱糊，先垂直面后水平面，先细部后大面，先保证垂直后对花拼缝，垂直面是先上后下，先长墙面后短墙面，水平面是先高后低。阴角处接缝应搭接，阳角处应包角不得有接缝。

4 聚氯乙烯塑料壁纸裱糊前应先将壁纸用水润湿数分钟，墙面裱糊时应在基层表面涂刷胶粘剂，顶棚裱糊时，基层和壁纸背面均应涂刷胶粘剂。

5 复合壁纸不得浸水，裱糊前应先在壁纸背面涂刷胶粘剂，放置数分钟：裱糊时，基层表面应涂刷胶粘剂。

6 纺织纤维壁纸不宜在水中浸泡，裱糊前宜用湿布清洁背面。

7 带背胶的壁纸裱糊前应在水中浸泡数分钟。裱糊顶棚时应涂刷一层稀释的胶粘剂。

8 金属壁纸裱糊前应浸水 1～2min，阴干 5～8min 后在其背面刷胶。刷胶应使用专用的壁纸粉胶，一边刷胶，一边将刷过胶的部分，向上卷在发泡壁纸卷上。

9 玻璃纤维基材壁纸、无纺墙布无需进行浸润。应选用粘接强度较高的胶粘剂，裱糊前应在基层表面涂胶。墙布背面不涂胶。玻璃纤维墙布裱糊对花时不得横拉斜扯避免变形脱落。

10 开关、插座等突出墙面的电气盒，裱糊前应先卸去盒盖。

13 涂饰工程

13.1 一般规定

13.1.1 本章适用于住宅内部水性涂料、溶剂型涂料和美术涂饰的涂饰工程施工。

13.1.2 涂饰工程应在抹灰、吊顶、细部、地面及电气工程等已完成并验收合格后进行。

13.1.3 涂饰工程应优先采用绿色环保产品。

13.1.4 混凝土或抹灰基层涂刷溶剂型涂料时，含水率不得大于 8%；涂刷水性涂料时，含水率不得大于 10%；木质基层含水率不得大于 12%。

13.1.5 涂料在使用前应搅拌均匀，并应在规定的时间内用完。

13.1.6 施工现场环境温度宜在 5～35℃之间，并应注意通风换气和防尘。

13.2 主要材料质量要求

13.2.1 涂料的品种、颜色应符合设计要求，并应有产品性能检测报告和产品合格证书。

13.2.2 涂饰工程所用腻子的黏结强度应符合国家现行标准的有关规定。

13.3 施工要点

13.3.1 基层处理应符合下列规定：

1 混凝土及水泥砂浆抹灰基层：应满刮腻子、砂纸打光，表面应平整光滑、线角顺直。

2 纸面石膏板基层：应按设计要求对板缝、钉眼进行处理后，满刮腻子、砂纸打光。

3 清漆木质基层：表面应平整光滑、颜色谐调一致、表面无污染、裂缝、残缺等缺陷。

4 调和漆木质基层：表面应平整、无严重污染。

5 金属基层：表面应进行除锈和防锈处理。

13.3.2 涂饰施工一般方法：

1 滚涂法：将蘸取漆液的毛辊先按 W 方式运动将涂料大致涂在基层上，然后用不蘸取漆液的毛辊紧贴基层上下、左右来回滚动，使漆液在基层上均匀展开，最后用蘸取漆液的毛辊按一定方向满滚一遍。阴角及上下口宜采用排笔刷涂找齐。

2 喷涂法：喷枪压力宜控制在 0.4～0.8MPa 范围内。喷涂时喷枪与墙面应保持垂直，距离宜在 500mm 左右，匀速平行移动。两行重叠宽度宜控制在喷涂宽度的 1/3。

3 刷涂法：宜按先左后右、先上后下、先难后易、先边后面的顺序进行。

13.3.3 木质基层涂刷清漆：木质基层上的节疤、松脂部位应用虫胶漆封闭，钉眼处应用油性腻子嵌补。在刮腻子、上色前，应涂刷一遍封闭底漆，然后反复对局部进行拼色和修色，每修完一次，刷一遍中层漆，干后打磨，直至色调谐调统一，再做饰面漆。

13.3.4 木质基层涂刷调和漆：先满刷清油一遍，待其干后用油腻子将钉孔、裂缝、残缺处嵌刮平整，干后打磨光滑，再刷中层和面层油漆。

13.3.5 对泛碱、析盐的基层应先用 3%的草酸溶液清洗，然后用清水冲刷干净或在基层上满刷一遍耐碱底漆，待其干后刮腻子，再涂刷面层涂料。

13.3.6 浮雕涂饰的中层涂料应颗粒均匀，用专用塑料辊蘸煤油或水均匀滚压，厚薄一致，待完全干燥固化后，才可进行面层涂饰。面层为水性涂料应采用喷涂，溶剂型涂料应采用刷涂。间隔时间宜在4h以上。

13.3.7 涂料、油漆打磨应待涂膜完全干透后进行，打磨应用力均匀，不得磨透露底。

14 地面铺装工程

14.1 一般规定

14.1.1 本章适用于石材（包括人造石材）、地面砖、实木地板、竹地板、实木复合地板、强化复合地板、地毯等材料的地面面层的铺贴安装工程施工。

14.1.2 地面铺装宜在地面隐蔽工程、吊顶工程、墙面抹灰工程完成并验收后进行。

14.1.3 地面面层应有足够的强度，其表面质量应符合国家现行标准、规范的有关规定。

14.1.4 地面铺装图案及固定方法等应符合设计要求。

14.1.5 天然石材在铺装前应采取防护措施，防止出现污损、泛碱等现象。

14.1.6 湿作业施工现场环境温度宜在5℃以上。

14.2 主要材料质量要求

14.2.1 地面铺装材料的品种、规格、颜色等均应符合设计要求，并应有产品合格证书。

14.2.2 地面铺装时所用龙骨、垫木、毛地板等木料的含水率，以及防腐、防蛀、防火处理等均应符合国家现行标准、规范的有关规定。

14.3 施工要点

14.3.1 石材、地面砖铺贴应符合下列规定：

1 石材、地面砖铺贴前应浸水湿润。天然石材铺贴前应进行对色、拼花并试拼、编号。

2 铺贴前应根据设计要求确定结合层砂浆厚度，拉十字线控制其厚度和石材、地面砖表面平整度。

3 结合层砂浆宜采用体积比为1∶3的干硬性水泥砂浆，厚度宜高出实铺厚度2～3mm。铺贴前应在水泥砂浆上刷一道水灰比为1∶2的素水泥浆或干铺水泥1～2mm后洒水。

4 石材、地面砖铺贴时应保持水平就位，用橡皮锤轻击使其与砂浆黏结紧密，同时调整其表面平整度及缝宽。

5 铺贴后应及时清理表面，24h后应用1∶1水泥浆灌缝，选择与地面颜色一致的颜料与白水泥拌和均匀后嵌缝。

14.3.2 竹、实木地板铺装应符合下列规定：

1 基层平整度误差不得大于5mm。

2 铺装前应对基层进行防潮处理，防潮层宜涂刷防水涂料或铺设塑料薄膜。

3 铺装前应对地板进行选配，宜将纹理、颜色接近的地板集中使用于一个房间或部位。

4 木龙骨应与基层连接牢固，固定点间距不得大于600mm。

5 毛地板应与龙骨成30°或45°铺钉，板缝应为2～3mm，相邻板的接缝应错开。

6 在龙骨上直接铺装地板时，主次龙骨的间距应根据地板的长宽模数计算确定，地板接缝应在龙骨的中线上。

7 地板钉长度宜为板厚的2.5倍，钉帽应砸扁。固定时应从凹榫边30°角倾斜钉入。硬木地板应先钻孔，孔径应略小于地板钉直径。

8 毛地板及地板与墙之间应留有8～10mm的缝隙。

9 地板磨光应先刨后磨，磨剖应顺木纹方向，磨削总量应控制在0.3～0.8mm内。

10 单层直铺地板的基层必须平整、无油污。铺贴前应在基层刷一层薄而匀的底胶以提高黏结力。铺贴时基层和地板背面均应刷胶，待不粘手后再进行铺贴。拼板时应用榔头垫木块敲打紧密，板缝不得大于0.3mm。溢出的胶液应及时清理干净。

14.3.3 强化复合地板铺装应符合下列规定：

1 防潮垫层应满铺平整，接缝处不得叠压。

2 安装第二排时应凹槽面靠墙。地板与墙之间应留有8～10mm的缝隙。

3 房间长度或宽度超过8m时，应在适当位置设置伸缩缝。

14.3.4 地毯铺装应符合下列规定：

1 地毯对花拼接应按毯面绒毛和织纹走向的同一方向拼接。

2 当使用张紧器伸展地毯时，用力方向应呈V字形，应由地毯中心向四周展开。

3 当使用倒刺板固定地毯时，应沿房间四周将倒刺板与基层固定牢固。

4 地毯铺装方向，应是毯面绒毛走向的背光方向。

5 满铺地毯，应用扁铲将毯边塞入卡条和墙壁间的间隙中或塞入踢脚下面。

6 裁剪楼梯地毯时，长度应留有一定余量，以便在使用中可挪动常磨损的位置。

15 卫生器具及管道安装工程

15.1 一般规定

15.1.1 本章适用于厨房、卫生间的洗涤、洁身等卫生器具的安装以及分户进水阀后给水管段、户内排水管段的管道施工。

15.1.2 卫生器具、各种阀门等应积极采用节水型器具。

15.1.3 各种卫生设备及管道安装均应符合设计要求及国家现行标准规范的有关规定。

15.2 主要材料质量要求

15.2.1 卫生器具的品种、规格、颜色应符合设计要求并应有产品合格证书。

15.2.2 给排水管材、件应符合设计要求并应有产品合格证书。

15.3 施工要点

15.3.1 各种卫生设备与地面或墙体的连接应用金属固定件安装牢固。金属固定件应进行防腐处理。当墙体为多孔砖墙时，应凿孔填实水泥砂浆后再进行固定件安装。当墙体为轻质隔墙时，应在墙体内设后置埋件，后置埋件应与墙体连接牢固。

15.3.2 各种卫生器具安装的管道连接件应易于拆卸、维修。排水管道连接应采用有橡胶垫片排水栓。卫生器具与金属固定件的连接表面应安置铅质或橡胶垫片。各种卫生陶瓷类器具不得采用水泥砂浆窝嵌。

15.3.3 各种卫生器具与台面、墙面，地面等接触部位均应采用硅酮胶或防水密封条密封。

15.3.4 各种卫生器具安装验收合格后应采取适当的成品保护措施。

15.3.5 管道敷设应横平竖直，管卡位置及管道坡度等均应符合规范要求。各类阀门安装应位置正确且平正，便于使用和维修。

15.3.6 嵌入墙体、地面的管道应进行防腐处理并用水泥砂浆保护，其厚度应符合下列要求：墙内冷水管不小于10mm、热水管不小于15mm，嵌入地面的管道不小于10mm。嵌入墙体、地面或暗敷的管道应作隐蔽工程验收。

15.3.7 冷热水管安装应左热右冷，平行间距应不小于200mm。当冷热水供水系统采用分水器供水时，应采用半柔性管材连接。

15.3.8 各种新型管材的安装应按生产企业提供的产品说明书进行施工。

16 电气安装工程

16.1 一般规定

16.1.1 本章适用于住宅单相入户配电箱户表后的室内电路布线及电器、灯具安装。

16.1.2 电气安装施工人员应持证上岗。

16.1.3 配电箱户表后应根据室内用电设备的不同功率分别配线供电；大功率家电设备应独立配线安装插座。

16.1.4 配线时，相线与零线的颜色应不同；同一住宅相线（L）颜色应统一，零线（N）宜用蓝色，保护线（PE）必须用黄绿双色线。

16.1.5 电路配管、配线施工及电器、灯具安装除遵守本规定外，尚应符合国家现行有关标准规范的规定。

16.1.6 工程竣工时应向业主提供电气工程竣工图。

16.2 主要材料质量要求

16.2.1 电器、电料的规格、型号应符合设计要求及国家现行电器产品标准的有关规定。

16.2.2 电器、电料的包装应完好，材料外观不应有破损，附件、备件应齐全。

16.2.3 塑料电线保护管及接线盒必须是阻燃型产品，外观不应有破损及变形。

16.2.4 金属电线保护管及接线盒外观不应有折扁和裂缝，管内应无毛刺，管口应平整。

16.2.5 通信系统使用的终端盒、接线盒与配电系统的开关、插座，宜选用同一系列产品。

16.3 施工要点

16.3.1 应根据用电设备位置，确定管线走向、标高及开关、插座的位置。

16.3.2 电源线配线时，所用导线截面积应满足用电设备的最大输出功率。

16.3.3 暗线敷设必须配管。当管线长度超过15m或在两个直角弯时，应增设拉线盒。

16.3.4 同一回路电线应穿入同一根管内，但管内总根数不应超过8根，电线总截面积（包括绝缘外皮）不应超过管内截面积的40%。

16.3.5 电源线与通信线不得穿入同一根管内。

16.3.6 电源线及插座与电视线及插座的水平间距不应小于500mm。

16.3.7 电线与暖气、热水、煤气管之间的平行距离不应小于300mm，交叉距离不应小于100mm。

16.3.8 穿入配管导线的接头应设在接线盒内，接头搭接应牢固，绝缘带包缠应均匀紧密。

16.3.9 安装电源插座时，面向插座的左侧应接零线（N），右侧应接相线（L），中间上方应接保护地线（PE）。

16.3.10 当吊灯自重在3kg及以上时，应先在顶板上安装后置埋件，然后将灯具固定在后置埋件上。严禁安装在木楔、木砖上。

16.3.11 连接开关、螺口灯具导线时，相线应先接开关，开关引出的相线应接在灯中心的端子上，零线应接在螺纹的端子上。

16.3.12 导线间和导线对地间电阻必须大于0.5MΩ。

16.3.13 同一室内的电源、电话、电视等插座面板应在同一水平标高上，高差应小于5mm。

16.3.14 厨房、卫生间应安装防溅插座，开关宜安装在门外开启侧的墙体上。

16.3.15 电源插座底边距地宜为300mm，平开关板底边距地宜为1400mm。

《建筑装饰装修工程质量验收规范》
（GB 50210—2001）（摘要）

其中，3.1.1、3.1.5、3.2.3、3.2.9、3.3.4、3.3.5、4.1.12、5.1.11、6.1.12、8.2.4、8.3.4、9.1.8、9.1.13、9.1.14、12.5.6为强制性条文，必须严格执行。

3 基本规定

3.1 设计

3.1.1 建筑装饰装修工程必须进行设计，并出具完整的施工图设计文件。

3.1.2 承担建筑装饰装修工程设计的单位应具备相应的资质，并应建立质量管理体系。由于设计原因造成的质量问题应由设计单位负责。

3.1.3 建筑装饰装修设计应符合城市规划、消防、环保、节能等有关规定。

3.1.4 承担建筑装饰装修工程设计的单位应对建筑物进行必要的了解和实地勘察，设计深度应满足施工要求。

3.1.5 建筑装饰装修工程设计必须保证建筑物的结构安全和主要使用功能。当涉及主体和承重结构改动或增加荷载时，必须由原结构设计单位或具备相应资质的设计单位核查有关原始资料，对既有建筑结构的安全性进行核验、确认。

3.1.6 建筑装饰装修工程的防火、防雷和抗震设计应符合现行国家标准的规定。

3.1.7 当墙体或吊顶内的管线可能产生冰冻或结露时，应进行防冻或防结露设计。

3.2 材料

3.2.1 建筑装饰装修工程所用材料的品种、规格和质量应符合设计要求和国家现行标准的规定。当设计无要求时应符合国家现行标准的规定。严禁使用国家明令淘汰的材料。

3.2.2 建筑装饰装修工程所用材料的燃烧性能应符合现行国家标准《建筑内部装修设计防火规范》（GB 50222—1995）、《建筑设计防火规范》（GB 50016—2006）和《高层民用建筑设计防火规范》（GB 50045—1995）的规定。

3.2.3 建筑装饰装修工程所用材料应符合国家有关建筑装饰装修材料有害物质限量标准的规定。

3.2.4 所有材料进场时应对品种、规格、外观和尺寸进行验收。材料包装应完好，应有产品合格证书、中文说明书及相关性能的检测报告；进口产品应按规定进行商品检验。

3.2.5 进场后需要进行复验的材料种类及项目应符合本规范各章的规定。同一厂家生产的同一品种、同一类型的进场材料应至少抽取一组样品进行复验，当合同另有约定时应按合同执行。

3.2.6 当国家规定或合同约定应对材料进行见证检测时，或对材料的质量发生争议时，应进行见证检测。

3.2.7 承担建筑装饰装修材料检测的单位应具备相应的资质，并应建立质量管理体系。

3.2.8 建筑装饰装修工程所使用的材料在运输、储存和施工过程中，必须采取有效措施防止损坏、变质和污染环境。

3.2.9 建筑装饰装修工程所使用的材料应按设计要求进行防火、防腐和防虫处理。

3.2.10 现场配制的材料如砂浆、胶黏剂等，应按设计要求或产品说明书配制。

3.3 施工

3.3.1 承担建筑装饰装修工程施工的单位应具备相应的资质，并应建立质量管理体系。施工单位应编制施工组织设计并应经过审查批准。施工单位应按有关的施工工艺标准或经审定的施工技术方案施工，并应对施工全过程实行质量控制。

3.3.2 承担建筑装饰装修工程施工的人员应有相应岗位的资格证书。

3.3.3 建筑装饰装修工程的施工质量应符合设计要求和本规范的规定，由于违反设计文件和本规范的规定施工造成的质量问题应由施工单位负责。

3.3.4 建筑装饰装修工程施工中，严禁违反设计文件擅自改动建筑主体、承重结构或主要使用功能；严禁未经设计确认和有关部门批准擅自拆改水、暖、电、燃气、通信等配套设施。

3.3.5 施工单位应遵守有关环境保护的法律法规，并应采取有效措施控制施工现场的各种粉尘、废气、废弃物、噪声、振动等对周围环境造成的污染和危害。

3.3.6 施工单位应遵守有关施工安全、劳动保护、防火和防毒的法律法规，应建立相应的管理制度，并应配备必要的设备、器具和标识。

3.3.7 建筑装饰装修工程应在基体或基层的质量验收合格后施工。对既有建筑进行装饰装修前，应对基层进行处理并达到本规范的要求。

3.3.8 建筑装饰装修工程施工前应有主要材料的样板或做样板间（件），并应经有关各方确认。

3.3.9 墙面采用保温材料的建筑装饰装修工程，所用保温材料的类型、品种、规格及施工工艺应符合设计要求。

3.3.10 管道、设备等的安装及调试应在建筑装饰装修工程施工前完成，当必须同步进行时，应在饰面层施工前完成。装饰装修工程不得影响管道、设备等的使用和维修。涉及燃气管道的建筑装饰装修工程必须符合有关安全管理的规定。

3.3.11 建筑装饰装修工程的电器安装应符合设计要求和国家现行标准的规定。严禁不经穿管直接埋设电线。

3.3.12 室内外装饰装修工程施工的环境条件应满足施工工艺的要求。施工环境温度不应低于5℃。当必须在低于5℃气温下施工时，应采取保证工程质量的有效措施。

3.3.13 建筑装饰装修工程施工过程中应做好半成品、成品的保护，防止污染和损坏。

3.3.14 建筑装饰装修工程验收前应将施工现场清理干净。

4 抹灰工程

4.1 一般规定

4.1.1 本章适用于一般抹灰、装饰抹灰和清水砌体勾缝等分项工程的质量验收。

4.1.2 抹灰工程验收时应检查下列文件和记录：

1 抹灰工程的施工图、设计说明及其他设计文件。

2 材料的产品合格证书、性能检测报告、进场验收记录和复验报告。

3 隐蔽工程验收记录。

4 施工记录。

4.1.3 抹灰工程应对水泥的凝结时间和安定性进行复验。

4.1.4 抹灰工程应对下列隐蔽工程项目进行验收：

1 抹灰总厚度大于或等于35mm时的加强措施。

2 不同材料基体交接处的加强措施。

4.1.5 各分项工程的检验批应按下列规定划分：

1 相同材料、工艺和施工条件的室外抹灰工程每500～1000m^2应划分为一个检验批，不足500m^2也应划分为一个检验批。

2 相同材料、工艺和施工条件的室内抹灰工程每50个自然间（大面积房间和走廊按抹灰面积30m^2为一间）应划分为一个检验批，不足50间也应划分为一个检验批。

4.1.6 检查数量应符合下列规定：

1 室内每个检验批应至少抽查10%，并不得少于3间；不足3间时应全数检查。

2 室外每个检验批每100m^2应至少抽查一处，每处不得小于10m^2。

4.1.7 外墙抹灰工程施工前应先安装钢木门窗框、护栏等，并应将墙上的施工孔洞堵塞密实。

4.1.8 抹灰用的石灰膏的熟化期不应少于15d；罩面用的磨细石灰粉的熟化期不应少于3d。

4.1.9 室内墙面、柱面和门洞口的阳角做法应符合设计要求。设计无要求时，应采用1∶2水泥砂浆做暗护角，其高度不应低于2m，每侧宽度不应小于50mm。

4.1.10 当要求抹灰层具有防水、防潮功能时，应采用防水砂浆。

4.1.11 各种砂浆抹灰层，在凝结前应防止快干、水冲、撞击、振动和受冻，在凝结后应采取措施防止玷污和损坏。水泥砂浆抹灰层应在湿润条件下养护。

4.1.12 外墙和顶棚的抹灰层与基层之间及各抹灰层之间必须黏结牢固。

4.2 一般抹灰工程

4.2.1 本节适用于石灰砂浆、水泥砂浆、水泥混合砂浆、聚合物水泥砂浆和麻刀石灰、纸筋石灰、石膏灰等一般抹灰工程的质量验收。一般抹灰工程分为普通抹灰和高级抹灰，当设计无要求时，按普通抹灰验收。

主 控 项 目

4.2.2 抹灰前基层表面的尘土、污垢、油渍等应清除干净应洒水润湿。

检验方法：检查施工记录。

4.2.3 一般抹灰所用材料的品种和性能应符合设计要求。水泥的凝结时间和安定性复验应合格。砂浆的配合比应符合设计要求。

检验方法：检查产品合格证书、进场验收记录、复验报告和施工记录。

4.2.4 抹灰工程应分层进行。当抹灰总厚度大于或等于35mm时，应采取加强措施。不同材料基体交接处表面的抹灰，应采取防止开裂的加强措施，当采用加强网时，加强网与各基体的搭接宽度不应小于100mm。

检验方法：检查隐蔽工程验收记录和施工记录。

4.2.5 抹灰层与基层之间及各抹灰层之间必须黏结牢固，抹灰层应无脱层、空鼓，面层应无爆灰和裂缝。

检验方法：观察；用小锤轻击检查；检查施工记录。

一 般 项 目

4.2.6 一般抹灰工程的表面质量应符合下列规定：

1 普通抹灰表面应光滑、洁净、接槎平整，分格缝应清晰。

2 高级抹灰表面应光滑、洁净、颜色均匀、无抹纹，分格缝和灰线应清晰美观。

检验方法：观察；手摸检查。

4.2.7 护角、孔洞、槽、盒周围的抹灰表面应整齐、光滑；管道后面的抹灰表面应平整。

检验方法：观察。

4.2.8 抹灰层的总厚度应符合设计要求；水泥砂浆不得抹在石灰砂浆层上；罩面石膏灰不得抹在水泥砂浆层上。

检验方法：检查施工记录。

4.2.9 抹灰分格缝的设置应符合设计要求，宽度和深度应均匀，表面应光滑，棱角应整齐。

检验方法：观察；尺量检查。

4.2.10 有排水要求的部位应做滴水线（槽）。滴水线（槽）应整齐顺直，滴水线应内高外低，滴水槽的宽度和深度均不应小于10mm。

检验方法：观察；尺量检查。

4.2.11 一般抹灰工程质量的允许偏差和检验方法应符合表4.2.11的规定。

表 4.2.11 一般抹灰的允许偏差和检验方法

项次	项 目	允许偏差（mm）		检 验 方 法
		普通抹灰	高级抹灰	
1	立面垂直度	4	3	用2m垂直检测尺检查
2	表面平整度	4	3	用2m靠尺和塞尺检查
3	阴阳角方正	4	3	用直角检测尺检查
4	分格条（缝）直线度	4	3	拉5m线，不足5m拉通线，用钢直尺检查
5	墙裙、勒脚上口直线度	4	3	拉5m线，不足5m拉通线，用钢直尺检查

注 1. 普通抹灰，本表第3项阴角方正可不检查。

2. 顶棚抹灰，本表第2项表面平整度可不检查，但应平顺。

4.3 装饰抹灰工程

4.3.1 本节适用于水刷石、斩假石、干粘石、假面砖等装饰抹灰工程的质量验收。

主 控 项 目

4.3.2 抹灰前基层表面的尘土、污垢、油渍等应清除干净，并应洒水润湿。

检验方法：检查施工记录。

4.3.3 装饰抹灰工程所用材料的品种和性能应符合设计要求。水泥的凝结时间和安定性复验应合格。砂浆的配合比应符合设计要求。

检验方法：检查产品合格证书、进场验收记录、复验报告和施工记录。

4.3.4 抹灰工程应分层进行。当抹灰总厚度大于或等于35mm时，应采取加强措施。不同材料基体交接处表面的抹灰，应采取防止开裂的加强措施，当采用加强网时，加强网与各基体的搭接宽度不应小于100mm。

检验方法：检查隐蔽工程验收记录和施工记录。

4.3.5 各抹灰层之间及抹灰层与基体之间必须黏结牢固，抹灰层应无脱层、空鼓和裂缝。

检验方法：观察；用小锤轻击检查；检查施工记录。

一 般 项 目

4.3.6 装饰抹灰工程的表面质量应符合下列规定：

1 水刷石表面应石粒清晰、分布均匀、紧密平整、色泽一致，应无掉粒和接槎痕迹。

2 斩假石表面剁纹应均匀顺直、深浅一致，应无漏剁处；阳角处应横剁并留出宽窄一致的不剁边条，棱角应无损坏。

3 干粘石表面应色泽一致、不露浆、不漏粘，石粒应黏结牢固、分布均匀，阳角处应无明显黑边。

4 假面砖表面应平整、沟纹清晰、留缝整齐、色泽一致，应无掉角、脱皮、起砂等缺陷。

检验方法：观察；手摸检查。

4.3.7 装饰抹灰分格条（缝）的设置应符合设计要求，宽度和深度应均匀，表面应平整光滑，棱角应整齐。

检验方法：观察。

4.3.8 有排水要求的部位应做滴水线（槽）。滴水线（槽）应整齐顺直，滴水线应内高外低，滴水槽的宽度和深度均不应小于10mm。

检验方法：观察；尺量检查。

4.3.9 装饰抹灰工程质量的允许偏差和检验方法应符合表4.3.9的规定。

表 4.3.9 装饰抹灰的允许偏差和检验方法

项次	项目	允许偏差（mm）				检验方法
		水刷石	斩假石	干粘石	假面砖	
1	立面垂直度	5	4	5	5	用2m垂直检测尺检查
2	表面平整度	3	3	5	4	用2m靠尺和塞尺检查
3	阳角方正	3	3	4	4	用直角检测尺检查
4	分格条（缝）直线度	3	3	3	3	拉5m线，不足5m拉通线，用钢直尺检查
5	墙裙、勒脚上口直线度	3	3			拉5m线，不足5m拉通线，用钢直尺检查

4.4 清水砌体勾缝工程

4.4.1 本节适用于清水砌体砂浆勾缝和原浆勾缝工程的质量验收。

主 控 项 目

4.4.2 清水砌体勾缝所用水泥的凝结时间和安定性复验应合格。砂浆的配合比应符合设计要求。

检验方法：检查复验报告和施工记录。

4.4.3 清水砌体勾缝应无漏勾。勾缝材料应黏结牢固、无开裂。

检验方法：观察。

一 般 项 目

4.4.4 清水砌体勾缝应横平竖直，交接处应平顺，宽度和深度应均匀，表面应压实抹平。

检验方法：观察；尺量检查。

4.4.5 灰缝应颜色一致，砌体表面应洁净。

检验方法：观察。

5 门窗工程

5.1 一般规定

5.1.1 本章适用于木门窗制作与安装、金属门窗安装、塑料门窗安装、特种门安装、门窗玻璃安装等分项工程的质量验收。

5.1.2 门窗工程验收时应检查下列文件和记录：

1 门窗工程的施工图、设计说明及其他设计文件。

2 材料的产品合格证书、性能检测报告、进场验收记录和复验报告。

3 特种门及其附件的生产许可文件。

4 隐蔽工程验收记录。

5 施工记录。

5.1.3 门窗工程应对下列材料及其性能指标进行复验：

1 人造木板的甲醛含量。

2 建筑外墙金属窗、塑料窗的抗风压性能、空气渗透性能和雨水渗漏性能。

5.1.4 门窗工程应对下列隐蔽工程项目进行验收：

1 预埋件和锚固件。

2 隐蔽部位的防腐、填嵌处理。

5.1.5 各分项工程的检验批应按下列规定划分：

1 同一品种、类型和规格的木门窗、金属门窗、塑料门窗及门窗玻璃每100樘应划分为一个检验批，不足100樘也应划分为一个检验批。

2 同一品种、类型和规格的特种门每50樘应划分为一个检验批，不足50樘也应划分为一个检验批。

5.1.6 检查数量应符合下列规定：

1 木门窗、金属门窗、塑料门窗及门窗玻璃，每个检验批应至少抽查5%，并不得少于3樘，不足3樘时应全数检查；高层建筑的外窗，每个检验批应至少抽查10%，并不得少于6樘，不足6樘时应全数检查。

2 特种门每个检验批应至少抽查50%，并不得少于10樘，不足10樘时应全数检查。

5.1.7 门窗安装前，应对门窗洞口尺寸进行检验。

5.1.8 金属门窗和塑料门窗安装应采用预留洞口的方法施工，不得采用边安装边砌口或先安装后砌口的方法施工。

5.1.9 木门窗与砖石砌体、混凝土或抹灰层接触处应进行防腐处理并应设置防潮层；埋入砌体或混凝土中的木砖应进行防腐处理。

5.1.10 当金属窗或塑料窗组合时，其拼樘料的尺寸、规格、壁厚应符合设计要求。

5.1.11 建筑外门窗的安装必须牢固。在砌体上安装门窗严禁用射钉固定。

5.1.12 特种门安装除应符合设计要求和本规范规定外，还应符合有关专业标准和主管部门的规定。

5.2 木门窗制作与安装工程

5.2.1 本节适用于木门窗制作与安装工程的质量验收。

主 控 项 目

5.2.2 木门窗的木材品种、材质等级、规格、尺寸、框扇的线型及人造木板的甲醛含量应符合设计要求。设计未规定材质等级时，所用木材的质量应符合本规范附录A的规定。

检验方法：观察；检查材料进场验收记录和复验报告。

5.2.3 木门窗应采用烘干的木材，含水率应符合《建筑木门、木窗》(JG/T 122)的规定。

检验方法：检查材料进场验收记录。

5.2.4 木门窗的防火、防腐、防虫处理应符合设计要求。

检验方法：观察；检查材料进场验收记录。

5.2.5 木门窗的结合处和安装配件处不得有木节或已填补的木节。木门窗如有允许限值以内的死节及直径较大的虫眼时，应用同一材质的木塞加胶填补。对于清漆制品，木塞的木纹和色泽应与制品一致。

检验方法：观察。

5.2.6 门窗框和厚度大于50mm的门窗扇应用双榫连接。榫槽应采用胶料严密嵌合，并应用胶楔加紧。

检验方法：观察；手扳检查。

5.2.7 胶合板门、纤维板门和模压门不得脱胶。胶合板不得刨透表层单板，不得有戗槎。制作胶合板门、纤维板门时，边框和横楞应在同一平面上，面层、边框及横楞应加压胶结。横楞和上、下冒头应各钻两个以上的透气孔，透气孔应通畅。

检验方法：观察。

5.2.8 木门窗的品种、类型、规格、开启方向、安装位置及连接方式应符合设计要求。

检验方法：观察；尺量检查；检查成品门的产品合格证书。

5.2.9 木门窗框的安装必须牢固。预埋木砖的防腐处理、木门窗框固定点的数量、位置及固定方法应符合设计要求。

检验方法：观察；手扳检查；检查隐蔽工程验收记录和施工记录。

5.2.10 木门窗扇必须安装牢固，并应开关灵活，关闭严密，无倒翘。

检验方法：观察；开启和关闭检查；手扳检查。

5.2.11 木门窗配件的型号、规格、数量应符合设计要求，安装应牢固，位置应正确，功能应满足使用要求。

检验方法：观察；开启和关闭检查；手扳检查。

一 般 项 目

5.2.12 木门窗表面应洁净，不得有刨痕、锤印。

检验方法：观察。

5.2.13 木门窗的割角、拼缝应严密平整。门窗框、扇裁口应顺直，刨面应平整。

检验方法：观察。

5.2.14 木门窗上的槽、孔应边缘整齐，无毛刺。

检验方法：观察。

5.2.15 木门窗与墙体间缝隙的填嵌材料应符合设计要求，填嵌应饱满。寒冷地区外门窗（或门窗框）与砌体间的空隙应填充保温材料。

检验方法：轻敲门窗框检查；检查隐蔽工程验收记录和施工记录。

5.2.16 木门窗批水、盖口条、压缝条、密封条的安装应顺直，与门窗结合应牢固、严密。

检验方法：观察；手扳检查。

5.2.17 木门窗制作的允许偏差和检验方法应符合表 5.2.17 的规定。

表 5.2.17 木门窗制作的允许偏差和检验方法

项次	项目	构件名称	允许偏差（mm）		检验方法
			普通	高级	
1	翘曲	框	3	2	将框、扇平放在检查平台上，用塞尺检查
		扇	2	2	
2	对角线长度差	框、扇	3	2	用钢尺检查，框量裁口里角，扇量外角
3	表面平整度	扇	2	2	用 1m 靠尺和塞尺检查
4	高度、宽度	框	0；−2	0；−1	用钢尺检查，框量裁口里角，扇量外角
		扇	+2；0	+1；0	
5	裁口、线条结合处高低差	框、扇	1	0.5	用钢直尺和塞尺检查
6	相邻棂子两端间距	扇	2	1	用钢直尺检查

5.2.18 木门窗安装的留缝限值、允许偏差和检验方法应符合表 5.2.18 的规定。

表 5.2.18 木门窗安装的留缝限值、允许偏差和检验方法

项次	项目		留缝限值（mm）		允许偏差（mm）		检验方法
			普通	高级	普通	高级	
1	门窗槽口对角线长度差		—	—	3	2	用钢尺检查
2	门窗框的正、侧面垂直度		—	—	2	1	用 1m 垂直检测尺检查
3	框与扇、扇与扇接缝高低差		—	—	2	1	用钢直尺和塞尺检查
4	门窗扇对口缝		1～2.5	1.5～2	—	—	用塞尺检查
5	工业厂房双扇大门对口缝		2～5	—	—	—	
6	门窗扇与上框间留缝		1～2	1～1.5	—	—	
7	门窗扇与侧框间留缝		1～2.5	1～1.5	—	—	
8	窗扇与下框间留缝		2～3	2～2.5	—	—	
9	门扇与下框间留缝		3～5	3～4	—	—	
10	双层门窗内外框间距		—	—	4	3	用钢尺检查
11	无下框时门扇与地面间留缝	外门	4～7	5～6	—	—	用塞尺检查
		内门	5～8	6～7	—	—	
		卫生间门	8～12	8～10	—	—	
		厂房大门	10～20	—	—	—	

5.3 金属门窗安装工程

5.3.1 本节适用于钢门窗、铝合金门窗、涂色镀锌钢板门窗等金属门窗安装工程的质量验收。

主 控 项 目

5.3.2 金属门窗的品种、类型、规格、尺寸、性能、开启方向、安装位置、连接方式及铝合金门窗的型材壁厚应符合设计要求。金属门窗的防腐处理及填嵌、密封处理应符合设计要求。

检验方法：观察；尺量检查；检查产品合格证书、性能检测报告、进场验收记录和复验报告；检查隐蔽工程验收记录。

5.3.3 金属门窗框和副框的安装必须牢固。预埋件的数量、位置、埋设方式、与框的连接方式必须符合设计要求。

检验方法：手扳检查；检查隐蔽工程验收记录。

5.3.4 金属门窗扇必须安装牢固，并应开关灵活、关闭严密，无倒翘。推拉门窗扇必须有防脱落措施。

检验方法：观察；开启和关闭检查；手扳检查。

5.3.5 金属门窗配件的型号、规格、数量应符合设计要求，安装应牢固，位置应正确，功能应满足使用要求。

检验方法：观察；开启和关闭检查；手扳检查。

一 般 项 目

5.3.6 金属门窗表面应洁净、平整、光滑、色泽一致，无锈蚀。大面应无划痕、碰伤。漆膜或保护层应连续。

检验方法：观察。

5.3.7 铝合金门窗推拉门窗扇开关力应不大于100N。

检验方法：用弹簧秤检查。

5.3.8 金属门窗框与墙体之间的缝隙应填嵌饱满，并采用密封胶密封。密封胶表面应光滑、顺直，无裂纹。

检验方法：观察；轻敲门窗框检查；检查隐蔽工程验收记录。

5.3.9 金属门窗扇的橡胶密封条或毛毡密封条应安装完好，不得脱槽。

检验方法：观察；开启和关闭检查。

5.3.10 有排水孔的金属门窗，排水孔应畅通，位置和数量应符合设计要求。

检验方法：观察。

5.3.11 钢门窗安装的留缝限值、允许偏差和检验方法应符合表5.3.11的规定。

表 5.3.11 钢门窗安装的留缝限值、允许偏差和检验方法

项次	项目		留缝限值（mm）	允许偏差（mm）	检验方法
1	门窗槽口宽度、高度	≤1500mm	—	2.5	用钢尺检查
		＞1500mm	—	3.5	
2	门窗槽口对角线长度差	≤2000mm	—	5	用钢尺检查
		＞2000mm	—	6	
3	门窗框的正、侧面垂直度		—	3	用1m垂直检测尺检查
4	门窗横框的水平度		—	3	用1m水平尺和塞尺检查
5	门窗横框标高		—	5	用钢尺检查
6	门窗竖向偏离中心		—	4	用钢尺检查
7	双层门窗内外框间距		—	5	用钢尺检查
8	门窗框、扇配合间隙		≤2	—	用塞尺检查
9	无下框时门扇与地面间留缝		4～8	—	用塞尺检查

5.3.12 铝合金门窗安装的允许偏差和检验方法应符合表5.3.12的规定。

表 5.3.12 铝合金门窗安装的允许偏差和检验方法

<table>
<tr><th>项 次</th><th colspan="2">项 目</th><th>允许偏差
(mm)</th><th>检 验 方 法</th></tr>
<tr><td rowspan="2">1</td><td rowspan="2">门窗槽口宽度、高度</td><td>≤1500mm</td><td>1.5</td><td rowspan="2">用钢尺检查</td></tr>
<tr><td>>1500mm</td><td>2</td></tr>
<tr><td rowspan="2">2</td><td rowspan="2">门窗槽口对角线长度差</td><td>≤2000mm</td><td>3</td><td rowspan="2">用钢尺检查</td></tr>
<tr><td>>2000mm</td><td>4</td></tr>
<tr><td>3</td><td colspan="2">门窗框的正、侧面垂直度</td><td>2.5</td><td>用垂直检测尺检查</td></tr>
<tr><td>4</td><td colspan="2">门窗横框的水平度</td><td>2</td><td>用1m水平尺和塞尺检查</td></tr>
<tr><td>5</td><td colspan="2">门窗横框标高</td><td>5</td><td>用钢尺检查</td></tr>
<tr><td>6</td><td colspan="2">门窗竖向偏离中心</td><td>5</td><td>用钢尺检查</td></tr>
<tr><td>7</td><td colspan="2">双层门窗内外框间距</td><td>4</td><td>用钢尺检查</td></tr>
<tr><td>8</td><td colspan="2">推拉门窗扇与框搭接量</td><td>1.5</td><td>用钢直尺检查</td></tr>
</table>

5.3.13 涂色镀锌钢板门窗安装的允许偏差和检验方法应符合表5.3.13的规定。

表 5.3.13 涂色镀锌钢板门窗安装的允许偏差和检验方法

<table>
<tr><th>项 次</th><th colspan="2">项 目</th><th>允许偏差
(mm)</th><th>检 验 方 法</th></tr>
<tr><td rowspan="2">1</td><td rowspan="2">门窗槽口宽度、高度</td><td>≤1500mm</td><td>2</td><td rowspan="2">用钢尺检查</td></tr>
<tr><td>>1500mm</td><td>3</td></tr>
<tr><td rowspan="2">2</td><td rowspan="2">门窗槽口对角线长度差</td><td>≤2000mm</td><td>4</td><td rowspan="2">用钢尺检查</td></tr>
<tr><td>>2000mm</td><td>5</td></tr>
<tr><td>3</td><td colspan="2">门窗框的正、侧面垂直度</td><td>3</td><td>用垂直检测尺检查</td></tr>
<tr><td>4</td><td colspan="2">门窗横框的水平度</td><td>3</td><td>用1m水平尺和塞尺检查</td></tr>
<tr><td>5</td><td colspan="2">门窗横框标高</td><td>5</td><td>用钢尺检查</td></tr>
<tr><td>6</td><td colspan="2">门窗竖向偏离中心</td><td>5</td><td>用钢尺检查</td></tr>
<tr><td>7</td><td colspan="2">双层门窗内外框间距</td><td>4</td><td>用钢尺检查</td></tr>
<tr><td>8</td><td colspan="2">推拉门窗扇与框搭接量</td><td>2</td><td>用钢直尺检查</td></tr>
</table>

5.4 塑料门窗安装工程

5.4.1 本节适用于塑料门窗安装工程的质量验收。

主 控 项 目

5.4.2 塑料门窗的品种、类型、规格、尺寸、开启方向、安装位置、连接方式及填嵌密封处理应符合设计要求，内衬增强型钢的壁厚及设置应符合国家现行产品标准的质量要求。

检验方法：观察；尺量检查；检查产品合格证书、性能检测报告、进场验收记录和复验报告；检查隐蔽工程验收记录。

5.4.3 塑料门窗框、副框和扇的安装必须牢固。固定片或膨胀螺栓的数量与位置应正确，连接方式应符合设计要求。固定点应距窗角、中横框、中竖框150～200mm，固定点间距应不大于600mm。

检验方法：观察；手扳检查；检查隐蔽工程验收记录。

5.4.4 塑料门窗拼樘料内衬增强型钢的规格、壁厚必须符合设计要求，型钢应与型材内腔紧密吻合，其两端必须与洞口固定牢固。窗框必须与拼樘料连接紧密，固定点间距应不大于600mm。

检验方法：观察；手扳检查；尺量检查；检查进场验收记录。

5.4.5 塑料门窗扇应开关灵活、关闭严密，无倒翘。推拉门窗扇必须有防脱落措施。

检验方法：观察；开启和关闭检查；手扳检查。

5.4.6 塑料门窗配件的型号、规格、数量应符合设计要求，安装应牢固，位置应正确，功能应满足使用要求。

检验方法：观察；手扳检查；尺量检查。

5.4.7 塑料门窗框与墙体间缝隙应采用闭孔弹性材料填嵌饱满，表面应采用密封胶密封。密封胶应黏结牢固，表面应光滑、顺直、无裂纹。

检验方法：观察；检查隐蔽工程验收记录。

一　般　项　目

5.4.8 塑料门窗表面应洁净、平整、光滑，大面应无划痕、碰伤。

检验方法：观察。

5.4.9 塑料门窗扇的密封条不得脱槽。旋转窗间隙应基本均匀。

5.4.10 塑料门窗扇的开关力应符合下列规定：

1　平开门窗扇平铰链的开关力应不大于80N；滑撑铰链的开关力应不大于80N，并不小于30N。

2　推拉门窗扇的开关力应不大于100N。

检验方法：观察；用弹簧秤检查。

5.4.11 玻璃密封条与玻璃及玻璃槽口的接缝应平整，不得卷边、脱槽。

检验方法：观察。

5.4.12 排水孔应畅通，位置和数量应符合设计要求。

检验方法：观察。

5.4.13 塑料门窗安装的允许偏差和检验方法应符合表5.4.13的规定。

表5.4.13　塑料门窗安装的允许偏差和检验方法

项次	项目		允许偏差（mm）	检验方法
1	门窗槽口宽度、高度	≤1500mm	2	用钢尺检查
		＞1500mm	3	
2	门窗槽口对角线长度差	≤2000mm	3	用钢尺检查
		＞2000mm	5	
3	门窗框的正、侧面垂直度		3	用1m垂直检测尺检查
4	门窗横框的水平度		3	用1m水平尺和塞尺检查
5	门窗横框标高		5	用钢尺检查
6	门窗竖向偏离中心		5	用钢直尺检查
7	双层门窗内外框间距		4	用钢尺检查
8	同樘平开门窗相邻扇高度差		2	用钢直尺检查
9	平开门窗铰链部位配合间隙		＋2；－1	用塞尺检查
10	推拉门窗扇与框搭接量		＋1.5；－2.5	用钢直尺检查
11	推拉门窗扇与竖框平行度		2	用1m水平尺和塞尺检查

5.5 特种门安装工程

5.5.1 本节适用于防火门、防盗门、自动门、全玻门、旋转门、金属卷帘门等特种门安装工程的质量验收。

主 控 项 目

5.5.2 特种门的质量和各项性能应符合设计要求。

检验方法：检查生产许可证、产品合格证书和性能检测报告。

5.5.3 特种门的品种、类型、规格、尺寸、开启方向、安装位置及防腐处理应符合设计要求。

检验方法：观察；尺量检查；检查进场验收记录和隐蔽工程验收记录。

5.5.4 带有机械装置、自动装置或智能化装置的特种门，其机械装置、自动装置或智能化装置的功能应符合设计要求和有关标准的规定。

检验方法：启动机械装置、自动装置或智能化装置，观察。

5.5.5 特种门的安装必须牢固。预埋件的数量、位置、埋设方式、与框的连接方式必须符合设计要求。

检验方法：观察；手扳检查；检查隐蔽工程验收记录。

5.5.6 特种门的配件应齐全，位置应正确，安装应牢固，功能应满足使用要求和特种门的各项性能要求。

检验方法：观察；手扳检查；检查产品合格证书、性能检测报告和进场验收记录。

一 般 项 目

5.5.7 特种门的表面装饰应符合设计要求。

检验方法：观察。

5.5.8 特种门的表面应洁净，无划痕、碰伤。

检验方法：观察。

5.5.9 推拉自动门安装的留缝限值、允许偏差和检验方法应符合表 5.5.9 的规定。

表 5.5.9 推拉自动门安装的留缝限值、允许偏差和检验方法

项次	项目		留缝限值(mm)	允许偏差(mm)	检验方法
1	门槽口宽度、高度	≤1500mm	—	1.5	用钢尺检查
		>1500mm	—	2	
2	门槽口对角线长度差	≤2000mm	—	2	用钢尺检查
		>2000mm	—	2.5	
3	门框的正、侧面垂直度		—	1	用1m垂直检测尺检查
4	门构件装配间隙		—	0.3	用塞尺检查
5	门梁导轨水平度		—	1	用1m水平尺和塞尺检查
6	下导轨与门梁导轨平行度		—	1.5	用钢尺检查
7	门扇与侧框间留缝		1.2～1.8	—	用塞尺检查
8	门扇对口缝		1.2～1.8	—	用塞尺检查

5.5.10 推拉自动门的感应时间限值和检验方法应符合表 5.5.10 的规定。

表 5.5.10 推拉自动门的感应时间限值和检验方法

项　次	项　　目	感应时间限值（s）	检　验　方　法
1	开门响应时间	≤0.5	用秒表检查
2	堵门保护延时	16～20	用秒表检查
3	门扇全开启后保持时间	13～17	用秒表检查

5.5.11 旋转门安装的允许偏差和检验方法应符合表 5.5.11 的规定。

表 5.5.11 旋转门安装的允许偏差和检验方法

项　次	项　　目	允许偏差（mm）		检　验　方　法
		金属框架玻璃旋转门	木质旋转门	
1	门扇正、侧面垂直度	1.5	1.5	用 1m 垂直检测尺检查
2	门扇对角线长度差	1.5	1.5	用钢尺检查
3	相邻扇高度差	1	1	用钢尺检查
4	扇与圆弧边留缝	1.5	2	用塞尺检查
5	扇与上顶间留缝	2	2.5	用塞尺检查
6	扇与地面间留缝	2	2.5	用塞尺检查

5.6 门窗玻璃安装工程

5.6.1 本节适用于平板、吸热、反射、中空、夹层、夹丝、磨砂、钢化、压花玻璃等玻璃安装工程的质量验收。

主　控　项　目

5.6.2 玻璃的品种、规格、尺寸、色彩、图案和涂膜朝向应符合设计要求。单块玻璃大于 $1.5m^2$ 时应使用安全玻璃。

检验方法：观察；检查产品合格证书、性能检测报告和进场验收记录。

5.6.3 门窗玻璃裁割尺寸应正确。安装后的玻璃应牢固，不得有裂纹、损伤和松动。

检验方法：观察；轻敲检查。

5.6.4 玻璃的安装方法应符合设计要求。固定玻璃的钉子或钢丝卡的数量、规格应保证玻璃安装牢固。

检验方法：观察；检查施工记录。

5.6.5 镶钉木压条接触玻璃处，应与裁口边缘平齐。木压条应互相紧密连接，并与裁口边缘紧贴，割角应整齐。

检验方法：观察。

5.6.6 密封条与玻璃、玻璃槽口的接触应紧密、平整。密封胶与玻璃、玻璃槽口的边缘应黏结牢固、接缝平齐。

检验方法：观察。

5.6.7 带密封条的玻璃压条，其密封条必须与玻璃全部贴紧，压条与型材之间应无明显缝隙，压条接缝应不大于 0.5mm。

检验方法：观察；尺量检查。

一　般　项　目

5.6.8 玻璃表面应洁净，不得有腻子、密封胶、涂料等污渍。中空玻璃内外表面均应洁净，玻璃中空层内不得有灰尘和水蒸气。

检验方法：观察。

5.6.9 门窗玻璃不应直接接触型材。单面镀膜玻璃的镀膜层及磨砂玻璃的磨砂面应朝向室内。中空玻璃的单面镀膜玻璃应在最外层——镀膜层应朝向室内。

检验方法：观察。

5.6.10 腻子应填抹饱满、黏结牢固；腻子边缘与裁口应平齐。固定玻璃的卡子不应在腻子表面显露。

检验方法：观察。

6 吊顶工程

6.1 一般规定

6.1.1 本章适用于暗龙骨吊顶、明龙骨吊顶等分项工程的质量验收。

6.1.2 吊顶工程验收时应检查下列文件和记录：

1 吊顶工程的施工图、设计说明及其他设计文件。

2 材料的产品合格证书、性能检测报告、进场验收记录和复验报告。

3 隐蔽工程验收记录。

4 施工记录。

6.1.3 吊顶工程应对人造木板的甲醛含量进行复验。

6.1.4 吊顶工程应对下列隐蔽工程项目进行验收：

1 吊顶内管道、设备的安装及水管试压。

2 木龙骨防火、防腐处理。

3 预埋件或拉结筋。

4 吊杆安装。

5 龙骨安装。

6 填充材料的设置。

6.1.5 各分项工程的检验批应按下列规定划分：

同一品种的吊顶工程每50间（大面积房间和走廊按吊顶面积30m^{2}为一间）应划分为一个检验批，不足50间也应划分为一个检验批。

6.1.6 检查数量应符合下列规定：

每个检验批应至少抽查10%，并不得少于3间；不足3间时应全数检查。

6.1.7 安装龙骨前，应按设计要求对房间净高、洞口标高和吊顶内管道、设备及其支架的标高进行交接检验。

6.1.8 吊顶工程的木吊杆、木龙骨和木饰面板必须进行防火处理，并应符合有关设计防火规范的规定。

6.1.9 吊顶工程中的预埋件、钢筋吊杆和型钢吊杆应进行防锈处理。

6.1.10 安装饰面板前应完成吊顶内管道和设备的调试及验收。

6.1.11 吊杆距主龙骨端部距离不得大于300mm，当大于300mm时，应增加吊杆。当吊杆长度大于1.5m时，应设置反支撑。当吊杆与设备相遇时，应调整并增设吊杆。

6.1.12 重型灯具、电扇及其他重型设备严禁安装在吊顶工程的龙骨上。

6.2 暗龙骨吊顶工程

6.2.1 本节适用于以轻钢龙骨、铝合金龙骨、木龙骨等为骨架，以石膏板、金属板、矿棉板、木板、塑料板或格栅等为饰面材料的暗龙骨吊顶工程的质量验收。

主 控 项 目

6.2.2 吊顶标高、尺寸、起拱和造型应符合设计要求。

检验方法：观察；尺量检查。

6.2.3 饰面材料的材质、品种、规格、图案和颜色应符合设计要求。

检验方法：观察；检查产品合格证书、性能检测报告、进场验收记录和复验报告。

6.2.4 暗龙骨吊顶工程的吊杆、龙骨和饰面材料的安装必须牢固。

检验方法：观察；手扳检查；检查隐蔽工程验收记录和施工记录。

6.2.5 吊杆、龙骨的材质、规格、安装间距及连接方式应符合设计要求。金属吊杆、龙骨应经过表面防腐处理；木吊杆、龙骨应进行防腐、防火处理。

检验方法：观察；尺量检查；检查产品合格证书、性能检测报告、进场验收记录和隐蔽工程验收记录。

6.2.6 石膏板的接缝应按其施工工艺标准进行板缝防裂处理。安装双层石膏板时，面层板与基层板的接缝应错开，并不得在同一根龙骨上接缝。

检验方法：观察。

一 般 项 目

6.2.7 饰面材料表面应洁净、色泽一致，不得有翘曲、裂缝及缺损。压条应平直、宽窄一致。

检验方法：观察；尺量检查。

6.2.8 饰面板上的灯具、烟感器、喷淋头、风口篦子等设备的位置应合理、美观，与饰面板的交接应吻合、严密。

检验方法：观察。

6.2.9 金属吊杆、龙骨的接缝应均匀一致，角缝应吻合，表面应平整，无翘曲、锤印。木质吊杆、龙骨应顺直，无劈裂、变形。

检验方法：检查隐蔽工程验收记录和施工记录。

6.2.10 吊顶内填充吸声材料的品种和铺设厚度应符合设计要求，并应有防散落措施。

检验方法：检查隐蔽工程验收记录和施工记录。

6.2.11 暗龙骨吊顶工程安装的允许偏差和检验方法应符合表 6.2.11 的规定。

表 6.2.11 暗龙骨吊顶工程安装的允许偏差和检验方法

项次	项目	允许偏差（mm）				检验方法
		纸面石膏板	金属板	矿棉板	木板、塑板、格栅	
1	表面平整度	3	2	2	2	用 2m 靠尺和塞尺检查
2	接缝直线度	3	1.5	3	3	拉 5m 线，不足 5m 拉通线，用钢直尺检查
3	接缝高低差	1	1	1.5	1	用钢直尺和塞尺检查

6.3 明龙骨吊顶工程

6.3.1 本节适用于以轻钢龙骨、铝合金龙骨、木龙骨等为骨架，以石膏板、金属板、矿棉板、塑料板、玻璃板或格栅等为饰面材料的明龙骨吊顶工程的质量验收。

主 控 项 目

6.3.2 吊顶标高、尺寸、起拱和造型应符合设计要求。

检验方法：观察；尺量检查。

6.3.3 饰面材料的材质、品种、规格、图案和颜色应符合设计要求。当饰面材料为玻璃板时，应使用安全玻璃或采取可靠的安全措施。

检验方法：观察；检查产品合格证书、性能检测报告和进场验收记录。

6.3.4 饰面材料的安装应稳固严密。饰面材料与龙骨的搭接宽度应大于龙骨受力面宽度的 2/3。

检验方法：观察；手扳检查；尺量检查。

6.3.5 吊杆、龙骨的材质、规格、安装间距及连接方式应符合设计要求。金属吊杆、龙骨应进行表面防腐处理；木龙骨应进行防腐、防火处理。

检验方法：观察；尺量检查；检查产品合格证书、进场验收记录和隐蔽工程验收记录。

6.3.6 明龙骨吊顶工程的吊杆和龙骨安装必须牢固。

检验方法：手扳检查；检查隐蔽工程验收记录和施工记录。

一　般　项　目

6.3.7 饰面材料表面应洁净、色泽一致，不得有翘曲、裂缝及缺损。饰面板与明龙骨的搭接应平整、吻合，压条应平直、宽窄一致。

检验方法：观察；尺量检查。

6.3.8 饰面板上的灯具、烟感器、喷淋头、风口篦子等设备的位置应合理、美观，与饰面板的交接应吻合、严密。

检验方法：观察。

6.3.9 金属龙骨的接缝应平整、吻合、颜色一致，不得有划伤、擦伤等表面缺陷。木质龙骨应平整、顺直，无劈裂。

检验方法：观察。

6.3.10 吊顶内填充吸声材料的品种和铺设厚度应符合设计要求，并应有防散落措施。

检验方法：检查隐蔽工程验收记录和施工记录。

6.3.11 明龙骨吊顶工程安装的允许偏差和检验方法应符合表 6.3.11 的规定。

表 6.3.11　明龙骨吊顶工程安装的允许偏差和检验方法

项　次	项　　目	允许偏差（mm）				检　验　方　法
		石膏板	金属板	矿棉板	塑料板、玻璃板	
1	表面平整度	3	2	3	2	用 2m 靠尺和塞尺检查
2	接缝直线度	3	2	3	3	拉 5m 线，不足 5m 拉通线，用钢直尺检查
3	接缝高低差	1	1	2	1	用钢直尺和塞尺检查

7　轻质隔墙工程

7.1　一般规定

7.1.1 本章适用于板材隔墙、骨架隔墙、活动隔墙、玻璃隔墙等分项工程的质量验收。

7.1.2 轻质隔墙工程验收时应检查下列文件和记录：

1 轻质隔墙工程的施工图、设计说明及其他设计文件。

2 材料的产品合格证书、性能检测报告、进场验收记录和复验报告。

3 隐蔽工程验收记录。

4 施工记录。

7.1.3 轻质隔墙工程应对人造木板的甲醛含量进行复验。

7.1.4 轻质隔墙工程应对下列隐蔽工程项目进行验收：

1 骨架隔墙中设备管线的安装及水管试压。

2 木龙骨防火、防腐处理。

3 预埋件或拉结筋。

4 龙骨安装。

5 填充材料的设置。

7.1.5 各分项工程的检验批应按下列规定划分：

同一品种的轻质隔墙工程每50间（大面积房间和走廊按轻质隔墙的墙面 $30m^2$ 为一间）应划分为一个检验批，不足50间也应划分为一个检验批。

7.1.6 轻质隔墙与顶棚和其他墙体的交接处应采取防开裂措施。

7.1.7 民用建筑轻质隔墙工程的隔声性能应符合现行国家标准《民用建筑隔声设计规范》（GBJ 118）的规定。

7.2 板材隔墙工程

7.2.1 本节适用于复合轻质墙板、石膏空心板、预制或现制的钢丝网水泥板等板材隔墙工程的质量验收。

7.2.2 板材隔墙工程的检查数量应符合下列规定：

每个检验批应至少抽查10%，并不得少于3间；不足3间时应全数检查。

主 控 项 目

7.2.3 隔墙板材的品种、规格、性能、颜色应符合设计要求。有隔声、隔热、阻燃、防潮等特殊要求的工程，板材应有相应性能等级的检测报告。

检验方法：观察；检查产品合格证书、进场验收记录和性能检测报告。

7.2.4 安装隔墙板材所需预埋件、连接件的位置、数量及连接方法应符合设计要求。

检验方法：观察；尺量检查；检查隐蔽工程验收记录。

7.2.5 隔墙板材安装必须牢固。现制钢丝网水泥隔墙与周边墙体的连接方法应符合设计要求，并应连接牢固。

检验方法：观察；手扳检查。

7.2.6 隔墙板材所用接缝材料的品种及接缝方法应符合设计要求。

检验方法：观察；检查产品合格证书和施工记录。

一 般 项 目

7.2.7 隔墙板材安装应垂直、平整、位置正确，板材不应有裂缝或缺损。

检验方法：观察；尺量检查。

7.2.8 板材隔墙表面应平整光滑、色泽一致、洁净，接缝应均匀、顺直。

检验方法：观察；手摸检查。

7.2.9 隔墙上的孔洞、槽、盒应位置正确、套割方正、边缘整齐。

检验方法：观察。

7.2.10 板材隔墙安装的允许偏差和检验方法应符合表7.2.10的规定。

表 7.2.10 板材隔墙安装的允许偏差和检验方法

项次	项目	允许偏差（mm）				检验方法
		复合轻质墙板		石膏空心板	钢丝网、水泥板	
		金属夹芯板	其他复合板			
1	立面垂直度	2	3	3	3	用2m垂直检测尺检查
2	表面平整度	2	3	3	3	用2m靠尺和塞尺检查
3	阴阳角方正	3	3	3	4	用直角检测尺检查
4	接缝高低差	1	2	2	3	用钢直尺和塞尺检查

7.3 骨架隔墙工程

7.3.1 本节适用于以轻钢龙骨、木龙骨等为骨架，以纸面石膏板、人造木板、水泥纤维板等为墙面板的隔墙工程的质量验收。

7.3.2 骨架隔墙工程的检查数量应符合下列规定：

每个检验批应至少抽查10%，并不得少于3间；不足3间时应全数检查。

主 控 项 目

7.3.3 骨架隔墙所用龙骨、配件、墙面板、填充材料及嵌缝材料的品种、规格、性能和木材的含水率应符合设计要求。有隔声、隔热、阻燃、防潮等特殊要求的工程，材料应有相应性能等级的检测报告。

检验方法：观察；检查产品合格证书、进场验收记录、性能检测报告和复验报告。

7.3.4 骨架隔墙工程边框龙骨必须与基体结构连接牢固，并应平整、垂直、位置正确。

检验方法：手扳检查；尺量检查；检查隐蔽工程验收记录。

7.3.5 骨架隔墙中龙骨间距和构造连接方法应符合设计要求。骨架内设备管线的安装、门窗洞口等部位加强龙骨应安装牢固、位置正确，填充材料的设置应符合设计要求。

检验方法：检查隐蔽工程验收记录。

7.3.6 木龙骨及木墙面板的防火和防腐处理必须符合设计要求。

检验方法：检查隐蔽工程验收记录。

7.3.7 骨架隔墙的墙面板应安装牢固，无脱层、翘曲、折裂及缺损。

检验方法：观察；手扳检查。

7.3.8 墙面板所用接缝材料的接缝方法应符合设计要求。

检验方法：观察。

一 般 项 目

7.3.9 骨架隔墙表面应平整光滑、色泽一致、洁净、无裂缝，接缝应均匀、顺直。

检验方法：观察；手摸检查。

7.3.10 骨架隔墙上的孔洞、槽、盒应位置正确、套割吻合、边缘整齐。

检验方法：观察。

7.3.11 骨架隔墙内的填充材料应干燥，填充应密实、均匀、无下坠。

检验方法：轻敲检查；检查隐蔽工程验收记录。

7.3.12 骨架隔墙安装的允许偏差和检验方法应符合表7.3.12的规定。

表 7.3.12 骨架隔墙安装的允许偏差和检验方法

项次	项目	允许偏差(mm)		检验方法
		纸面石膏板	人造木板、水泥纤维板	
1	立面垂直度	3	4	用2m垂直检测尺检查
2	表面平整度	3	3	用2m靠尺和塞尺检查
3	阴阳角方正	3	3	用直角检测尺检查
4	接缝直线度	—	3	拉5m线，不足5m拉通线，用钢直尺检查
5	压条直线度	—	3	拉5m线，不足5m拉通线，用钢直尺检查
6	接缝高低差	1	1	用钢直尺和塞尺检查

7.4 活动隔墙工程

7.4.1 本节适用于各种活动隔墙工程的质量验收。

7.4.2 活动隔墙工程的检查数量应符合下列规定：

每个检验批应至少抽查20%，并不得少于6间；不足6间时应全数检查。

主　控　项　目

7.4.3　活动隔墙所用墙板、配件等材料的品种、规格、性能和木材的含水率应符合设计要求。有阻燃、防潮等特性要求的工程，材料应有相应性能等级的检测报告。

检验方法：观察；检查产品合格证书、进场验收记录、性能检测报告和复验报告。

7.4.4　活动隔墙轨道必须与基体结构连接牢固，并应位置正确。

检验方法：尺量检查；手扳检查。

7.4.5　活动隔墙用于组装、推拉和制动的构配件必须安装牢固、位置正确，推拉必须安全、平稳、灵活。

检验方法：尺量检查；手扳检查；推拉检查。

7.4.6　活动隔墙制作方法、组合方式应符合设计要求。

检验方法：观察。

一　般　项　目

7.4.7　活动隔墙表面应色泽一致、平整光滑、洁净，线条应顺直、清晰。

检验方法：观察；手摸检查。

7.4.8　活动隔墙上的孔洞、槽、盒应位置正确、套割吻合、边缘整齐。

检验方法：观察；尺量检查。

7.4.9　活动隔墙推拉应无噪声。

检验方法：推拉检查。

7.4.10　活动隔墙安装的允许偏差和检验方法应符合表 7.4.10 的规定。

表 7.4.10　活动隔墙安装的允许偏差和检验方法

项次	项目	允许偏差（mm）	检验方法
1	立面垂直度	3	用 2m 垂直检测尺检查
2	表面平整度	2	用 2m 靠尺和塞尺检查
3	接缝直线度	3	拉 5m 线，不足 5m 拉通线，用钢直尺检查
4	接缝高低差	2	用钢直尺和塞尺检查
5	接缝宽度	2	用钢直尺检查

7.5　玻璃隔墙工程

7.5.1　本节适用于玻璃砖、玻璃板隔墙工程的质量验收。

7.5.2　玻璃隔墙工程的检查数量应符合下列规定：

每个检验批应至少抽查 20%，并不得少于 6 间；不足 6 间时应全数检查。

主　控　项　目

7.5.3　玻璃隔墙工程所用材料的品种、规格、性能、图案和颜色应符合设计要求。玻璃板隔墙应使用安全玻璃。

检验方法：观察；检查产品合格证书、进场验收记录和性能检测报告。

7.5.4　玻璃砖隔墙的砌筑或玻璃板隔墙的安装方法应符合设计要求。

检验方法：观察。

7.5.5　玻璃砖隔墙砌筑中埋设的拉结筋必须与基体结构连接牢固，并应位置正确。

检验方法：手扳检查；尺量检查；检查隐蔽工程验收记录。

7.5.6　玻璃板隔墙的安装必须牢固。玻璃板隔墙胶垫的安装应正确。

检验方法：观察；手推检查；检查施工记录。

一 般 项 目

7.5.7 玻璃隔墙表面应色泽一致、平整洁净、清晰美观。

检验方法：观察。

7.5.8 玻璃隔墙接缝应横平竖直，玻璃应无裂痕、缺损和划痕。

检验方法：观察。

7.5.9 玻璃板隔墙嵌缝及玻璃砖隔墙勾缝应密实平整、均匀顺直、深浅一致。

检验方法：观察。

7.5.10 玻璃隔墙安装的允许偏差和检验方法应符合表 7.5.10 的规定。

表 7.5.10 玻璃隔墙安装的允许偏差和检验方法

项 次	项 目	允许偏差（mm）		检 验 方 法
		玻璃砖	玻璃板	
1	立面垂直度	3	2	用 2m 垂直检测尺检查
2	表面平整度	3	—	用 2m 靠尺和塞尺检查
3	阴阳角方正	—	2	用直角检测尺检查
4	接缝直线度	—	2	拉 5m 线，不足 5m 拉通线，用钢直尺检查
5	接缝内低差	3	2	用钢直尺和塞尺检查
6	接缝宽度	—	1	用钢直尺检查

8 饰面板（砖）工程

8.1 一般规定

8.1.1 本章适用于饰面板安装、饰面砖粘贴等分项工程的质量验收。

8.1.2 饰面板（砖）工程验收时应检查下列文件和记录：

1 饰面板（砖）工程的施工图、设计说明及其他设计文件。

2 材料的产品合格证书、性能检测报告、进场验收记录和复验报告。

3 后置埋件的现场拉拔检测报告。

4 外墙饰面砖样板件的黏结强度检测报告。

5 隐蔽工程验收记录。

6 施工记录。

8.1.3 饰面板（砖）工程应对下列材料及其性能指标进行复验：

1 室内用花岗石的放射性。

2 粘贴用水泥的凝结时间、安定性和抗压强度。

3 外墙陶瓷面砖的吸水率。

4 寒冷地区外墙陶瓷面砖的抗冻性。

8.1.4 饰面板（砖）工程应对下列隐蔽工程项目进行验收：

1 预埋件（或后置埋件）。

2 连接节点。

3 防水层。

8.1.5 各分项工程的检验批应按下列规定划分：

1 相同材料、工艺和施工条件的室内饰面板（砖）工程每 50 间（大面积房间和走廊按施工面积 $30m^2$ 为一间）应划分为一个检验批，不足 50 间也应划分为一个检验批。

2 相同材料、工艺和施工条件的室外饰面板（砖）工程每 $500 \sim 1000m^2$ 应划分为一个检验批，不足 $500m^2$ 也应划分为一个检验批。

8.1.6 检查数量应符合下列规定：

1 室内每个检验批应至少抽查10%，并不得少于3间；不足3间时应全数检查。

2 室外每个检验批每 $100m^2$ 应至少抽查一处，每处不得小于 $10m^2$。

8.1.7 外墙饰面砖粘贴前和施工过程中，均应在相同基层上做样板件，并对样板件的饰面砖黏结强度进行检验，其检验方法和结果判定应符合《建筑工程饰面砖黏结强度检验标准》(JGJ 110) 的规定。

8.1.8 饰面板（砖）工程的抗震缝、伸缩缝、沉降缝等部位的处理应保证缝的使用功能和饰面的完整性。

8.2 饰面板安装工程

8.2.1 本节适用于内墙饰面板安装工程和高度不大于24m、抗震设防烈度不大于7度的外墙饰面板安装工程的质量验收。

主 控 项 目

8.2.2 饰面板的品种、规格、颜色和性能应符合设计要求，木龙骨、木饰面板和塑料饰面板的燃烧性能等级应符合设计要求。

检验方法：观察；检查产品合格证书、进场验收记录和性能检测报告。

8.2.3 饰面板孔、槽的数量、位置和尺寸应符合设计要求。

检验方法：检查进场验收记录和施工记录。

8.2.4 饰面板安装工程的预埋件（或后置埋件）、连接件的数量、规格、位置、连接方法和防腐处理必须符合设计要求。后置埋件的现场拉拔强度必须符合设计要求。饰面板安装必须牢固。

检验方法：手扳检查；检查进场验收记录、现场拉拔检测报告、隐蔽工程验收记录和施工记录。

一 般 项 目

8.2.5 饰面板表面应平整、洁净、色泽一致，无裂痕和缺损。石材表面应无泛碱等污染。

检验方法：观察。

8.2.6 饰面板嵌缝应密实、平直，宽度和深度应符合设计要求，嵌填材料色泽应一致。

检验方法：观察；尺量检查。

8.2.7 采用湿作业法施工的饰面板工程，石材应进行防碱背涂处理。饰面板与基体之间的灌注材料应饱满、密实。

检验方法：用小锤轻击检查；检查施工记录。

8.2.8 饰面板上的孔洞应套割吻合，边缘应整齐。

检验方法：观察。

8.2.9 饰面板安装允许偏差和检验方法符合表8.2.9的规定。

表8.2.9 饰面板安装的允许偏差和检验方法

项次	项目	允许偏差（mm）							检验方法
		石材			瓷板	木材	塑料	金属	
		光面	剁斧石	蘑菇石					
1	立面垂直度	2	3	3	2	1.5	2	2	用2m垂直检测尺检查
2	表面平整度	2	3	—	1.5	1	3	3	用2m靠尺和塞尺检查
3	阴阳角方正	2	4	4	2	1.5	3	3	用直角检测尺检查
4	接缝直线度	2	4	4	2	1	1	1	拉5m线，不足5m拉通线，用钢直尺检查
5	墙裙、勒脚上口直线度	2	3	3	2	2	2	2	拉5m线，不足5m拉通线，用钢直尺检查
6	接缝高低差	0.5	3	—	0.5	0.5	1	1	用钢直尺和塞尺检查
7	接缝宽度	1	2	2	1	1	1	1	用钢直尺检查

8.3 饰面砖粘贴工程

8.3.1 本节适用于内墙饰面砖粘贴工程和高度不大于100m、抗震设防烈度不大于8度、采用满粘法施工的外墙饰面砖粘贴工程的质量验收。

主 控 项 目

8.3.2 饰面砖的品种、规格、图案、颜色和性能应符合设计要求。

检验方法：观察；检查产品合格证书、进场验收记录、性能检测报告和复验报告。

8.3.3 饰面砖粘贴工程的找平、防水、黏结和勾缝材料及施工方法应符合设计要求及国家现行产品标准和工程技术标准的规定。

检验方法：检查产品合格证书、复验报告和隐蔽工程验收记录。

8.3.4 **饰面砖粘贴必须牢固。**

检验方法：检查样板件黏结强度检测报告和施工记录。

8.3.5 满粘法施工的饰面砖工程应无空鼓、裂缝。

检验方法：观察；用小锤轻击检查。

一 般 项 目

8.3.6 饰面砖表面应平整、洁净、色泽一致，无裂痕和缺损。

检验方法：观察。

8.3.7 阴阳角处搭接方式、非整砖使用部位应符合设计要求。

检验方法：观察。

8.3.8 墙面突出物周围的饰面砖应整砖套割吻合，边缘应整齐。墙裙、贴脸突出墙面的厚度应一致。

检验方法：观察；尺量检查。

8.3.9 饰面砖接缝应平直、光滑，填嵌应连续、密实；宽度和深度应符合设计要求。

检验方法：观察；尺量检查。

8.3.10 有排水要求的部位应做滴水线（槽）。滴水线（槽）应顺直，流水坡向应正确，坡度应符合设计要求。

检验方法：观察；用水平尺检查。

8.3.11 饰面砖粘贴的允许偏差和检验方法应符合表8.3.11的规定。

表 8.3.11 饰面砖粘贴的允许偏差和检验方法

项次	项目	允许偏差（mm）		检验方法
		外墙面砖	内墙面砖	
1	立面垂直度	3	2	用2m垂直检测尺检查
2	表面平整度	4	3	用2m靠尺和塞尺检查
3	阴阳角方正	3	3	用直角检测尺检查
4	接缝直线度	3	2	拉5m线，不足5m拉通线，用钢直尺检查
5	接缝高低差	1	0.5	用钢直尺和塞尺检查
6	接缝宽度	1	1	用钢直尺检查

9 幕墙工程

9.1 一般规定

9.1.1 本章适用于玻璃幕墙、金属幕墙、石材幕墙等分项工程的质量验收。

9.1.2 幕墙工程验收时应检查下列文件和记录：

1　幕墙工程的施工图、结构计算书、设计说明及其他设计文件。

2　建筑设计单位对幕墙工程设计的确认文件。

3　幕墙工程所用各种材料、五金配件、构件及组件的产品合格证书、性能检测报告、进场验收记录和复验报告。

4　幕墙工程所用硅酮结构胶的认定证书和抽查合格证明；进口硅酮结构胶的商检证；国家指定检测机构出具的硅酮结构胶相容性和剥离黏结性试验报告；石材用密封胶的耐污染性试验报告。

5　后置埋件的现场拉拔强度检测报告。

6　幕墙的抗风压性能、空气渗透性能、雨水渗漏性能及平面变形性能检测报告。

7　打胶、养护环境的温度、湿度记录；双组分硅酮结构胶的混匀性试验记录及拉断试验记录。

8　防雷装置测试记录。

9　隐蔽工程验收记录。

10　幕墙构件和组件的加工制作记录；幕墙安装施工记录。

9.1.3　幕墙工程应对下列材料及其性能指标进行复验：

1　铝塑复合板的剥离强度。

2　石材的弯曲强度；寒冷地区石材的耐冻融性；室内用花岗石的放射性。

3　玻璃幕墙用结构胶的邵氏硬度、标准条件拉伸黏结强度、相容性试验；石材用结构胶的黏结强度；石材用密封胶的污染性。

9.1.4　幕墙工程应对下列隐蔽工程项目进行验收：

1　预埋件（或后置埋件）。

2　构件的连接节点。

3　变形缝及墙面转角处的构造节点。

4　幕墙防雷装置。

5　幕墙防火构造。

9.1.5　各分项工程的检验批应按下列规定划分：

1　相同设计、材料、工艺和施工条件的幕墙工程每500～1000m^2应划分为一个检验批，不足500m^2也应划分为一个检验批。

2　同一单位工程的不连续的幕墙工程应单独划分检验批。

3　对于异型或有特殊要求的幕墙，检验批的划分应根据幕墙的结构、工艺特点及幕墙工程规模，由监理单位（或建设单位）和施工单位协商确定。

9.1.6　检查数量应符合下列规定：

1　每个检验批每100m^2应至少抽查一处，每处不得小于10m^2。

2　对于异型或有特殊要求的幕墙工程，应根据幕墙的结构和工艺特点，由监理单位（或建设单位）和施工单位协商确定。

9.1.7　幕墙及其连接件应具有足够的承载力、刚度和相对于主体结构的位移能力。幕墙构架立柱的连接金属角码与其他连接件应采用螺栓连接，并应有防松动措施。

9.1.8　隐框、半隐框幕墙所采用的结构黏结材料必须是中性硅酮结构密封胶，其性能必须符合《建筑用硅酮结构密封胶》(GB 16776) 的规定；硅酮结构密封胶必须在有效期内使用。

9.1.9　立柱和横梁等主要受力构件，其截面受力部分的壁厚应经计算确定，且铝合金型材壁厚不应小于3.0mm，钢型材壁厚不应小于3.5mm。

9.1.10　隐框、半隐框幕墙构件中板材与金属框之间硅酮结构密封胶的黏结宽度，应分别计算风荷载标准值和板材自重标准值作用下硅酮结构密封胶的黏结宽度，并取其较大值，且不得小于7.0mm。

9.1.11　硅酮结构密封胶应打注饱满，并应在温度15～30℃、相对湿度50%以上、洁净的室内进行；不得在现场墙上打注。

9.1.12 幕墙的防火除应符合现行国家标准《建筑设计防火规范》(GB 50016—2006) 和《高层民用建筑设计防火规范》(GB 50045—95) 的有关规定外，还应符合下列规定：

1 应根据防火材料的耐火极限决定防火层的厚度和宽度，并应在楼板处形成防火带。

2 防火层应采取隔离措施。防火层的衬板应采用经防腐处理且厚度不小于1.5mm的钢板，不得采用铝板。

3 防火层的密封材料应采用防火密封胶。

4 防火层与玻璃不应直接接触，一块玻璃不应跨两个防火分区。

9.1.13 **主体结构与幕墙连接的各种预埋件，其数量、规格、位置和防腐处理必须符合设计要求。**

9.1.14 **幕墙的金属框架与主体结构预埋件的连接、立柱与横梁的连接及幕墙面板的安装必须符合设计要求，安装必须牢固。**

9.1.15 单元幕墙连接处和吊挂处的铝合金型材的壁厚应通过计算确定，并不得小于5.0mm。

9.1.16 幕墙的金属框架与主体结构应通过预埋件连接，预埋件应在主体结构混凝土施工时埋入，预埋件的位置应准确。当没有条件采用预埋件连接时，应采用其他可靠的连接措施，并应通过试验确定其承载力。

9.1.17 立柱应采用螺栓与角码连接，螺栓直径应经过计算，并不应小于10mm。不同金属材料接触时应采用绝缘垫片分隔。

9.1.18 幕墙的抗震缝、伸缩缝、沉降缝等部位的处理应保证缝的使用功能和饰面的完整性。

9.1.19 幕墙工程的设计应满足维护和清洁的要求。

9.2 玻璃幕墙工程

9.2.1 本节适用于建筑高度不大于150m、抗震设防烈度不大于8度的隐框玻璃幕墙、半隐框玻璃幕墙、明框玻璃幕墙、全玻幕墙及点支承玻璃幕墙工程的质量验收。

主 控 项 目

9.2.2 玻璃幕墙工程所使用的各种材料、构件和组件的质量，应符合设计要求及国家现行产品标准和工程技术规范的规定。

检验方法：检查材料、构件、组件的产品合格证书、进场验收记录、性能检测报告和材料的复验报告。

9.2.3 玻璃幕墙的造型和立面分格应符合设计要求。

检验方法：观察；尺量检查。

9.2.4 玻璃幕墙使用的玻璃应符合下列规定：

1 幕墙应使用安全玻璃，玻璃的品种、规格、颜色、光学性能及安装方向应符合设计要求。

2 幕墙玻璃的厚度不应小于6.0mm。全玻幕墙肋玻璃的厚度不应小于12mm。

3 幕墙的中空玻璃应采用双道密封。明框幕墙的中空玻璃应采用聚硫密封胶及丁基密封胶；隐框和半隐框幕墙的中空玻璃应采用硅酮结构密封胶及丁基密封胶；镀膜面应在中空玻璃的第2或第3面上。

4 幕墙的夹层玻璃应采用聚乙烯醇缩丁醛(PVB)胶片干法加工合成的夹层玻璃。点支承玻璃幕墙夹层玻璃的夹层胶片(PVB)厚度不应小于0.76mm。

5 钢化玻璃表面不得有损伤；8.0mm以下的钢化玻璃应进行引爆处理。

6 所有幕墙玻璃均应进行边缘处理。

检验方法：观察；尺量检查；检查施工记录。

9.2.5 玻璃幕墙与主体结构连接的各种预埋件、连接件、紧固件必须安装牢固，其数量、规格、位置、连接方法和防腐处理应符合设计要求。

检验方法：观察；检查隐蔽工程验收记录和施工记录。

9.2.6 各种连接件、紧固件的螺栓应有防松动措施；焊接连接应符合设计要求和焊接规范的规定。

检验方法：观察；检查隐蔽工程验收记录和施工记录。

9.2.7 隐框或半隐框玻璃幕墙，每块玻璃下端应设置两个铝合金或不锈钢托条，其长度不应小于100mm，厚度不应小于2mm，托条外端应低于玻璃外表面2mm。

检验方法：观察；检查施工记录。

9.2.8 明框玻璃幕墙的玻璃安装应符合下列规定：

1 玻璃槽口与玻璃的配合尺寸应符合设计要求和技术标准的规定。

2 玻璃与构件不得直接接触，玻璃四周与构件凹槽底部应保持一定的空隙，每块玻璃下部应至少放置两块宽度与槽口宽度相同、长度不小于100mm的弹性定位垫块；玻璃两边嵌入量及空隙应符合设计要求。

3 玻璃四周橡胶条的材质、型号应符合设计要求，镶嵌应平整，橡胶条长度应比边框内槽长1.5%～2.0%，橡胶条在转角处应斜面断开，并应用黏结剂黏结牢固后嵌入槽内。

检验方法：观察；检查施工记录。

9.2.9 高度超过4m的全玻幕墙应吊挂在主体结构上，吊夹具应符合设计要求，玻璃与玻璃、玻璃与玻璃肋之间的缝隙，应采用硅酮结构密封胶填嵌严密。

检验方法：观察；检查隐蔽工程验收记录和施工记录。

9.2.10 点支承玻璃幕墙应采用带万向头的活动不锈钢爪，其钢爪间的中心距离应大于250mm。

检验方法：观察；尺量检查。

9.2.11 玻璃幕墙四周、玻璃幕墙内表面与主体结构之间的连接节点、各种变形缝、墙角的连接节点应符合设计要求和技术标准的规定。

检验方法：观察；检查隐蔽工程验收记录和施工记录。

9.2.12 玻璃幕墙应无渗漏。

检验方法：在易渗漏部位进行淋水检查。

9.2.13 玻璃幕墙结构胶和密封胶的打注应饱满、密实、连续、均匀、无气泡，宽度和厚度应符合设计要求和技术标准的规定。

检验方法：观察；尺量检查；检查施工记录。

9.2.14 玻璃幕墙开启窗的配件应齐全，安装应牢固，安装位置和开启方向、角度应正确；开启应灵活，关闭应严密。

检验方法：观察；手扳检查；开启和关闭检查。

9.2.15 玻璃幕墙的防雷装置必须与主体结构的防雷装置可靠连接。

检验方法：观察；检查隐蔽工程验收记录和施工记录。

一般项目

9.2.16 玻璃幕墙表面应平整、洁净；整幅玻璃的色泽应均匀一致；不得有污染和镀膜损坏。

检验方法：观察。

9.2.17 每平方米玻璃的表面质量和检验方法应符合表9.2.17的规定。

表9.2.17 每平方米玻璃的表面质量和检验方法

项次	项目	质量要求	检验方法
1	明显划伤和长度>100mm的轻微划伤	不允许	观察
2	长度≤100mm的轻微划伤	≤8条	用钢尺检查
3	擦伤总面积	≤500mm²	用钢尺检查

9.2.18 一个分格铝合金型材的表面质量和检验方法应符合表 9.2.18 的规定。

表 9.2.18 一个分格铝合金型材的表面质量和检验方法

项次	项目	质量要求	检验方法
1	明显划伤和长度>100mm 的轻微划伤	不允许	观察
2	长度≤100mm 的轻微划伤	≤2 条	用钢尺检查
3	擦伤总面积	≤500mm²	用钢尺检查

9.2.19 明框玻璃幕墙的外露框或压条应横平竖直，颜色、规格应符合设计要求，压条安装应牢固。单元玻璃幕墙的单元拼缝或隐框玻璃幕墙的分格玻璃拼缝应横平竖直、均匀一致。

检验方法：观察；手扳检查；检查进场验收记录。

9.2.20 玻璃幕墙的密封胶缝应横平竖直、深浅一致、宽窄均匀、光滑顺直。

检验方法：观察；手摸检查。

9.2.21 防火、保温材料填充应饱满、均匀，表面应密实、平整。

检验方法：检查隐蔽工程验收记录。

9.2.22 玻璃幕墙隐蔽节点的遮封装修应牢固、整齐、美观。

检验方法：观察；手扳检查。

9.2.23 明框玻璃幕墙安装的允许偏差和检验方法应符合表 9.2.23 的规定。

表 9.2.23 明框玻璃幕墙安装的允许偏差和检验方法

项次	项目		允许偏差（mm）	检验方法
1	幕墙垂直度	幕墙高度≤30m	10	用经纬仪检查
		30m<幕墙高度≤60m	15	
		60m<幕墙高度≤90m	20	
		幕墙高度>90m	25	
2	幕墙水平度	幕墙幅宽≤35m	5	用水平仪检查
		幕墙幅宽>35m	7	
3	构件直线度		2	用 2m 靠尺和塞尺检查
4	构件水平度	构件长度≤2m	2	用水平仪检查
		构件长度>2m	3	
5	相邻构件错位		1	用钢直尺检查
6	分格框对角线长度差	对角线长度≤2m	3	用钢尺检查
		对角线长度>2m	4	

9.2.24 隐框、半隐框玻璃幕墙安装的允许偏差和检验方法应符合表 9.2.24 的规定。

表 9.2.24 隐框、半隐框玻璃幕墙安装的允许偏差和检验方法

项次	项目		允许偏差（mm）	检验方法
1	幕墙垂直度	幕墙高度≤30m	10	用经纬仪检查
		30m<幕墙高度≤60m	15	
		60m<幕墙高度≤90m	20	
		幕墙高度>90m	25	

续表

项次	项目		允许偏差(mm)	检验方法
2	幕墙水平度	层高≤3m	3	用水平仪检查
		层高>3m	5	
3	幕墙表面平整度		2	用2m靠尺和塞尺检查
4	板材立面垂直度		2	用垂直检测尺检查
5	板材上沿水平度		2	用1m水平尺和钢直尺检查
6	相邻板材板角错位		1	用钢直尺检查
7	阳角方正		2	用直角检测尺检查
8	接缝直线度		3	拉5m线，不足5m拉通线，用钢直尺检查
9	接缝高低差		1	用钢直尺和塞尺检查
10	接缝宽度		1	用钢直尺检查

9.3 金属幕墙工程

9.3.1 本节适用于建筑高度不大于150m的金属幕墙工程的质量验收。

主控项目

9.3.2 金属幕墙工程所使用的各种材料和配件，应符合设计要求及国家现行产品标准和工程技术规范的规定。

检验方法：检查产品合格证书、性能检测报告、材料进场验收记录和复验报告。

9.3.3 金属幕墙的造型和立面分格应符合设计要求。

检验方法：观察；尺量检查。

9.3.4 金属面板的品种、规格、颜色、光泽及安装方向应符合设计要求。

检验方法：观察；检查进场验收记录。

9.3.5 金属幕墙主体结构上的预埋件、后置埋件的数量、位置及后置埋件的拉拔力必须符合设计要求。

检验方法：检查拉拔力检测报告和隐蔽工程验收记录。

9.3.6 金属幕墙的金属框架立柱与主体结构预埋件的连接、立柱与横梁的连接、金属面板的安装必须符合设计要求，安装必须牢固。

检验方法：手扳检查；检查隐蔽工程验收记录。

9.3.7 金属幕墙的防火、保温、防潮材料的设置应符合设计要求，并应密实、均匀、厚度一致。

检验方法：检查隐蔽工程验收记录。

9.3.8 金属框架及连接件的防腐处理应符合设计要求。

检验方法：检查隐蔽工程验收记录和施工记录。

9.3.9 金属幕墙的防雷装置必须与主体结构的防雷装置可靠连接。

检验方法：检查隐蔽工程验收记录。

9.3.10 各种变形缝、墙角的连接节点应符合设计要求和技术标准的规定。

检验方法：观察；检查隐蔽工程验收记录。

9.3.11 金属幕墙的板缝注胶应饱满、密实、连续、均匀、无气泡，宽度和厚度应符合设计要求和技术标准的规定。

检验方法：观察；尺量检查；检查施工记录。

9.3.12 金属幕墙应无渗漏。

检验方法：在易渗漏部位进行淋水检查。

一 般 项 目

9.3.13 金属板表面应平整、洁净、色泽一致。

检验方法：观察。

9.3.14 金属幕墙的压条应平直、洁净、接口严密、安装牢固。

检验方法：观察；手扳检查。

9.3.15 金属幕墙的密封胶缝应横平竖直、深浅一致、宽窄均匀、光滑顺直。

检验方法：观察。

9.3.16 金属幕墙上的滴水线、流水坡向应正确、顺直。

检验方法；观察；用水平尺检查。

9.3.17 每平方米金属板的表面质量和检验方法应符合表 9.3.17 的规定。

表 9.3.17 每平方米金属板的表面质量和检验方法

项次	项目	质量要求	检验方法
1	明显划伤和长度＞100mm 的轻微划伤	不允许	观察
2	长度≤100mm 的轻微划伤	≤8 条	用钢尺检查
3	擦伤总面积	≤500mm²	用钢尺检查

9.3.18 金属幕墙安装的允许偏差和检验方法应符合表 9.3.18 的规定。

表 9.3.18 金属幕墙安装的允许偏差和检验方法

项次	项目		允许偏差（mm）	检验方法
1	幕墙垂直度	幕墙高度≤30m	10	用经纬仪检查
		30m＜幕墙高度≤60m	15	
		60m＜幕墙高度≤90m	20	
		幕墙高度＞90m	25	
2	幕墙水平度	层高≤3m	3	用水平仪检查
		层高＞3m	5	
3	幕墙表面平整度		2	用 2m 靠尺和塞尺检查
4	板材立面垂直度		3	用垂直检测尺检查
5	板材上沿水平度		2	用 1m 水平尺和钢直尺检查
6	相邻板材板角错位		1	用钢直尺检查
7	阳角方正		2	用直角检测尺检查
8	接缝直线度		3	拉 5m 线，不足 5m 拉通线，用钢直尺检查
9	接缝高低差		1	用钢直尺和塞尺检查
10	接缝宽度		1	用钢直尺检查

9.4 石材幕墙工程

9.4.1 本节适用于建筑高度不大于 100m、抗震设防烈度不大于 8 度的石材幕墙工程的质量验收。

主 控 项 目

9.4.2 石材幕墙工程所用材料的品种、规格、性能和等级，应符合设计要求及国家现行产品标准和工程技术规范的规定。石材的弯曲强度不应小于8.0MPa；吸水率应小于0.8%。石材幕墙的铝合金挂件厚度不应小于4.0mm，不锈钢挂件厚度不应小于3.0mm。

检验方法：观察；尺量检查；检查产品合格证书、性能检测报告、材料进场验收记录和复验报告。

9.4.3 石材幕墙的造型、立面分格、颜色、光泽、花纹和图案应符合设计要求。

检验方法：观察。

9.4.4 石材孔、槽的数量、深度、位置、尺寸应符合设计要求。

检验方法：检查进场验收记录或施工记录。

9.4.5 石材幕墙主体结构上的预埋件和后置埋件的位置、数量及后置埋件的拉拔力必须符合设计要求。

检验方法：检查拉拔力检测报告和隐蔽工程验收记录。

9.4.6 石材幕墙的金属框架立柱与主体结构预埋件的连接、立柱与横梁的连接、连接件与金属框架的连接、连接件与石材面板的连接必须符合设计要求，安装必须牢固。

检验方法：手扳检查；检查隐蔽工程验收记录。

9.4.7 金属框架和连接件的防腐处理应符合设计要求。

检验方法：检查隐蔽工程验收记录。

9.4.8 石材幕墙的防雷装置必须与主体结构防雷装置可靠连接。

检验方法：观察；检查隐蔽工程验收记录和施工记录。

9.4.9 石材幕墙的防火、保温、防潮材料的设置应符合设计要求，填充应密实、均匀、厚度一致。

检验方法：检查隐蔽工程验收记录。

9.4.10 各种结构变形缝、墙角的连接节点应符合设计要求和技术标准的规定。

检验方法：检查隐蔽工程验收记录和施工记录。

9.4.11 石材表面和板缝的处理应符合设计要求。

检验方法：观察。

9.4.12 石材幕墙的板缝注胶应饱满、密实、连续、均匀、无气泡，板缝宽度和厚度应符合设计要求和技术标准的规定。

检验方法：观察；尺量检查；检查施工记录。

9.4.13 石材幕墙应无渗漏。

检验方法：在易渗漏部位进行淋水检查。

一 般 项 目

9.4.14 石材幕墙表面应平整、洁净，无污染、缺损和裂痕。颜色和花纹应协调一致，无明显色差，无明显修痕。

检验方法：观察。

9.4.15 石材幕墙的压条应平直、洁净、接口严密、安装牢固。

检验方法：观察；手扳检查。

9.4.16 石材接缝应横平竖直、宽窄均匀；阴阳角石板压向应正确，板边合缝应顺直；凸凹线出墙厚度应一致，上下口应平直；石材面板上洞口、槽边应套割吻合，边缘应整齐。

检验方法：观察；尺量检查。

9.4.17 石材幕墙的密封胶缝应横平竖直、深浅一致、宽窄均匀、光滑顺直。

检验方法：观察。

9.4.18 石材幕墙上的滴水线、流水坡向应正确、顺直。

检验方法：观察；用水平尺检查。

9.4.19 每平方米石材的表面质量和检验方法应符合表9.4.19的规定。

表 9.4.19 每平方米石材的表面质量和检验方法

项次	项目	质量要求	检验方法
1	裂痕、明显划伤和长度>100mm 的轻微划伤	不允许	观察
2	长度≤100mm 的轻微划伤	≤8条	用钢尺检查
3	擦伤总面积	≤$500mm^2$	用钢尺检查

9.4.20 石材幕墙安装的允许偏差和检验方法应符合表9.4.20的规定。

表 9.4.20 石材幕墙安装的允许偏差和检验方法

<table>
<tr><th rowspan="2">项次</th><th colspan="2" rowspan="2">项目</th><th colspan="2">允许偏差（mm）</th><th rowspan="2">检验方法</th></tr>
<tr><th>光面</th><th>麻面</th></tr>
<tr><td rowspan="4">1</td><td rowspan="4">幕墙垂直度</td><td>幕墙高度≤30m</td><td colspan="2">10</td><td rowspan="4">用经纬仪检查</td></tr>
<tr><td>30m<幕墙高度≤60m</td><td colspan="2">15</td></tr>
<tr><td>60m<幕墙高度≤90m</td><td colspan="2">20</td></tr>
<tr><td>幕墙高度>90m</td><td colspan="2">25</td></tr>
<tr><td>2</td><td colspan="2">幕墙水平度</td><td colspan="2">3</td><td>用水平仪检查</td></tr>
<tr><td>3</td><td colspan="2">板材立面垂直度</td><td colspan="2">3</td><td>用水平仪检查</td></tr>
<tr><td>4</td><td colspan="2">板材上沿水平度</td><td colspan="2">2</td><td>用1m水平尺和钢直尺检查</td></tr>
<tr><td>5</td><td colspan="2">相邻板材板角错位</td><td colspan="2">1</td><td>用钢直尺检查</td></tr>
<tr><td>6</td><td colspan="2">幕墙表面平整度</td><td>2</td><td>3</td><td>用垂直检测尺检查</td></tr>
<tr><td>7</td><td colspan="2">阳角方正</td><td>2</td><td>4</td><td>用直角检测尺检查</td></tr>
<tr><td>8</td><td colspan="2">接缝直线度</td><td>3</td><td>4</td><td>拉5m线，不足5m拉通线，用钢直尺检查</td></tr>
<tr><td>9</td><td colspan="2">接缝高低差</td><td>1</td><td>—</td><td>用钢直尺和塞尺检查</td></tr>
<tr><td>10</td><td colspan="2">接缝宽度</td><td>1</td><td>2</td><td>用钢直尺检查</td></tr>
</table>

10 涂饰工程

10.1 一般规定

10.1.1 本章适用于水性涂料涂饰、溶剂型涂料涂饰、美术涂饰等分项工程的质量验收。

10.1.2 涂饰工程验收时应检查下列文件和记录：

1 涂饰工程的施工图、设计说明及其他设计文件。

2 材料的产品合格证书、性能检测报告和进场验收记录。

3 施工记录。

10.1.3 各分项工程的检验批应按下列规定划分：

1 室外涂饰工程每一栋楼的同类涂料涂饰的墙面每500～$1000m^2$应划分为一个检验批，不足$500m^2$也应划分为一个检验批。

2 室内涂饰工程同类涂料涂饰的墙面每50间（大面积房间和走廊按涂饰面积$30m^2$为一间）应划分为一个检验批，不足50间也应划分为一个检验批。

10.1.4 检查数量应符合下列规定：

1 室外涂饰工程每$100m^2$应至少检查一处，每处不得小于$10m^2$。

2 室内涂饰工程每个检验批应至少抽查10%，并不得少于3间；不足3间时应全数检查。

10.1.5 涂饰工程的基层处理应符合下列要求：

1　新建筑物的混凝土或抹灰基层在涂饰涂料前应涂刷抗碱封闭底漆。

2　旧墙面在涂饰涂料前应清除疏松的旧装修层，并涂刷界面剂。

3　混凝土或抹灰基层涂刷溶剂型涂料时，含水率不得大于8%；涂刷乳液型涂料时，含水率不得大于10%。木材基层的含水率不得大于12%。

4　基层腻子应平整、坚实、牢固，无粉化、起皮和裂缝；内墙腻子的黏结强度应符合《建筑室内用腻子》(JG/T 3049) 的规定。

5　厨房、卫生间墙面必须使用耐水腻子。

10.1.6　水性涂料涂饰工程施工的环境温度应在5～35℃之间。

10.1.7　涂饰工程应在涂层养护期满后进行质量验收。

10.2　水性涂料涂饰工程

10.2.1　本节适用于乳液型涂料、无机涂料、水溶性涂料等水性涂料涂饰工程的质量验收。

主 控 项 目

10.2.2　水性涂料涂饰工程所用涂料的品种、型号和性能应符合设计要求。

检验方法：检查产品合格证书、性能检测报告和进场验收记录。

10.2.3　水性涂料涂饰工程的颜色、图案应符合设计要求。

检验方法：观察。

10.2.4　水性涂料涂饰工程应涂饰均匀、黏结牢固，不得漏涂、透底、起皮和掉粉。

检验方法：观察；手摸检查。

10.2.5　水性涂料涂饰工程的基层处理应符合本规范第10.1.5条的要求。

检验方法：观察；手摸检查；检查施工记录。

一 般 项 目

10.2.6　薄涂料的涂饰质量和检验方法应符合表10.2.6的规定。

表10.2.6　薄涂料的涂饰质量和检验方法

项次	项目	普通涂饰	高级涂饰	检验方法
1	颜色	均匀一致	均匀一致	观察
2	泛碱、咬色	允许少量轻微	不允许	
3	流坠、疙瘩	允许少量轻微	不允许	
4	砂眼、刷纹	允许少量轻微砂眼，刷纹通顺	无砂眼，无刷纹	
5	装饰线、分色线直线度允许偏差（mm）	2	1	拉5m线，不足5m拉通线，用钢直尺检查

10.2.7　厚涂料的涂饰质量和检验方法应符合表10.2.7的规定。

表10.2.7　厚涂料的涂饰质量和检验方法

项次	项目	普通涂饰	高级涂饰	检验方法
1	颜色	均匀一致	均匀一致	观察
2	泛碱、咬色	允许少量轻微	不允许	
3	点状分布	—	疏密均匀	

10.2.8 复层涂料的涂饰质量和检验方法应符合表10.2.8的规定。

表 10.2.8 复层涂料的涂饰质量和检验方法

项次	项目	质量要求	检验方法
1	颜色	均匀一致	观察
2	泛碱、咬色	不允许	
3	喷点疏密程度	均匀，不允许连片	

10.2.9 涂层与其他装修材料和设备衔接处应吻合，界面应清晰。

检验方法：观察。

10.3 溶剂型涂料涂饰工程

10.3.1 本节适用于丙烯酸酯涂料、聚氨酯丙烯酸涂料、有机硅丙烯酸涂料等溶剂型涂料涂饰工程的质量验收。

主控项目

10.3.2 溶剂型涂料涂饰工程所选用涂料的品种、型号和性能应符合设计要求。

检验方法：检查产品合格证书、性能检测报告和进场验收记录。

10.3.3 溶剂型涂料涂饰工程的颜色、光泽、图案应符合设计要求。

检验方法：观察。

10.3.4 溶剂型涂料涂饰工程应涂饰均匀、黏结牢固，不得漏涂、透底、起皮和反锈。

检验方法：观察；手摸检查。

10.3.5 溶剂型涂料涂饰工程的基层处理应符合本规范第10.1.5条的要求。

检验方法：观察；手摸检查；检查施工记录。

一般项目

10.3.6 色漆的涂饰质量和检验方法应符合表10.3.6的规定。

表 10.3.6 色漆的涂饰质量和检验方法

项次	项目	普通涂饰	高级涂饰	检验方法
1	颜色	均匀一致	均匀一致	观察
2	光泽、光滑	光泽基本均匀光滑无挡手感	光泽均匀一致光滑	观察、手摸检查
3	刷纹	刷纹通顺	无刷纹	观察
4	裹棱、流坠、皱皮	明显处不允许	不允许	观察
5	装饰线、分色线直线度允许偏差（mm）	2	1	拉5m线，不足5m拉通线，用钢直尺检查

注 无光色漆不检查光泽。

10.3.7 清漆的涂饰质量和检验方法应符合表10.3.7的规定。

表 10.3.7 清漆的涂饰质量和检验方法

项次	项目	普通涂饰	高级涂饰	检验方法
1	颜色	基本一致	均匀一致	观察
2	木纹	棕眼刮平、木纹清楚	棕眼刮平、木纹清楚	观察
3	光泽、光滑	光泽基本均匀光滑无挡手感	光泽均匀一致光滑	观察、手摸、检查
4	刷纹	无刷纹	无刷纹	观察
5	裹棱、流坠、皱皮	明显处不允许	不允许	观察

10.3.8 涂层与其他装修材料和设备衔接处应吻合，界面应清晰。

检验方法：观察。

10.4 美术涂饰工程

10.4.1 本节适用于套色涂饰、滚花涂饰、仿花纹涂饰等室内外美术涂饰工程的质量验收。

主控项目

10.4.2 美术涂饰所用材料的品种、型号和性能应符合设计要求。

检验方法：观察；检查产品合格证书、性能检测报告和进场验收记录。

10.4.3 美术涂饰工程应涂饰均匀、黏结牢固，不得漏涂、透底、起皮、掉粉和反锈。

检验方法：观察；手摸检查。

10.4.4 美术涂饰工程的基层处理应符合本规范第10.1.5条的要求。

检验方法：观察；手摸检查；检查施工记录。

10.4.5 美术涂饰的套色、花纹和图案应符合设计要求。

检验方法：观察。

一般项目

10.4.6 美术涂饰表面应洁净，不得有流坠现象。

检验方法：观察。

10.4.7 仿花纹涂饰的饰面应具有被模仿材料的纹理。

检验方法：观察。

10.4.8 套色涂饰的图案不得移位，纹理和轮廓应清晰。

检验方法：观察。

11 裱糊与软包工程

11.1 一般规定

11.1.1 本章适用于裱糊、软包等分项工程的质量验收。

11.1.2 裱糊与软包工程验收时应检查下列文件和记录：

1 裱糊与软包工程的施工图、设计说明及其他设计文件。

2 饰面材料的样板及确认文件。

3 材料的产品合格证书、性能检测报告、进场验收记录和复验报告。

4 施工记录。

11.1.3 各分项工程的检验批应按下列规定划分：

同一品种的裱糊或软包工程每50间（大面积房间和走廊按施工面积30m^2为一间）应划分为一个检

验批，不足50间也应划分为一个检验批。

11.1.4 检查数量应符合下列规定：

1 裱糊工程每个检验批应至少抽查10%，并不得少于3间，不足3间时应全数检查。

2 软包工程每个检验批应至少抽查20%，并不得少于6间，不足6间时应全数检查。

11.1.5 裱糊前，基层处理质量应达到下列要求：

1 新建筑物的混凝土或抹灰基层墙面在刮腻子前应涂刷抗碱封闭底漆。

2 旧墙面在裱糊前应清除疏松的旧装修层，并涂刷界面剂。

3 混凝土或抹灰基层含水率不得大于8%；木材基层的含水率不得大于12%。

4 基层腻子应平整、坚实、牢固，无粉化、起皮和裂缝；腻子的黏结强度应符合《建筑室内用腻子》（JG/T 3049）N型的规定。

5 基层表面平整度、立面垂直度及阴阳角方正应达到本规范第4.2.11条高级抹灰的要求。

6 基层表面颜色应一致。

7 裱糊前应用封闭底胶涂刷基层。

11.2 裱糊工程

11.2.1 本章适用于聚氯乙烯塑料壁纸、复合纸质壁纸、墙布等裱糊工程的质量验收。

主 控 项 目

11.2.2 壁纸、墙布的种类、规格、图案、颜色和燃烧性能等级必须符合设计要求及国家现行标准的有关规定。

检验方法：观察；检查产品合格证书、进场验收记录和性能检测报告。

11.2.3 裱糊工程基层处理质量应符合本规范第11.1.5条的要求。

检验方法：观察；手摸检查；检查施工记录。

11.2.4 裱糊后各幅拼接应横平竖直，拼接处花纹、图案应吻合，不离缝，不搭接，不显拼缝。

检验方法：观察；拼缝检查距离墙面1.5m处正视。

11.2.5 壁纸、墙布应粘贴牢固，不得有漏贴、补贴、脱层、空鼓和翘边。

检验方法：观察；手摸检查。

一 般 项 目

11.2.6 裱糊后的壁纸、墙布表面应平整，色泽应一致，不得有波纹起伏、气泡、裂缝、皱折及斑污，斜视时应无胶痕。

检验方法：观察；手摸检查。

11.2.7 复合压花壁纸的压痕及发泡壁纸的发泡层应无损坏。

检验方法：观察。

11.2.8 壁纸、墙布与各种装饰线、设备线盒应交接严密。

检验方法：观察。

11.2.9 壁纸、墙布边缘应平直整齐，不得有纸毛、飞刺。

检验方法：观察。

11.2.10 壁纸、墙布阴角处搭接应顺光，阳角处应无接缝。

检验方法：观察。

11.3 软包工程

11.3.1 本节适用于墙面、门等软包工程的质量验收。

主 控 项 目

11.3.2 软包面料、内衬材料及边框的材质、颜色、图案、燃烧性能等级和木材的含水率应符合设计要求及国家现行标准的有关规定。

检验方法：观察；检查产品合格证书、进场验收记录和性能检测报告。

11.3.3 软包工程的安装位置及构造做法应符合设计要求。

检验方法：观察；尺量检查；检查施工记录。

11.3.4 软包工程的龙骨、衬板、边框应安装牢固，无翘曲，拼缝应平直。

检验方法：观察；手扳检查。

11.3.5 单块软包面料不应有接缝，四周应绷压严密。

检验方法：观察；手摸检查。

一 般 项 目

11.3.6 软包工程表面应平整、洁净，无凹凸不平及皱折；图案应清晰、无色差，整体应协调美观。

检验方法：观察。

11.3.7 软包边框应平整、顺直、接缝吻合。其表面涂饰质量应符合本规范第10章的有关规定。

检验方法：观察；手摸检查。

11.3.8 清漆涂饰木制边框的颜色、木纹应协调一致。

检验方法：观察。

11.3.9 软包工程安装的允许偏差和检验方法应符合表11.3.9的规定。

表 11.3.9 软包工程安装的允许偏差和检验方法

项次	项目	允许偏差（mm）	检验方法
1	垂直度	3	用1m垂直检测尺检查
2	边框宽度、高度	0；−2	用钢尺检查
3	对角线长度差	3	用钢尺检查
4	裁口、线条接缝高低差	1	用钢直尺和塞尺检查

12 细部工程

12.1 一般规定

12.1.1 本章适用于下列分项工程的质量验收：

1 橱柜制作与安装。

2 窗帘盒、窗台板、散热器罩制作与安装。

3 门窗套制作与安装。

4 护栏和扶手制作与安装。

5 花饰制作与安装。

12.1.2 细部工程验收时应检查下列文件和记录：

1 施工图、设计说明及其他设计文件。

2 材料的产品合格证书、性能检测报告、进场验收记录和复验报告。

3 隐蔽工程验收记录。

4 施工记录。

12.1.3 细部工程应对人造木板的甲醛含量进行复验。

12.1.4 细部工程应对下列部位进行隐蔽工程验收：

1 预埋件（或后置埋件）。

2 护栏与预埋件的连接节点。

12.1.5 各分项工程的检验批应按下列规定划分：

1 同类制品每50间（处）应划分为一个检验批，不足50间（处）也应划分为一个检验批。

2 每部楼梯应划分为一个检验批。

12.2 橱柜制作与安装工程

12.2.1 本节适用于位置固定的壁柜、吊柜等橱柜制作与安装工程的质量验收。

12.2.2 检查数量应符合下列规定：

每个检验批应至少抽查3间（处），不足3间（处）时应全数检查。

主 控 项 目

12.2.3 橱柜制作与安装所用材料的材质和规格、木材的燃烧性能等级和含水率、花岗石的放射性及人造木板的甲醛含量应符合设计要求及国家现行标准的有关规定。

检验方法：观察；检查产品合格证书、进场验收记录、性能检测报告和复验报告。

12.2.4 橱柜安装预埋件或后置埋件的数量、规格、位置应符合设计要求。

检验方法：检查隐蔽工程验收记录和施工记录。

12.2.5 橱柜的造型、尺寸、安装位置、制作和固定方法应符合设计要求。橱柜安装必须牢固。

检验方法：观察；尺量检查；手扳检查。

12.2.6 橱柜配件的品种、规格应符合设计要求。配件应齐全，安装应牢固。

检验方法：观察；手扳检查；检查进场验收记录。

12.2.7 橱柜的抽屉和柜门应开关灵活、回位正确。

检验方法：观察；开启和关闭检查。

一 般 项 目

12.2.8 橱柜表面应平整、洁净、色泽一致，不得有裂缝、翘曲及损坏。

检验方法：观察。

12.2.9 橱柜裁口应顺直、拼缝应严密。

检验方法：观察。

12.2.10 橱柜安装的允许偏差和检验方法应符合表12.2.10的规定。

表 12.2.10 橱柜安装的允许偏差和检验方法

项次	项目	允许偏差（mm）	检验方法
1	外形尺寸	3	用钢尺检查
2	立面垂直度	2	用1m垂直检测尺检查
3	门与框架的平行度	2	用钢尺检查

12.3 窗帘盒、窗台板和散热器罩制作与安装工程

12.3.1 本节适用于窗帘盒、窗台板和散热器罩制作与安装工程的质量验收。

12.3.2 检查数量应符合下列规定：

每个检验批应至少抽查3间（处），不足3间（处）时应全数检查。

主 控 项 目

12.3.3 窗帘盒、窗台板和散热器罩制作与安装所使用材料的材质和规格、木材的燃烧性能等级和含水率、花岗石的放射性及人造木板的甲醛含量应符合设计要求及国家现行标准的有关规定。

检验方法：观察；检查产品合格证书、进场验收记录、性能检测报告和复验报告。

12.3.4 窗帘盒、窗台板和散热器罩的造型、规格、尺寸、安装位置和固定方法必须符合设计要求。窗帘盒、窗台板和散热器罩的安装必须牢固。

检验方法：观察；尺量检查；手扳检查。

12.3.5 窗帘盒配件的品种、规格应符合设计要求，安装应牢固。

检验方法：手扳检查；检查进场验收记录。

一 般 项 目

12.3.6 窗帘盒、窗台板和散热器罩表面应平整、洁净、线条顺直、接缝严密、色泽一致，不得有裂缝、翘曲及损坏。

检验方法：观察。

12.3.7 窗帘盒、窗台板和散热器罩与墙面、窗框的衔接应严密，密封胶缝应顺直、光滑。

检验方法：观察。

12.3.8 窗帘盒、窗台板和散热器罩安装的允许偏差和检验方法应符合表 12.3.8 的规定。

表 12.3.8 窗帘盒、窗台板和散热器罩安装的允许偏差和检验方法

项 次	项 目	允许偏差（mm）	检 验 方 法
1	水平度	2	用 1m 水平尺和塞尺检查
2	上口、下口直线度	3	拉 5m 线，不足 5m 拉通线，用钢直尺检查
3	两端距窗洞口长度差	2	用钢直尺检查
4	两端出墙厚度差	3	用钢直尺检查

12.4 门窗套制作与安装工程

12.4.1 本节适用于门窗套制作与安装工程的质量验收。

12.4.2 检查数量应符合下列规定：

每个检验批应至少抽查 3 间（处），不足 3 间（处）时应全数检查。

主 控 项 目

12.4.3 门窗套制作与安装所使用材料的材质、规格、花纹和颜色、木材的燃烧性能等级和含水率、花岗石的放射性及人造木板的甲醛含量应符合设计要求及国家现行标准的有关规定。

检验方法：观察；检查产品合格证书、进场验收记录、性能检测报告和复验报告。

12.4.4 门窗套的造型、尺寸和固定方法应符合设计要求，安装应牢固。

检验方法：观察；尺量检查；手扳检查。

一 般 项 目

12.4.5 门窗套表面应平整、洁净、线条顺直、接缝严密、色泽一致，不得有裂缝、翘曲及损坏。

检验方法：观察。

12.4.6 门窗套安装的允许偏差和检验方法应符合表 12.4.6 的规定。

表 12.4.6 门窗套安装的允许偏差和检验方法

项 次	项 目	允许偏差（mm）	检 验 方 法
1	正、侧面垂直度	3	用 1m 垂直检测尺检查
2	门窗套上口水平度	1	用 1m 水平检测尺和塞尺检查
3	门窗套上口直线度	3	拉 5m 线，不足 5m 拉通线，用钢直尺检查

12.5 护栏和扶手制作与安装工程

12.5.1 本节适用于护栏和扶手制作与安装工程的质量验收。

12.5.2 检查数量应符合下列规定：

每个检验批的护栏和扶手应全部检查。

主 控 项 目

12.5.3 护栏和扶手制作与安装所使用材料的材质、规格、数量和木材、塑料的燃烧性能等级应符合设计要求。

检验方法：观察；检查产品合格证书、进场验收记录和性能检测报告。

12.5.4 护栏和扶手的造型、尺寸及安装位置应符合设计要求。

检验方法：观察；尺量检查；检查进场验收记录。

12.5.5 护栏和扶手安装预埋件的数量、规格、位置以及护栏与预埋件的连接节点应符合设计要求。

检验方法：检查隐蔽工程验收记录和施工记录。

12.5.6 **护栏高度、栏杆间距、安装位置必须符合设计要求。护栏安装必须牢固。**

检验方法：观察；尺量检查；手扳检查。

12.5.7 护栏玻璃应使用公称厚度不小于12mm的钢化玻璃或钢化夹层玻璃。当护栏一侧距楼地面高度为5m及以上时，应使用钢化夹层玻璃。

检验方法：观察；尺量检查；检查产品合格证书和进场验收记录。

一 般 项 目

12.5.8 护栏和扶手转角弧度应符合设计要求，接缝应严密，表面应光滑，色泽应一致，不得有裂缝、翘曲及损坏。

检验方法：观察；手摸检查。

12.5.9 护栏和扶手安装的允许偏差和检验方法应符合表12.5.9的规定。

表 12.5.9 护栏和扶手安装的允许偏差和检验方法

项次	项目	允许偏差（mm）	检验方法
1	护栏垂直度	3	用1m垂直检测尺检查
2	栏杆间距	3	用钢尺检查
3	扶手直线度	4	拉通线，用钢直尺检查
4	扶手高度	3	用钢尺检查

12.6 花饰制作与安装工程

12.6.1 本节适用于混凝土、石材、木材、塑料、金属、玻璃、石膏等花饰制作与安装工程的质量验收。

12.6.2 检查数量应符合下列规定：

1 室外每个检验批应全部检查。

2 室内每个检验批应至少抽查3间（处）；不足3间（处）时应全数检查。

主 控 项 目

12.6.3 花饰制作与安装所使用材料的材质、规格应符合设计要求。

检验方法：观察；检查产品合格证书和进场验收记录。

12.6.4 花饰的造型、尺寸应符合设计要求。

检验方法：观察；尺量检查。

12.6.5 花饰的安装位置和固定方法必须符合设计要求，安装必须牢固。

检验方法：观察；尺量检查；手扳检查。

一 般 项 目

12.6.6 花饰表面应洁净，接缝应严密吻合，不得有歪斜、裂缝、翘曲及损坏。

检验方法：观察。

12.6.7 花饰安装的允许偏差和检验方法应符合表 12.6.7 的规定。

表 12.6.7 花饰安装的允许偏差和检验方法

项次	项目		允许偏差（mm）		检验方法
			室内	室外	
1	条形花饰的水平度或垂直度	每米	1	2	拉线和用 1m 垂直检测尺检查
		全长	3	6	
2	单独花饰中心位置偏移		10	15	拉线和用钢直尺检查

13 分部工程质量验收

13.0.1 建筑装饰装修工程质量验收的程序和组织应符合《建筑工程施工质量验收统一标准》（GB 50300—2001）第 6 章的规定。

13.0.2 建筑装饰装修工程的子分部工程及其分项工程应按本规范附录 B 划分。

13.0.3 建筑装饰装修工程施工过程中，应按本规范各章一般规定的要求对隐蔽工程进行验收，并按本规范附录 C 的格式记录。

13.0.4 检验批的质量验收应按《建筑工程施工质量验收统一标准》（GB 50300—2001）附录 D 的格式记录。检验批的合格判定应符合下列规定：

1 抽查样本均应符合本规范主控项目的规定。

2 抽查样本的 80%以上应符合本规范一般项目的规定。其余样本不得有影响使用功能或明显影响装饰效果的缺陷，其中有允许偏差的检验项目，其最大偏差不得超过本规范规定允许偏差的 1.5 倍。

13.0.5 分项工程的质量验收应按《建筑工程施工质量验收统一标准》（GB 50300—2001）附录 E 的格式记录，各检验批的质量均应达到本规范的规定。

13.0.6 子分部工程的质量验收应按《建筑工程施工质量验收统一标准》（GB 50300—2001）附录 F 的格式记录。子分部工程中各分项工程的质量均应验收合格，并应符合下列规定：

1 应具备本规范各子分部工程规定检查的文件和记录。

2 应具备表 13.0.6 所规定的有关安全和功能的检测项目的合格报告。

3 观感质量应符合本规范各分项工程中一般项目的要求。

表 13.0.6 有关安全和功能的检测项目表

项次	子分部工程	检测项目
1	门窗工程	1. 建筑外墙金属窗的抗风压性能、空气渗透性能和雨水渗漏性能 2. 建筑外墙塑料窗的抗风压性能、空气渗透性能和雨水渗漏性能
2	饰面板（砖）工程	1. 饰面板后置埋件的现场拉拔强度 2. 饰面砖样板件的黏结强度
3	幕墙工程	1. 硅酮结构胶的相容性试验 2. 幕墙后置埋件的现场拉拔强度 3. 幕墙的抗风压性能、空气渗透性能、雨水渗漏性能及平面变形性能

13.0.7 分部工程的质量验收应按《建筑工程施工质量验收统一标准》（GB 50300—2001）附录F的格式记录。分部工程中各子分部工程的质量均应验收合格，并应按本规范第13.0.6条1至3款的规定进行核查。

当建筑工程只有装饰装修分部工程时，该工程应作为单位工程验收。

13.0.8 有特殊要求的建筑装饰装修工程，竣工验收时应按合同约定加测相关技术指标。

13.0.9 建筑装饰装修工程的室内环境质量应符合国家现行标准《民用建筑工程室内环境污染控制规范》（GB 50325）的规定。

13.0.10 未经竣工验收合格的建筑装饰装修工程不得投入使用。

附录A 木门窗用木材的质量要求

A.0.1 制作普通木门窗所用木材的质量应符合表A.0.1的规定。

表A.0.1 普通木门窗用木材的质量要求

木材缺陷		门窗扇的立梃、冒头及中冒头	窗棂、压条、门窗及气窗的线脚、通风窗立梃	门芯板	门窗框
活节	不计个数，直径（mm）	<15	<5	<15	<15
	计算个数，直径	≤材宽的1/3	≤材宽的1/3	≤30mm	≤材宽的1/3
	任1延米个数	≤3	≤2	≤3	≤5
死节		允许，计入活节总数	不允许	允许，计入活节总数	
髓心		不露出表面的，允许	不允许	不露出表面的，允许	
裂缝		深度及长度≤厚度及材长的1/5	不允许	允许可见裂缝	深度及长度≤厚度及材长的1/4
斜纹的斜率（%）		≤7	≤5	不限	≤12
油眼		非正面，允许			
其他		浪形纹理、圆形纹理、偏心及化学变色，允许			

A.0.2 制作高级木门窗所用木材的质量应符合表A.0.2的规定。

表A.0.2 高级木门窗用木材的质量要求

木材缺陷		门窗扇的立梃、冒头及中冒头	窗棂、压条、门窗及气窗的线脚，通风窗立梃	门芯板	门窗框
活节	不计个数，直径(mm)	<10	<5	<10	<10
	计算个数，直径	≤材宽的1/4	≤材宽的1/4	≤20mm	≤材宽的1/3
	任1延米个数	≤2	0	≤2	≤3
死节		允许，包括在活节总数中	不允许	允许包括在活节总数中	不允许
髓心		不露出表面的，允许	不允许	不露出表面的，允许	
裂缝		深度及长度≤厚度及材长的1/6	不允许	允许可见裂缝	深度及长度≤厚度及材长的1/5
斜纹的斜率（%）		≤6	≤4	≤15	≤10
油眼		非正面，允许			
其他		浪形纹理、圆形纹理、偏心及化学变色，允许			

附录B　子分部工程及其分项工程划分表

项　　次	子分部工程	分　项　工　程
1	抹灰工程	一般抹灰，装饰抹灰，清水砌体勾缝
2	门窗工程	木门窗制作与安装，金属门窗安装，塑料门窗安装，特种门安装，门窗玻璃安装
3	吊顶工程	暗龙骨吊顶，明龙骨吊顶
4	轻质隔墙工程	板材隔墙，骨架隔墙，活动隔墙，玻璃隔墙
5	饰面板（砖）工程	饰面板安装，饰面砖粘贴
6	幕墙工程	玻璃幕墙，金属幕墙，石材幕墙
7	涂饰工程	水性涂料涂饰，溶剂型涂料涂饰，美术涂饰
8	裱糊与软包工程	裱糊，软包
9	细部工程	橱柜制作与安装，窗帘盒、窗台板和散热器罩制作与安装，门窗套制作与安装，护栏和扶手制作与安装，花饰制作与安装
10	建筑地面工程	基层，整体面层，板块面层，竹木面层

《绿色建筑评价标准》（GB/T 50378—2014）（摘要）

3　基本规定

3.1　一般规定

3.1.1　绿色建筑的评价应以单栋建筑或建筑群为评价对象。评价单栋建筑时，凡涉及系统性、整体性的指标，应基于该栋建筑所属工程项目的总体进行评价。

3.1.2　绿色建筑的评价分为设计评价和运行评价。设计评价应在建筑工程施工图设计文件审查通过后进行，运行评价应在建筑通过竣工验收并投入使用一年后进行。

3.1.3　申请评价方应进行建筑全寿命期技术和经济分析，合理确定建筑规模，选用适当的建筑技术、设备和材料，对规划、设计、施工、运行阶段进行全过程控制，并提交相应分析、测试报告和相关文件。

3.1.4　评价机构应按本标准的有关要求，对申请评价方提交的报告、文件进行审查，出具评价报告，确定等级。对申请运行评价的建筑，尚应进行现场考察。

3.2　评价与等级划分

3.2.1　绿色建筑评价指标体系由节地与室外环境、节能与能源利用、节水与水资源利用、节材与材料资源利用、室内环境质量、施工管理、运营管理7类指标组成。每类指标均包括控制项和评分项。评价指标体系还统一设置加分项。

3.2.2　设计评价时，不对施工管理和运营管理2类指标进行评价，但可预评相关条文。运行评价应包括7类指标。

3.2.3　控制项的评定结果为满足或不满足；评分项和加分项的评定结果为分值。

3.2.4　绿色建筑评价应按总得分确定等级。

3.2.5　评价指标体系7类指标总分均为100分。7类指标各自评分得分Q_1、Q_2、Q_3、Q_4、Q_5、Q_6、Q_7、按参评建筑该类指标的评分项实际得分值除以适用于该建筑的评分项总分值再乘以100分计算。

3.2.6　加分项的附加得分Q_8按本标准第11章的有关规定确定。

3.2.7　绿色建筑评价的总得分按下式进行计算，其中评价指标体系7类指标分项的权重w_1～w_7按

表 3.2.7 取值

$$\sum Q = w_1Q_1 + w_2Q_2 + w_3Q_3 + w_4Q_4 + w_5Q_5 + w_6Q_6 + w_7Q_7 + Q_8 \qquad (3.2.7)$$

表 3.2.7　绿色建筑各类评价指标的权重

		节地与室外环境 W_1	节能与能源利用 W_3	节水与水资源利用 W_3	节材与材料资源利用 W_4	室内环境质量 W_5	施工管理 W_6	运营管理 W_7
设计评价	居住建筑	0.21	0.24	0.20	0.17	0.18	—	—
	公共建筑	0.16	0.28	0.18	0.19	0.19	—	—
运行评价	居住建筑	0.17	0.19	0.16	0.14	0.14	0.10	0.10
	公共建筑	0.13	0.23	0.14	0.15	0.15	0.10	0.10

注　1. 表中"—"表示施工管理和运营管理两类指标不参与设计评价。
2. 对于同时具有居住和公共功能的单体建筑。各类评价指标权重取为居住建筑和公共建筑所对应权重的平均值。

3.2.8　绿色建筑分为一星级、二星级、三星级 3 个等级。3 个等级的绿色建筑均应满足本标准所有控制项的要求，且每类指标的评分项得分不应小于 40 分。当绿色建筑总得分分别达到 50 分、60 分、80 分时，绿色建筑等级分别为一星级、二星级、三星级。

3.2.9　对多功能的综合性单体建筑，应按本标准全部评价条文逐条对适用的区域进行评价，确定各评价条文的得分。

4　节地与室外环境

4.1　控制项

4.1.1　项目选址应符合所在地城乡规划，且应符合各类保护区、文物古迹保护的建设控制要求。

4.1.2　场地应无洪涝、滑坡、泥石流等自然灾害的威胁，无危险化学品、易燃易爆危险源的威胁，无电磁辐射、含氡土壤等危害；

4.1.3　场地内不应有排放超标的污染源。

4.1.4　建筑规划布局应满足日照标准，且不得降低周边建筑的日照标准。

4.2　评分项

Ⅰ　土　地　利　用

4.2.1　节约集约利用土地，评价总分值为 19 分。对居住建筑，根据其人均居住用地指标按表 4.2.1-1 的规则评分；对公共建筑，根据其容积率按表 4.2.1-2 的规则评分。

表 4.2.1-1　居住建筑人均居住用地指标评分规则

居住建筑人均居住用地指标 A（m^2）					得分
三层及以下	4～6 层	7～12 层	13～18 层	19 层及以上	
$35<A\leqslant41$	$23<A\leqslant26$	$22<A\leqslant24$	$20<A\leqslant22$	$11<A\leqslant13$	15
$A\leqslant35$	$A\leqslant23$	$A\leqslant22$	$A\leqslant20$	$A\leqslant11$	19

表 4.2.1-2　公共建筑容积率评分规则

容积率 R	得 分	容积率 R	得 分
$0.5\leqslant R<0.8$	5	$1.5\leqslant R<3.5$	15
$0.8\leqslant R<1.5$	10	$R\geqslant3.5$	19

4.2.2　场地内合理设置绿化用地，评价总分值为 9 分，并按下列规则评分：

1　居住建筑按下列规则分别评分并累计：

1）住区绿地率：新区建设达到30%，旧区改建达到25%，得2分；

2）住区人均公共绿地面积：按表4.2.2－1的规则评分，最高得7分。

表4.2.2－1 住区人均公共绿地面积评分规则

住区人均公共绿地面积 Ag		得分
新区建设	旧区改建	
$1.0m^2 \leqslant Ag < 1.3\ m^2$	$0.7\ m^2 \leqslant Ag < 0.9\ m^2$	3
$1.3\ m^2 \leqslant Ag < 1.5\ m^2$	$0.9\ m^2 \leqslant Ag < 1.0\ m^2$	5
$Ag \geqslant 1.5\ m^2$	$Ag \geqslant 1.0\ m^2$	7

2 公共建筑按下列规则分别评分并累计：

1）绿地率：按表4.2.2－2的规则评分，最高得7分；

表4.2.2－2 公共建筑绿地率评分规则

绿地率 Rg	得分	绿地率 Rg	得分
$30\% \leqslant Rg < 35\%$	2	$Rg \geqslant 40\%$	7
$35\% \leqslant Rg < 40\%$	5		

2）绿地向社会公众开放，得2分。

4.2.3 合理开发利用地下空间，评价总分值为6分，按表4.2.3的规则评分。

表4.2.3 地下空间开发利用评分规则

建筑类型	地下空间开发利用指标		得分
居住建筑	地下建筑面积与地上建筑面积的比率 Rr	$5\% \leqslant Rr < 15\%$	2
		$15\% \leqslant Rr < 25\%$	4
		$Rr \geqslant 25\%$	6
公共建筑	地下建筑面积与总用地面积之比 R_{p1} 地下一层建筑面积与总用地面积的比率 R_{p2}	$R_{p1} \geqslant 0.5$	3
		$R_{p1} \geqslant 0.7$ 且 $R_{p2} < 70\%$	6

4.2.4 建筑及照明设计避免产生光污染，评价总分值为4分，并按下列规则分别评分并累计：

1 玻璃幕墙可见光反射比不大于0.2，得2分；

2 室外夜景照明光污染的限制符合现行行业标准《城市夜景照明设计规范》JGJ/T163的规定，得2分。

4.2.5 场地内环境噪声符合现行国家标准《声环境质量标准》GB 3096的有关规定，评价分值为4分。

4.2.6 场地内风环境有利于室外行走、活动舒适和建筑的自然通风，评价总分值为6分，并按下列规则分别评分并累计：

1 在冬季典型风速和风向条件下，按下列规则分别评分并累计：

1）建筑物周围人行区风速小于5m/s，且室外风速放大系数小于2，得2分；

2）除迎风第一排建筑外，建筑迎风面与背风面表面风压差不大于5Pa，得1分；

2 过渡季、夏季典型风速和风向条件下，按下列规则分别评分并累计：

1）场地内人活动区不出现涡旋或无风区，得2分；

2）50%以上可开启外窗室内外表面的风压差大于0.5Pa，得1分。

4.2.7 采取措施降低热岛强度，评价总分值为4分，并按下列规则分别评分并累计：

1 红线范围内户外活动场地有乔木、构筑物等遮阴措施的面积达到10%，得1分；达到20%，得2分；

2　超过70%的道路路面、建筑屋面的太阳辐射反射系数不小于0.4，得2分。

Ⅲ　交通设施与公共服务

4.2.8　场地与公共交通设施具有便捷的联系，评价总分值为9分，并按下列规则分别评分并累计：

1　场地出入口到达公共汽车站的步行距离不大于500m，或到达轨道交通站的步行距离不大于800m，得3分；

2　场地出入口步行距离800m范围内设有2条及以上线路的公共交通站点（含公共汽车站和轨道交通站），得3分；

3　有便捷的人行通道联系公共交通站点，得3分。

4.2.9　场地内人行通道采用无障碍设计，评价分值为3分。

4.2.10　合理设置停车场所，评价总分值为6分，并按下列规则分别评分并累计：

1　自行车停车设施位置合理、方便出入，且有遮阳防雨措施，得3分；

2　合理设置机动车停车设施，并采取下列措施中至少2项，得3分：

1）采用机械式停车库、地下停车库或停车楼等方式节约集约用地；

2）采用错时停车方式向社会开放，提高停车场（库）使用效率；

3）合理设计地面停车位，不挤占步行空间及活动场所。

4.2.11　提供便利的公共服务，评价总分值为6分，并按下列规则评分：

1　居住建筑：满足下列要求中3项，得3分；满足4项及以上得6分；

1）场地出入口到达幼儿园的步行距离不大于300m；

2）场地出入口到达小学的步行距离不大于500m；

3）场地出入口到达商业服务设施的步行距离不大于500m；

4）相关设施集中设置并向周边居民开放；

5）场地1000m范围内设有5种及以上的公共服务设施。

2　公共建筑：满足下列要求中2项，得3分；满足3项及以上，得6分：

1）2种及以上的公共建筑集中设置，或公共建筑兼容2种及以上的公共服务功能；

2）配套辅助设施设备共同使用、资源共享；

3）建筑向社会公众提供开放的公共空间；

4）室外活动场地错时向周边居民免费开放。

Ⅳ　场地设计与场地生态

4.2.12　结合现状地形地貌进行场地设计与建筑布局，保护场地内原有的自然水域、湿地和植被，采取表层土利用等生态补偿措施，评价分值为3分。

4.2.13　充分利用场地空间合理设置绿色雨水基础设施，对大于$10hm^2$的场地进行雨水专项规划设计，评价总分值为9分，并按下列规则分别评分并累计：

1　下凹式绿地、雨水花园等有调蓄雨水功能的绿地和水体面积之和占绿地面积的比例达到30%，得3分；

2　合理衔接和引导屋面雨水、道路雨水进入地面生态设施，并采取相应的径流污染控制措施，得3分；

3　硬质铺装地面中透水铺装面积的比例达到50%，得3分。

4.2.14　合理规划地表与屋面雨水径流，对场地雨水实施外排总量控制，评价总分值为6分。其场地年径流总量控制率达到55%，得3分；达到70%，得6分。

4.2.15　合理选择绿化方式，科学配置绿化植物，评价总分值为6分，并按下列规则分别评分并累计：

1 种植适应当地气候和土壤条件的植物，采用乔、灌、草结合的复层绿化，种植区域覆土深度和排水能力满足植物生长需求，得 3 分；

2 居住建筑绿地配植乔木不少于 3 株/100m²，公共建筑采用垂直绿化、屋顶绿化等方式，得 3 分。

5 节能与能源利用

5.1 控制项

5.1.1 建筑设计应符合国家现行相关建筑节能设计标准中强制性条文的规定。

5.1.2 不应采用电直接加热设备作为供暖空调系统的供暖热源和空气加湿热源。

5.1.3 冷热源、输配系统和照明等各部分能耗应进行独立分项计量。

5.1.4 各房间或场所的照明功率密度值不应高于现行国家标准《建筑照明设计标准》GB 50034 中规定的现行值。

5.2 评分项

Ⅰ 建筑与围护结构

5.2.1 结合场地自然条件，对建筑的体形、朝向、楼距、窗墙比等进行优化设计，评价分值为 6 分。

5.2.2 外窗、玻璃幕墙的可开启部分能使建筑获得良好的通风，评价总分值为 6 分，并按下列规则评分：

1 设玻璃幕墙且不设外窗的建筑，其玻璃幕墙透明部分可开启面积比例达到 5%，得 4 分；达到 10%，得 6 分。

2 设外窗且不设玻璃幕墙的建筑，外窗可开启面积比例达到 30%，得 4 分；达到 35%，得 6 分。

3 设玻璃幕墙和外窗的建筑，对其玻璃幕墙透明部分和外窗分别按本条第 1 款和第 2 款进行评价，得分取两项得分的平均值。

5.2.3 围护结构热工性能指标优于国家现行相关建筑节能设计标准的规定，评价总分值为 10 分，并按下列规则评分：

1 围护结构热工性能比国家现行相关建筑节能设计标准规定的提高幅度达到 5%，得 5 分；达到 10%，得 10 分。

2 供暖空调全年计算负荷降低幅度达到 5%，得 5 分；达到 10%，得 10 分。

Ⅱ 供暖、通风与空调

5.2.4 供暖空调系统的冷、热源机组能效均优于现行国家标准《公共建筑节能设计标准》GB 50189 的规定以及现行有关国家标准能效限定值的要求，评价分值为 6 分。对电机驱动的蒸气压缩循环冷水（热泵）机组，直燃型和蒸汽型溴化锂吸收式冷（温）水机组，单元式空气调节机、风管送风式和屋顶式空调机组，多联式空调（热泵）机组，燃煤、燃油和燃气锅炉，其能效指标比现行国家标准《公共建筑节能设计标准》GB 50189 规定值的提高或降低幅度满足表 5.2.4 的要求；对房间空气调节器和家用燃气热水炉，其能效等级满足现行有关国家标准的节能评价值要求。

表 5.2.4 冷、热源机组能效指标比现行国家标准《公共建筑节能设计标准》GB 50189 的提高或降低幅度

机组类型		能效指标	提高或降低幅度
电机驱动的蒸气压缩循环冷水（热泵）机组		制冷性能系数（COP）	提高 6%
溴化锂吸收式冷水机组	直燃型	制冷、供热性能系数（COP）	提高 6%
	蒸汽型	单位制冷量蒸汽耗量	降低 6%

续表

机组类型		能效指标	提高或降低幅度
单元式空气调节机、风管送风式和屋顶式空调机组		能效比（EER）	提高 6%
多联式空调（热泵）机组		制冷综合性能系数（IPLV（C））	提高 8%
锅炉	燃煤	热效率	提高 3 个百分点
	燃油燃气	热效率	提高 2 个百分点

5.2.5 集中供暖系统热水循环泵的耗电输热比和通风空调系统风机的单位风量耗功率符合现行国家标准《公共建筑节能设计标准》GB 50189 等的有关规定，且空调冷热水系统循环水泵的耗电输冷（热）比比现行国家标准《民用建筑供暖通风与空气调节设计规范》GB 50736 规定值低 20%，评价分值为 6 分。

5.2.6 合理选择和优化供暖、通风与空调系统，评价总分值为 10 分，根据系统能耗的降低幅度按表 5.2.6 的规则评分。

表 5.2.6 供暖、通风与空调系统能耗降低幅度评分规则

供暖、通风与空调系统能耗降低幅度 De	得分	供暖、通风与空调系统能耗降低幅度 De	得分
$5\% \leqslant De < 10\%$	3	$De \geqslant 15\%$	10
$10\% \leqslant De < 15\%$	7		

5.2.7 采取措施降低过渡季节供暖、通风与空调系统能耗，评价分值为 6 分。

5.2.8 采取措施降低部分负荷、部分空间使用下的供暖、通风与空调系统能耗，评价总分值为 9 分，并按下列规则分别评分并累计：

1 区分房间的朝向，细分供暖、空调区域，对系统进行分区控制，得 3 分；

2 合理选配空调冷、热源机组台数与容量，制定实施根据负荷变化调节制冷（热）量的控制策略，且空调冷源的部分负荷性能符合现行国家标准《公共建筑节能设计标准》GB 50189 的规定，得 3 分；

3 水系统、风系统采用变频技术，且采取相应的水力平衡措施，得 3 分。

Ⅲ 照明与电气

5.2.9 走廊、楼梯间、门厅、大堂、大空间、地下停车场等场所的照明系统采取分区、定时、感应等节能控制措施，评价分值为 5 分。

5.2.10 照明功率密度值达到现行国家标准《建筑照明设计标准》GB 50034 中规定的目标值，评价总分值为 8 分。主要功能房间满足要求，得 4 分；所有区域均满足要求，得 8 分。

5.2.11 合理选用电梯和自动扶梯，并采取电梯群控、扶梯自动启停等节能控制措施，评价分值为 3 分。

5.2.12 合理选用节能型电气设备，评价总分值为 5 分，并按下列规则分别评分并累计：

1 三相配电变压器满足现行国家标准《三相配电变压器能效限定值及能效等级》GB 20052 的节能评价值要求，得 3 分；

2 水泵、风机等设备，及其他电气装置满足相关现行国家标准的节能评价值要求，得 2 分。

Ⅳ 能量综合利用

5.2.13 排风能量回收系统设计合理并运行可靠，评价分值为 3 分。

5.2.14 合理采用蓄冷蓄热系统，评价分值为 3 分。

5.2.15 合理利用余热废热解决建筑的蒸汽、供暖或生活热水需求，评价分值为 4 分。

5.2.16 根据当地气候和自然资源条件，合理利用可再生能源，评价总分值为 10 分，按表 5.2.16 的规则评分。

表 5.2.16 可再生能源利用评分规则

可再生能源利用类型和指标		得分
由可再生能源提供的生活用热水比例 R_{hw}	$20\% \leqslant R_{hw} < 30\%$	4
	$30\% \leqslant R_{hw} < 40\%$	5
	$40\% \leqslant R_{hw} < 50\%$	6
	$50\% \leqslant R_{hw} < 60\%$	7
	$60\% \leqslant R_{hw} < 70\%$	8
	$70\% \leqslant R_{hw} < 80\%$	9
	$R_{hw} \geqslant 80\%$	10
由可再生能源提供的空调用冷量和热量比例 R_{ch}	$20\% \leqslant R_{ch} < 30\%$	4
	$30\% \leqslant R_{ch} < 40\%$	5
	$40\% \leqslant R_{ch} < 50\%$	6
	$50\% \leqslant R_{ch} < 60\%$	7
	$60\% \leqslant R_{ch} < 70\%$	8
	$70\% \leqslant R_{ch} < 80\%$	9
	$R_{ch} \geqslant 80\%$	10
由可再生能源提供的电量比例 R_e	$1.0\% \leqslant R_e < 1.5\%$	4
	$1.5\% \leqslant R_e < 2.0\%$	5
	$2.0\% \leqslant R_e < 2.5\%$	6
	$2.5\% \leqslant R_e < 3.0\%$	7
	$3.0\% \leqslant R_e < 3.5\%$	8
	$3.5\% \leqslant R_e < 4.0\%$	9
	$R_e \geqslant 4.0\%$	10

6 节水与水资源利用

6.1 控制项

6.1.1 应制定水资源利用方案，统筹利用各种水资源。

6.1.2 给排水系统设置应合理、完善、安全。

6.1.3 应采用节水器具。

6.2 评分项

Ⅰ 节 水 系 统

6.2.1 建筑平均日用水量满足现行国家标准《民用建筑节水设计标准》GB 50555 中的节水用水定额的要求，评价总分值为 10 分，达到节水用水定额的上限值的要求，得 4 分；达到上限值与下限值的平均值要求，得 7 分；达到下限值的要求，得 10 分。

6.2.2 采取有效措施避免管网漏损，评价总分值为 7 分，并按下列规则分别评分并累计：

1 选用密闭性能好的阀门、设备，使用耐腐蚀、耐久性能好的管材、管件，得 1 分；

2 室外埋地管道采取有效措施避免管网漏损，得 1 分；

3　设计阶段根据水平衡测试的要求安装分级计量水表；运行阶段提供用水量计量情况和管网漏损检测、整改的报告，得5分。

6.2.3　给水系统无超压出流现象，评价总分值为8分。用水点供水压力不大于0.30MPa，得3分；不大于0.20MPa，且不小于用水器具要求的最低工作压力，得8分。

6.2.4　设置用水计量装置，评价总分值为6分，并按下列规则分别评分并累计：

1　按使用用途，对厨房、卫生间、空调系统、游泳池、绿化、景观等用水分别设置用水计量装置，统计用水量，得2分；

2　按付费或管理单元，分别设置用水计量装置，统计用水量，得4分。

6.2.5　公用浴室采取节水措施，评价总分值为4分，并按下列规则分别评分并累计：

1　采用带恒温控制和温度显示功能的冷热水混合淋浴器，得2分；

2　设置用者付费的设施，得2分。

Ⅱ　节水器具与设备

6.2.6　使用较高用水效率等级的卫生器具，评价总分值为10分。用水效率等级达到3级，得5分；达到2级，得10分。

6.2.7　绿化灌溉采用节水灌溉方式，评价总分值为10分，并按下列规则评分：

1　采用节水灌溉系统，得7分；在此基础上设置土壤湿度感应器、雨天关闭装置等节水控制措施，再得3分。

2　种植无需永久灌溉植物，得10分。

6.2.8　空调设备或系统采用节水冷却技术，评价总分值为10分，并按下列规则评分：

1　循环冷却水系统设置水处理措施；采取加大集水盘、设置平衡管或平衡水箱的方式，避免冷却水泵停泵时冷却水溢出，得6分；

2　运行时，冷却塔的蒸发耗水量占冷却水补水量的比例不低于80%，得10分；

3　采用无蒸发耗水量的冷却技术，得10分。

6.2.9　除卫生器具、绿化灌溉和冷却塔外的其他用水采用节水技术或措施，评价总分值为5分。其他用水中采用节水技术或措施的比例达到50%，得3分；达到80%，得5分。

Ⅲ　非传统水源利用

6.2.10　合理使用非传统水源，评价总分值为15分，并按下列规则评分：

1　住宅、办公、商店、旅馆类建筑：根据其按下列公式计算的非传统水源利用率，或者其非传统水源利用措施，按表6.2.10的规则评分。

$$R_u = W_u / W_t \times 100\% \tag{6.2.10-1}$$

$$W_u = W_R + W_r + W_s + W_o \tag{6.2.10-2}$$

式中：R_u——非传统水源利用率，%；

W_u——非传统水源设计使用量（设计阶段）或实际使用量（运行阶段），m^3/a；

W_R——再生水设计利用量（设计阶段）或实际利用量（运行阶段），m^3/a；

W_r——雨水设计利用量（设计阶段）或实际利用量（运行阶段），m^3/a；

W_s——海水设计利用量（设计阶段）或实际利用量（运行阶段），m^3/a；

W_o——其他非传统水源利用量（设计阶段）或实际利用量（运行阶段），m^3/a；

W_t——设计用水总量（设计阶段）或实际用水总量（运行阶段），m^3/a。

注：式中设计使用量为年用水量，由平均日用水量和用水时间计算得出。实际使用量应通过统计全年水表计量的情况计算得出。式中用水量计算不包含冷却水补水量和室外景观水体补水量。

表 6.2.10 非传统水源利用率评分规则

建筑类型	非传统水源利用率		非传统水源利用措施				得分
	有市政再生水供应	无市政再生水供应	室内冲厕	室外绿化灌溉	道路浇洒	洗车用水	
住宅	8.0%	4.0%	—	●○	●	●	5分
	—	8.0%	—	○	○	○	7分
	30.0%	30.0%	●○	●○	●○	●○	15分
办公	10.0%	—	—	●	●	●	5分
	—	8.0%	—	○	—	—	10分
	50.0%	10.0%	●	●○	●○	●○	15分
商店	3.0%	—	—	●	●	●	2分
	—	2.5%	—	○	—	—	10分
	50.0%	3.0%	●	●○	●○	●○	15分
旅馆	2.0%	—	—	●	●	●	2分
	—	1.0%	—	○	—	—	10分
	12.0%	2.0%	●	●○	●○	●○	15分

注 “●”为有市政再生水供应时的要求；“○”为无市政再生水供应时的要求。

2 其他类型建筑：按下列规则分别评分并累计。

1）绿化灌溉、道路冲洗、洗车用水采用非传统水源的用水量占其总用水量的比例不低于80%，得7分；

2）冲厕采用非传统水源的用水量占其总用水量的比例不低于50%，得8分。

6.2.11 冷却水补水使用非传统水源，评价总分值为8分，根据冷却水补水使用非传统水源的量占总用水量的比例按表6.2.11的规则评分。

表 6.2.11 冷却水补水使用非传统水源的评分规则

冷却水补水使用非传统水源的量占总用水量比例 R_{nt}	得分	冷却水补水使用非传统水源的量占总用水量比例 R_{nt}	得分
$10\% \leqslant R_{nt} < 30\%$	4	$R_{nt} \geqslant 50\%$	8
$30\% \leqslant R_{nt} < 50\%$	6		

6.2.12 结合雨水利用设施进行景观水体设计，景观水体利用雨水的补水量大于其水体蒸发量的60%，且采用生态水处理技术保障水体水质，评价总分值为7分，并按下列规则分别评分并累计：

1 对进入景观水体的雨水采取控制面源污染的措施，得4分；

2 利用水生动、植物进行水体净化，得3分。

7 节材与材料资源利用

7.1 控制项

7.1.1 不得采用国家和地方禁止和限制使用的建筑材料及制品。

7.1.2 混凝土结构中梁、柱纵向受力普通钢筋应采用不低于400MPa级的热轧带肋钢筋。

7.1.3 建筑造型要素应简约，且无大量装饰性构件。

7.2 评分项

Ⅰ 节材设计

7.2.1 择优选用建筑形体，评价总分值为9分。根据国家标准《建筑抗震设计规范》GB 50011—2010规定的建筑形体规则性评分，建筑形体不规则，得3分；建筑形体规则，得9分。

7.2.2 对地基基础、结构体系、结构构件进行优化设计，达到节材效果，评价分值为5分。

7.2.3 土建工程与装修工程一体化设计，评价总分值为10分，并按下列规则评分：

1 住宅建筑土建与装修一体化设计的户数比例达到30%，得6分；达到100%，得10分。

2 公共建筑公共部位土建与装修一体化设计，得6分；所有部位均土建与装修一体化设计，得10分。

7.2.4 公共建筑中可变换功能的室内空间采用可重复使用的隔断（墙），评价总分值为5分，根据可重复使用隔断（墙）比例按表7.2.4的规则评分。

表 7.2.4 可重复使用隔断（墙）比例评分规则

可重复使用隔断（墙）比例 R_{rp}	得分	可重复使用隔断（墙）比例 R_{rp}	得分
$30\% \leqslant R_{rp} < 50\%$	3	$R_{rp} \geqslant 80\%$	5
$50\% \leqslant R_{rp} < 80\%$	4		

7.2.5 采用工业化生产的预制构件，评价总分值为5分，根据预制构件用量比例按表7.2.5的规则评分。

表 7.2.5 预制构件用量比例评分规则

预制构件用量比例 R_{pc}	得分	预制构件用量比例 R_{pc}	得分
$15\% \leqslant R_{pc} < 30\%$	3	$R_{pc} \geqslant 50\%$	5
$30\% \leqslant R_{pc} < 50\%$	4		

7.2.6 采用整体化定型设计的厨房、卫浴间，评价总分值为6分，并按下列规则分别评分并累计：

1 采用整体化定型设计的厨房，得3分；

2 采用整体化定型设计的卫浴间，得3分。

Ⅱ 材 料 选 用

7.2.7 选用本地生产的建筑材料，评价总分值为10分，根据施工现场500km以内生产的建筑材料重量占建筑材料总重量的比例按表7.2.7的规则评分。

表 7.2.7 本地生产的建筑材料评分规则

施工现场500km以内生产的建筑材料重量占建筑材料总重量的比例 R_{lm}	得分
$60\% \leqslant R_{lm} < 70\%$	6
$70\% \leqslant R_{lm} < 90\%$	8
$R_{lm} \geqslant 90\%$	10

7.2.8 现浇混凝土采用预拌混凝土，评价分值为10分。

7.2.9 建筑砂浆采用预拌砂浆，评价总分值为5分。建筑砂浆采用预拌砂浆的比例达到50%，得3分；达到100%，得5分。

7.2.10 合理采用高强建筑结构材料，评价总分值为10分，并按下列规则评分：

1 混凝土结构：

1) 根据400MPa级及以上受力普通钢筋的比例，按表7.2.10的规则评分，最高得10分。

表 7.2.10 400MPa级及以上受力普通钢筋评分规则

400MPa级及以上受力普通钢筋比例 R_{sb}	得 分
$30\% \leqslant R_{sb} < 50\%$	4
$50\% \leqslant R_{sb} < 70\%$	6
$70\% \leqslant R_{sb} < 85\%$	8
$R_{sb} \geqslant 85\%$	10

2）混凝土竖向承重结构采用强度等级不小于C50混凝土用量占竖向承重结构中混凝土总量的比例达到50%，得10分。

2 钢结构：Q345及以上高强钢材用量占钢材总量的比例达到50%，得8分；达到70%，得10分。

3 混合结构：对其混凝土结构部分和钢结构部分，分别按本条第1款和第2款进行评价，得分取两项得分的平均值。

7.2.11 合理采用高耐久性建筑结构材料，评价分值为5分。对混凝土结构，其中高耐久性混凝土用量占混凝土总量的比例达到50%；对钢结构，采用耐候结构钢或耐候型防腐涂料。

7.2.12 采用可再利用材料和可再循环材料，评价总分值为10分，并按下列规则评分：

1 住宅建筑中的可再利用材料和可再循环材料用量比例达到6%，得8分；达到10%，得10分。

2 公共建筑中的可再利用材料和可再循环材料用量比例达到10%，得8分；达到15%，得10分。

7.2.13 使用以废弃物为原料生产的建筑材料，评价总分值为5分，并按下列规则评分：

1 采用一种以废弃物为原料生产的建筑材料，其占同类建材的用量比例达到30%，得3分；达到50%，得5分。

2 采用两种及以上以废弃物为原料生产的建筑材料，每一种用量比例均达到30%，得5分。

7.2.14 合理采用耐久性好、易维护的装饰装修建筑材料，评价总分值为5分，并按下列规则分别评分并累计：

1 合理采用清水混凝土，得2分；

2 采用耐久性好、易维护的外立面材料，得2分；

3 采用耐久性好、易维护的室内装饰装修材料，得1分。

8 室内环境质量

8.1 控制项

8.1.1 主要功能房间的室内噪声级应满足现行国家标准《民用建筑隔声设计规范》GB 50118中的低限要求。

8.1.2 主要功能房间的外墙、隔墙、楼板和门窗的隔声性能应满足现行国家标准《民用建筑隔声设计规范》GB 50118中的低限要求。

8.1.3 建筑照明数量和质量应符合现行国家标准《建筑照明设计标准》GB 50034的规定。

8.1.4 采用集中供暖空调系统的建筑，房间内的温度、湿度、新风量等设计参数应符合现行国家标准《民用建筑供暖通风与空气调节设计规范》GB 50736的规定。

8.1.5 在室内设计温、湿度条件下，建筑围护结构内表面不得结露。

8.1.6 屋顶和东、西外墙隔热性能应满足现行国家标准《民用建筑热工设计规范》GB 50176的要求。

8.1.7 室内空气中的氨、甲醛、苯、总挥发性有机物、氡等污染物浓度应符合现行国家标准《室内空气质量标准》GB/T 18883的有关规定。

8.2 评分项

Ⅰ 室内声环境

8.2.1 主要功能房间室内噪声级，评价总分值为6分。噪声级达到现行国家标准《民用建筑隔声设计规范》GB 50118中的低限标准限值和高要求标准限值的平均值，得3分；达到高要求标准限值，得6分。

8.2.2 主要功能房间的隔声性能良好，评价总分值为9分，并按下列规则分别评分并累计：

1 构件及相邻房间之间的空气声隔声性能达到现行国家标准《民用建筑隔声设计规范》GB 50118中的低限标准限值和高要求标准限值的平均值，得3分；达到高要求标准限值，得5分；

2 楼板的撞击声隔声性能达到现行国家标准《民用建筑隔声设计规范》GB 50118中的低限标准限值和高要求标准限值的平均值，得3分；达到高要求标准限值，得4分。

8.2.3 采取减少噪声干扰的措施，评价总分值为4分，并按下列规则分别评分并累计：

1 建筑平面、空间布局合理，没有明显的噪声干扰，得2分；

2 采用同层排水或其他降低排水噪声的有效措施，使用率不小于50%，得2分。

8.2.4 公共建筑中的多功能厅、接待大厅、大型会议室和其他有声学要求的重要房间进行专项声学设计，满足相应功能要求，评价分值为3分。

Ⅱ 室内光环境与视野

8.2.5 建筑主要功能房间具有良好的户外视野，评价分值为3分。对居住建筑，其与相邻建筑的直接间距超过18m；对公共建筑，其主要功能房间能通过外窗看到室外自然景观，无明显视线干扰。

8.2.6 主要功能房间的采光系数满足现行国家标准《建筑采光设计标准》GB 50033的要求，评价总分值为8分，并按下列规则评分：

1 居住建筑：卧室、起居室的窗地面积比达到1/6，得6分；达到1/5，得8分。

2 公共建筑：根据主要功能房间采光系数满足现行国家标准《建筑采光设计标准》GB 50033要求的面积比例，按表8.2.6的规则评分，最高得8分。

表8.2.6 公共建筑主要功能房间采光评分规则

面积比例 R_A	得分	面积比例 R_A	得分
$60\% \leqslant R_A < 65\%$	4	$75\% \leqslant R_A < 80\%$	7
$65\% \leqslant R_A < 70\%$	5	$R_A \geqslant 80\%$	8
$70\% \leqslant R_A < 75\%$	6		

8.2.7 改善建筑室内天然采光效果，评价总分值为14分，并按下列规则分别评分并累计：

1 主要功能房间有合理的控制眩光措施，得6分；

2 内区采光系数满足采光要求的面积比例达到60%，得4分；

3 根据地下空间平均采光系数不小于0.5%的面积与首层地下室面积的比例，按表8.2.7的规则评分，最高得4分。

表8.2.7 地下空间采光评分规则

面积比例 R_A	得分	面积比例 R_A	得分
$5\% \leqslant R_A < 10\%$	1	$15\% \leqslant R_A < 20\%$	3
$10\% \leqslant R_A < 15\%$	2	$R_A \geqslant 20\%$	4

Ⅲ 室内热湿环境

8.2.8 采取可调节遮阳措施，降低夏季太阳辐射得热，评价总分值为12分。外窗和幕墙透明部分中，有可控遮阳调节措施的面积比例达到25%，得6分；达到50%，得12分。

8.2.9 供暖空调系统末端现场可独立调节，评价总分值为8分。供暖、空调末端装置可独立启停的主要功能房间数量比例达到70%，得4分；达到90%，得8分。

Ⅳ 室内空气质量

8.2.10 优化建筑空间、平面布局和构造设计，改善自然通风效果，评价总分值为13分，并按下列规则评分：

1 居住建筑：按下列2项的规则分别评分并累计：

1) 通风开口面积与房间地板面积的比例在夏热冬暖地区达到10%，在夏热冬冷地区达到8%，在其他地区达到5%，得10分；

2) 设有明卫，得3分。

2 公共建筑：根据在过渡季典型工况下主要功能房间平均自然通风换气次数不小于2次/h的面积比例，按表8.2.10的规则评分，最高得13分。

表8.2.10 公共建筑过渡季典型工况下主要功能房间自然通风评分规则

面积比例 R_R	得分	面积比例 R_R	得分
$60\% \leqslant R_R < 65\%$	6	$80\% \leqslant R_R < 85\%$	10
$65\% \leqslant R_R < 70\%$	7	$85\% \leqslant R_R < 90\%$	11
$70\% \leqslant R_R < 75\%$	8	$90\% \leqslant R_R < 95\%$	12
$75\% \leqslant R_R < 80\%$	9	$R_R \geqslant 95\%$	13

8.2.11 气流组织合理，评价总分值为7分，并按下列规则分别评分并累计：

1 重要功能区域供暖、通风与空调工况下的气流组织满足热环境设计参数要求，得4分；

2 避免卫生间、餐厅、地下车库等区域的空气和污染物串通到其他空间或室外活动场所，得3分。

8.2.12 主要功能房间中人员密度较高且随时间变化大的区域设置室内空气质量监控系统，评价总分值为8分，并按下列规则分别评分并累计：

1 对室内的二氧化碳浓度进行数据采集、分析，并与通风系统联动，得5分；

2 实现室内污染物浓度超标实时报警，并与通风系统联动，得3分。

8.2.13 地下车库设置与排风设备联动的一氧化碳浓度监测装置评价分值为5分。

9 施工管理

9.1 控制项

9.1.1 应建立绿色建筑项目施工管理体系和组织机构，并落实各级责任人。

9.1.2 施工项目部应制定施工全过程的环境保护计划，并组织实施。

9.1.3 施工项目部应制定施工人员职业健康安全管理计划，并组织实施。

9.1.4 施工前应进行设计文件中绿色建筑重点内容的专项会审。

9.2 评分项

Ⅰ 环境保护

9.2.1 采取洒水、覆盖、遮挡等降尘措施，评价分值为6分。

9.2.2 采取有效的降噪措施。在施工场界测量并记录噪声，满足现行国家标准《建筑施工场界环境噪声排放标准》GB 12523的规定，评价分值为6分。

9.2.3 制定并实施施工废弃物减量化、资源化计划，评价总分值为10分，并按下列规则分别评分并累计：

1 制定施工废弃物减量化、资源化计划，得3分；

2 可回收施工废弃物的回收率不小于80%，得3分；

3 根据每10000m^2建筑面积的施工固体废弃物排放量，按表9.2.3的规则评分，最高得4分。

表 9.2.3　施工固体废弃物排放量评分规则

每 10000m² 建筑面积施工固体废弃物排放量 SW_C	得分
$350t < SW_C \leqslant 400t$	1
$300t < SW_C \leqslant 350t$	3
$SW_C \leqslant 300t$	4

Ⅱ　资源节约

9.2.4　制定并实施施工节能和用能方案，监测并记录施工能耗，评价总分值为 8 分，并按下列规则分别评分并累计：

1　制定并实施施工节能和用能方案，得 1 分；

2　监测并记录施工区、生活区的能耗，得 3 分；

3　监测并记录主要建筑材料、设备从供货商提供的货源地到施工现场运输的能耗，得 3 分；

4　监测并记录建筑施工废弃物从施工现场到废弃物处理/回收中心运输的能耗，得 1 分。

9.2.5　制定并实施施工节水和用水方案，监测并记录施工水耗，评价总分值为 8 分，并按下列规则分别评分并累计：

1　制定并实施施工节水和用水方案，得 2 分；

2　监测并记录施工区、生活区的水耗数据，得 4 分；

3　监测并记录基坑降水的抽取量、排放量和利用量数据，得 2 分。

9.2.6　减少预拌混凝土的损耗，评价总分值为 6 分。损耗率降低至 1.5%，得 3 分；降低至 1.0%，得 6 分。

9.2.7　采取措施降低钢筋损耗，评价总分值为 8 分，并按下列规则评分：

1　80%以上的钢筋采用专业化生产的成型钢筋，得 8 分。

2　根据现场加工钢筋损耗率，按表 9.2.7 的规则评分，最高得 8 分。

表 9.2.7　现场加工钢筋损耗率评分规则

现场加工钢筋损耗率 LR_{sb}	得分	现场加工钢筋损耗率 LR_{sb}	得分
$3.0\% < LR_{sb} \leqslant 4.0\%$	4	$LR_{sb} \leqslant 1.5\%$	8
$1.5\% < LR_{sb} \leqslant 3.0\%$	6		

9.2.8　使用工具式定型模板，增加模板周转次数，评价总分值为 10 分，根据工具式定型模板使用面积占模板工程总面积的比例按表 9.2.8 的规则评分。

表 9.2.8　工具式定型模板使用率评分规则

工具式定型模板使用面积占模板工程总面积的比例 R_{sf}	得分
$50\% \leqslant R_{sf} < 70\%$	6
$70\% \leqslant R_{sf} < 85\%$	8
$R_{sf} \geqslant 85\%$	10

Ⅲ　过程管理

9.2.9　实施设计文件中绿色建筑重点内容，评价总分值为 4 分，并按下列规则分别评分并累计：

1　进行绿色建筑重点内容的专项交底，得 2 分；

2　施工过程中以施工日志记录绿色建筑重点内容的实施情况，得 2 分。

9.2.10　严格控制设计文件变更，避免出现降低建筑绿色性能的重大变更，评价分值为 4 分。

9.2.11　施工过程中采取相关措施保证建筑的耐久性，评价总分值为 8 分，并按下列规则分别评分并累计：

1 对保证建筑结构耐久性的技术措施进行相应检测并记录，得 3 分；

2 对有节能、环保要求的设备进行相应检验并记录，得 3 分；

3 对有节能、环保要求的装修装饰材料进行相应检验并记录，得 2 分。

9.2.12 实现土建装修一体化施工，评价总分值为 14 分，并按下列规则分别评分并累计：

1 工程竣工时主要功能空间的使用功能完备，装修到位，得 3 分；

2 提供装修材料检测报告、机电设备检测报告、性能复试报告，得 4 分；

3 提供建筑竣工验收证明、建筑质量保修书、使用说明书，得 4 分；

4 提供业主反馈意见书，得 3 分。

9.2.13 工程竣工验收前，由建设单位组织有关责任单位，进行机电系统的综合调试和联合试运转，结果符合设计要求，评价分值为 8 分。

10 运营管理

10.1 控制项

10.1.1 应制定并实施节能、节水、节材、绿化管理制度。

10.1.2 应制定垃圾管理制度，合理规划垃圾物流，对生活废弃物进行分类收集，垃圾容器设置规范。

10.1.3 运行过程中产生的废气、污水等污染物应达标排放。

10.1.4 节能、节水设施应工作正常，且符合设计要求。

10.1.5 供暖、通风、空调、照明等设备的自动监控系统应工作正常，且运行记录完整。

10.2 评分项

Ⅰ 管 理 制 度

10.2.1 物业管理机构获得有关管理体系认证，评价总分值为 10 分，并按下列规则分别评分并累计：

1 具有 ISO14001 环境管理体系认证，得 4 分；

2 具有 ISO9001 质量管理体系认证，得 4 分；

3 具有现行国家标准《能源管理体系 要求》GB/T 23331 的能源管理体系认证，得 2 分。

10.2.2 节能、节水、节材、绿化的操作规程、应急预案完善，且有效实施，评价总分值为 8 分，并按下列规则分别评分并累计：

1 相关设施的操作规程在现场明示，操作人员严格遵守规定，得 6 分；

2 节能、节水设施运行具有完善的应急预案，得 2 分。

10.2.3 实施能源资源管理激励机制，管理业绩与节约能源资源、提高经济效益挂钩，评价总分值为 6 分，并按下列规则分别评分并累计：

1 物业管理机构的工作考核体系中包含能源资源管理激励机制，得 3 分；

2 与租用者的合同中包含节能条款，得 1 分；

3 采用合同能源管理模式，得 2 分。

10.2.4 建立绿色教育宣传机制，编制绿色设施使用手册，形成良好的绿色氛围，评价总分值为 6 分，并按下列规则分别评分并累计：

1 有绿色教育宣传工作记录，得 2 分；

2 向使用者提供绿色设施使用手册，得 2 分；

3 相关绿色行为与成效获得公共媒体报道，得 2 分。

Ⅱ 技 术 管 理

10.2.5 定期检查、调试公共设施设备，并根据运行检测数据进行设备系统的运行优化，评价总分值为10分，并按下列规则分别评分并累计：

1 具有设施设备的检查、调试、运行、标定记录，且记录完整，得7分；

2 制定并实施设备能效改进方案，得3分。

10.2.6 对空调通风系统进行定期检查和清洗，评价总分值为6分，并按下列规则分别评分并累计：

1 制定空调通风设备和风管的检查和清洗计划，得2分；

2 实施第1款中的检查和清洗计划，且记录保存完整，得4分。

10.2.7 非传统水源的水质和用水量记录完整、准确，评价总分值为4分，并按下列规则分别评分并累计：

1 定期进行水质检测，记录完整、准确，得2分；

2 用水量记录完整、准确，得2分。

10.2.8 智能化系统的运行效果满足建筑运行与管理的需要，评价总分值为12分，并按下列规则分别评分并累计：

1 居住建筑的智能化系统满足现行行业标准《居住区智能化系统配置与技术要求》CJ/T 174的基本配置要求，公共建筑的智能化系统满足现行国家标准《智能建筑设计标准》GB/T 50314的基础配置要求，得6分；

2 智能化系统工作正常，符合设计要求，得6分。

10.2.9 应用信息化手段进行物业管理，建筑工程、设施、设备、部品、能耗等档案及记录齐全，评价总分值为10分，并按下列规则分别评分并累计：

1 设置物业管理信息系统，得5分；

2 物业管理信息系统功能完备，得2分；

3 记录数据完整，得3分。

Ⅲ 环 境 管 理

10.2.10 采用无公害病虫害防治技术，规范杀虫剂、除草剂、化肥、农药等化学品的使用，有效避免对土壤和地下水环境的损害，评价总分值为6分，并按下列规则分别评分并累计：

1 建立和实施化学品管理责任制，得2分；

2 病虫害防治用品使用记录完整，得2分；

3 采用生物制剂、仿生制剂等无公害防治技术，得2分。

10.2.11 栽种和移植的树木一次成活率大于90%，植物生长状态良好，评价总分值为6分，并按下列规则分别评分并累计：

1 工作记录完整，得4分；

2 现场观感良好，得2分。

10.2.12 垃圾收集站（点）及垃圾间不污染环境，不散发臭味，评价总分值为6分，并按下列规则分别评分并累计：

1 垃圾站（间）定期冲洗，得2分；

2 垃圾及时清运、处置，得2分；

3 周边无臭味，用户反映良好，得2分。

10.2.13 实行垃圾分类收集和处理，评价总分值为10分，并按下列规则分别评分并累计：

1 垃圾分类收集率达到90%，得4分；

2 可回收垃圾的回收比例达到90%，得2分；

3 对可生物降解垃圾进行单独收集和合理处置，得2分；

4 对有害垃圾进行单独收集和合理处置，得2分。

11 提高与创新

11.1 一般规定

11.1.1 绿色建筑评价时，应按本章规定对加分项进行评价。加分项包括性能提高和创新两部分。

11.1.2 加分项的附加得分为各加分项得分之和。当附加得分大于10分时，应取为10分。

11.2 加分项

Ⅰ 性能提高

11.2.1 围护结构热工性能比国家现行相关建筑节能设计标准的规定高20%，或者供暖空调全年计算负荷降低幅度达到15%，评价分值为2分。

11.2.2 供暖空调系统的冷、热源机组能效均优于现行国家标准《公共建筑节能设计标准》GB 50189的规定以及现行有关国家标准能效节能评价值的要求，评价分值为1分。对电机驱动的蒸气压缩循环冷水（热泵）机组，直燃型和蒸汽型溴化锂吸收式冷（温）水机组，单元式空气调节机、风管送风式和屋顶式空调机组，多联式空调（热泵）机组，燃煤、燃油和燃气锅炉，其能效指标比现行国家标准《公共建筑节能设计标准》GB 50189规定值的提高或降低幅度满足表11.2.2的要求；对房间空气调节器和家用燃气热水炉，其能效等级满足现行有关国家标准规定的1级要求。

表11.2.2 冷、热源机组能效指标比现行国家标准《公共建筑节能设计标准》GB 50189的提高或降低幅度

机组类型		能效指标	提高或降低幅度
电机驱动的蒸气压缩循环冷水（热泵）机组		制冷性能系数（COP）	提高12%
溴化锂吸收式冷水机组	直燃型	制冷、供热性能系数（COP）	提高12%
	蒸汽型	单位制冷量蒸汽耗量	降低12%
单元式空气调节机、风管送风式和屋顶式空调机组		能效比（EER）	提高12%
多联式空调（热泵）机组		制冷综合性能系数［IPLV（C）］	提高16%
锅炉	燃煤	热效率	提高6个百分点
	燃油燃气	热效率	提高4个百分点

11.2.3 采用分布式热电冷联供技术，系统全年能源综合利用率不低于70%，评价分值为1分。

11.2.4 卫生器具的用水效率均达到国家现行有关卫生器具用水效率等级标准规定的1级，评价分值为1分。

11.2.5 采用资源消耗少和环境影响小的建筑结构，评价分值为1分。

11.2.6 对主要功能房间采取有效的空气处理措施，评价分值为1分。

11.2.7 室内空气中的氨、甲醛、苯、总挥发性有机物、氡、可吸入颗粒物等污染物浓度不高于现行国家标准《室内空气质量标准》GB/T 18883规定限值的70%，评价分值为1分。

Ⅱ 创 新

11.2.8 建筑方案充分考虑建筑所在地域的气候、环境、资源，结合场地特征和建筑功能，进行技术经济分析，显著提高能源资源利用效率和建筑性能，评价分值为2分。

11.2.9 合理选用废弃场地进行建设，或充分利用尚可使用的旧建筑，评价分值为1分。

11.2.10 应用建筑信息模型（BIM）技术，评价总分值为2分。在建筑的规划设计、施工建造和运行维护阶段中的一个阶段应用，得1分；在两个或两个以上阶段应用，得2分。

11.2.11 进行建筑碳排放计算分析，采取措施降低单位建筑面积碳排放强度，评价分值为1分。

11.2.12 采取节约能源资源、保护生态环境、保障安全健康的其他创新，并有明显效益，评价总分值为2分。采取一项，得1分；采取两项及以上，得2分。

《公共建筑节能设计标准》(GB 50189—2015)（摘要）

其中，第3.2.1、3.2.7、3.3.1、3.3.2、3.3.7、4.1.1、4.2.2、4.2.、4.2.5、4.2.8、4.2.10、4.2.14、4.2.17、4.2.19、4.5.2、4.5.4、4.5.6条为强制性条文，必须严格执行。

1 总则

1.0.1 为贯彻国家有关法律法规和方针政策，改善公共建筑的室内环境，提高能源利用效率，促进可再生能源的建筑应用，降低建筑能耗，制定本标准。

1.0.2 本标准适用于新建、扩建和改建的公共建筑节能设计。

1.0.3 公共建筑节能设计应根据当地的气候条件，在保证室内环境参数条件下，改善围护结构保温隔热性能，提高建筑设备及系统的能源利用效率，利用可再生能源，降低建筑暖通空调、给水排水及电气系统的能耗。

1.0.4 当建筑高度超过150m或单栋建筑地上建筑面积大于200000m^{2}时，除应符合本标准的各项规定外，还应组织专家对其节能设计进行专项论证。

1.0.5 施工图设计文件中应说明该工程项目采取的节能措施，并宜说明其使用要求。

1.0.6 公共建筑节能设计除应符合本标准的规定外，尚应符合国家现行有关标准的规定。

3 建筑与建筑热工

3.1 一般规定

3.1.1 公共建筑分类应符合下列规定：

1 单栋建筑面积大于300m^{2}的建筑，或单栋建筑面积小于或等于300m^{2}但总建筑面积大于1000m^{2}的建筑群，应为甲类公共建筑；

2 单栋建筑面积小于或等于300m^{2}的建筑，应为乙类公共建筑。

3.1.2 代表城市的建筑热工设计分区应按表3.1.2确定。

表3.1.2 代表城市建筑热工设计分区

气候分区及气候子区		代表城市
严寒地区	严寒A区	博克图、伊春、呼玛、海拉尔、满洲里、阿尔山、玛多、黑河、嫩江、海伦、齐齐哈尔、富锦、哈尔滨、牡丹江、大庆、安达、佳木斯、二连浩特、多伦、大柴旦、阿勒泰、那曲
	严寒B区	
	严寒C区	长春、通化、延吉、通辽、四平、抚顺、阜新、沈阳、本溪、鞍山、呼和浩特、包头、鄂尔多斯、赤峰、额济纳旗、大同、乌鲁木齐、克拉玛依、酒泉、西宁、日喀则、甘孜、康定
寒冷地区	寒冷A区	丹东、大连、张家口、承德、唐山、青岛、洛阳、太原、阳泉、晋城、天水、榆林、延安、宝鸡、银川、平凉、兰州、喀什、伊宁、阿坝、拉萨、林芝、北京、天津、石家庄、保定、邢台、济南、德州、兖州、郑州、安阳、徐州、运城、西安、咸阳、吐鲁番、库尔勒、哈密
	寒冷B区	
夏热冬冷地区	夏热冬冷A区	南京、蚌埠、盐城、南通、合肥、安庆、九江、武汉、黄石、岳阳、汉中、安康、上海、杭州、宁波、温州、宜昌、长沙、南昌、株洲、永州、赣州、韶关、桂林、重庆、达县、万州、涪陵、南充、宜宾、成都、遵义、凯里、绵阳、南平
	夏热冬冷B区	
夏热冬暖地区	夏热冬暖A区	福州、莆田、龙岩、梅州、兴宁、英德、河池、柳州、贺州、泉州、厦门、广州、深圳、湛江、汕头、南宁、北海、梧州、海口、三亚
	夏热冬暖B区	
温和地区	温和A区	昆明、贵阳、丽江、会泽、腾冲、保山、大理、楚雄、曲靖、泸西、屏边、广南、兴义、独山
	温和B区	瑞丽、耿马、临沧、澜沧、思茅、江城、蒙自

3.1.3 建筑群的总体规划应考虑减轻热岛效应。建筑的总体规则和总平面设计应有利于自然通风和冬季日照。建筑的主朝向宜选择本地区最佳朝向或适宜朝向，且宜避开冬季主导风向。

3.1.4 建筑设计应遵循被动节能措施优先的原则，充分利用天然采光、自然通风，结合围护结构保温隔热和遮阳措施，降低建筑的用能需求。

3.1.5 建筑体形宜规整紧凑，避免过多的凹凸变化。

3.1.6 建筑总平面设计及平面布置应合理确定能源设备机房的位置，缩短能源供应输送距离。同一公共建筑的冷热源机房宜位于或靠近冷热负荷中心位置集中设置。

3.2 建筑设计

3.2.1 严寒和寒冷地区公共建筑体形系数应符合表3.2.1的规定。

表3.2.1 严寒和寒冷地区公共建筑体形系数

单栋建筑面积 A（m^2）	建筑体形系数	单栋建筑面积 A（m^2）	建筑体形系数
$300<A\leqslant800$	≤0.50	$A>800$	≤0.40

3.2.2 严寒地区甲类公共建筑各单一立面窗墙面积比（包括透光幕墙）均不宜大于0.60；其他地区甲类公共建筑各单一立面窗墙面积比（包括透光幕墙）均不宜大于0.70。

3.2.3 单一立面窗墙面积比的计算应符合下列规定：

1 凸凹立面朝向应按其所在立面的朝向计算；

2 楼梯间和电梯间的外墙和外窗均应参与计算；

3 外凸窗的顶部、底部和侧墙的面积不应计入外墙面积；

4 当外墙上的外窗、顶部和侧面为不透光构造的凸窗时，窗面积应按窗洞口面积计算；当凸窗顶部和侧面透光时，外凸窗面积应按透光部分实际面积计算。

3.2.4 甲类公共建筑单一立面窗墙面积比小于0.40时，透光材料的可见光透射比不应小于0.60；甲类公共建筑单一立面窗墙面积比大于等于0.40时，透光材料的可见光透射比不应小于0.40。

3.2.5 夏热冬暖、夏热冬冷、温和地区的建筑各朝向外窗（包括透光幕墙）均应采取遮阳措施；寒冷地区的建筑宜采取遮阳措施。当设置外遮阳时应符合下列规定：

1 东西向宜设置活动外遮阳，南向宜设置水平外遮阳；

2 建筑外遮阳装置应兼顾通风及冬季日照。

3.2.6 建筑立面朝向的划分应符合下列规定：

1 北向应为北偏西60°至北偏东60°；

2 南向应为南偏西30°至南偏东30°；

3 西向应为西偏北30°至西偏南60°（包括西偏北30°和西偏南60°）；

4 东向应为东偏北30°至东偏南60°（包括东偏北30°和东偏南60°）。

3.2.7 甲类公共建筑的屋顶透光部分面积不应大于屋顶总面积的20%。当不能满足本条的规定时，必须按本标准规定的方法进行权衡判断。

3.2.8 单一立面外窗（包括透光幕墙）的有效通风换气面积应符合下列规定：

1 甲类公共建筑外窗（包括透光幕墙）应设可开启窗扇，其有效通风换气面积不宜小于所在房间外墙面积的10%；当透光幕墙受条件限制无法设置可开启窗扇时，应设置通风换气装置。

2 乙类公共建筑外窗有效通风换气面积不宜小于窗面积的30%。

3.2.9 外窗（包括透光幕墙）的有效通风换气面积应为开启扇面积和窗开启后的空气流通界面面积的较小值。

3.2.10 严寒地区建筑的外门应设置门斗；寒冷地区建筑面向冬季主导风向的外门应设置门斗或双层外门，其他外门宜设置门斗或应采取其他减少冷风渗透的措施；夏热冬冷、夏热冬暖和温和地区建筑的外门应采取保温隔热措施。

3.2.11 建筑中庭应充分利用自然通风降温，并可设置机械排风装置加强自然补风。

3.2.12 建筑设计应充分利用天然采光。天然采光不能满足照明要求的场所，宜采用导光、反光等装置将自然光引入室内。

3.2.13 人员长期停留房间的内表面可见光反射比宜符合表 3.2.13 的规定。

表 3.2.13 人员长期停留房间的内表面可见光反射比

房间内表面位置	可见光反射比	房间内表面位置	可见光反射比
顶棚	0.7～0.9	地面	0.3～0.5
墙面	0.5～0.8		

3.2.14 电梯应具备节能运行功能。两台及以上电梯集中排列时，应设置群控措施。电梯应具备无外部召唤且轿厢内一段时间无预置指令时，自动转为节能运行模式的功能。

3.2.15 自动扶梯、自动人行步道应具备空载时暂停或低速运转的功能。

3.3 围护结构热工设计

3.3.1 根据建筑热工设计的气候分区，甲类公共建筑的围护结构热工性能应分别符合表 3.3.1－1～表 3.3.1－6 的规定。当不能满足本条的规定时，必须按本标准规定的方法进行权衡判断。

表 3.3.1－1 严寒 A、B 区甲类公共建筑围护结构热工性能限值

围护结构部位		体形系数≤0.30	0.30＜体形系数≤0.50
		传热系数 K [W/(m²·K)]	
屋面		≤0.28	≤0.25
外墙（包括非透光幕墙）		≤0.38	≤0.35
底面接触室外空气的架空或外挑楼板		≤0.38	≤0.35
地下车库与供暖房间之间的楼板		≤0.50	≤0.50
非供暖楼梯间与供暖房间之间的隔墙		≤1.2	≤1.2
单一立面外窗（包括透光幕墙）	窗墙面积比≤0.20	≤2.7	≤2.5
	0.20＜窗墙面积比≤0.30	≤2.5	≤2.3
	0.30＜窗墙面积比≤0.40	≤2.2	≤2.0
	0.40＜窗墙面积比≤0.50	≤1.9	≤1.7
	0.50＜窗墙面积比≤0.60	≤1.6	≤1.4
	0.60＜窗墙面积比≤0.70	≤1.5	≤1.4
	0.70＜窗墙面积比≤0.80	≤1.4	≤1.3
	窗墙面积比＞0.80	≤1.3	≤1.2
屋顶透光部分（屋顶透光部分面积≤20%）		≤2.2	
围护结构部位		保温材料层热阻 R [(m²·K)/W]	
周边地面		≥1.1	
供暖地下室与土壤接触的外墙		≥1.1	
变形缝（两侧墙内保温时）		≥1.2	

表 3.3.1－1 严寒 C 区甲类公共建筑围护结构热工性能限值

围护结构部位	体形系数≤0.30	0.30＜体形系数≤0.50
	传热系数 K [w/(m²·K)]	
屋面	≤0.35	≤0.28
外墙（包括非透光幕墙）	≤0.43	≤0.38
底面接触室外空气的架空或外挑楼板	≤0.43	≤0.38
地下车库与供暖房间之间的楼板	≤0.70	≤0.70
非供暖楼梯间与供暖房间之间的隔墙	≤1.5	≤1.5

续表

围护结构部位		体形系数≤0.30	0.30<体形系数≤0.50
		传热系数 K [w/(m²·K)]	
单一立面外窗（包括透光幕墙）	窗墙面积比≤0.20	≤2.9	≤2.7
	0.20<窗墙面积比≤0.30	≤2.6	≤2.4
	0.30<窗墙面积比≤0.40	≤2.3	≤2.1
	0.40<窗墙面积比≤0.50	≤2.0	≤1.7
	0.50<窗墙面积比≤0.60	≤1.7	≤1.5
	0.60<窗墙面积比≤0.70	≤1.7	≤1.5
	0.70<窗墙面积比≤0.80	≤1.5	≤1.4
	窗墙面积比>0.80	≤1.4	≤1.3
屋顶透光部分（屋顶透光部分面积≤20%）		≤2.3	
围护结构部位		保温材料层热阻 R [(m²·K)/W]	
周边地面		≥1.1	
供暖地下室与土壤接触的外墙		≥1.1	
变形缝（两侧墙内保温时）		≥1.2	

表 3.3.1-3　寒冷地区甲类公共建筑围护结构热工性能限值

围护结构部位		体形系数≤0.30		0.30<体形系数≤0.50	
		传热系数 K [w/(m²·K)]	太阳得热系数 SHGC（东、南、西向/北向）	传热系数 K [w/(m²·K)]	太阳得热系数 SHGC（东、南、西向/北向）
屋面		≤0.45	—	≤0.40	—
外墙（包括非透光幕墙）		≤0.50	—	≤0.45	—
底面接触室外空气的架空或外挑楼板		≤0.50	—	≤0.45	—
地下车库与供暖房间之间的楼板		≤1.0	—	≤1.0	—
非供暖楼梯间与供暖房间之间的隔墙		≤1.5	—	≤1.5	—
单一立面外窗（包括透光幕墙）	窗墙面积比≤0.20	≤3.0	—	≤2.8	—
	0.20<窗墙面积比≤0.30	≤2.7	≤0.52/—	≤2.5	≤0.52/—
	0.30<窗墙面积比≤0.40	≤2.4	≤0.48/—	≤2.2	≤0.48/—
	0.40<窗墙面积比≤0.50	≤2.2	≤0.43/—	≤1.9	≤0.43/—
	0.50<窗墙面积比≤0.60	≤2.0	≤0.40/—	≤1.7	≤0.40/—
	0.60<窗墙面积比≤0.70	≤1.9	≤0.35/0.60	≤1.7	≤0.35/0.60
	0.70<窗墙面积比≤0.80	≤1.6	≤0.35/0.52	≤1.5	≤0.35/0.52
	窗墙面积比>0.8	≤1.5	≤0.30/0.52	≤1.4	≤0.30/0.52
屋顶透光部分（屋顶透光部分面积≤20%）		≤2.4	≤0.44	≤2.4	≤0.35
围护结构部位		保温材料层热阻 R [(m²·K)/W]			
周边地面		≥0.60			
供暖、空调地下室外墙（与土壤接触的墙）		≥0.60			
变形缝（两侧墙内保温时）		≥0.90			

表 3.3.1-4　夏热冬冷地区甲类公共建筑围护结构热工性能限值

围护结构部位		传热系数 K [w/(m²·K)]	太阳得热系数 SHGC（东、南、西向/北向）
屋面	围护结构热惰性指标 D≤2.5	≤0.40	—
	围护结构热惰性指标 D>2.5	≤0.50	
外墙（包括非透光幕墙）	围护结构热惰性指标 D≤2.5	≤0.60	—
	围护结构热惰性指标 D>2.5	≤0.80	

续表

围护结构部位		传热系数 K [w/(m²·K)]	太阳得热系数 SHGC (东、南、西向/北向)
底面接触室外空气的架空或外挑楼板		≤0.70	—
单一立面外窗 (包括透光幕墙)	窗墙面积比≤0.20	≤3.5	—
	0.20＜窗墙面积比≤0.30	≤3.0	≤0.44/0.48
	0.30＜窗墙面积比≤0.40	≤2.6	≤0.40/0.44
	0.40＜窗墙面积比≤0.50	≤2.4	≤0.35/0.40
	0.50＜窗墙面积比≤0.60	≤2.2	≤0.35/0.40
	0.60＜窗墙面积比≤0.70	≤2.2	≤0.30/0.35
	0.70＜窗墙面积比≤0.80	≤2.0	≤0.26/0.35
	窗墙面积比＞0.80	≤1.8	≤0.24/0.30
屋顶透明部分 (屋顶透明部分面积≤20%)		≤2.6	≤0.30

表 3.3.1-5 夏热冬暖地区甲类公共建筑围护结构热工性能限值

围护结构部位		传热系数 K [W/(m²·K)]	太阳得热系数 SHGC (东、南、西向/北向)
屋面	围护结构热惰性指标 $D\leqslant 2.5$	≤0.50	—
	围护结构热惰性指标 $D>2.5$	≤0.80	
外墙 (包括非透光幕墙)	围护结构热惰性指标 $D\leqslant 2.5$	≤0.80	—
	围护结构热惰性指标 $D>2.5$	≤1.5	
底面接触室外空气的架空或外挑楼板		≤1.5	—
单一立面外窗 (包括透光幕墙)	窗墙面积比≤0.20	≤5.2	≤0.52/—
	0.20＜窗墙面积比≤0.30	≤4.0	≤0.44/0.52
	0.30＜窗墙面积比≤0.40	≤3.0	≤0.35/0.44
	0.40＜窗墙面积比≤0.50	≤2.7	≤0.35/0.40
	0.50＜窗墙面积比≤0.60	≤2.5	≤0.26/0.35
	0.60＜窗墙面积比≤0.70	≤2.5	≤0.24/0.30
	0.70＜窗墙面积比≤0.80	≤2.5	≤0.22/0.26
	窗墙面积比＞0.80	≤2.0	≤0.18/0.26
屋顶透光部分 (屋顶透光部分面积≤20%)		≤3.0	≤0.30

表 3.3.1-6 温和地区甲类公共建筑围护结构热工性能限值

围护结构部位		传热系数 K [W/(m²·K)]	太阳得热系数 SHGC (东、南、西向/北向)
屋面	围护结构热惰性指标 D≤2.5	≤0.50	—
	围护结构热惰性指标 D＞2.5	≤0.80	
外墙 (包括非透光幕墙)	围护结构热惰性指标 D≤2.5	≤0.80	—
	围护结构热惰性指标 D＞2.5	≤1.5	
单一立面外窗 (包括透光幕墙)	窗墙面积比≤0.20	≤5.2	—
	0.20＜窗墙面积比≤0.30	≤4.0	≤0.44/0.48
	0.30＜窗墙面积比≤0.40	≤3.0	≤0.40/0.44
	0.40＜窗墙面积比≤0.50	≤2.7	≤0.35/0.40
	0.50＜窗墙面积比≤0.60	≤2.5	≤0.35/0.40
	0.60＜窗墙面积比≤0.70	≤2.5	≤0.30/0.35
	0.70＜窗墙面积比≤0.80	≤2.5	≤0.26/0.35
	窗墙面积比＞0.80	≤2.0	≤0.24/0.30
屋顶透光部分 (屋顶透光部分面积≤20%)		≤3.0	≤0.30

注 传热系数 K 只适用于温和 A 区，温和 B 区的传热系数 K 不作要求。

3.3.2 乙类公共建筑的围护结构热工性能应符合表 3.3.2-1 和表 3.3.2-2 的规定。

表 3.3.2-1　乙类公共建筑屋面、外墙、楼板热工性能限值

围护结构部位	传热系数 K [W/(m²·K)]				
	严寒 A、B 区	严寒 C 区	寒冷地区	夏热冬冷地区	夏热冬暖地区
屋面	≤0.35	≤0.45	≤0.55	≤0.70	≤0.90
外墙（包括非透光幕墙）	≤0.45	≤0.50	≤0.60	≤1.0	≤1.5
底面接触室外空气的架空或外挑楼板	≤0.45	≤0.50	≤0.60	≤1.0	—
地下车库和供暖房间与之间的楼板	≤0.50	≤0.70	≤1.0	—	—

表 3.3.2-2　乙类公共建筑外窗（包括透光幕墙）热工性能限值

围护结构部位	传热系数 K [W/(m²·K)]					太阳得热系数 SHGC		
外窗（包括透光幕墙）	严寒 A、B 区	严寒 C 区	寒冷地区	夏热冬冷地区	夏热冬暖地区	寒冷地区	夏热冬冷地区	夏热冬暖地区
单一立面外窗（包括透光幕墙）	≤2.0	≤2.2	≤2.5	≤3.0	≤4.0	—	≤0.52	≤0.48
屋顶透光部分（屋顶透光部分面积≤20%）	≤2.0	≤2.2	≤2.5	≤3.0	≤4.0	≤0.44	≤0.35	≤0.30

3.3.3　建筑围护结构热工性能参数计算应符合下列规定：

1　外墙的传热系数应为包括结构性热桥在内的平均传热系数，平均传热系数应按本标准附录 A 的规定进行计算；

2　外窗（包括透光幕墙）的传热系数应按现行国家标准《民用建筑热工设计规范》GB 50176 的有关规定计算；

3　当设置外遮阳构件时，外窗（包括透光幕墙）的太阳得热系数应为外窗（包括透光幕墙）本身的太阳得热系数与外遮阳构件的遮阳系数的乘积。外窗（包括透光幕墙）本身的太阳得热系数和外遮阳构件的遮阳系数应按现行国家标准《民用建筑热工设计规范》GB 50176 的有关规定计算。

3.3.4　屋面、外墙和地下室的热桥部位的内表面温度不应低于室内空气露点温度。

3.3.5　建筑外门、外窗的气密性分级应符合国家标准《建筑外门窗气密、水密、抗风压性能分级及检测方法》GB/T 7106—2008 中第 4.1.2 条的规定，并应满足下列要求：

1　10 层及以上建筑外窗的气密性不应低于 7 级；

2　10 层以下建筑外窗的气密性不应低于 6 级；

3　严寒和寒冷地区外门的气密性不应低于 4 级。

3.3.6　建筑幕墙的气密性应符合国家标准《建筑幕墙》GB/T 21086—2007 中第 5.1.3 条的规定且不应低于 3 级。

3.3.7　当公共建筑入口大堂采用全玻幕墙时，全玻幕墙中非中空玻璃的面积不应超过同一立面透光面积（门窗和玻璃幕墙）的 15%，且应按同一立面透光面积（含全玻幕墙面积）加权计算平均传热系数。

3.4　围护结构热工性能的权衡判断

3.4.1　进行围护结构热工性能权衡判断前，应对设计建筑的热工性能进行核查；当满足下列基本要求时，方可进行权衡判断：

1　屋面的传热系数基本要求应符合表 3.4.1-1 的规定。

表 3.4.1-1　屋面的传热系数基本要求

传热系数 K [W/(m²·K)]	严寒 A、B 区	严寒 C 区	寒冷地区	夏热冬冷地区	夏热冬暖地区
	≤0.35	≤0.45	≤0.55	≤0.70	≤0.90

2　外墙（包括非透光幕墙）的传热系数基本要求应符合表 3.4.1-2 的规定。

表 3.4.1-2 外墙（包括非透光幕墙）的传热系数基本要求

传热系数 K [W/(m²·K)]	严寒 A、B 区	严寒 C 区	寒冷地区	夏热冬冷地区	夏热冬暖地区
	≤0.45	≤0.50	≤0.60	≤1.0	≤1.5

3 当单一立面的窗墙面积比大于或等于 0.40 时，外窗（包括透光幕墙）的传热系数和综合太阳得热系数基本要求应符合表 3.4.1-3 的规定。

表 3.4.1-3 外窗（包括透光幕墙）的传热系数和太阳得热系数基本要求

气候分区	窗墙面积比	传热系数 K [W/(m²·K)]	太阳得热系数 SHGC
严寒 A、B 区	0.40＜窗墙面积比≤0.60	≤2.5	—
	窗墙面积比＞0.60	≤2.2	
严寒 C 区	0.40＜窗墙面积比≤0.60	≤2.6	—
	窗墙面积比＞0.60	≤2.3	
寒冷地区	0.40＜窗墙面积比≤0.70	≤2.7	—
	窗墙面积比＞0.70	≤2.4	
夏热冬冷地区	0.40＜窗墙面积比≤0.70	≤3.0	≤0.44
	窗墙面积比＞0.70	≤2.6	
夏热冬暖地区	0.40＜窗墙面积比≤0.70	≤4.0	
	窗墙面积比＞0.70	≤3.0	≤0.44

3.4.2 建筑围护结构热工性能的权衡判断，应首先计算参照建筑在规定条件下的全年供暖和空气调节能耗，然后计算设计建筑在相同条件下的全年供暖和空气调节能耗，当设计建筑的供暖和空气调节能耗小于或等于参照建筑的供暖和空气调节能耗时，应判定围护结构的总体热工性能符合节能要求。当设计建筑的供暖和空气调节能耗大于参照建筑的供暖和空气调节能耗时，应调整设计参数重新计算，直至设计建筑的供暖和空气调节能耗不大于参照建筑的供暖和空气调节能耗。

3.4.3 参照建筑的形状、大小、朝向、窗墙面积比、内部的空间划分和使用功能应与设计建筑完全一致。当设计建筑的屋顶透光部分的面积大于本标准第 3.2.7 条的规定时，参照建筑的屋顶透光部分的面积应按比例缩小，使参照建筑的屋顶透光部分的面积符合本标准第 3.2.7 条的规定。

3.4.4 参照建筑围护结构的热工性能参数取值应按本标准第 3.3.1 条的规定取值。参照建筑的外墙和屋面的构造应与设计建筑一致。当本标准第 3.3.1 条对外窗（包括透光幕墙）太阳得热系数未作规定时，参照建筑外窗（包括透光幕墙）的太阳得热系数应与设计建筑一致。

3.4.5 建筑围护结构热工性能的权衡计算应符合本标准附录 B 的规定，并应按本标准附录 C 提供相应的原始信息和计算结果。

7 可再生能源应用

7.1 一般规定

7.1.1 公共建筑的用能应通过对当地环境资源条件和技术经济的分析，结合国家相关政策，优先应用可再生能源。

7.1.2 公共建筑可再生能源利用设施应与主体工程同步设计。

7.1.3 当环境条件允许且经济技术合理时，宜采用太阳能、风能等可再生能源直接并网供电。

7.1.4 当公共电网无法提供照明电源时，应采用太阳能、风能等发电并配置蓄电池的方式作为照明电源。

7.1.5 可再生能源应用系统宜设置监测系统节能效益的计量装置。

7.2 太阳能利用

7.2.1 太阳能利用应遵循被动优先的原则。公共建筑设计宜充分利用太阳能。

7.2.2 公共建筑宜采用光热或光伏与建筑一体化系统；光热或光伏与建筑一体化系统不应影响建筑

外围护结构的建筑功能，并应符合国家现行标准的有关规定。

7.2.3 公共建筑利用太阳能同时供热供电时，宜采用太阳能光伏光热一体化系统。

7.2.4 公共建筑设置太阳能热利用系统时，太阳能保证率应符合表7.2.4的规定。

表7.2.4 太阳能保证率 f（%）

太阳能资源区划	太阳能热水系统	太阳能供暖系统	太阳能空气调节系统
Ⅰ资源丰富区	≥60	≥50	≥45
Ⅱ资源较富区	≥50	≥35	≥30
Ⅲ资源一般区	≥40	≥30	≥25
Ⅳ资源贫乏区	≥30	≥25	≥20

7.2.5 太阳能热利用系统的辅助热源应根据建筑使用特点、用热量、能源供应、维护管理及卫生防菌等因素选择，并宜利用废热、余热等低品位能源和生物质、地热等其他可再生能源。

7.2.6 太阳能集热器和光伏组件的设置应避免受自身或建筑本体的遮挡。在冬至日采光面上的日照时数，太阳能集热器不应少于4h，光伏组件不宜少于3h。

7.3 地源热泵系统

7.3.1 公共建筑地源热泵系统设计时，应进行全年动态负荷与系统取热量、释热量计算分析，确定地热能交换系统，并宜采用复合热交换系统。

7.3.2 地源热泵系统设计应选用高能效水源热泵机组，并宜采取降低循环水泵输送能耗等节能措施，提高地源热泵系统的能效。

7.3.3 水源热泵机组性能应满足地热能交换系统运行参数的要求，末端供暖供冷设备选择应与水源热泵机组运行参数相匹配。

7.3.4 有稳定热水需求的公共建筑，宜根据负荷特点，采用部分或全部热回收型水源热泵机组。全年供热水时，应选用全部热回收型水源热泵机组或水源热水机组。

附录A 外墙平均传热系数的计算

A.0.1 外墙平均传热系数应按现行国家标准《民用建筑热工设计规范》GB 50176的有关规定进行计算。

A.0.2 对于一般建筑，外墙平均传热系数也可按下式计算：

$$K=\phi K_p \tag{A.0.2}$$

式中 K——外墙平均传热系数［W/(m²·K)］；

K_p——外墙主体部位传热系数［W/(m²·K)］；

ϕ——外墙主体部位传热系数的修正系数。

A.0.3 外墙主体部位传热系数的修正系数ϕ可按表A.0.3取值。

表A.0.3 外墙主体部位传热系数的修正系数ϕ

气候分区	外保温	夹心保温（自保温）	内保温
严寒地区	1.30	—	—
寒冷地区	1.20	1.25	—
夏热冬冷地区	1.10	1.20	1.20
夏热冬暖地区	1.00	1.05	1.05

附录B 围护结构热工性能的权衡计算

B.0.1 建筑围护结构热工性能权衡判断应采用能自动生成符合本标准要求的参照建筑计算模型的专用计算软件，软件应具有下列功能：

1 全年8760h逐时负荷计算；

2 分别逐时设置工作日和节假日室内人员数量、照明功率、设备功率、室内温度、供暖和空调系统运行时间；

3 考虑建筑围护结构的蓄热性能；

4 计算10个以上建筑分区；

5 直接生成建筑围护结构热工性能权衡判断计算报告。

B.0.2 建筑围护结构热工性能权衡判断应以参照建筑与设计建筑的供暖和空气调节总耗电量作为其能耗判断的依据。参照建筑与设计建筑的供暖耗煤量和耗气量应折算为耗电量。

B.0.3 参照建筑与设计建筑的空气调节和供暖能耗应采用同一软件计算，气象参数均应采用典型气象年数据。

B.0.4 计算设计建筑全年累计耗冷量和累计耗热量时，应符合下列规定：

1 建筑的形状、大小、朝向、内部的空间划分和使用功能、建筑构造尺寸、建筑围护结构传热系数、做法、外窗（包括透光幕墙）太阳得热系数、窗墙面积比、屋面开窗面积应与建筑设计文件一致；

2 建筑空气调节和供暖应按全年运行的两管制风机盘管系统设置。建筑功能区除设计文件明确为非空调区外，均应按设置供暖和空气调节计算；

3 建筑的空气调节和供暖系统运行时间、室内温度、照明功率密度值及开关时间、房间人均占有的使用面积及在室率、人员新风量及新风机组运行时间表、电气设备功率密度及使用率应按表B.0.4-1～表B.0.4-10设置。

表B.0.4-1 空气调节和供暖系统的日运行时间

类别	系统工作时间	
办公建筑	工作日	7：00～18：00
	节假日	—
宾馆建筑	全年	1：00～24：00
商场建筑	全年	8：00～21：00
医疗建筑——门诊楼	全年	8：00～21：00
学校建筑——教学楼	工作日	7：00～18：00
	节假日	—

表B.0.4-2 供暖空调区室内温度（℃）

建筑类别	运行时段	运行模式	下列计算时刻（h）供暖空调区室内设定温度（℃）											
			1	2	3	4	5	6	7	8	9	10	11	12
办公建筑、教学楼	工作日	空调	37	37	37	37	37	37	28	26	26	26	26	26
		供暖	5	5	5	5	5	12	18	20	20	20	20	20
	节假日	空调	37	37	37	37	37	37	37	37	37	37	37	37
		供暖	5	5	5	5	5	5	5	5	5	5	5	5
宾馆建筑、住院部	全年	空调	25	25	25	25	25	25	25	25	25	25	25	25
		供暖	22	22	22	22	22	22	22	22	22	22	22	22
商场建筑、门诊楼	全年	空调	37	37	37	37	37	37	37	28	25	25	25	25
		供暖	5	5	5	5	5	5	12	16	18	18	18	18
建筑类别	运行时段	运行模式	下列计算时刻（h）供暖空调区室内设定温度（℃）											
			13	14	15	16	17	18	19	20	21	22	23	24
办公建筑、教学楼	工作日	空调	26	26	26	26	26	26	37	37	37	37	37	37
		供暖	20	20	20	20	20	20	18	12	5	5	5	5
	节假日	空调	37	37	37	37	37	37	37	37	37	37	37	37
		供暖	5	5	5	5	5	5	5	5	5	5	5	5

续表

建筑类别	运行时段	运行模式	下列计算时刻（h）供暖空调区室内设定温度（℃）											
			13	14	15	16	17	18	19	20	21	22	23	24
宾馆 建筑、住院部	全年	空调	25	25	25	25	25	25	25	25	25	25	25	25
		供暖	22	22	22	22	22	22	22	22	22	22	22	22
商场 建筑、门诊楼	全年	空调	25	25	25	25	25	25	25	25	37	37	37	37
		供暖	18	18	18	18	18	18	18	18	12	5	5	5

表 B.0.4-3 照明功率密度值（W/m^2）

建筑类别	照明功率密度	建筑类别	照明功率密度
办公建筑	9.0	医院建筑-门诊楼	9.0
宾馆建筑	7.0	学校建筑-教学楼	9.0
商场建筑	10.0		

表 B.0.4-4 照明开关时间（%）

建筑类别	运行时段	下列计算时刻（h）照明开关时间（%）											
		1	2	3	4	5	6	7	8	9	10	11	12
办公建筑、教学楼	工作日	0	0	0	0	0	0	10	50	95	95	95	80
	节假日	0	0	0	0	0	0	0	0	0	0	0	0
宾馆建筑、住院部	全年	10	10	10	10	10	10	30	30	30	30	30	30
商场建筑、门诊楼	全年	10	10	10	10	10	10	10	50	60	60	60	60

建筑类别	运行时段	下列计算时刻（h）照明开关时间（%）											
		13	14	15	16	17	18	19	20	21	22	23	24
办公建筑、教学楼	工作日	80	95	95	95	95	30	30	0	0	0	0	0
	节假日	0	0	0	0	0	0	0	0	0	0	0	0
宾馆建筑、住院部	全年	30	30	50	50	60	90	90	90	90	80	10	10
商场建筑、门诊楼	全年	60	60	60	60	80	90	100	100	100	10	10	10

表 B.0.4-5 不同类型房间人均占有的建筑面积（m^2/人）

建筑类别	人均占有的建筑面积	建筑类别	人均占有的建筑面积
办公建筑	10	医院建筑-门诊楼	8
宾馆建筑	25	学校建筑-教学楼	6
商场建筑	8		

表 B.0.4-6 房间人员逐时在室率（%）

建筑类别	运行时段	下列计算时刻（h）房间人员逐时在室率（%）											
		1	2	3	4	5	6	7	8	9	10	11	12
办公建筑、教学楼	工作日	0	0	0	0	0	0	10	50	95	95	95	80
	节假日	0	0	0	0	0	0	0	0	0	0	0	0
宾馆建筑、住院部	全年	70	70	70	70	70	70	70	70	50	50	50	50
	全年	95	95	95	95	95	95	95	95	95	95	95	95
商场建筑、门诊楼	全年	0	0	0	0	0	0	0	20	50	80	80	80
	全年	0	0	0	0	0	0	0	20	50	95	80	40

续表

建筑类别	运行时段	下列计算时刻（h）房间人员逐时在室率（%）											
		13	14	15	16	17	18	19	20	21	22	23	24
办公建筑、教学楼	工作日	80	95	95	95	95	30	30	0	0	0	0	0
	节假日	0	0	0	0	0	0	0	0	0	0	0	0
宾馆建筑、住院部	全年	50	50	50	50	50	50	70	70	70	70	70	70
	全年	95	95	95	95	9S	95	95	95	95	95	95	95
商场建筑、门诊楼	全年	80	80	80	80	80	80	80	70	50	0	0	0
	全年	20	50	60	60	20	20	0	0	0	0	0	0

表 B.0.4－7　不同类型房间的人均新风量 [$m^3/(h \cdot 人)$]

建筑类别	新风量	建筑类别	新风量
办公建筑	30	医院建筑-门诊楼	30
宾馆建筑	30	学校建筑-教学楼	30
商场建筑	30		

表 B.0.4－8　新风运行情况（1 表示新风开启，0 表示新风关闭）

建筑类别	运行时段	下列计算时刻（h）新风运行情况											
		1	2	3	4	5	6	7	8	9	10	11	12
办公建筑、教学楼	工作日	0	0	0	0	0	0	1	1	1	1	1	1
	节假日	0	0	0	0	0	0	0	0	0	0	0	0
宾馆建筑、住院部	全年	1	1	1	1	1	1	1	1	1	1	1	1
	全年	1	1	1	1	1	1	1	1	1	1	1	1
商场建筑、门诊楼	全年	0	0	0	0	0	0	0	1	1	1	1	1
	全年	0	0	0	0	0	0	0	1	1	1	1	1

建筑类别	运行时段	下列计算时刻（h）新风运行情况											
		13	14	15	16	17	18	19	20	21	22	23	24
办公建筑、教学楼	工作日	1	1	1	1	1	1	1	0	0	0	0	0
	节假日	0	0	0	0	0	0	0	0	0	0	0	0
宾馆建筑、住院部	全年	1	1	1	1	1	1	1	1	1	1	1	1
	全年	1	1	1	1	1	1	1	1	1	1	1	1
商场建筑、门诊楼	全年	1	1	1	1	1	1	1	1	1	0	0	0
	全年	1	1	1	1	1	1	0	0	0	0	0	0

表 B.0.4－9　不同类型房间电器设备功率密度（W/m^2）

建筑类别	电器设备功率	建筑类别	电器设备功率
办公建筑	15	医院建筑-门诊楼	20
宾馆建筑	15	学校建筑-教学楼	5
商场建筑	13		

表 B.0.4-10 电气设备逐时使用率（%）

建筑类别	运行时段	下列计算时刻（h）电气设备逐时使用率											
		1	2	3	4	5	6	7	8	9	10	11	12
办公建筑、教学楼	工作日	0	0	0	0	0	0	10	50	95	95	95	50
	节假日	0	0	0	0	0	0	0	0	0	0	0	0
宾馆建筑、住院部	全年	0	0	0	0	0	0	0	0	0	0	0	0
	全年	95	95	95	95	95	95	95	95	95	95	95	95
商场建筑、门诊楼	全年	0	0	0	0	0	0	0	30	50	80	80	80
	全年	0	0	0	0	0	0	0	20	50	95	80	40
建筑类别	运行时段	下列计算时刻（h）电气设备逐时使用率											
		13	14	15	16	17	18	19	20	21	22	23	24
办公建筑、教学楼	工作日	50	95	95	95	95	30	30	0	0	0	0	0
	节假日	0	0	0	0	0	0	0	0	0	0	0	0
宾馆建筑、住院部	全年	0	0	0	0	0	80	80	80	80	80	0	0
	全年	95	95	95	95	95	95	95	95	95	95	95	95
商场建筑、门诊楼	全年	80	80	80	80	80	80	80	70	50	0	0	0
	全年	20	50	60	60	20	20	0	0	0	0	0	0

B.0.5 计算参照建筑全年累计耗冷量和累计耗热量时，应符合下列规定：

1 建筑的形状、大小、朝向、内部的空间划分和使用功能、建筑构造尺寸应与设计建筑一致；

2 建筑围护结构做法应与建筑设计文件一致，围护结构热工性能参数取值应符合本标准第 3.3 节的规定；

3 建筑空气调节和供暖系统的运行时间、室内温度、照明功率密度及开关时间、房间人均占有的使用面积及在室率、人员新风量及新风机组运行时间表、电气设备功率密度及使用率应与设计建筑一致；

4 建筑空气调节和供暖应采用全年运行的两管制风机盘管系统。供暖和空气调节区的设置应与设计建筑一致。

B.0.6 计算设计建筑和参照建筑全年供暖和空调总耗电量时，空气调节系统冷源应采用电驱动冷水机组；严寒地区、寒冷地区供暖系统热源应采用燃煤锅炉；夏热冬冷地区、夏热冬暖地区、温和地区供暖系统热源应采用燃气锅炉，并应符合下列规定：

1 全年供暖和空调总耗电量应按下式计算：

$$E=E_H+E_C \qquad \text{(B.0.6-1)}$$

式中 E——全年供暖和空调总耗电量（kWh/m^2）；

E_C——全年空调耗电量（kWh/m^2）；

E_H——全年供暖耗电量（kWh/m^2）。

2 全年空调耗电量应按下式计算：

$$EC=Q_C/A\times SCOP_T \qquad \text{(B.0.6-2)}$$

式中 Q_C——全年累计耗冷量（通过动态模拟软件计算得到）（kWh）；

A——总建筑面积（m^2）；

$SCOP_T$——供冷系统综合性能系数，取 2.50。

3 严寒地区和寒冷地区全年供暖耗电量应按下式计算：

$$E_H=Q_H/A_{\eta1}q_1q_2 \qquad \text{(B.0.6-3)}$$

式中 Q_H——全年累计耗热量（通过动态模拟软件计算得到）（kWh）；

η_1——热源为燃煤锅炉的供暖系统综合效率，取 0.60；

q_1——标准煤热值，取 8.14kWh/kgce；

q_2——发电煤耗（kgce/kWh），取 0.360kgce/kWh。

4 夏热冬冷、夏热冬暖和温和地区全年供暖耗电量应按下式计算：

$$E_H = Q_H \phi / A_{\eta 2} q_3 q_2 \quad (B.0.6-4)$$

式中 η_2——热源为燃气锅炉的供暖系统综合效率，取 0.75；

q_3——标准天然气热值，取 9.87kWh/m^3；

ϕ——天然气与标煤折算系数，取 1.21kgce/m^3。

《严寒和寒冷地区居住建筑节能设计标准》(JGJ 26—2010)（摘要）

其中，第 4.1.3、4.1.4、4.2.2、4.2.6、5.1.1、5.1.6、5.2.4、5.2.9、5.2.13、5.2.19、5.2.20、5.3.3、5.4.3、5.4.8 条为强制性条文，必须严格执行。

3 严寒和寒冷地区气候子区与室内热环境计算参数

3.0.1 依据不同的采暖度日数（HDD18）和空调度日数（CDD26）范围，可将严寒和寒冷地区进一步划分成为表 3.0.1 所示的 5 个气候子区。

表 3.0.1 严寒和寒冷地区居住建筑节能设计气候子区

气候子区		分区依据
严寒地区（Ⅰ区）	严寒（A）区	6000≤HDD18
	严寒（B）区	5000≤HDD18<6000
	严寒（C）区	3800≤HDD18<5000
寒冷地区（Ⅱ区）	寒冷（A）区	2000≤HDD18<3800，CDD26≤90
	寒冷（B）区	2000≤HDD18<3800，CDD26>90

3.0.2 室内热环境计算参数的选取应符合下列规定：

1 冬季采暖室内计算温度应取 18℃；

2 冬季采暖计算换气次数应取 0.5h^{-1}。

4 建筑与围护结构热工设计

4.1 一般规定

4.1.1 建筑群的总体布置，单体建筑的平面、立面设计和门窗的设置，应考虑冬季利用日照并避开冬季主导风向。

4.1.2 建筑物宜朝向南北或接近朝向南北。建筑物不宜设有三面外墙的房间，一个房间不宜在不同方向的墙面上设置两个或更多的窗。

4.1.3 严寒和寒冷地区居住建筑的体形系数不应大于表 4.1.3 规定的限值。当体形系数大于表 4.1.3 规定的限值时，必须按照本标准第 4.3 节的要求进行围护结构热工性能的权衡判断。

表 4.1.3 严寒和寒冷地区居住建筑的体形系数限值

	建筑层数			
	≤3 层	4～8 层	9～13 层	≥14 层
严寒地区	0.50	0.30	0.28	0.25
寒冷地区	0.52	0.33	0.30	0.26

4.1.4 严寒和寒冷地区居住建筑的窗墙面积比不应大于表 4.1.4 规定的限值。当窗墙面积比大于表 4.1.4 规定的限值时，必须按照本标准第 4.3 节的要求进行围护结构热工性能的权衡判断，并且在进行权衡判断时，各朝向的窗墙面积比最大也只能比表 4.1.4 中的对应值大 0.1。

4.1.5 楼梯间及外走廊与室外连接的开口处应设置窗或门，且该窗和门应能密闭。严寒（A）区和严寒（B）区的楼梯间宜采暖，设置采暖的楼梯间的外墙和外窗应采取保温措施。

4.2 围护结构热工设计

4.2.1 我国严寒和寒冷地区主要城市气候分区区属以及采暖度日数（HDD18）和空调度日数（CDD26）应按本标准附录A的规定确定。

4.2.2 根据建筑物所处城市的气候分区区属不同，建筑围护结构的传热系数不应大于表4.2.2-1～表4.2.2-5规定的限值，周边地面和地下室外墙的保温材料层热阻不应小于表4.2.2-1～表4.2.2-5规定的限值，寒冷（B）区外窗综合遮阳系数不应大于表4.2.2-6规定的限值。当建筑围护结构的热工性能参数不满足上述规定时，必须按照本标准第4.3节的规定进行围护结构热工性能的权衡判断。

表4.1.4 严寒和寒冷地区居住建筑的窗墙面积比限值

朝向	窗墙面积比	
	严寒地区	寒冷地区
北	0.25	0.30
东、西	0.30	0.35
南	0.45	0.50

注 1. 敞开式阳台的阳台门上部透明部分应计入窗户面积，下部不透明部分不应计入窗户面积。
2. 表中的窗墙面积比应按开间计算。表中的"北"代表从北偏东小于60°至北偏西小于60°的范围；"东、西"代表从东或西偏北小于等于30°至偏南小于60°的范围；"南"代表从南偏东小于等于30°至偏西小于等于30°的范围。

表4.2.2-1 严寒（A）区围护结构热工性能参数限值

围护结构部位		传热系数 K [W/(m²·K)]		
		≤3层建筑	4～8层建筑	≥9层建筑
屋面		0.20	0.25	0.25
外墙		0.25	0.40	0.50
架空或外挑楼板		0.30	0.40	0.40
非采暖地下室顶板		0.35	0.45	0.45
分隔采暖与非采暖空间的隔墙		1.2	1.2	1.2
分隔采暖与非采暖空间的户门		1.5	1.5	1.5
阳台门下部门芯板		1.2	1.2	1.2
外窗	窗墙面积比≤0.2	2.0	2.5	2.5
	0.2<窗墙面积比≤0.3	1.8	2.0	2.2
	0.3<窗墙面积比≤0.4	1.6	1.8	2.0
	0.4<窗墙面积比≤0.45	1.5	1.6	1.8
围护结构部位		保温材料层热阻 R [(m²·K)/W]		
周边地面		1.70	1.40	1.10
地下室外墙（与土壤接触的外墙）		1.80	1.50	1.20

表4.2.2-2 严寒（B）区围护结构热工性能参数限值

围护结构部位	传热系数 K [W/(m²·K)]		
	≤3层建筑	4～8层建筑	≥9层建筑
屋面	0.25	0.30	0.30
外墙	0.30	0.45	0.55
架空或外挑楼板	0.30	0.45	0.45
非采暖地下室顶板	0.35	0.50	0.50
分隔采暖与非采暖空间的隔墙	1.2	1.2	1.2
分隔采暖与非采暖空间的户门	1.5	1.5	1.5
阳台门下部门芯板	1.2	1.2	1.2

续表

围护结构部位		传热系数 K [W/(m²·K)]		
		≤3 层建筑	4~8 层建筑	≥9 层建筑
外窗	窗墙面积比≤0.2	2.0	2.5	2.5
	0.2<窗墙面积比≤0.3	1.8	2.2	2.2
	0.3<窗墙面积比≤0.4	1.6	1.9	2.0
	0.4<窗墙面积比≤0.45	1.5	1.7	1.8
围护结构部位		保温材料层热阻 R [(m²·K)/W]		
周边地面		1.40	1.10	0.83
地下室外墙（与土壤接触的外墙）		1.50	1.20	0.91

表 4.2.2-3　严寒（C）区围护结构热工性能参数限值

围护结构部位		传热系数 K [W/(m²·K)]		
		≤3 层建筑	4~8 层建筑	≥9 层建筑
屋　面		0.30	0.40	0.40
外　墙		0.35	0.50	0.60
架空或外挑楼板		0.35	0.50	0.50
非采暖地下室顶板		0.50	0.60	0.60
分隔采暖与非采暖空间的隔墙		1.5	1.5	1.5
分隔采暖与非采暖空间的户门		1.5	1.5	1.5
阳台门下部门芯板		1.2	1.2	1.2
外窗	窗墙面积比≤0.2	2.0	2.5	2.5
	0.2<窗墙面积比≤0.3	1.8	2.2	2.2
	0.3<窗墙面积比≤0.4	1.6	2.0	2.0
	0.4<窗墙面积比≤0.45	1.5	1.8	1.8
围护结构部位		保温材料层热阻 R [(m²·K)/W]		
周边地面		1.10	0.83	0.56
地下室外墙（与土壤接触的外墙）		1.20	0.91	0.61

表 4.2.2-4　寒冷（A）区围护结构热工性能参数限值

围护结构部位		传热系数 K [W/(m²·K)]		
		≤3 层建筑	4~8 层建筑	≥9 层建筑
屋　面		0.35	0.45	0.45
外　墙		0.45	0.60	0.70
架空或外挑楼板		0.45	0.60	0.60
非采暖地下室顶板		0.50	0.65	0.65
分隔采暖与非采暖空间的隔墙		1.5	1.5	1.5
分隔采暖与非采暖空间的户门		2.0	2.0	2.0
阳台门下部门芯板		1.7	1.7	1.7
外窗	窗墙面积比≤0.2	2.8	3.1	3.1
	0.2<窗墙面积比≤0.3	2.5	2.8	2.8
	0.3<窗墙面积比≤0.4	2.0	2.5	2.5
	0.4<窗墙面积比≤0.5	1.8	2.0	2.3
围护结构部位		保温材料层热阻 R [(m²·K)/W]		
周边地面		0.83	0.56	—
地下室外墙（与土壤接触的外墙）		0.91	0.61	—

表 4.2.2-5　寒冷（B）区围护结构热工性能参数限值

<table>
<tr><td colspan="2" rowspan="2">围护结构部位</td><td colspan="3">传热系数 K［W/（m²·K）］</td></tr>
<tr><td>≤3 层建筑</td><td>4～8 层建筑</td><td>≥9 层建筑</td></tr>
<tr><td colspan="2">屋　面</td><td>0.35</td><td>0.45</td><td>0.45</td></tr>
<tr><td colspan="2">外　墙</td><td>0.45</td><td>0.60</td><td>0.70</td></tr>
<tr><td colspan="2">架空或外挑楼板</td><td>0.45</td><td>0.60</td><td>0.60</td></tr>
<tr><td colspan="2">非采暖地下室顶板</td><td>0.50</td><td>0.65</td><td>0.65</td></tr>
<tr><td colspan="2">分隔采暖与非采暖空间的隔墙</td><td>1.5</td><td>1.5</td><td>1.5</td></tr>
<tr><td colspan="2">分隔采暖与非采暖空间的户门</td><td>2.0</td><td>2.0</td><td>2.0</td></tr>
<tr><td colspan="2">阳台门下部门芯板</td><td>1.7</td><td>1.7</td><td>1.7</td></tr>
<tr><td rowspan="4">外窗</td><td>窗墙面积比≤0.2</td><td>2.8</td><td>3.1</td><td>3.1</td></tr>
<tr><td>0.2<窗墙面积比≤0.3</td><td>2.5</td><td>2.8</td><td>2.8</td></tr>
<tr><td>0.3<窗墙面积比≤0.4</td><td>2.0</td><td>2.5</td><td>2.5</td></tr>
<tr><td>0.4<窗墙面积比≤0.5</td><td>1.8</td><td>2.0</td><td>2.3</td></tr>
<tr><td colspan="2">围护结构部位</td><td colspan="3">保温材料层热阻 R［（m²·K）/W］</td></tr>
<tr><td colspan="2">周边地面</td><td>0.83</td><td>0.56</td><td>—</td></tr>
<tr><td colspan="2">地下室外墙（与土壤接触的外墙）</td><td>0.91</td><td>0.61</td><td>—</td></tr>
</table>

注　周边地面和地下室外墙的保温材料层不包括土壤和混凝土地面。

表 4.2.2-6　寒冷（B）区外窗综合遮阳系数限值

<table>
<tr><td colspan="2" rowspan="2">围护结构部位</td><td colspan="3">遮阳系数 SC（东、西向/南、北向）</td></tr>
<tr><td>≤3 层建筑</td><td>4～8 层建筑</td><td>≥9 层建筑</td></tr>
<tr><td rowspan="4">外窗</td><td>窗墙面积比≤0.2</td><td>—/—</td><td>—/—</td><td>—/—</td></tr>
<tr><td>0.2<窗墙面积比≤0.3</td><td>—/—</td><td>—/—</td><td>—/—</td></tr>
<tr><td>0.3<窗墙面积比≤0.4</td><td>0.45/—</td><td>0.45/—</td><td>0.45/—</td></tr>
<tr><td>0.4<窗墙面积比≤0.5</td><td>0.35/—</td><td>0.35/—</td><td>0.35/—</td></tr>
</table>

4.2.3　围护结构热工性能参数计算应符合下列规定：

1　外墙的传热系数系指考虑了热桥影响后计算得到的平均传热系数，平均传热系数应按本标准附录 B 的规定计算。

2　窗墙面积比应按建筑开间计算。

3　周边地面是指室内距外墙内表面 2m 以内的地面，周边地面的传热系数应按本标准附录 C 的规定计算。

4　窗的综合遮阳系数应按下式计算：

$$SC = SC_C \times SD = SC_B \times (1 - F_K/F_C) \times SD \tag{4.2.3}$$

式中　SC——窗的综合遮阳系数；

SC_C——窗本身的遮阳系数；

SC_B——玻璃的遮阳系数；

F_K——窗框的面积；

F_C——窗的面积，F_K/F_C 为窗框面积比，PVC 塑钢窗或木窗窗框面积比可取 0.30，铝合金窗窗框面积比可取 0.20；

SD——外遮阳的遮阳系数，应按本标准附录 D 的规定计算。

4.2.4　寒冷（B）区建筑的南向外窗（包括阳台的透明部分）宜设置水平遮阳或活动遮阳。东、西向的外窗宜设置活动遮阳。外遮阳的遮阳系数应按本标准附录 D 确定。当设置了展开或关闭后可以全部遮蔽窗户的活动式外遮阳时，应认定满足本标准第4.2.2条对外窗的遮阳系数的要求。

4.2.5 居住建筑不宜设置凸窗。严寒地区除南向外不应设置凸窗，寒冷地区北向的卧室、起居室不得设置凸窗。

当设置凸窗时，凸窗凸出（从外墙面至凸窗外表面）不应大于400mm；凸窗的传热系数限值应比普通窗降低15%，且其不透明的顶部、底部、侧面的传热系数应小于或等于外墙的传热系数。当计算窗墙面积比时，凸窗的窗面积和凸窗所占的墙面积应按窗洞口面积计算。

4.2.6 外窗及敞开式阳台门应具有良好的密闭性能。严寒地区外窗及敞开式阳台门的气密性等级不应低于国家标准《建筑外门窗气密、水密、抗风压性能分级及检测方法》（GB/T 7106—2008）中规定的6级。寒冷地区1～6层的外窗及敞开式阳台门的气密性等级不应低于国家标准《建筑外门窗气密、水密、抗风压性能分级及检测方法》（GB/T 7106—2008）中规定的4级，7层及7层以上不应低于6级。

4.2.7 封闭式阳台的保温应符合下列规定：

1 阳台和直接连通的房间之间应设置隔墙和门、窗。

2 当阳台和直接连通的房间之间不设置隔墙和门、窗时，应将阳台作为所连通房间的一部分。阳台与室外空气接触的墙板、顶板、地板的传热系数必须符合本标准第4.2.2条的规定，阳台的窗墙面积比必须符合本标准第4.1.4条的规定。

3 当阳台和直接连通的房间之间设置隔墙和门、窗，且所设隔墙、门、窗的传热系数不大于本标准第4.2.2条表中所列限值，窗墙面积比不超过本标准表4.1.4的限值时，可不对阳台外表面作特殊热工要求。

4 当阳台和直接连通的房间之间设置隔墙和门、窗，且所设隔墙、门、窗的传热系数大于本标准第4.2.2条表中所列限值时，阳台与室外空气接触的墙板、顶板、地板的传热系数不应大于本标准第4.2.2条表中所列限值的120%，严寒地区阳台窗的传热系数不应大于2.5W/（m^2·K），寒冷地区阳台窗的传热系数不应大于3.1W/（m^2·K），阳台外表面的窗墙面积比不应大于60%，阳台和直接连通房间隔墙的窗墙面积比不应超过本标准表4.1.4的限值。当阳台的面宽小于直接连通房间的开间宽度时，可按房间的开间计算隔墙的窗墙面积比。

4.2.8 外窗（门）框与墙体之间的缝隙，应采用高效保温材料填堵，不得采用普通水泥砂浆补缝。

4.2.9 外窗（门）洞口室外部分的侧墙面应做保温处理，并应保证窗（门）洞口室内部分的侧墙面的内表面温度不低于室内空气设计温、湿度条件下的露点温度，减小附加热损失。

4.2.10 外墙与屋面的热桥部位均应进行保温处理，并应保证热桥部位的内表面温度不低于室内空气设计温、湿度条件下的露点温度，减小附加热损失。

4.2.11 变形缝应采取保温措施，并应保证变形缝两侧墙的内表面温度在室内空气设计温、湿度条件下不低于露点温度。

4.2.12 地下室外墙应根据地下室不同用途，采取合理的保温措施。

附录D 外遮阳系数的简化计算

D.0.2 各种组合形式的外遮阳系数，可由参加组合的各种形式遮阳的外遮阳系数的乘积来近似确定。

例如：水平式＋垂直式组合的外遮阳系数＝水平式遮阳系数×垂直式遮阳系数

水平式＋挡板式组合的外遮阳系数＝水平式遮阳系数×挡板式遮阳系数

《城市绿地设计规范》（GB 50420—2007）（摘要）

其中，第3.0.8、3.0.10、3.0.11、3.0.12、4.0.5、4.0.6、4.0.7、4.0.11、4.0.12、5.0.12、

6.2.4、6.2.5、7.1.2、7.5.3、7.6.2、7.10.1、8.1.3、8.3.5条为强制性条文，必须严格执行。

1 总则

1.0.1 为促进城市绿地建设，改善生态和景观，保证城市绿地符合适用、经济、安全、健康、环保、美观、防护等基本要求，确保设计质量，制定本规范。

1.0.2 本规范适用于城市绿地设计。

1.0.3 城市绿地设计应贯彻人与自然和谐共存、可持续发展，经济合理等基本原则，创造良好生态和景观效果，促进人的身心健康。

1.0.4 城市绿地设计除应执行本规范外，尚应符合国家现行有关标准的规定。

3 基本规定

3.0.1 城市绿地设计内容应包括：总体设计、单项设计、单体设计等。

3.0.2 城市绿地设计应以批准的城市绿地系统规划为依据，明确绿地的范围和性质，根据其定性、定位作出总体设计。

3.0.3 城市绿地总体设计应符合绿地功能要求，因地制宜，发挥城市绿地的生态、景观、生产等作用，达到功能完善、布局合理、植物多样、景观优美的效果。

3.0.4 城市绿地设计应根据基地的实际情况，提倡对原有生态环境保护、利用和适当改造的设计理念。

3.0.5 城市绿地布局宜多样统一，简洁而不单调，各分区间应有机联系。城市绿地应与周围环境协调统一。

3.0.6 不同性质、类型的城市绿地内绿色植物种植面积占用地总面积（陆地）比例，应符合国家现行有关标准的规定。城市绿地设计应以植物为主要元素，植物配置应注重植物生态习性、种植形式和植物群落的多样性、合理性。

3.0.7 城市绿地范围内原有树木宜保留、利用。如因特殊需要在非正常移栽期移植，应采取相应技术措施确保成活，胸径在250mm以上的慢长树种，应原地保留。

3.0.8 城市绿地范围内的古树名木必须原地保留。

3.0.9 城市绿地的建筑应与环境协调，并符合以下规定：

1 公园绿地内建筑占地面积应按公园绿地性质和规模确定游憩、服务、管理建筑占用地面积比例，小型公园绿地不应大于3%，大型公园绿地宜为5%，动物园、植物园、游乐园可适当提高比例。

2 其他绿地内各类建筑占用地面积之和不得大于陆地总面积的2%。

3.0.10 城市开放绿地的出入口、主要道路、主要建筑等应进行无障碍设计，并与城市道路无障碍设施连接。

3.0.11 地震烈度6度以上（含6度）的地区，城市开放绿地必须结合绿地布局设置专用防灾、救灾设施和避难场地。

3.0.12 城市绿地中涉及游人安全处必须设置相应警示标识。

3.0.13 城市开放绿地应按游人行为规律和分布密度，设置坐椅、废物箱和照明等服务设施。

3.0.14 城市绿地设计应积极选用环保材料，宜采取节能措施，充分利用太阳能、风能以及中水等资源。

3.0.15 城市绿地中道路、广场等的铺装宜采用透气、透水的环保材料。

4 竖向设计

4.0.1 城市绿地的竖向设计应以总体设计布局及控制高程为依据。

4.0.2 竖向设计应满足植物的生态习性要求，有利于雨水的排蓄，有利于创造多种地貌和多种园林空间，丰富景观层次。

4.0.3 基地内原有的地形地貌、植被、水系宜保护、利用，必要时可因地制宜作适当改造，宜就地平衡土方。

4.0.4 对原地表层适宜栽植的土壤，应加以保护并有效利用，不适宜栽植的土壤，应以客土更换。

4.0.5 在改造地形填挖土方时，应避让基地内的古树名木，并留足保护范围（树冠投影外3～8m），应有良好的排水条件，且不得随意更改树木根颈处的地形标高。

4.0.6 绿地内山坡、谷地等地形必须保持稳定。当土坡超过土壤自然安息角呈不稳定时，必须采用挡土墙、护坡等技术措施，防止水土流失或滑坡。

4.0.7 土山堆置高度应与堆置范围相适应，并应做承载力计算，防止土山位移、滑坡或大幅度沉降而破坏周边环境。

4.0.8 若用填充物堆置土山时，其上部覆盖土厚度应符合植物正常生长的要求。

4.0.9 绿地中的水体应有充足的水源和水量，除雨、雪、地下水等水源外，小面积水体也可以人工补给水源。水体的常水位与池岸顶边的高差宜在0.3m，并不宜超过0.5m。水体可设闸门或溢水口以控制水位。

4.0.10 水体深度应随不同要求而定，栽植水生植物及营造人工湿地时，水深宜为0.1～1.2m。

4.0.11 城市开放绿地内，水体岸边2m范围内的水深不得大于0.7m；当达不到此要求时，必须设置安全防护设施。

4.0.12 未经处理或处理未达标的生活污水和生产废水不得排入绿地水体。在污染区及其邻近地区不得设置水体。

4.0.13 水体应以原土构筑池底并采用种植水生植物、养鱼等生物措施，促进水体自净。若遇漏水，应设防渗漏设施。

4.0.14 水体的驳岸、护坡，应确保稳定、安全，并宜栽种护岸植物。

5 种植设计

5.0.1 种植设计应以绿地总体设计对植物布局的要求为依据。

5.0.2 种植设计应优先选择符合当地自然条件的适生植物。

5.0.3 种植设计中当选用外界引入新植物种类（品种）时，应避免有害物种入侵。

5.0.4 设计复层种植时，上下层植物应符合生态习性要求，并应避免相互产生不良影响。

5.0.5 绿地种植土壤的理化性状应符合当地有关植物种植的土壤标准。

5.0.6 种植配置应符合生态、游憩、景观等功能要求，并便于养护管理。

5.0.7 植物种植设计应体现整体与局部、统一与变化、主景与配景及基调树种、季相变化等关系。应充分利用植物的枝、花、叶、果等形态和色彩，合理配置植物，形成群落结构多种和季相变化丰富的植物景观。

5.0.8 种植设计应以乔木为主，并以常绿树与落叶树相结合，速生树与慢长树相结合，乔、灌、草相结合，使植物群落具有良好的景观与生态效益。

5.0.9 基地内原有生长较好的植物，应予保留并组合成景。新配植的树木应与原有树木相互协调，不得影响原有树木的生长。

5.0.10 种植设计应有近、远期不同的植物景观要求。重要地段应兼顾近、远期景观效果。

5.0.11 城市绿地的停车场宜配植庇荫乔木、绿化隔离带，并铺设植草地坪。

5.0.12 儿童游乐区严禁配置有毒、有刺等易对儿童造成伤害的植物。

5.0.13 屋顶绿化应根据屋面及建筑整体的允许荷载和防渗要求进行设计，不得影响建筑结构安全及排水。

5.0.14 屋顶绿化的土壤应采用轻型介质，其底层应设置性能良好的滤水层、排水层和防水层。

5.0.15 屋顶绿化乔木栽植位置应设在柱顶或梁上，并采取抗风措施。

5.0.16 屋顶绿化应选择喜光、抗风、抗逆性强的植物。

5.0.17 开山筑路而形成的裸露坡面，可喷播草籽或设置攀缘绿化。

6 道路、桥梁

6.1 道路

6.1.1 城市绿地内道路设计应以绿地总体设计为依据，按游览、观景、交通、集散等需求，与山水、树木、建筑、构筑物及相关设施相结合，设置主路、支路、小路和广场，形成完整的道路系统。

6.1.2 城市绿地应设2个或2个以上出入口，出入口的选址应符合城市规划及绿地总体布局要求，出入口应与主路相通。出入口旁应设置集散广场和停车场。

6.1.3 绿地的主路应构成环道，并可通行机动车。主路宽度不应小于3.00m。通行消防车的主路宽度不应小于3.50m，小路宽度不应小于0.80m。

6.1.4 绿地内道路应随地形曲直、起伏。主路纵坡不宜大于8%，山地主路纵坡不应大于12%。支路、小路纵坡不宜大于18%。当纵坡超过18%时，应设台阶，台阶级数不应少于2级。

6.1.5 绿地的道路及铺装地坪宜设透水、透气、防滑的路面和铺地。喷水池边应设防滑地坪。

6.1.6 依山或傍水且对游人存在安全隐患的道路，应设置安全防护栏杆，栏杆高度必须大于1.05m。

6.2 桥梁

6.2.1 桥梁设计应以绿地总体设计布局为依据，与周边环境相协调，并应满足通航的要求。

6.2.2 考虑重车较少，通行机动车的桥梁应按公路二级荷载的80%计算，桥两端应设置限载标志。

6.2.3 人行桥梁，桥面活荷载应按3.5kN/m² 计算，桥头设置车障。

6.2.4 不设护栏的桥梁、亲水平台等临水岸边，必须设置宽2.00m以上的水下安全区，其水深不得超过0.70m。汀步两侧水深不得超过0.50m。

6.2.5 通游船的桥梁，其桥底与常水位之间的净空高度不应小于1.50m。

7 园林建筑、园林小品

7.1 园林建筑

7.1.1 园林建筑设计应以绿地总体设计为依据，景观、游览、休憩、服务性建筑除应执行相应建筑设计规范外，还应遵循下列原则：

1 优化选址。遵循“因地制宜”、“精在体宜”、“巧于因借”的原则，选择最佳地址，建筑与山水、植物等自然环境相协调，建筑不应破坏景观。

2 控制规模。除公园外，城市绿地内的建筑占用地面积不得超过陆地总面积的2%。

3 创造特色。园林建筑设计应运用新理念、新技术、新材料，充分利用太阳能、风能、热能等天然能源，利用当地的社会和自然条件，创造富有鲜明地方特点、民族特色的园林建筑。

7.1.2 动物笼舍、温室等特种园林建筑设计，必须满足动物和植物的生态习性要求，同时还应满足游人观赏视觉和人身安全要求，并满足管理人员人身安全及操作方便的要求。

7.2 围墙

7.2.1 城市绿地不宜设置围墙，可因地制宜选择沟渠、绿墙、花篱或栏杆等替代围墙。必须设置围墙的城市绿地宜采用透空花墙或围栏，其高度宜在0.80～2.20m。

7.3 厕所

7.3.1 城市开放绿地内厕所的服务半径不应超过250m。节假日厕位不足时，可设活动厕所补充。厕所位置应便于游人寻找，厕所的外型应与环境相协调，不应破坏景观。

7.3.2 城市开放绿地内厕所的厕位数量应按男女各半或女多男少设计。宜以蹲式便器为主，并设拉手。每个厕所应有一个无障碍厕位及男女各一个坐式便器。男厕所内还宜设一个低位小便器。

7.3.3 城市绿地内厕所必须通风、通水、清洁、无臭。

7.3.4 厕所应设防滑地面，宜采用脚踏式或感应式节水水龙头。

7.3.5 厕所的污水不得直接排入江河湖海或景观水体，必须经净化处理达标后浇灌绿地，或排入市政污水管道。

7.4 园椅、废物箱、饮水器

7.4.1 城市开放绿地应按游人流量、观景、避风向阳、庇荫、遮雨等因素合理设置园椅或座凳，其数量可根据游人量调整，宜为 20～50 个/ha。

7.4.2 城市开放绿地的休息座椅旁应按不小于 10%的比例设置轮椅停留位置。

7.4.3 城市绿地内应设置废物箱分类收集垃圾，在主路上每 100m 应设 1 个以上，游人集中处适当增加。

7.4.4 公园绿地宜设置饮水器，饮水器及水质必须符合饮用水卫生标准。

7.5 水景

7.5.1 城市绿地的水景设计应以总体布局及当地的自然条件、经济条件为依据，因地制宜合理布局水景的种类、形式，水景应以天然水源为主。

7.5.2 喷泉设计应以每天运行为前提，合理确定其形式，并应与环境相协调。

7.5.3 景观水体必须采用过滤、循环、净化、充氧等技术措施，保持水质洁净。与游人接触的喷泉不得使用再生水。

7.5.4 城市绿地的水岸宜采用坡度为 1∶2～1∶6 的缓坡，水位变化比较大的水岸，宜设护坡或驳岸。绿地的水岸宜种植护岸且能净化水质的湿生、水生植物。

7.6 堆山、置石

7.6.1 城市绿地以自然地形为主，应慎重抉择大规模堆山、叠石。堆叠假山宜少而精。

7.6.2 人工堆叠假山应以安全为前提进行总体造型和结构设计，造型应完整美观、结构应牢固耐久。

7.6.3 叠石设计应对石质、色彩、纹理、形态、尺度有明确设计要求。

7.6.4 人工堆叠假山除应用天然山石外，也可采用人工塑石。

7.6.5 局部独立放置的景石宜少而精，并与环境协调。

7.7 园灯

7.7.1 夜间开放的城市绿地应设置园灯。应根据实际需要适量合理选用庭园灯、草坪灯、泛光灯、地坪灯或壁灯等。

7.7.2 园灯设计应与周边环境相协调，使园灯成为景观的一部分。

7.7.3 绿地的照明灯，应采用节能灯具，并宜使用太阳能灯具。

7.8 雕塑

7.8.1 城市绿地内雕塑的题材、形式、材料和体量应与所处环境相协调。

7.8.2 城市绿地应慎重选用纪念雕塑和大型主题雕塑，且应获得相关主管部门认可、核准。

7.9 标识

7.9.1 指示标识应采用国家现行标准规定的公共信息图形。

7.10 游戏及健身设施

7.10.1 城市绿地内儿童游戏及成人健身设备及场地，必须符合安全、卫生的要求，并应避免干扰周边环境。

7.10.2 儿童游戏场地宜采用软质地坪或洁净的沙坑。沙坑周边应设防沙粒散失的措施。

8 给水、排水及电气

8.1 给水

8.1.1 给水设计用水量应根据各类设施的生活用水、消防用水、浇洒道路和绿化用水、水景补水、管网渗漏水和未预见用水等确定总体用水量。

8.1.2 绿地内天然水或中水的水量和水质能满足绿化灌溉要求时，应首选天然水或中水。

8.1.3 绿地内生活给水系统不得与其他给水系统连接。确需连接时，应有生活给水系统防回流污染的措施。

8.1.4 绿化灌溉给水管网从地面算起最小服务水压应为0.10MPa，当绿地内有堆山和地势较高处需供水，或所选用的灌溉喷头和洒水栓有特定压力要求时，其最小服务水压应按实际要求计算。

8.1.5 给水管宜随地形敷设，在管路系统高凸处应设自动排气阀，在管路系统低凹处应设泄水阀。

8.1.6 景观水池应有补水管、放空管和溢水管。当补水管的水源为自来水时，应有防止给水管被回流污染的措施。

8.2 排水

8.2.1 排水体制应根据当地市政排水体制、环境保护等因素综合比较后确定。

8.2.2 绿地排水宜采用雨水、污水分流制。污水不得直接排入水体，必须经处理达标后排入。

8.2.3 绿地内雨水的排放宜利用地形，以地面径流方式排入道路雨水系统或其他雨水系统。绿地排水宜采用明沟、盲沟、透水管（板）、雨水口等集水、排水措施。

8.2.4 绿地外部的地表排水不应引入绿地内。

8.2.5 地下建筑及构筑物上的绿地应有排水措施。

8.2.6 绿地内的污水、废水处理工艺，宜根据进出水质、水量等要求，采用生物处理或生态处理技术。

8.3 电气

8.3.1 绿地景观照明及灯光造景应考虑生态和环保要求，避免光污染影响，室外灯具上射逸出光不应大于总输出光通量的25%。

8.3.2 城市绿地用电应为三级负荷，绿地中游人较多的交通广场的用电应为二级负荷；低压配电宜采用放射式和树干式相结合的系统，供电半径不宜超过0.30km。

8.3.3 室外照明配电系统在进线电源处应装设具有检修隔离功能的四级开关。

8.3.4 城市绿地中的电气设备及照明灯具不应使用0类防触电保护产品。

8.3.5 安装在水池内、旱喷泉内的水下灯具必须采用防触电等级为Ⅲ类、防护等级为IPX8的加压水密型灯具，电压不得超过12V。旱喷泉内禁止直接使用电压超过12V的潜水泵。

8.3.6 喷水池的结构钢筋、进出水池的金属管道及其他金属件、配电系统的PE线应做局部等电位连接。

8.3.7 室外配电装置的金属构架、金属外壳、电缆的金属外皮、穿线金属管、灯具的金属外壳及金属灯杆，应与接地装置相连（接PE线）。

8.3.8 城市开放绿地内宜设置公用电话亭和有线广播系统。

《城市居住区规划设计规范》
（GB 50180—93）（2002年版）（摘要）

其中，1.0.3、3.0.1、3.0.2、3.0.3、5.0.2（第1款）、5.0.5（第2款）、5.0.6（第1款）、6.0.1、6.0.3、6.0.5、7.0.1、7.0.2（第3款）、7.0.4（第1款的第5项）、7.0.5条为强制性条文，必须严格执行。

7 绿地

7.0.1 居住区内绿地，应包括公共绿地、宅旁绿地、配套公建所属绿地和道路绿地，其中包括了满

足当地植树绿化覆土要求、方便居民出入的地下或半地下建筑的屋顶绿地。

7.0.2 居住区内绿地应符合下列规定。

7.0.2.1 一切可绿化的用地均应绿化，并宜发展垂直绿化。

7.0.2.2 宅间绿地应精心规划与设计；宅间绿地面积的计算办法应符合本规范第11章中有关规定。

7.0.2.3 绿地率：新区建设不应低于30%；旧区改建不宜低于25%。

7.0.3 居住区内的绿地规划，应根据居住区的规划布局形式、环境特点及用地的具体条件，采用集中与分散相结合，点、线、面相结合的绿地系统。并宜保留和利用规划范围内的已有树木和绿地。

7.0.4 居住区内的公共绿地，应根据居住区不同的规划布局形式设置相应的中心绿地，以及老年人、儿童活动场地和其他的块状、带状公共绿地等，并应符合下列规定：

7.0.4.1 中心绿地的设置应符合下列规定：

(1) 符合表7.0.4-1规定，表内"设置内容"可视具体条件选用。

表7.0.4-1 各级中心绿地设置规定

中心绿地名称	设置内容	要求	最小规模 (hm^2)
居住区公园	花木草坪、花坛水面、凉亭雕塑、小卖茶座、老幼设施、停车场地和铺装地面等	园内布局应明确的功能划分	1.00
小游园	花木草坪、花坛水面、雕塑、儿童设施和铺装地面等	园内布局应有一定的功能划分	0.40
组团绿地	花木草坪、桌椅、简易儿童设施等	灵活布局	0.04

(2) 至少应有一个边与相应级别的道路相邻。

(3) 绿化面积（含水面）不宜小于70%。

(4) 便于居民休憩、散步和交往之用，宜采用开敞式，以绿篱或其他通透式院墙栏杆作分隔。

(5) 组团绿地的设置应满足有不少于1/3的绿地面积在标准的建筑日照阴影线范围之外的要求，并便于设置儿童游戏设施和适于成人游憩活动。其中院落式组团绿地的设置还应同时满足表7.0.4-2中的各项要求，其面积计算起止界应符合本规范第11章中有关规定。

表7.0.4-2 院落式组团绿地设置规定

封闭型绿地		开敞型绿地	
南侧多层楼	南侧高层楼	南侧多层楼	南侧高层楼
$L \geqslant 1.5L_2$ $L \geqslant 30m$	$L \geqslant 1.5L_2$ $L \geqslant 50m$	$L \geqslant 1.5L_2$ $L \geqslant 30m$	$L \geqslant 1.5L_2$ $L \geqslant 50m$
$S_1 \geqslant 800m^2$	$S_1 \geqslant 1800m^2$	$S_1 \geqslant 500m^2$	$S_1 \geqslant 1200m^2$
$S_2 \geqslant 1000m^2$	$S_2 \geqslant 2000m^2$	$S_2 \geqslant 600m^2$	$S_2 \geqslant 1400m^2$

注 1. L—南北两楼正面间距（m）；L_2—当地住宅的标准日照间距（m）；S_1—北侧为多层楼的组团绿地面积（m^2）；S_2—北侧为高层楼的组团绿地面积（m^2）。

2. 开敞型院落式组团绿地应符合本规范附录A第A.0.4条规定。

7.0.4.2 其他块状带状公共绿地应同时满足宽度不小于8m，面积不小于400m^2和本条第1款(2)、(3)、(4)项及第(5)项中的日照环境要求。

7.0.4.3 公共绿地的位置和规模，应根据规划用地周围的城市级公共绿地的布局综合确定。

7.0.5 居住区内公共绿地的总指标，应根据居住人口规模分别达到：组团不少于0.5m^2/人，小区（含组团）不少于1m^2/人，居住区（含小区与组团）不少于1.5m^2/人，并应根据居住区规划布局形

式统一安排、灵活使用。

旧区改建可酌情降低，但不得低于相应指标的70%。

11 综合技术经济指标

11.0.2 各项指标的计算，应符合下列规定：

11.0.2.4 绿地面积应按下列规定确定：

(1) 宅旁（宅间）绿地面积计算的起止界应符合本规范附录A第A.0.2条的规定：绿地边界对宅间路、组团路和小区路算到路边，当小区路设有人行便道时算到便道边，沿居住区路、城市道路则算到红线；距房屋墙脚1.5m；对其他围墙、院墙算到墙脚。

(2) 道路绿地面积计算，以道路红线内规划的绿地面积为准进行计算。

(3) 院落式组团绿地面积计算起止界应符合本规范附录A第A.0.3条的规定：绿地边界距宅间路、组团路和小区路路边1.0m；当小区路有人行便道时，算到人行便道边；临城市道路、居住区级道路时算到道路红线；距房屋墙脚1.5m。

(4) 开敞型院落组团绿地，应符合本规范表7.0.4-2要求；至少有一个面面向小区路，或向建筑控制线宽度不小于10m的组团级主路敞开，并向其开设绿地的主要出入口和满足本规范附录A第A.0.4条的规定。

(5) 其他块状、带状公共绿地面积计算的起止界同院落式组团绿地；沿居住区（级）道路、城市道路的公共绿地算到红线。

《公园设计规范》(CJJ 48—92)(摘要)

第二章 一 般 规 定

第一节 与城市规划的关系

2.1.1 公园的用地范围和性质，应以批准的城市总体规划和绿地系统规划为依据。

2.1.2 市、区级公园的范围线应与城市道路红线重合，条件不允许时，必须设通道使主要出入口与城市道路衔接。

2.1.3 公园沿城市道路部分的地面标高应与该道路路面标高相适应，并采取措施，避免地面径流冲刷、污染城市道路和公园绿地。

2.1.4 沿城市主、次干道的市、区级公园主要出入口的位置，必须与城市交通和游人走向、流量相适应，根据规划和交通的需要设置游人集散广场。

2.1.5 公园沿城市道路、水系部分的景观，应与该地段城市风貌相协调。

2.1.6 城市高压输配电架空线通道内的用地不应按公园设计。公园用地与高压输配电架空线通道相邻处，应有明显界限。

2.1.7 城市高压输配电架空线以外的其他架空线和市政管线不宜通过公园，特殊情况时过境应符合下列规定：

1 选线符合公园总体设计要求；

2 通过乔、灌木种植区的地下管线与树木的水平距离符合附录2的规定；

3 管线从乔、灌木设计位置下部通过，其埋深大于1.5m，从现状大树下部通过，地面不得开槽且埋深大于3m。根据上部荷载，对管线采取必要的保护措施；

4 通过乔木林的架空线，提出保证树木正常生长的措施。

第二节 内 容 和 规 模

2.2.1 公园设计必须以创造优美的绿色自然环境为基本任务，并根据公园类型确定其特有的内容。

2.2.2 综合性公园的内容应包括多种文化娱乐设施、儿童游戏场和安静休憩区，也可设游戏型体育设施。在已有动物园的城市，其综合性公园内不宜设大型或猛兽类动物展区。全园面积不宜小于 $10hm^2$。

2.2.3 儿童公园应有儿童科普教育内容和游戏设施，全园面积宜大于 $2hm^2$。

2.2.4 动物园应有适合动物生活的环境；游人参观、休息、科普的设施；安全、卫生隔离的设施和绿带；饲料加工场以及兽医院。检疫站、隔离场和饲料基地不宜设在园内。全园面积宜大于 $20hm^2$。

专类动物园应以展出具有地区或类型特点的动物为主要内容。全园面积宜在 $5\sim20hm^2$ 之间。

2.2.5 植物园应创造适于多种植物生长的立地环境，应有体现本园特点的科普展览区和相应的科研实验区。全园面积宜大于 $40hm^2$。

专类植物园应以展出具有明显特征或重要意义的植物为主要内容，全园面积宜大于 $2hm^2$。盆景园应以展出各种盆景为主要内容。独立的盆景园面积宜大于 $2hm^2$。

2.2.6 风景名胜公园应在保护好自然和人文景观的基础上，设置适量游览路、休憩、服务和公用等设施。

2.2.7 历史名园修复设计必须符合《中华人民共和国文物保护法》的规定。为保护或参观使用而设置防火设施、值班室、厕所及水电等工程管线，也不得改变文物原状。

2.2.8 其他专类公园，应有名副其实的主题内容。全园面积宜大于 $2hm^2$。

2.2.9 居住区公园和居住小区游园，必须设置儿童游戏设施，同时应照顾老人的游憩需要。居住区公园陆地面积随居住区人口数量而定，宜在 $5\sim10hm^2$ 之间。居住小区游园面积宜大于 $0.5hm^2$。

2.2.10 带状公园，应具有隔离、装饰街道和供短暂休憩的作用。园内应设置简单的休憩设施，植物配置应考虑与城市环境的关系及园外行人、乘车人对公园外貌的观赏效果。

2.2.11 街旁游园，应以配置精美的园林植物为主，讲究街景的艺术效果并应设有供短暂休憩的设施。

第三节　园内主要用地比例

2.3.1 公园内部用地比例应根据公园类型和陆地面积确定。其绿化、建筑、园路及铺装场地等用地的比例应符合表 2.3.1 的规定。

2.3.2 表 2.3.1 中Ⅰ、Ⅱ、Ⅲ三项上限与Ⅳ下限之和不足 100%，剩余用地应供以下情况使用：

1 一般情况增加绿化用地的面积或设置各种活动用的铺装场地、院落、棚架、花架、假山等构筑物；

2 公园陆地形状或地貌出现特殊情况时园路及铺装场地的增值。

2.3.3 公园内园路及铺装场地用地，可在符合下列条件之一时按表 2.3.1 规定值适当增大，但增值不得超过公园总面积的 5%。

1 公园平面长宽比值大于 3；

2 公园面积一半以上的地形坡度超过 50%；

3 水体岸线总长度大于公园周边长度。

表 2.3.1　公园内部用地比例（%）

陆地面积（hm^2）	用地类型	公园类型												
		综合性公园	儿童公园	动物园	专类动物园	植物园	专类植物园	盆景园	风景名胜公园	其他专类公园	居住区公园	居住小区游园	带状公园	街旁游园
<2	Ⅰ	—	15～25	—	—	—	15～25	15～25	—	—	—	10～20	15～30	15～30
	Ⅱ	—	<1.0	—	—	—	<1.0	<1.0	—	—	—	<0.5	<0.5	—
	Ⅲ	—	<4.0	—	—	—	<7.0	<8.0	—	—	—	<2.5	<2.5	<1.0
	Ⅳ	—	>65	—	—	—	>65	>65	—	—	—	>75	>65	>65

陆地面积（hm^2）	用地类型	公园类型												
		综合性公园	儿童公园	动物园	专类动物园	植物园	专类植物园	盆景园	风景名胜公园	其他专类公园	居住区公园	居住小区游园	带状公园	街旁游园
2～<5	Ⅰ	—	10～20	—	10～20	—	10～20	10～20	—	10～20	10～20	—	15～30	15～30
	Ⅱ	—	<1.0	—	<2.0	—	<1.0	<1.0	—	<1.0	<0.5	—	<0.5	—
	Ⅲ	—	<4.0	—	<12	—	<7.0	<8.0	—	<5.0	<2.5	—	<2.0	<1.0
	Ⅳ	—	>65	—	>65	—	>70	>65	—	>70	>75	—	>65	>65
5～<10	Ⅰ	8～18	8～18	—	8～18	—	8～18	8～18	—	8～18	8～18	—	10～25	10～25
	Ⅱ	<1.5	<2.0	—	<1.0	—	<1.0	<2.0	—	<1.0	<0.5	—	<0.5	<0.2
	Ⅲ	<5.5	<4.5	—	<14	—	<5.0	<8.0	—	<4.0	<2.0	—	<1.5	<1.3
	Ⅳ	>70	>65	—	>65	—	>70	>70	—	>75	>75	—	>70	>70
10～<20	Ⅰ	5～15	5～15	—	5～15	—	5～15	—	—	5～15	—	—	10～25	—
	Ⅱ	<1.5	<2.0	—	<1.0	—	<1.0	—	—	<0.5	—	—	<0.5	—
	Ⅲ	<4.5	<4.5	—	<14	—	<4.0	—	—	<3.5	—	—	<1.5	—
	Ⅳ	>75	>70	—	>65	—	>75	—	—	>80	—	—	>70	—
20～<50	Ⅰ	5～15	—	5～15	—	5～10	—	—	—	5～15	—	—	10～25	—
	Ⅱ	<1.0	—	<1.5	—	<0.5	—	—	—	<0.5	—	—	<0.5	—
	Ⅲ	<4.0	—	<12.5	—	<3.5	—	—	—	<2.5	—	—	<1.5	—
	Ⅳ	>75	—	>70	—	>85	—	—	—	>80	—	—	>70	—
>50	Ⅰ	5～10	—	5～10	—	3～8	—	—	3～8	5～10	—	—	—	—
	Ⅱ	<1.0	—	<1.5	—	<0.5	—	—	<0.5	<0.5	—	—	—	—
	Ⅲ	<3.0	—	<11.5	—	<2.5	—	—	<2.5	<1.5	—	—	—	—
	Ⅳ	>80	—	>75	—	>85	—	—	>85	>85	—	—	—	—

注 Ⅰ—园路及铺装场地；Ⅱ—管理建筑；Ⅲ—游览、休憩、服务、公用建筑；Ⅳ—绿化用地。

第四节　常　规　设　施

2.4.1　常规设施项目的设置，应符合表 2.4.1 的规定。

表 2.4.1　公 园 常 规 设 施

设施类型	设施项目	陆地规模（hm^2）					
		<2	2～<5	5～<10	10～<20	20～<50	≥50
游憩设施	亭或廊	○	○	●	●	●	●
	厅、榭、码头	—	○	○	○	○	○
	棚 架	○	○	○	○	○	○
	园椅、园凳	●	●	●	●	●	●
	成人活动场	○	●	●	●	●	●
服务设施	小卖店	○	○	●	●	●	●
	茶座、咖啡厅	—	○	○	○	●	●
	餐厅	—	—	○	○	●	●
	摄影部	—	—	○	○	○	○
	售票房	○	○	○	○	●	●

续表

设施类型	设施项目	陆地规模（hm^2）					
		<2	2～<5	5～<10	10～<20	20～<50	≥50
公用设施	厕所	○	●	●	●	●	●
	园灯	○	●	●	●	●	●
	公用电话	—	○	○	●	●	●
	果皮箱	●	●	●	●	●	●
	饮水站	○	○	○	○	○	○
	路标、导游牌	○	○	●	●	●	●
	停车场	—	○	○	○	○	●
	自行车存车处	○	○	●	●	●	●
管理设施	管理办公室	○	●	●	●	●	●
	治安机构	—	—	○	●	●	●
	垃圾站	—	—	○	●	●	●
	变电室、泵房	—	—	○	○	●	●
	生产温室荫棚	—	—	○	○	●	●
	电话交换站	—	—	—	○	○	●
	广 播 室	—	—	○	●	●	●
	仓库	—	○	●	●	●	●
	修理车间	—	—	—	○	●	●
	管理班（组）	—	○	○	○	●	●
	职工食堂	—	—	○	○	○	●
	淋浴室	—	—	—	○	○	●
	车库	—	—	—	○	○	●

注 “●”表示应设；“○”表示可设。

2.4.2 公园内不得修建与其性质无关的、单纯以营利为目的的餐厅、旅馆和舞厅等建筑。公园中方便游人使用的餐厅、小卖店等服务设施的规模应与游人容量相适应。

2.4.3 游人使用的厕所面积大于 $10hm^2$ 的公园，应按游人容量的 2%设置厕所蹲位（包括小便斗位数），小于 $10hm^2$ 者按游人容量的 1.5%设置；男女蹲位比例为 1∶1～1.5；厕所的服务半径不宜超过 250m；各厕所内的蹲位数应与公园内的游人分布密度相适应；在儿童游戏场附近，应设置方便儿童使用的厕所；公园宜设方便残疾人使用的厕所。

2.4.4 公用的条凳、坐椅、美人靠（包括一切游览建筑和构筑物中的在内）等，其数量应按游人容量的 20%～30%设置，但平均每 $1hm^2$ 陆地面积上的座位数最低不得少于 20，最高不得超过 150。分布应合理。

2.4.5 停车场和自行车存车处的位置应设于各游人出入口附近，不得占用出入口内外广场，其用地面积应根据公园性质和游人使用的交通工具确定。

2.4.6 园路、园桥、铺装场地、出入口及游览服务建筑周围的照明标准，可参照有关标准执行。

第三章 总 体 设 计

第一节 容 量 计 算

3.1.1 公园设计必须确定公园的游人容量，作为计算各种设施的容量、个数、用地面积以及进行公园管理的依据。

3.1.2 公园游人容量应按下式计算：

$$C = A/A_m \qquad (3.1.2)$$

式中 C——公园游人容量（人）；

A——公园总面积（m^2）；

A_m——公园游人人均占有面积（m^2/人）。

3.1.3 市、区级公园游人人均占有公园面积以 $60m^2$ 为宜，居住区公园、带状公园和居住小区游园以 $30m^2$ 为宜；近期公共绿地人均指标低的城市，游人人均占有公园面积可酌情降低，但最低游人人均占有公园的陆地面积不得低于15m²。风景名胜公园游人人均占有公园面积宜大于100m²。

3.1.4 水面和坡度大于50%的陡坡山地面积之和超过总面积的50%的公园，游人人均占有公园面积应适当增加，其指标应符合表3.1.4的规定。

表3.1.4 水面和陡坡面积较大的公园游人人均占有面积指标

水面和陡坡面积占总面积比例（%）	0～50	60	70	80
近期游人占有公园面积（m²/人）	≥30	≥40	≥50	≥75
远期游人占有公园面积（m²/人）	≥60	≥75	≥100	≥150

第二节 布 局

3.2.1 公园的总体设计应根据批准的设计任务书，结合现状条件对功能或景区划分、景观构想、景点设置、出入口位置、竖向及地貌、园路系统、河湖水系、植物布局以及建筑物和构筑物的位置、规模、造型及各专业工程管线系统等作出综合设计。

3.2.2 功能或景区划分，应根据公园性质和现状条件，确定各分区的规模及特色。

3.2.3 出入口设计，应根据城市规划和公园内部布局要求，确定游人主、次和专用出入口的位置；需要设置出入口内外集散广场、停车场、自行车存车处，应确定其规模要求。

3.2.4 园路系统设计，应根据公园的规模、各分区的活动内容、游人容量和管理需要，确定园路的路线、分类分级和园桥、铺装场地的位置和特色要求。

3.2.5 园路的路网密度，宜在200～380m/hm²之间；动物园的路网密度宜在160～300m/hm²之间。

3.2.6 主要园路应具有引导游览的作用，易于识别方向。游人大量集中地区的园路要做到明显、通畅、便于集散。通行养护管理机械的园路宽度应与机具、车辆相适应。通向建筑集中地区的园路应有环行路或回车场地。生产管理专用路不宜与主要游览路交叉。

3.2.7 河湖水系设计，应根据水源和现状地形等条件，确定园中河湖水系的水量、水位、流向；水闸或水井、泵房的位置；各类水体的形状和使用要求。游船水面应按船的类型提出水深要求和码头位置；游泳水面应划定不同水深的范围；观赏水面应确定各种永生植物的种植范围和不同的水深要求。

3.2.8 全园的植物组群类型及分布，应根据当地的气候状况、园外的环境特征、园内的立地条件，结合景观构想、防护功能要求和当地居民游赏习惯确定，应做到充分绿化和满足多种游憩及审美的要求。

3.2.9 建筑布局，应根据功能和景观要求及市政设施条件等，确定各类建筑物的位置、高度和空间关系，并提出平面形式和出入口位置。

3.2.10 公园管理设施及厕所等建筑物的位置，应隐蔽又方便使用。

3.2.11 需要采暖的各种建筑物或动物馆舍，宜采用集中供热。

3.2.12 公园内水、电、燃气等线路布置，不得破坏景观，同时应符合安全、卫生、节约和便于维修的要求。电气、上下水工程的配套设施、垃圾存放场及处理设施应设在隐蔽地带。

3.2.13 公园内不宜设置架空线路，必须设置时，应符合下列规定：

1 避开主要景点和游人密集活动区；

2 不得影响原有树木的生长，对计划新栽的树木，应做出解决树木和架空线路矛盾的措施。

3.2.14 公园内景观最佳地段，不得设置餐厅及集中的服务设施。

第三节 竖 向 控 制

3.3.1 竖向控制应根据公园四周城市道路规划标高和园内主要内容，充分利用原有地形地貌，提出主要景物的高程及对其周围地形的要求，地形标高还必须适应拟保留的现状物和地表水的排放。

3.3.2 竖向控制应包括下列内容：山顶；最高水位、常水位、最低水位；水底；驳岸顶部；园路主要转折点、交叉点和变坡点；主要建筑的底层和室外地坪；各出入口内、外地面；地下工程管线及地下构筑物的埋深；园内外佳景的相互因借观赏点的地面高程。

第四节　现　状　处　理

3.4.1　公园范围内的现状地形、水体、建筑物、构筑物、植物、地上或地下管线和工程设施，必须进行调查，作出评价，提出处理意见。

3.4.2　在保留的地下管线和工程设施附近进行各种工程或种植设计时，应提出对原有物的保护措施和施工要求。

3.4.3　园内古树名木严禁砍伐或移植，并应采取保护措施。

3.4.4　古树名木的保护必须符合下列规定：

1　古树名木保护范围的划定必须符合下列要求：

（1）成林地带外缘树树冠垂直投影以外 5.0m 所围合的范围；

（2）单株树同时满足树冠垂直投影及其外侧 5.0m 宽和距树干基部外缘水平距离为胸径 20 倍以内。

2　保护范围内，不得损坏表土层和改变地表高程，除保护及加固设施外，不得设置建筑物、构筑物及架（埋）设各种过境管线，不得栽植缠绕古树名木的藤本植物；

3　保护范围附近，不得设置造成古树名木处于阴影下的高大物体和排泄危及古树名木的有害水、气的设施；

4　采取有效的工程技术措施和创造良好的生态环境，维护其正常生长。

3.4.5　原有健壮的乔木、灌木、藤本和多年生草本植物应保留利用。在乔木附近设置建筑物、构筑物和工程管线，必须符合下列规定：

1　水平距离符合附录二、附录三的规定；

2　在上款规定的距离内不得改变地表高程；

3　不得造成积水。

3.4.6　有文物价值和纪念意义的建筑物、构筑物，应保留并结合到园内景观之中。

第四章　地　形　设　计

第一节　一　般　规　定

4.1.1　地形设计应以总体设计所确定的各控制点的高程为依据。

4.1.2　土方调配设计应提出利用原表层栽植土的措施。

4.1.3　栽植地段的栽植土层厚度应符合附录四的规定。

4.1.4　人力剪草机修剪的草坪坡度不应大于 25%。

4.1.5　大高差或大面积填方地段的设计标高，应计入当地土壤的自然沉降系数。

4.1.6　改造的地形坡度超过土壤的自然安息角时，应采取护坡、固土或防冲刷的工程措施。

4.1.7　在无法利用自然排水的低洼地段，应设计地下排水管沟。

4.1.8　地形改造后的原有各种管线的覆土深度，应符合有关标准的规定。

第二节　地　表　排　水

4.2.1　创造地形应同时考虑园林景观和地表水的排放，各类地表的排水坡度宜符合表 4.2.1 的规定。

表 4.2.1　各类地表的排水坡度（%）

地表类型	最大坡度	最小坡度	最适坡度	地表类型		最大坡度	最小坡度	最适坡度
草地	33	1.0	1.5～10	铺装场地	平原地区	1	0.3	—
运动草地	2	0.5	1					
栽植地表	视土质而定	0.5	3～5		丘陵山区	3	0.3	—

4.2.2　公园内的河、湖最高水位，必须保证重要的建筑物、构筑物和动物笼舍不被水淹。

第三节　水　体　外　缘

4.3.1　水工建筑物、构筑物应符合下列规定：

1　水体的进水口、排水口和溢水口及闸门的标高，应保证适宜的水位和泄洪、清淤的需要；

2　下游标高较高至使排水不畅时，应提出解决的措施；

3　非观赏型水工设施应结合造景采取隐蔽措施。

4.3.2　硬底人工水体的近岸2.0m范围内的水深，不得大于0.7m，达不到此要求的应设护栏。无护栏的园桥、汀步附近2.0m范围以内的水深不得大于0.5m。

4.3.3　溢水口的口径应考虑常年降水资料中的一次性最高降水量。

4.3.4　护岸顶与常水位的高差，应兼顾景观、安全、游人近水心理和防止岸体冲刷。

第五章　园路及铺装场地设计

第一节　园　　路

5.1.1　各级园路应以总体设计为依据，确定路宽、平曲线和竖曲线的线形以及路面结构。

5.1.2　园路宽度宜符合表5.1.2的规定。

表5.1.2　园　路　宽　度　(m)

园路级别	陆地面积（hm^2）			
	＜2	2～＜10	10～＜50	＞50
主　路	2.0～3.5	2.5～4.5	3.5～5.0	5.0～7.0
支　路	1.2～2.0	2.0～3.5	2.0～3.5	3.5～5.0
小　路	0.9～1.2	0.9～2.0	1.2～2.0	1.2～3.0

5.1.3　园路线形设计应符合下列规定：

1　与地形、水体、植物、建筑物、铺装场地及其他设施结合，形成完整的风景构图；

2　创造连续展示园林景观的空间或欣赏前方景物的透视线；

3　路的转折、衔接通顺，符合游人的行为规律。

5.1.4　主路纵坡宜小于8%，横坡宜小于3%，粒料路面横坡宜小于4%，纵、横坡不得同时无坡度。山地公园的园纵坡应小于12%，超过12%应作防滑处理。主园路不宜设梯道，必须设梯道时，纵坡宜小于36%。

5.1.5　支路和小路纵坡宜小于18%。纵坡超过15%路段，路面应作防滑处理；纵坡超过18%，宜按台阶、梯道设计，台阶踏步数不得少于2级，坡度大于58%的梯道应作防滑处理，宜设置护栏设施。

5.1.6　经常通行机动车的园路宽度应大于4m，转弯半径不得小于12m。

5.1.7　园路在地形险要的地段应设置安全防护设施。

5.1.8　通往孤岛、山顶等卡口的路段，宜设通行复线；必须沿原路返回的，宜适当放宽路面。应根据路段行程及通行难易程度，适当设置供游人短暂休憩的场所及护栏设施。

5.1.9　园路及铺装场地应根据不同功能要求确定其结构和饰面。面层材料应与公园风格相协调，并宜与城市车行路有所区别。

5.1.10　公园出入口及主要园路宜便于通过残疾人使用的轮椅，其宽度及坡度的设计应符合《方便残疾人使用的城市道路和建筑物设计规范》（JGJ 50—88）中的有关规定。

5.1.11　公园游人出入口宽度应符合下列规定：

1　总宽度符合表5.1.11的规定；

2　单个出入口最小宽度1.5m；

表5.1.11　公园游人出入口总宽度下限（m/万人）

游人人均在园停留时间	售票公园	不售票公园
＞4h	8.3	5.0
1～4h	17.0	10.2
＜1h	25.0	15.0

注　单位“万人”指公园游人容量。

3　举行大规模活动的公园，应另设安全门。

第二节 铺装场地

5.2.1 根据公园总体设计的布局要求，确定各种铺装场地的面积。铺装场地应根据集散、活动、演出、赏景、休憩等使用功能要求作出不同设计。

5.2.2 内容丰富的售票公园游人出入口外集散场地的面积下限指标以公园游人容量为依据，宜按 $500m^2$/万人计算。

5.2.3 安静休憩场地应利用地形或植物与喧闹区隔离。

5.2.4 演出场地应有方便观赏的适宜坡度和观众席位。

第三节 园桥

5.3.1 园桥应根据公园总体设计确定通行、通航所需尺度并提出造景、观景等项具体要求。

5.3.2 通过管线的园桥，应同时考虑管道的隐蔽、安全、维修等问题。

5.3.3 通行车辆的园桥在正常情况下，汽车荷载等级可按汽车—10 级计算。

5.3.4 非通行车辆的园桥应有阻止车辆通过的措施，桥面人群荷载按 $3.5kN/m^2$ 计算。

5.3.5 作用在园桥栏杆扶手上的竖向力和栏杆顶部水平荷载均按 1.0kN/m 计算。

第六章 种植设计

第一节 一般规定

6.1.1 公园的绿化用地应全部用绿色植物覆盖。建筑物的墙体、构筑物可布置垂直绿化。

6.1.2 种植设计应以公园总体设计对植物组群类型及分布的要求为根据。

6.1.3 植物种类的选择，应符合下列规定：

1 适应栽植地段立地条件的当地适生种类；

2 林下植物应具有耐阴性，其根系发展不得影响乔木根系的生长；

3 垂直绿化的攀缘植物依照墙体附着情况确定；

4 具有相应抗性的种类；

5 适应栽植地养护管理条件；

6 改善栽植地条件后可以正常生长的、具有特殊意义的种类。

6.1.4 绿化用地的栽植土壤应符合下列规定：

1 栽植土层厚度符合附录四的数值，且无大面积不透水层；

2 废弃物污染程度不致影响植物的正常生长；

3 酸碱度适宜；

4 物理性质符合表 6.1.4 的规定；

5 凡栽植土壤不符合以上各款规定者必须进行土壤改良。

表 6.1.4 土壤物理性质指标

指标	土层深度范围（cm）	
	0～30	30～110
质量密度（g/cm^3）	1.17～1.45	1.17～1.45
总孔隙度（%）	＞45	45～52
非毛管孔隙度（%）	＞10	10～20

6.1.5 铺装场地内的树木其成年期的根系伸展范围，应采用透气性铺装。

6.1.6 公园的灌溉设施应根据气候特点、地形、土质、植物配置和管理条件设置。

6.1.7 乔木、灌木与各种建筑物、构筑物及各种地下管线的距离，应符合附录二、附录三的规定。

6.1.8 苗木控制应符合下列规定：

1 规定苗木的种名、规格和质量；

2 根据苗木生长速度提出近、远期不同的景观要求，重要地段应兼顾近、远期景观，并提出过渡的措施；

3 预测疏伐或间移的时期。

6.1.9 树木的景观控制应符合下列规定：

1 郁闭度

（1）风景林地应符合表 6.1.9 的规定；

（2）风景林中各观赏单元应另行计算，丛植、群植近期郁闭度应大于 0.5；带植近期郁闭度宜大于 0.6。

2 观赏特征

（1）孤植树、树丛：选择观赏特征突出的树种，并确定其规格、分枝点高度、姿态等要求；与周围环境或树木之间应留有明显的空间；提出有特殊要求的养护管理方法。

（2）树群：群内各层应能显露出其特征部分。

3 视距

（1）孤立树、树丛和树群至少有一处欣赏点，视距为观赏面宽度的 1.5 倍和高度的 2 倍；

（2）成片树林的观赏林缘线视距为林高的 2 倍以上。

6.1.10 单行整形绿篱的地上生长空间尺度应符合表 6.1.10 的规定。双行种植时，其宽度按表 6.1.10 规定的值增加 0.3～0.5m。

表 6.1.9 风景林郁闭度

类型	开放当年标准	成年期标准
密林	0.3～0.7	0.7～1.0
疏林	0.1～0.4	0.4～0.6
疏林草地	0.07～0.20	0.1～0.3

表 6.1.10 各类单行绿篱空间尺度（m）

类型	地上空间高度	地上空间宽度
树墙	>1.60	>1.50
高绿篱	1.20～1.60	1.20～2.00
中绿篱	0.50～1.20	0.80～1.50
矮绿篱	0.50	0.30～0.50

第二节 游人集中场所

6.2.1 游人集中场所的植物选用应符合下列规定：

1 在游人活动范围内宜选用大规格苗木；

2 严禁选用危及游人生命安全的有毒植物；

3 不应选用在游人正常活动范围内枝叶有硬刺或枝叶形状呈尖硬剑、刺状以及有浆果或分泌物坠地的种类；

4 不宜选用挥发物或花粉能引起明显过敏反应的种类。

6.2.2 集散场地种植设计的布置方式，应考虑交通安全视距和人流通行，场地内的树木枝下净空应大于 2.2m。

6.2.3 儿童游戏场的植物选用应符合下列规定：

1 乔木宜选用高大荫浓的种类，夏季庇荫面积应大于游戏活动范围的 50%；

2 活动范围内灌木宜选用萌发力强、直立生长的中高型种类，树木枝下净空应大于 1.8m。

6.2.4 露天演出场观众席范围内不应布置阻碍视线的植物，观众席铺栽草坪应选用耐践踏的种类。

6.2.5 停车场的种植应符合下列规定：

1 树木间距应满足车位、通道、转弯、回车半径的要求；

2 庇荫乔木枝下净空的标准：

（1）大、中型汽车停车场：大于 4.0m；

（2）小汽车停车场：大于 2.5m；

（3）自行车停车场：大于 2.2m。

3 场内种植池宽度应大于 1.5m，并应设置保护设施。

6.2.6 成人活动场的种植应符合下列规定：

1 宜选用高大乔木，枝下净空不低于 2.2m；

2 夏季乔木庇荫面积宜大于活动范围的 50%。

6.2.7 园路两侧的植物种植：

1 通行机动车辆的园路，车辆通行范围内不得有低于4.0m高度的枝条；

2 方便残疾人使用的园路边缘种植应符合下列规定：

(1) 不宜选用硬质叶片的丛生型植物；

(2) 路面范围内，乔、灌木枝下净空不得低于2.2m；

(3) 乔木种植点距路缘应大于0.5m。

第三节 动物展览区

6.3.1 动物展览区的种植设计，应符合下列规定：

1 有利于创造动物的良好生活环境；

2 不致造成动物逃逸；

3 创造有特色植物景观和游人参观休憩的良好环境；

4 有利于卫生防护隔离。

6.3.2 动物展览区的植物种类选择应符合下列规定：

1 有利于模拟动物原产区的自然景观；

2 动物运动范围内应种植对动物无毒、无刺、萌发力强、病虫害少的中慢长种类。

6.3.3 在笼舍、动物运动场内种植植物，应同时提出保护植物的措施。

第四节 植物园展览区

6.4.1 植物园展览区的种植设计应将各类植物展览区的主题内容和植物引种驯化成果、科普教育、园林艺术相结合。

6.4.2 展览区展示植物的种类选择应符合下列规定：

1 对科普、科研具有重要价值；

2 在城市绿化、美化功能等方面有特殊意义。

6.4.3 展览区配合植物的种类选择应符合下列规定：

1 能为展示种类提供局部良好生态环境；

2 能衬托展示种类的观赏特征或弥补其不足；

3 具有满足游览需要的其他功能。

6.4.4 展览区引入植物的种类，应是本园繁育成功或在原始材料圃内生长时间较长、基本适应本地区环境条件者。

第七章 建筑物及其他设施设计

第一节 建筑物

7.1.1 建筑物的位置、朝向、高度、体量、空间组合、造型、材料、色彩及其使用功能，应符合公园总体设计的要求。

7.1.2 游览、休憩、服务性建筑物设计应符合下列规定：

1 与地形、地貌、山石、水体、植物等其他造园要素统一协调；

2 层数以一层为宜，起主题和点景作用的建筑高度和层数服从景观需要；

3 游人通行量较多的建筑室外台阶宽度不宜小于1.5m；踏步宽度不宜小于30cm，踏步高度不宜大于16cm；台阶踏步数不少于2级；侧方高差大于1.0m的台阶，设护栏设施；

4 建筑内部和外缘，凡游人正常活动范围边缘临空高差大于1.0m处，均设护栏设施，其高度应大于1.05m；高差较大处可适当提高，但不宜大于1.2m；护栏设施必须坚固耐久且采用不易攀登的构造，其竖向力和水平荷载应符合本规范第5.3.5条的规定；

5 有吊顶的亭、廊、敞厅，吊顶采用防潮材料；

6 亭、廊、花架、敞厅等供游人坐憩之处，不采用粗糙饰面材料，也不采用易刮伤肌肤和衣物的构造。

7.1.3 游览、休憩建筑的室内净高不应小于2.0m；亭、廊、花架、敞厅等的楣子高度应考虑游人通过或赏景的要求。

7.1.4 管理设施和服务建筑的附属设施，其体量和烟囱高度应按不破坏景观和环境的原则严格控制；管理建筑不宜超过2层。

7.1.5 “三废”处理必须与建筑同时设计，不得影响环境卫生和景观。

7.1.6 残疾人使用的建筑设施，应符合《方便残疾人使用的城市道路和建筑物设计规范》(JGJ 50—88) 的规定。

第二节 驳岸与山石

7.2.1 河湖水池必须建造驳岸并根据公园总体设计中规定的平面线形、竖向控制点、水位和流速进行设计。岸边的安全防护应符合本规范第7.1.2条第三款、第四款的规定。

7.2.2 素土驳岸

1 岸顶至水底坡度小于100%者应采用植被覆盖；坡度大于100%者应有固土和防冲刷的技术措施；

2 地表径流的排放及驳岸水下部分处理应符合有关标准的规定。

7.2.3 人工砌筑或混凝土浇筑的驳岸应符合下列规定：

1 寒冷地区的驳岸基础应设置在冰冻线以下，并考虑水体及驳岸外侧土体结冻后产生的冻胀对驳岸的影响，需要采取的管理措施在设计文件中注明；

2 驳岸地基基础设计应符合《建筑地基基础设计规范》(GBJ 50007—2002) 的规定。

7.2.4 采取工程措施加固驳岸，其外形和所用材料的质地、色彩均应与环境协调。

7.2.5 堆叠假山和置石，体量、形式和高度必须与周围环境协调，假山的石料应提出色彩、质地、纹理等要求，置石的石料还应提出大小和形状。

7.2.6 叠山、置石和利用山石的各种造景，必须统一考虑安全、护坡、登高、隔离等各种功能要求。

7.2.7 叠山、置石以及山石梯道的基础设计应符合《建筑地基基础设计规定》(GBJ 50007—2002) 的规定。

7.2.8 游人进出的山洞，其结构必须稳固，应有采光、通风、排水的措施，并应保证通行安全。

7.2.9 叠石必须保持本身的整体性和稳定性。山石衔接以及悬挑、山洞部分的山石之间、叠石与其他建筑设施相接部分的结构必须牢固，确保安全。山石勾缝作法可在设计文件中注明。

第三节 电气与防雷

7.3.1 园内照明宜采用分线路、分区域控制。

7.3.2 电力线路及主园路的照明线路宜埋地敷设，架空线必须采用绝缘线，线路敷设应符合本规范第3.2.13条的规定。

7.3.3 动物园和晚间开展大型游园活动、装置电动游乐设施、有开放性地下岩洞或架空索道的公园，应按两路电源供电设计，并应设自投装置；有特殊需要的应设自备发电装置。

7.3.4 公共场所的配电箱应加锁，并宜设在非游览地段。园灯接线盒外罩应考虑防护措施。

7.3.5 园林建筑、配电设施的防雷装置应按有关标准执行。园内游乐设备、制高点的护栏等应装置防雷设备或提出相应的管理措施。

第四节 给水排水

7.4.1 根据植物灌溉、喷泉水景、人畜饮用、卫生和消防等需要进行供水管网布置和配套工程设计。

7.4.2 使用城市供水系统以外的水源作为人畜饮用水和天然游泳场用水，水质应符合国家相应的卫生标准。

7.4.3 人工水体应防止渗漏，瀑布、喷泉的水应重复利用；喷泉设计可参照《建筑给水排水设计规范》(GBJ 50015—2003) 的规定。

7.4.4 养护园林植物用的灌溉系统应与种植设计配合，喷灌或滴灌设施应分段控制。喷灌设计应符合《喷灌工程技术规范》(GBJ 50085—2007) 的规定。

7.4.5 公园排放的污水应接入城市污水系统，不得在地表排放，不得直接排入河湖水体或渗入地下。

第五节 护 栏

7.5.1 公园内的示意性护栏高度不宜超过 0.4m。

7.5.2 各种游人集中场所容易发生跌落、淹溺等人身事故的地段，应设置安全防护性护栏；设计要求可参照本规范第 7.1.2 条的规定。

7.5.3 各种装饰性、示意性和安全防护性护栏的构造作法，严禁采用锐角、利刺等形式。

7.5.4 电力设施、猛兽类动物展区以及其他专用防范性护栏，应根据实际需要另行设计和制作。

第六节 儿童游戏场

7.6.1 公园内的儿童游戏场与安静休憩区、游人密集区及城市干道之间，应用园林植物或自然地形等构成隔离地带。

7.6.2 幼儿和学龄儿童使用的器械，应分别设置。

7.6.3 游戏内容应保证安全、卫生和适合儿童特点，有利于开发智力，增强体质。不宜选用强刺激性、高能耗的器械。

7.6.4 游戏设施的设计应符合下列规定：

1 儿童游戏场内的建筑物、构筑物及设施的要求：

(1) 室内外的各种使用设施、游戏器械和设备应结构坚固、耐用，并避免构造上的硬棱角；

(2) 尺度应与儿童的人体尺度相适应；

(3) 造型、色彩应符合儿童的心理特点；

(4) 根据条件和需要设置游戏的管理监护设施。

2 机动游乐设施及游艺机，应符合《游艺机和游乐设施安全标准》(GB 8408—2000) 的规定；

3 戏水池最深处的水深不得超过 0.35m，池壁装饰材料应平整、光滑且不易脱落，池底应有防滑措施；

4 儿童游戏场内应设置坐凳及避雨、庇荫等休憩设施；

5 宜设置饮水器、洗手池。

7.6.5 游戏场地面

1 场内园路应平整，路缘不得采用锐利的边石；

2 地表高差应采用缓坡过渡，不宜采用山石和挡土墙；

3 游戏器械下的场地地面宜采用耐磨、有柔性、不扬尘的材料铺装。

附录一 本规范术语解释

序号	术语名称	曾用名称	解　释
1	公园		供公众游览、观赏、休憩、开展科学文化及锻炼身体等活动，有较完善的设施和良好的绿化环境的公共绿地。公园类型包括综合性公园、居住区公园、居住小区游园、带状公园、街旁游园和各种专类公园等
2	儿童公园	儿童乐园	单独设置供儿童游戏和接受科普教育的活动场所。有良好的绿化环境和较完善的设施，能满足不同年龄儿童需要
3	儿童游戏场	儿童乐园	独立或附属于其他公园中，游戏器械较简单的儿童活动场所
4	风景名胜公园	郊野公园	位于城市建成区或近郊区的名胜风景点、古迹点，以供城市居民游览、休憩为主，兼为旅游点的公共绿地。有别于大多位于城市远郊区或远离城市以外，景区范围较大，主要为旅游点的各级风景名胜区

序号	术语名称	曾用名称	解　释
5	历史名园		具有悠久历史、知名度高的园林，往往属于全国、省、市县级的文物保护单位
6	街旁游园	小游园、街头绿地	城市道路红线以外供行人短暂休息或装饰街景的小型公共绿地
7	古树名木		古树指树龄在百年以上的树木，名木指珍贵、稀有的树木，或具有历史、科学、文化价值以及有重要纪念意义的树木
8	主题建筑物或构筑物		指公园中代表公园主题的建筑物或铺装场地、陵墓、雕塑等构筑物
9	风景林		公园或风景区中由乔、灌木及草本植物配置而成，具备有较高观赏价值的树丛、树群组合的树林类型
10	公园游人容量		指游览旺季星期日高峰小时内同时在园游人数

附　录　二

公园树木与地下管线最小水平距离（m）

名　称	新植乔木	现状乔木	灌木或绿篱外缘	名　称	新植乔木	现状乔木	灌木或绿篱外缘
电力电缆	1.50	3.5	0.50	排水盲沟	1.00	3.0	—
通讯电缆	1.50	3.5	0.50	消防笼头	1.20	2.0	1.20
给水管	1.50	2.0	—	煤气管道（低中压）	1.20	3.0	1.00
排水管	1.50	3.0	—	热力管	2.00	5.0	2.00

注　乔木与地下管线的距离是指乔木树干基部的外缘与管线外缘的净距离。灌木或绿篱与地下管线的距离是指地表处分蘖枝干中最外的枝干基部的外缘与管线外缘的净距。

附　录　三

公园树木与地面建筑物、构筑物外缘最小水平距离（m）

名　称	新植乔木	现状乔木	灌木或绿篱外缘	名　称	新植乔木	现状乔木	灌木或绿篱外缘
测量水准点	2.00	2.00	1.00	平房	2.00	5.00	—
地上杆柱	2.00	2.00	—	围墙（高度小于2m）	1.00	2.00	0.75
挡土墙	1.00	3.00	0.50	排水明沟	1.00	1.00	0.50
楼房	5.00	5.00	1.50				

注　同附录二注。

附　录　四

栽植土层厚度（cm）

植物类型	栽植土层厚度	必要时设置排水层的厚度	植物类型	栽植土层厚度	必要时设置排水层的厚度
草坪植物	＞30	20	浅根乔木	＞90	40
小灌木	＞45	30	深根乔木	＞150	40
大灌木	＞60	40			

《城市道路绿化规划与设计规范》(CJJ 75—97)(摘要)

3 道路绿化规划

3.1 道路绿地率指标

3.1.1 在规划道路红线宽度时，应同时确定道路绿地率。

3.1.2 道路绿地率应符合下列规定：

3.1.2.1 园林景观路绿地率不得小于40%；

3.1.2.2 红线宽度大于50m的道路绿地率不得小于30%；

3.1.2.3 红线宽度在40～50m的道路绿地率不得小于25%；

3.1.2.4 红线宽度小于40m的道路绿地率不得小于20%。

3.2 道路绿地布局与景观规划

3.2.1 道路绿地布局应符合下列规定：

3.2.1.1 种植乔木的分车绿带宽度不得小于1.5m；主干路上的分车绿带宽度不宜小于2.5m；行道树绿带宽度不得小于1.5m；

3.2.1.2 主、次干路中间分车绿带和交通岛绿地不得布置成开放式绿地；

3.2.1.3 路侧绿带宜与相邻的道路红线外侧其他绿地相结合；

3.2.1.4 人行道毗邻商业建筑的路段，路侧绿带可与行道树绿带合并；

3.2.1.5 道路两侧环境条件差异较大时，宜将路侧绿带集中布置在条件较好的一侧。

3.2.2 道路绿化景观规划应符合下列规定：

3.2.2.1 在城市绿地系统规划中，应确定园林景观路与主干路的绿化景观特色。园林景观路应配置观赏价值高、有地方特色的植物，并与街景结合；主干路应体现城市道路绿化景观风貌；

3.2.2.2 同一道路的绿化宜有统一的景观风格；不同路段的绿化形式可有所变化；

3.2.2.3 同一路段上的各类绿带，在植物配置上应相互配合，并应协调空间层次、树形组合、色彩搭配和季相变化的关系；

3.2.2.4 毗邻山、河、湖、海的道路，其绿化应结合自然环境，突出自然景观特色。

3.3 树种和地被植物选择

3.3.1 道路绿化应选择适应道路环境条件、生长稳定、观赏价值高和环境效益好的植物种类。

3.3.2 寒冷积雪地区的城市，分车绿带、行道树绿带种植的乔木，应选择落叶树种。

3.3.3 行道树应选择深根性、分枝点高、冠大荫浓、生长健壮、适应城市道路环境条件，且落果对行人不会造成危害的树种。

3.3.4 花灌木应选择花繁叶茂、花期长、生长健壮和便于管理的树种。

3.3.5 绿篱植物和观叶灌木应选用萌芽力强、枝繁叶密、耐修剪的树种。

3.3.6 地被植物应选择茎叶茂密、生长势强、病虫害少和易管理的木本或草本观叶、观花植物。其中草坪地被植物尚应选择萌蘖力强、覆盖率高、耐修剪和绿色期长的种类。

4 道路绿带设计

4.1 分车绿带设计

4.1.1 分车绿带的植物配置应形式简洁，树形整齐，排列一致。乔木树干中心至机动车道路缘石外侧距离不宜小于0.75m。

4.1.2 中间分车绿带应阻挡相向行驶车辆的眩光，在距相邻机动车道路面高度0.6～1.5m之间的范围内，配置植物的树冠应常年枝叶茂密，其株距不得大于冠幅的5倍。

4.1.3 两侧分车绿带宽度大于或等于1.5m的，应以种植乔木为主，并宜乔木、灌木、地被植物相结合。其两侧乔木树冠不宜在机动车道上方搭接。分车绿带宽度小于1.5m的，应以种植灌木为主，并应灌木、地被植物相结合。

4.1.4 被人行横道或道路出入口断开的分车绿带，其端部应采取通透式配置。

4.2 行道树绿带设计

4.2.1 行道树绿带种植应以行道树为主，并宜乔木、灌木、地被植物相结合，形成连续的绿带。

在行人多的路段，行道树绿带不能连续种植时，行道树之间宜采用透气性路面铺装。树池上宜覆盖池箅子。

4.2.2 行道树定植株距，应以其树种壮年期冠幅为准，最小种植株距应为4m。行道树树干中心至路缘石外侧最小距离宜为0.75m。

4.2.3 种植行道树其苗木的胸径：快长树不得小于5cm，慢长树不宜小于8cm。

5 交通岛、广场和停车场绿地设计

5.1 交通岛绿地设计

5.1.1 交通岛周边的植物配置宜增强导向作用，在行车视距范围内应采用通透式配置。

5.1.2 中心岛绿地应保持各路口之间的行车视线通透，布置成装饰绿地。

5.1.3 立体交叉绿岛应种植草坪等地被植物。草坪上可点缀树丛、孤植树和花灌木，以形成疏朗开阔的绿化效果。桥下宜种植耐荫地被植物。墙面宜进行垂直绿化。

5.1.4 导向岛绿地应配置地被植物。

5.2 广场绿化设计

5.2.1 广场绿化应根据各类广场的功能、规模和周边环境进行设计。广场绿化应利于人流、车流集散。

5.2.2 公共活动广场周边宜种植高大乔木。集中成片绿地不应小于广场总面积的25%，并宜设计成开放式绿地，植物配置宜疏朗通透。

5.2.3 车站、码头、机场的集散广场绿化应选择具有地方特色的树种。集中成片绿地不应小于广场总面积的10%。

5.2.4 纪念性广场应用绿化衬托主体纪念物，创造与纪念主题相应的环境气氛。

5.3 停车场绿化设计

5.3.1 停车场周边应种植高大庇荫乔木，并宜种植隔离防护绿带；在停车场内宜结合停车间隔带种植高大庇荫乔木。

5.3.2 停车场种植的庇荫乔木可选择行道树种。其树木枝下高度应符合停车位净高度的规定：小型汽车为2.5m；中型汽车为3.5m；载货汽车为4.5m。

6 道路绿化与有关设施

6.1 道路绿化与架空线

6.1.1 在分车绿带和行道树绿带上方不宜设置架空线。必须设置时，应保证架空线下有不小于9m的树木生长空间。架空线下配置的乔木应选择开放形树冠或耐修剪的树种。

6.1.2 树木与架空电力线路导线的最小垂直距离应符合表6.1.2的规定。

表6.1.2 树木与架空电力线路导线的最小垂直距离

电压（kV）	1～10	35～110	154～220	330
最小垂直距离（m）	1.5	3.0	3.5	4.5

6.2 道路绿化与地下管线

6.2.1 新建道路或经改建后达到规划红线宽度的道路，其绿化树木与地下管线外缘的最小水平距离宜符合表6.2.1的规定；行道树绿带下方不得敷设管线。

表 6.2.1　树木与地下管线外缘最小水平距离

管线名称	距乔木中心距离(m)	距灌木中心距离(m)	管线名称	距乔木中心距离(m)	距灌木中心距离(m)
电力电缆	1.0	1.0	污水管道	1.5	—
电信电缆（直埋）	1.0	1.0	燃气管道	1.2	1.2
电信电缆（管道）	1.5	1.0	热力管道	1.5	1.5
给水管道	1.5	—	排水盲沟	1.0	—
雨水管道	1.5	—			

6.2.2　当遇到特殊情况不能达到表 6.2.1 中规定的标准时，其绿化树木根颈中心至地下管线外缘的最小距离可采用表 6.2.2 的规定。

表 6.2.2　树木根颈中心至地下管线外缘最小距离

管线名称	距乔木根颈中心距离(m)	距灌木根颈中心距离(m)	管线名称	距乔木根颈中心距离(m)	距灌木根颈中心距离(m)
电力电缆	1.0	1.0	给水管道	1.5	1.0
电信电缆（直埋）	1.0	1.0	雨水管道	1.5	1.0
电信电缆（管道）	1.5	1.0	污水管道	1.5	1.0

6.3　道路绿化与其他设施

6.3.1　树木与其他设施的最小水平距离应符合表 6.3.1 的规定。

表 6.3.1　树木与其他设施最小水平距离

设施名称	至乔木中心距离(m)	至灌木中心距离(m)	设施名称	至乔木中心距离(m)	至灌木中心距离(m)
低于 2m 的围墙	1.0	—	电力、电信杆柱	1.5	—
挡土墙	1.0	—	消防龙头	1.5	2.0
路灯杆柱	2.0	—	测量水准点	2.0	2.0

《园林绿化工程施工及验收规范》(CJJ82—2012)(摘要)

其中，第 4.1.2、4.3.2、4.4.3、4.10.2、4.10.5、4.12.3、4.15.3、5.2.4 为强制性条文，必须严格执行。

3　施工准备

3.0.1　施工单位应依据合同约定，对园林绿化工程进行施工和管理，并应符合下列规定：

1　施工单位及人员应具备相应的资格、资质。

2　施工单位应建立技术、质量、安全生产、文明施工等各项规章管理制度。

3　施工单位应根据工程类别、规模、技术复杂程度，配备满足施工需要的常规检测设备和工具。

3.0.2　施工单位应熟悉图纸，掌握设计意图与要求，应参加设计交底，并应符合下列规定：

1　施工单位对施工图中出现的差错、疑问，应提出书面建议，如需变更设计，应按照相应程序报审，经相关单位签证后实施。

2　施工单位应编制施工组织设计（施工方案），应在工程开工前完成并与开工申请报告一并报予建设单位和监理单位。

3.0.3 施工单位进场后，应组织施工人员熟悉工程合同及与工程项目有关的技术标准。了解现场的地上地下障碍物、管网、地形地貌、土质、控制桩点设置、红线范围、周边情况及现场水源、水质、电源、交通情况。

3.0.4 施工测量应符合下列要求：

1 应按照园林绿化工程总平面或根据建设单位提供的现场高程控制点及坐标控制点，建立工程测量控制网。

2 各个单位工程应根据建立的工程测量控制网进行测量放线。

3 施工测量时，施工单位应进行自检、互检双复核，监理单位应进行复测。

4 对原高程控制点及控制坐标应设保护措施。

4 绿化工程

4.1 栽植基础

4.1.1 绿化栽植或播种前应对该地区的土壤理化性质进行化验分析，采取相应的土壤改良、施肥和置换客土等措施，绿化栽植土壤有效土层厚度应符合表 4.1.1 规定。

表 4.1.1 绿化栽植土壤有效土层厚度

项次	项目	植被类型		土层厚度（cm）	检验方法
1	一般栽植	乔木	胸径≥20cm	≥180	挖样洞，观察或尺量检查
			胸径＜20cm	≥150（深根） ≥100（浅根）	
		灌木	大、中灌木、大藤本	≥90	
			小灌木、宿根花卉、小藤本	≥40	
		棕榈类		≥90	
		竹类	大径	≥80	
			中、小径	≥50	
		草坪、花卉、草本地被		≥30	
2	设施顶面绿化	乔木		≥80	
		灌木		≥45	
		草坪、花卉、草本地被		≥15	

4.1.2 栽植基础严禁使用含有害成分的土壤，除有设施空间绿化等特殊隔离地带，绿化栽植土壤有效土层下不得有不透水层。

4.1.3 园林植物栽植土应包括客土、原土利用、栽植基质等，栽植土应符合下列规定：

1 土壤 pH 值应符合本地区栽植土标准或按 pH 值 5.6～8.0 进行选择。

2 土壤全盐含量应为 0.1%～0.3%。

3 土壤容重应为 1.0～1.35g/cm³。

4 土壤有机质含量不应小于 1.5%。

5 土壤块径不应大于 5cm。

6 栽植土应见证取样，经有资质检测单位检测并在栽植前取得符合要求的测试结果。

7 栽植土验收批及取样方法应符合下列规定：

1) 客土每 500m³ 或 2000m² 为一检验批，应于土层 20cm 及 50cm 处，随机取样 5 处，每处 100g 经混合组成一组试样；客土 500m³ 或 2000m² 以下，随机取样不得少于 3 处；

2) 原状土在同一区域每 2000m² 为一检验批，应于土层 20cm 及 50cm 处，随机取样 5 处，每处取样 100g，混合后组成一组试样；原状土 2000m² 以下，随机取样不得少于 3 处；

3）栽植基质每 200m³ 为一检验批，应随机取 5 袋，每袋取 100g，混合后组成一组试样；栽植基质 200m³ 以下，随机取样不得少于 3 袋。

4.1.4 绿化栽植前场地清理应符合下列规定：

1 有各种管线的区域、建（构）筑物周边的整理绿化用地，应在其完工并验收合格后进行。

2 应将现场内的渣土、工程废料、宿根性杂草、树根及其有害污染物清除干净。

3 对清理的废弃构筑物、工程渣土、不符合栽植土理化标准的原状土等应做好测量记录、签认。

4 场地标高及清理程度应符合设计和栽植要求。

5 填垫范围内不应有坑洼、积水。

6 对软泥和不透水层应进行处理。

4.1.5 栽植土回填及地形造型应符合下列规定：

1 地形造型的测量放线工作应做好记录、签认。

2 造型胎土、栽植土应符合设计要求并有检测报告。

3 回填土壤应分层适度夯实，或自然沉降达到基本稳定，严禁用机械反复碾压。

4 回填土及地形造型的范围、厚度、标高、造型及坡度均应符合设计要求。

5 地形造型应自然顺畅。

6 地形造型尺寸和高程允许偏差应符合表 4.1.5 的规定。

表 4.1.5 地形造型尺寸和高程允许偏差

项次	项目		尺寸要求	允许偏差（cm）	检验方法
1	边界线位置		设计要求	±50	经纬仪、钢尺测量
2	等高线位置		设计要求	±10	经纬仪、钢尺测量
3	地形相对标高（cm）	≤100	回填土方自然沉降以后	±5	水准仪、钢尺测量每 1000m² 测定一次
		101～200		±10	
		201～300		±15	
		301～500		±20	

4.1.6 栽植土施肥和表层整理应符合下列规定：

1 栽植土施肥应按下列方式进行：

1）商品肥料应有产品合格证明，或已经过试验证明符合要求；

2）有机肥应充分腐熟方可使用；

3）施用无机肥料应测定绿地土壤有效养分含量，并宜采用缓释性无机肥。

2 栽植土表层整理应按下列方式进行：

1）栽植土表层不得有明显低洼和积水处，花坛、花境栽植地 30cm 深的表土层必须疏松；

2）栽植土的表层应整洁，所含石砾中粒径大于 3cm 的不得超过 10%，粒径小于 2.5cm 不得超过 20%，杂草等杂物不应超过 10%；土块粒径应符合表 4.1.6 的规定；

表 4.1.6 栽植土表层土块粒径

项次	项目	栽植土粒径（cm）
1	大、中乔木	≤5
2	小乔木、大中灌木、大藤本	≤4
3	竹类、小灌木、宿根花卉、小藤本	≤3
4	草坪、草花、地被	≤2

3）栽植土表层与道路（挡土墙或侧石）接壤处，栽植土应低于侧石 3～5cm；栽植土与边口线基本平直；

4）栽植土表层整地后应平整略有坡度，当无设计要求时，其坡度宜为 0.3%～0.5%。

4.2 栽植穴、槽的挖掘

4.2.1 栽植穴、槽挖掘前，应向有关单位了解地下管线和隐蔽物埋设情况。

4.2.2 树木与地下管线外缘及树木与其他设施的最小水平距离，应符合相应的绿化规划与设计规范的规定。

4.2.3 栽植穴、槽的定点放线应符合下列规定：

1 栽植穴、槽定点放线应符合设计图纸要求，位置应准确，标记明显。

2 栽植穴定点时应标明中心点位置。栽植槽应标明边线。

3 定点标志应标明树种名称（或代号）、规格。

4 树木定点遇有障碍物时，应与设计单位取得联系，进行适当调整。

4.2.4 栽植穴、槽的直径应大于土球或裸根苗根系展幅 40～60cm，穴深宜为穴径的 3/4～4/5。穴、槽应垂直下挖，上口下底应相等。

4.2.5 栽植穴、槽挖出的表层土和底土应分别堆放，底部应施基肥并回填表土或改良土。

4.2.6 栽植穴、槽底部遇有不透水层及重黏土层时，应进行疏松或采取排水措施。

4.2.7 土壤干燥时应于栽植前灌水浸穴、槽。

4.2.8 当土壤密实度大于 $1.35g/cm^3$ 或渗透系数小于 $10^{-4}cm/s$ 时，应采取扩大树穴，疏松土壤等措施。

4.3 植物材料

4.3.1 植物材料种类、品种名称及规格应符合设计要求。

4.3.2 严禁使用带有严重病虫害的植物材料，非检疫对象的病虫害危害程度或危害痕迹不得超过树体的 5%～10%。自外省市及国外引进的植物材料应有植物检疫证。

4.3.3 植物材料的外观质量要求和检验方法应符合表 4.3.3 的规定。

表 4.3.3 植物材料外观质量要求和检验方法

项次	项目		质量要求	检验方法
1	乔木灌木	姿态和长势	树干符合设计要求，树冠较完整，分枝点和分枝合理，生长势良好	检查数量：每 100 株检查 10 株，每株为 1 点，少于 20 株全数检查。检查方法：观察、量测
		病虫害	危害程度不超过树体的 5%～10%	
		土球苗	土球完整，规格符合要求，包装牢固	
		裸根苗根系	根系完整，切口平整，规格符合要求	
		容器苗木	规格符合要求，容器完整、苗木不徒长、根系发育良好不外露	
2	棕榈类植物		主干挺直，树冠匀称，土球符合要求，根系完整	
3	草卷、草块、草束		草卷、草块长宽尺寸基本一致，厚度均匀，杂草不超过 5%，草高适度，根系好，草芯鲜活	检查数量：按面积抽查 10%，$4m^2$ 为一点，不少于 5 个点。$\leqslant 30m^2$ 应全数检查。 检查方法：观察
4	花苗、地被、绿篱及模纹色块植物		株型茁壮，根系基本良好，无伤苗，茎、叶无污染，病虫害危害程度不超过植株的 5%～10%	检查数量：按数量抽查 10%，10 株为 1 点，不少于 5 个点。≤50 株应全数检查。 检查方法：观察
5	整型景观树		姿态独特、曲虬苍劲、质朴古拙，株高不小于 150cm，多干式桩景的叶片托盘不少于 7～9 个，土球完整	检查数量：全数检查。 检查方法：观察、尺量

4.3.4 植物材料规格允许偏差和检验方法有约定的应符合约定要求，无约定的应符合表 4.3.4 规定。

表 4.3.4 植物材料规格允许偏差和检验方法

项次	项目			允许偏差（cm）	检查频率		检验方法
					范围	点数	
1	乔木	胸径	≤5cm	-0.2	每 100 株检查 10 株，每株为 1 点，少于 20 株全数检查	10	量测
			6～9cm	-0.5			
			10～15cm	-0.8			
			16～20cm	-1.0			
		高度	—	-20			
		冠径	—	-20			
2	灌木	高度	≥100cm	-10			
			<100cm	-5			
		冠径	≥100cm	-10			
			<100cm	-5			
3	球类苗木	冠径	<50cm	0	每 100 株检查 10 株，每株为 1 点，少于 20 株全数检查	10	量测
			50～100cm	-5			
			110～200cm	-10			
			>200cm	-20			
		高度	<50cm	0			
			50～100cm	-5			
			110～200cm	-10			
			>200cm	-20			
4	藤本	主蔓长	≥150cm	-10			
		主蔓径	≥1cm	0			
5	棕榈类植物	株高	≤100cm	0	每 100 株检查 10 株，每株为 1 点，少于 20 株全数检查	10	量测
			101～250cm	-10			
			251～400cm	-20			
			>400cm	-30			
		地径	≤10cm	-1			
			11～40cm	-2			
			>40cm	-3			

4.4 苗木运输和假植

4.4.1 苗木装运前应仔细核对苗木的品种、规格、数量、质量。外地苗木应事先办理苗木检疫手续。

4.4.2 苗木运输量应根据现场栽植量确定，苗木运到现场后应及时栽植，确保当天栽植完毕。

4.4.3 运输吊装苗木的机具和车辆的工作吨位，必须满足苗木吊装、运输的需要，并应制订相应的安全操作措施。

4.4.4 裸根苗木运输时，应进行覆盖，保持根部湿润。装车、运输、卸车时不得损伤苗木。

4.4.5 带土球苗木装车和运输时排列顺序应合理，捆绑稳固，卸车时应轻取轻放，不得损伤苗木及散球。

4.4.6 苗木运到现场，当天不能栽植的应及时进行假植。

4.4.7 苗木假植应符合下列规定：

1 裸根苗可在栽植现场附近选择适合地点，根据根幅大小，挖假植沟假植。假植时间较长时，根系应用湿土埋严，不得透风，根系不得失水。

2 带土球苗木的假植，可将苗木码放整齐，土球四周培土，喷水保持土球湿润。

4.5 苗木修剪

4.5.1 苗木栽植前的修剪应根据各地自然条件，推广以抗蒸腾剂为主体的免修剪栽植技术或采取以疏枝为主，适度轻剪，保持树体地上、地下部位生长平衡。

4.5.2 乔木类修剪应符合下列规定：

1 落叶乔木修剪应按下列方式进行：

1） 具有中央领导干、主轴明显的落叶乔木应保持原有主尖和树形，适当疏枝，对保留的主侧枝应在健壮芽上部短截，可剪去枝条的1/5～1/3；

2） 无明显中央领导干、枝条茂密的落叶乔木，可对主枝的侧枝进行短截或疏枝并保持原树形；

3） 行道树乔木定干高度宜2.8～3.5m，第一分枝点以下枝条应全部剪除，同一条道路上相邻树木分枝高度应基本统一。

2 常绿乔木修剪应按下列方式进行：

1） 常绿阔叶乔木具有圆头形树冠的可适量疏枝；枝叶集生树干顶部的苗木可不修剪；

具有轮生侧枝，作行道树时，可剪除基部2～3层轮生侧枝；

2） 松树类苗木宜以疏枝为主，应剪去每轮中过多主枝，剪除重叠枝、下垂枝、内膛斜生枝、枯枝及机械损伤枝；修剪枝条时基部应留1～2cm木橛；

3） 柏类苗木不宜修剪，具有双头或竞争枝、病虫枝、枯死枝应及时剪除。

4.5.3 灌木及藤本类修剪应符合下列规定：

1 有明显主干型灌木，修剪时应保持原有树型，主枝分布均匀，主枝短截长度宜不超过1/2。

2 丛枝型灌木预留枝条宜大于30cm。多干型灌木不宜疏枝。

3 绿篱、色块、造型苗木，在种植后应按设计高度整形修剪。

4 藤本类苗木应剪除枯死枝、病虫枝、过长枝。

4.5.4 苗木修剪应符合下列规定：

1 苗木修剪整形应符合设计要求，当无要求时，修剪整形应保持原树形。

2 苗木应无损伤断枝、枯枝、严重病虫枝等。

3 落叶树木的枝条应从基部剪除，不留木橛，剪口平滑，不得劈裂。

4 枝条短截时应留外芽，剪口应距留芽位置上方0.5cm。

5 修剪直径2cm以上大枝及粗根时，截口应削平应涂防腐剂。

4.5.5 非栽植季节栽植落叶树木，应根据不同树种的特性，保持树型，宜适当增加修剪量，可剪去枝条的1/2～1/3。

4.6 树木栽植

4.6.1 树木栽植应符合下列规定：

1 树木栽植应根据树木品种的习性和当地气候条件，选择最适宜的栽植期进行栽植。

2 栽植的树木品种、规格、位置应符合设计规定。

3 带土球树木栽植前应去除土球不易降解的包装物。

4 栽植时应注意观赏面的合理朝向，树木栽植深度应与原种植线持平。

5 栽植树木回填的栽植土应分层踏实。

6 除特殊景观树外，树木栽植应保持直立，不得倾斜。

7　行道树或行列栽植的树木应在一条线上，相邻植株规格应合理搭配。

8　绿篱及色块栽植时，株行距、苗木高度、冠幅大小应均匀搭配，树形丰满的一面应向外。

9　树木栽植后应及时绑扎、支撑、浇透水。

10　树木栽植成活率不应低于95%；名贵树木栽植成活率应达到100%。

4.6.2　树木浇灌水应符合下列规定：

1　树木栽植后应在栽植穴直径周围筑高10～20cm围堰，堰应筑实。

2　浇灌树木的水质应符合现行国家标准《农田灌溉水质标准》GB 5084的规定。

3　浇水时应在穴中放置缓冲垫。

4　每次浇灌水量应满足植物成活及生长需要。

5　新栽树木应在浇透水后及时封堰，以后根据当地情况及时补水。

6　对浇水后出现的树木倾斜，应及时扶正，并加以固定。

4.6.3　树木支撑应符合下列规定：

1　应根据立地条件和树木规格进行三角支撑、四柱支撑、联排支撑及软牵拉。

2　支撑物的支柱应埋入土中不少于30cm，支撑物、牵拉物与地面连接点的连接应牢固。

3　连接树木的支撑点应在树木主干上，其连接处应衬软垫，并绑缚牢固。

4　支撑物、牵拉物的强度能够保证支撑有效；用软牵拉固定时，应设置警示标志。

5　针叶常绿树的支撑高度应不低于树木主干的2/3，落叶树支撑高度为树木主干高度的1/2。

6　同规格同树种的支撑物、牵拉物的长度、支撑角度、绑缚形式以及支撑材料宜统一。

4.6.4　非种植季节进行树木栽植时，应根据不同情况采取下列措施：

1　苗木可提前环状断根进行处理或在适宜季节起苗，用容器假植，带土球栽植。

2　落叶乔木、灌木类应进行适当修剪并应保持原树冠形态，剪除部分侧枝，保留的侧枝应进行短截，并适当加大土球体积。

3　可摘叶的应摘去部分叶片，但不得伤害幼芽。

4　夏季可采取遮荫、树木裹干保湿、树冠喷雾或喷施抗蒸腾剂，减少水分蒸发；冬季应采取防风防寒措施。

5　掘苗时根部可喷布促进生根激素，栽植时可加施保水剂，栽植后树体可注射营养剂。

6　苗木栽植宜在阴雨天或傍晚进行。

4.6.5　干旱地区或干旱季节，树木栽植应大力推广抗蒸腾剂、防腐促根、免修剪、营养液滴注等新技术，采用土球苗，加强水分管理等措施。

4.6.6　对人员集散较多的广场、人行道、树木种植后，种植池应铺设透气铺装，加设护栏。

4.7　大树移植

4.7.1　树木的规格符合下列条件之一的均应属于大树移植。

1　落叶和阔叶常绿乔木：胸径在20cm以上。

2　针叶常绿乔木：株高在6m以上或地径在18cm以上。

4.7.2　大树移植的准备工作应符合下列规定：

1　移植前应对移植的大树生长、立地条件、周围环境等进行调查研究，制定技术方案和安全措施。

2　准备移植所需机械、运输设备和大型工具必须完好，确保操作安全。

3　移植的大树不得有明显的病虫害和机械损伤，应具有较好观赏面。植株健壮、生长正常的树木，并具备起重及运输机械等设备能正常工作的现场条件。

4　选定的移植大树，应在树干南侧做出明显标识，标明树木的阴、阳面及出土线。

5　移植大树可在移植前分期断根、修剪，做好移植准备。

4.7.3　大树的挖掘及包装应符合下列规定：

1　针叶常绿树、珍贵树种、生长季移植的阔叶乔木必须带土球（土台）移植。

2　树木胸径 20～25cm 时，可采用土球移栽，进行软包装。当树木胸径大于 25cm 时，可采用土台移栽，用箱板包装，并应符合下列要求：

1）挖掘高大乔木前应先立好支柱，支稳树木；

2）挖掘土球、土台应先去除表土，深度接近表土根；

3）土球规格应为树木胸径的 6 倍～10 倍，土球高度为土球直径的 2/3，土球底部直径为土球直径的 1/3；土台规格应上大下小，下部边长比上部边长少 1/10；

4）树根应用手锯锯断，锯口平滑无劈裂并不得露出土球表面；

5）土球软质包装应紧实无松动，腰绳宽度应大于 10cm；

6）土球直径 1m 以上的应作封底处理；

7）土台的箱板包装应立支柱，稳定牢固，并应符合下列要求：

①修平的土台尺寸应大于边板长度 5cm，土台面平滑，不得有砖石等突出土台；

②土台顶边应高于边板上口 1～2cm，土台底边应低于边板下口 1～2cm；边板与土台应紧密严实；

③边板与边板、底板与边板、顶板与边板应钉装牢固无松动；箱板上端与坑壁、底板与坑底应支牢、稳定无松动。

3　休眠期移植落叶乔木可进行裸根带护心土移植，根幅应大于树木胸径的 6 倍～10 倍，根部可喷保湿剂或蘸泥浆处理。

4　带土球的树木可适当疏枝：裸根移植的树木应进行重剪，剪去枝条的 1/2～2/3。针叶常绿树修剪时应留 1～2cm 木橛，不得贴根剪去。

4.7.4　大树移植的吊装运输，应符合下列规定：

1　大树吊装、运输的机具、设备应符合本规范第 4.4.3 条的规定。

2　吊装、运输时，应对大树的树干、枝条、根部的土球、土台采取保护措施。

3　大树吊装就位时，应注意选好主要观赏面的方向。

4　应及时用软垫层支撑、固定树体。

4.7.5　大树移栽时应符合下列规定：

1　大树的规格、种类、树形、树势应符合设计要求。

2　定点放线应符合施工图规定。

3　栽植穴应根据根系或土球的直径加大 60～80cm，深度增加 20～30cm。

4　种植土球树木，应将土球放稳，拆除包装物；大树修剪应符合本规范第 4.5.4 条的要求。

5　栽植深度应保持下沉后原土痕和地面等高或略高，树干或树木的重心应与地面保持垂直。

6　栽植回填土壤应用种植土，肥料应充分腐熟，加土混合均匀，回填土应分层捣实、培土高度恰当。

7　大树栽植后设立支撑应牢固，并进行裹干保湿，栽植后应及时浇水。

8　大树栽植后，应对新植树木进行细致的养护和管理，应配备专职技术人员做好修剪、剥芽、喷雾、叶面施肥、浇水、排水、搭荫棚、包裹树干、设置风障、防台风、防寒和病虫害防治等管理工作。

4.8　草坪及草本地被栽植

4.8.1　草坪和草本地被播种应符合下列规定：

1　应选择适合本地的优良种子；草坪、草本地被种子纯净度应达到 95%以上；冷地型草坪种子发芽率应达到 85%以上，暖地型草坪种子发芽率应达到 70%以上。

2　播种前应做发芽试验和催芽处理，确定合理的播种量，不同草种的播种量可按照表 4.8.1 进行播种。

表 4.8.1　不同草种播种量

草坪种类	精细播种量（g/m²）	粗放播种量（g/m²）
剪股颖	3～5	5～8
早熟禾	8～10	10～15
多年生黑麦草	25～30	30～40
高羊茅	20～25	25～35
羊胡子草	7～10	10～15
结缕草	8～10	10～15
狗牙根	15～20	20～25

3　播种前应对种子进行消毒，杀菌。

4　整地前应进行土壤处理，防治地下害虫。

5　播种时应先浇水浸地，保持土壤湿润，并将表层土耧细耙平，坡度应达到0.3%～0.5%。

6　用等量沙土与种子拌匀进行撒播，播种后应均匀覆细土0.3cm～0.5cm并轻压。

7　播种后应及时喷水，种子萌发前，干旱地区应每天喷水1～2次，水点宜细密均匀，浸透土层8～10cm，保持土表湿润，不应有积水，出苗后可减少喷水次数，土壤宜见湿见干。

8　混播草坪应符合下列规定：

1）混播草坪的草种及配合比应符合设计要求；

2）混播草坪应符合互补原则，草种叶色相近，融合性强；

3）播种时宜单个品种依次单独撒播，应保持各草种分布均匀。

4.8.2　草坪和草本地被植物分栽应符合下列规定：

1　分栽植物应选择强匍匐茎或强根茎生长习性草种。

2　各生长期均可栽植。

3　分栽的植物材料应注意保鲜，不萎蔫。

4　干旱地区或干旱季节，栽植前应先浇水浸地，浸水深度应达10cm以上。

5　草坪分栽植物的株行距，每丛的单株数应满足设计要求，设计无明确要求时，可按丛的组行距15cm～20cm×15cm～20cm，成品字形；或以1m² 植物材料可按1：3～1：4的系数进行栽植。

6　栽植后应平整地面，适度压实，立即浇水。

4.8.3　铺设草块、草卷应符合下列规定：

1　掘草块、草卷前应适量浇水，待渗透后掘取。

2　草块、草卷运输时应用垫层相隔、分层放置，运输装卸时应防止破碎。

3　当日进场的草卷、草块数量应做好测算并与铺设进度相一致。

4　草卷、草块铺设前应先浇水浸地细整找平，不得有低洼处。

5　草地排水坡度适当，不应有坑洼积水。

6　铺设草卷、草块应相互衔接不留缝，高度一致，间铺缝隙应均匀，并填以栽植土。

7　草块、草卷在铺设后应进行滚压或拍打与土壤密切接触。

8　铺设草卷、草块，应及时浇透水，浸湿土壤厚度应大于10cm。

4.8.4　运动场草坪的栽植应符合下列规定：

1　运动场草坪的排水层、渗水层、根系层、草坪层应符合设计要求。

2　根系层的土壤应浇水沉降，进行水夯实，基质铺设细致均匀，整体紧实度适宜。

3　根系层土壤的理化性质应符合本规范第4.1.3条的规定。

4　铺植草块，大小厚度应均匀，缝隙严密，草块与表层基质结合紧密。

5　成坪后草坪层的覆盖度应均匀，草坪颜色无明显差异，无明显裸露斑块，无明显杂草和病虫害症状，茎密度应为2～4枚/cm^2。

6　运动场根系层相对标高、排水坡降、厚度、平整度允许偏差应符合表4.8.4的规定。

表4.8.4　运动场根系层相对标高、排水坡降、厚度、平整度允许偏差

项次	项目	尺寸要求（cm）	允许偏差（cm）	检查数量		检验方法
				范围	点数	
1	根系层相对标高	设计要求	+2.0	500m^2	3	测量（水准仪）
2	排水坡降	设计要求	≤0.5%			
3	根系层土壤块径	运动型	≤1.0	500m^2	3	观察
4	根系层平整度	设计要求	≤2	500m^2	3	测量（水准仪）
5	根系层厚度	设计要求	±1	500m^2	3	挖样洞（或环刀取样）量取
6	草坪层草高修剪控制	4.5～6.0	±1	500m^2	3	观察、检查剪草记录

4.8.5　草坪和草本地被的播种、分栽，草块、草卷铺设及运动场草坪成坪后应符合下列规定：

1　成坪后覆盖度应不低于95%。

2　单块裸露面积应不大于25cm^2。

3　杂草及病虫害的面积应不大于5%。

4.9　花卉栽植

4.9.1　花卉栽植应按照设计图定点放线，在地面准确画出位置、轮廓线。花卉栽植面积较大时，可用方格线法，按比例放大到地面。

4.9.2　花卉栽植应符合下列规定：

1　花苗的品种、规格、栽植放样、栽植密度、栽植图案均应符合设计要求。

2　花卉栽植土及表层土整理应符合本规范第4.1.3条和第4.1.6条的规定。

3　株行距应均匀，高低搭配应恰当。

4　栽植深度应适当，根部土壤应压实，花苗不得沾泥污。

5　花苗应覆盖地面，成活率不应低于95%。

4.9.3　花卉栽植的顺序应符合下列规定：

1　大型花坛，宜分区、分规格、分块栽植。

2　独立花坛，应由中心向外顺序栽植。

3　模纹花坛应先栽植图案的轮廓线，后栽植内部填充部分。

4　坡式花坛应由上向下栽植。

5　高矮不同品种的花苗混植时，应先高后矮的顺序栽植。

6　宿根花卉与一、二年生花卉混植时，应先栽植宿根花卉，后栽一、二年生花卉。

4.9.4　花境栽植应符合下列规定：

1　单面花境应从后部栽植高大的植株，依次向前栽植低矮植物。

2　双面花境应从中心部位开始依次栽植。

3　混合花境应先栽植大型植株，定好骨架后依次栽植宿根、球根及一、二年生的草花。

4　设计无要求时，各种花卉应成团成丛栽植，各团、丛间花色、花期搭配合理。

4.9.5　花卉栽植后，应及时浇水，并应保持植株茎叶清洁。

4.10　水湿生植物栽植

4.10.1　主要水湿生植物最适栽培水深应符合表4.10.1的规定。

表 4.10.1　主要水湿生植物最适栽培水深

序号	名称	类别	栽培水深（cm）
1	千屈菜	水湿生植物	5～10
2	鸢尾（耐湿类）	水湿生植物	5～10
3	荷花	挺水植物	60～80
4	菖蒲	挺水植物	5～10
5	水葱	挺水植物	5～10
6	慈菇	挺水植物	10－20
7	香蒲	挺水植物	20～30
8	芦苇	挺水植物	20～80
9	睡莲	浮水植物	10～60
10	芡实	浮水植物	＜100
11	菱角	浮水植物	60～100
12	荇菜	漂浮植物	100～200

4.10.2　水湿生植物栽植地的土壤质量不良时，应更换合格的栽植土，使用的栽植土和肥料不得污染水源。

4.10.3　水景园、水湿生植物景点、人工湿地的水湿生植物栽植槽工程应符合下列规定：

1　栽植槽的材料、结构、防渗应符合设计要求。

2　槽内不宜采用轻质土或栽培基质。

3　栽植槽土层厚度应符合设计要求，无设计要求的应大于50cm。

4.10.4　水湿生植物栽植的品种和单位面积栽植数应符合设计要求。

4.10.5　水湿生植物的病虫害防治应采用生物和物理防治方法，严禁药物污染水源。

4.10.6　水湿生植物栽植后至长出新株期间应控制水位，严防新生苗（株）浸泡窒息死亡。

4.10.7　水湿生植物栽植成活后单位面积内拥有成活苗（芽）数应符合表4.10.7的规定。

表 4.10.7　水湿生植物栽植成活后单位面积内拥有成活苗（芽）数

项次	种类、名称		单位	每 m^2 内成活苗（芽）数	地下部、水下部特征
1	水湿生类	千屈菜	丛	9～12	地下具粗硬根茎
		鸢尾（耐湿类）	株	9～12	地下具鳞茎
		落新妇	株	9～12	地下具根状茎
		地肤	株	6～9	地下具明显主根
		萱草	株	9～12	地下具肉质短根茎
2	挺水类	荷花	株	不少于1	地下具横生多节根状茎
		雨久花	株	6～8	地下具匍匐状短茎
		石菖蒲	株	6～8	地下具硬质根茎
		香蒲	株	4～6	地下具粗壮匍匐根茎
		菖蒲	株	4～6	地下具较偏肥根茎
		水葱	株	6～8	地下具横生粗壮根茎
		芦苇	株	不少于1	地下具粗壮根状茎
		茭白	株	4～6	地下具匍匐茎
		慈姑、荸荠、泽泻	株	6～8	地下具根茎
3	浮水类	睡莲	盆	按设计要求	地下具横生或直立块状根茎
		菱角	株	9～12	地下根茎
		大漂	丛	控制在繁殖水域以内	根浮悬垂水中

4.11　竹类栽植

4.11.1　竹苗选择应符合下列规定：

1 散生竹应选择一、二年生、健壮无明显病虫害、分枝低、枝繁叶茂、鞭色鲜黄、鞭芽饱满、根鞭健全、无开花枝的母竹。

2 丛生竹应选择竿基芽眼肥大充实、须根发达的1～2年生竹丛；母竹应大小适中，大竿竹竿径宜为3～5cm；小竿竹竿径宜为2～3cm；竿基应有健芽4～5个。

4.11.2 竹类栽植最佳时间应根据各地区自然条件确定。

4.11.3 竹苗的挖掘应符合下列规定：

1 散生竹母竹挖掘：

1）可根据母竹最下一盘枝杈生长方向确定来鞭、去鞭走向进行挖掘；

2）母竹必须带鞭，中小型散生竹宜留来鞭20～30cm，去鞭30～40cm；

3）切断竹鞭截面应光滑，不得劈裂；

4）应沿竹鞭两侧深挖40cm，截断母竹底根，挖出的母竹与竹鞭结合应良好，根系完整。

2 丛生竹母竹挖掘：

1）挖掘时应在母竹25～30cm的外围，扒开表土，由远至近逐渐挖深，应严防损伤竿基部芽眼，竿基部的须根应尽量保留；

2）在母竹一侧应找准母竹竿柄与老竹竿基的连接点，切断母竹竿柄，连蔸一起挖起，切断操作时，不得劈裂竿柄、竿基；

3）每蔸分株根数应根据竹种特性及竹竿大小确定母竹竿数，大竹种可单株挖蔸，小竹种可3～5株成墩挖掘。

4.11.4 竹类的包装运输应符合下列规定：

1 竹苗应采用软包装进行包扎，并应喷水保湿。

2 竹苗长途运输应篷布遮盖，中途应喷水或于根部置放保湿材料。

3 竹苗装卸时应轻装轻放，不得损伤竹竿与竹鞭之间的着生点和鞭芽。

4.11.5 竹类修剪应符合下列规定：

1 散生竹竹苗修剪时，挖出的母竹宜留枝5～7盘，将顶梢剪去，剪口应平滑；不打尖修剪的竹苗栽后应进行喷水保湿。

2 丛生竹竹苗修剪时，竹竿应留枝2～3盘，应靠近节间斜向将顶梢截除；切口应平滑呈马耳形。

4.11.6 竹类栽植应符合下列规定：

1 竹类材料品种、规格应符合设计要求。

2 放样定位应准确。

3 栽植地应选择土层深厚、肥沃、疏松、湿润、光照充足，排水良好的壤土（华北地区宜背风向阳）。对较黏重的土壤及盐碱上应进行换土或土壤改良并符合本规范第4.1.3条的要求。

4 竹类栽植地应进行翻耕，深度宜30～40cm，清除杂物，增施有机肥，并做好隔根措施。

5 栽植穴的规格及间距可根据设计要求及竹蔸大小进行挖掘，丛生竹的栽植穴宜大于根蔸的1倍～2倍；中小型散生竹的栽植穴规格应比鞭根长40～60cm，宽40～50cm，深20～40cm。

6 竹类栽植，应先将表土填于穴底，深浅适宜，拆除竹苗包装物，将竹蔸入穴，根鞭应舒展，竹鞭在土中深度宜20～25cm；覆土深度宜比母竹原土痕高3cm～5cm，进行踏实及时浇水，渗水后覆土。

4.11.7 竹类栽植后的养护应符合下列规定：

1 栽植后应立柱或横杆互连支撑，严防晃动。

2 栽后应及时浇水。

3 发现露鞭时应进行覆土并及时除草松土，严禁踩踏根、鞭、芽。

4.12 设施空间绿化

4.12.1 建筑物、构筑物设施的顶面、地面、立面及围栏等的绿化，均应属于设施空间绿化。

4.12.2 设施顶面绿化施工前应对顶面基层进行蓄水试验及找平层的质量进行验收。

4.12.3 设施顶面绿化栽植基层（盘）应有良好的防水排灌系统，防水层不得渗漏。

4.12.4 设施顶面栽植基层工程应符合下列规定：

1 耐根穿刺防水层按下列方式进行：

1）耐根穿刺防水层的材料品种、规格、性能应符合设计及相关标准要求；

2）耐根穿刺防水层材料应见证抽样复验；

3）耐根穿刺防水层的细部构造、密封材料嵌填应密实饱满，粘结牢固无气泡、开裂等缺陷；

4）卷材接缝应牢固、严密符合设计要求；

5）立面防水层应收头入槽，封严；

6）施工完成应进行蓄水或淋水试验，24h内不得有渗漏或积水；

7）成品应注意保护，检查施工现场不得堵塞排水口。

2 排蓄水层按下列方式进行：

1）凹凸形塑料排蓄水板厚度、顺槎搭接宽度应符合设计要求，设计无要求时，搭接宽度应大于15cm；

2）采用卵石、陶粒等材料铺设排蓄水层的其铺设厚度应符合设计要求；

3）卵石大小均匀；屋顶绿化采用卵石排水的，粒径应为3～5cm；地下设施覆土绿化采用卵石排水的，粒径应为8～10cm；

4）四周设置明沟的，排蓄水层应铺至明沟边缘；

5）挡土墙下设排水管的，排水管与天沟或落水口应合理搭接，坡度适当。

3 过滤层按下列方式进行：

1）过滤层的材料规格、品种应符合设计要求；

2）采用单层卷状聚丙烯或聚酯无纺布材料，单位面积质量必须大于150g/m²，搭接缝的有效宽度应达到10～20cm；

3）采用双层组合卷状材料：上层蓄水棉，单位面积质量应达到200～300g/m²；下层无纺布材料，单位面积质量应达到100～150g/m²；卷材铺设在排（蓄）水层上，向栽植地四周延伸，高度与种植层齐高，端部收头应用胶粘剂粘结，粘结宽度不得小于5cm，或用金属条固定。

4 栽植土层应符合本规范第4.1.1条和第4.1.3条的规定。

4.12.5 设施面层不适宜做栽植基层的障碍性层面栽植基盘工程应符合下列规定：

1 透水、排水、透气、渗管等构造材料和栽植土（基质）应符合栽植要求。

2 施工做法应符合设计和规范要求。

3 障碍性层面栽植基盘的透水、透气系统或结构性能良好，浇灌后无积水，雨期无沥涝。

4.12.6 设施顶面栽植工程植物材料的选择和栽培方式应符合下列规定：

1 乔灌木应首选耐旱节水、再生能力强、抗性强的种类和品种。

2 植物材料应首选容器苗、带土球苗和苗卷、生长垫、植生带等全根苗木。

3 草坪建植、地被植物栽植宜采用播种工艺。

4 苗木修剪应适应抗风要求，修剪应符合本规范第4.5.4条的规定。

5 栽植乔木的固定可采用地下牵引装置，栽植乔木的固定心与栽植同时完成。

6 植物材料的种类、品种和植物配置方式应符合设计要求。

7 自制或采用成套树木固定牵引装置、预埋件等应符合设计要求，支撑操作使栽植的树木牢固。

8 树木栽植成活率及地被覆盖度应符合本规范第4.6.1条第10款和第4.8.5条第1款的规定。

9 植物栽植定位符合设计要求。

10 植物材料栽植，应及时进行养护和管理，不得有严重枯黄死亡、植被裸露和明显病虫害。

4.12.7 设施的立面及围栏的垂直绿化应根据立地条件进行栽植，并符合下列规定：

1 低层建筑物、构筑物的外立面、围栏前为自然地面，符合栽植土标准时，可进行整地栽植。

2 建筑物、构筑物的外立面及围栏的立地条件较差，可利用栽植槽栽植，槽的高度宜为 50～60cm，宽度宜为 50cm，种植槽应有排水孔；栽植土应符合本规范第 4.1.3 条的规定。

3 建筑物、构筑物立面较光滑时，应加设载体后再进行栽植。

4 垂直绿化栽植的品种、规格应符合设计要求。

5 植物材料栽植后应牵引、固定、浇水。

4.13 坡面绿化

4.13.1 土壤坡面、岩石坡面、混凝土覆盖面的坡面等，进行绿化栽植时，应有防止水土流失的措施。

4.13.2 陡坡和路基的坡面绿化防护栽植层工程应符合下列规定：

1 用于坡面栽植层的栽植土（基质）理化性状应符合本规范第 4.1.3 条的规定。

2 混凝土格构、固土网垫、格栅、土工合成材料、喷射基质等施工做法应符合设计和规范要求。

3 喷射基质不应剥落；栽植土或基质表面无明显沟蚀、流失；栽植土（基质）的肥效不得少于 3 个月。坡面绿化采取喷播种植时，应符合下列规定：

1 喷播宜在植物生长期进行。

2 喷播前应检查锚杆网片固定情况，清理坡面。

3 喷播的种子覆盖料、土壤稳定剂的配合比应符合设计要求。

4 播种覆盖应均匀无漏，喷播厚度均匀一致。

5 喷播应从上到下依次进行。

6 在强降雨季节喷播时应注意覆盖。

4.14 重盐碱、重黏土土壤改良

4.14.1 土壤全盐含量大于或等于 0.5%的重盐碱地和土壤重黏地区的绿化栽植工程应实施土壤改良。

4.14.2 重盐碱、重黏土地土壤改良的原理和工程措施基本相同，也可应用于设施面层绿化。土壤改良工程应有相应资质的专业施工单位施工。

4.14.3 重盐碱、重黏土地的排盐（渗水）、隔淋（渗水）层工程应符合下列规定：

1 排盐（渗水）管沟、隔淋（渗水）层开槽按下列方式进行：

1）开槽范围、槽底高程应符合设计要求，槽底应高于地下水标高；

2）槽底不得有淤泥、软土层；

3）槽底应找平和适度压实，槽底标高和平整度允许偏差应符合表 4.14.3 的规定。

2 排盐管（渗水管）敷设按下列方式进行：

1）排盐管（渗水管）敷设走向、长度、间距及过路管的处理应符合设计要求；

2）管材规格、性能符合设计和使用功能要求，并有出厂合格证；

3）排盐（渗水）管应通顺有效，主排盐（渗水）管应与外界市政排水管网接通，终端管底标高应高于排水管管中 15cm 以上；

4）排盐（渗水）沟断面和填埋材料应符合设计要求；

5）排盐（渗水）管的连接与观察井的连接末端排盐管的封堵应符合设计要求；

6）排盐（渗水）管、观察井允许偏差应符合表 4.14.3 规定。

3 隔淋（渗水）层按下列方式进行：

1）隔淋（渗水）层的材料及铺设厚度应符合设计要求；

2）铺设隔淋（渗水）层时，不得损坏排盐（渗水）管；

3）石屑淋层材料中石粉和泥土含量不得超过10%，其他淋（渗水）层材料中也不得掺杂黏土、石灰等粘结物；

4）排盐（渗水）隔淋（渗水）层铺设厚度允许偏差应符合表4.14.3的要求。

表4.14.3　排盐（渗水）隔淋（渗水）层铺设厚度允许偏差

项次	项目		尺寸要求（cm）	允许偏差（cm）	检查数量		检验方法
					范围	点数	
1	槽底	槽底高程	设计要求	±2	1000m²	5～10	测量
		槽底平整度	设计要求	±3			
2	排盐管（渗水管）	每100m坡度	设计要求	≤1	200m	5	测量
		水平移位	设计要求	±3	200m	3	量测
		排盐（渗水）管底至排盐（渗水）沟底距离	12	±2	200m	3	量测
3	隔淋（渗水）层	厚度	16～20	±2	1000m²	5～10	量测
			11～15	±1.5			
			≤10	±1			
4	观察井	主排盐（渗水）管入井管底标高	设计要求	0 −5	每座	3	测量 量测
		观察井至排盐（渗水）管底距离		±2			
		井盖标高		±2			

4.14.4　排盐（渗水）管的观察井的管底标高、观察井至排（渗水）管底距离、井盖标高允许偏差应符合表4.14.3的规定

4.14.5　排盐隔淋（渗水）层完工后，应对观察井主排盐（水）管进行通水检查，主排盐（渗水）管应与市政排水管网接通。

4.14.6　雨后检查积水情况。对雨后24h仍有积水地段应增设水井与隔淋层沟通。

4.15　施工期的植物养护

4.15.1　园林植物栽植后到工程竣工验收前，为施工期间的植物养护时期，应对各种植物精心养护管理。

4.15.2　绿化栽植工程应编制养护管理计划，并按计划认真组织实施，养护计划应包括下列内容：

1　根据植物习性和墒情及时浇水。

2　结合中耕除草，平整树台。

3　加强病虫害观测，控制突发性病虫害发生，主要病虫害防治应及时。

4　根据植物生长情况应及时追肥、施肥。

5　树木应及时剥芽、去蘖、疏枝整形。草坪应适时进行修剪。

6　花坛、花境应及时清除残花败叶，植株生长健壮。

7　绿地应保持整洁；做好维护管理工作，及时清理枯枝落叶、杂草、垃圾。

8　对树木应加强支撑、绑扎及裹干措施，做好防强风、干热、洪涝、越冬防寒等工作。

4.15.3　园林植物病虫害防治，应采用生物防治方法和生物农药及高效低毒农药，严禁使用剧毒农药。

4.15.4　对生长不良、枯死、损坏、缺株的园林植物应及时更换或补栽，用于更换及补栽的植物材料

应和原植株的种类、规格一致。

5 园林附属工程

5.1 园路、广场地面铺装工程

5.1.1 地面工程基层、面层所用材料的品种、质量、规格，各结构层纵横向坡度、厚度、标高和平整度应符合设计要求；面层与基层的结合（粘结）必须牢固，不得空鼓、松动，面层不得积水。园路的弧度应顺畅自然。

5.1.2 碎拼花岗岩面层（包括其他不规则路面面层）应符合下列要求：

1 材料边缘呈自然碎裂形状，形态基本相似，不宜出现尖锐角及规则形。

2 色泽及大小搭配协调，接缝大小、深浅一致。

3 表面洁净，地面不积水。

5.1.3 卵石面层应符合下列规定：

1 卵石面层应按排水方向调坡。

2 面层铺贴前应对基础进行清理后刷素水泥砂浆一遍。

3 水泥砂浆厚度不应低于4cm，强度等级不应低于M10。

4 卵石的颜色搭配协调、颗粒清晰、大小均匀、石粒清洁，排列方向一致（特殊拼花要求除外）。

5 露面卵石铺设应均匀，窄面向上，无明显下沉颗粒，并达到全铺设面70%以上，嵌入砂浆的厚度为卵石整体的60%。

6 砂浆强度达到设计强度的70%时，应冲洗石子表面。

7 带状卵石铺装大于6延长米时，应设伸缩缝。

5.1.4 嵌草地面面层应符合下列规定：

1 块料不应有裂纹、缺陷，铺设平稳，表面清洁。

2 块料之间应填种植土，种植土厚度不宜小于8cm，种植土填充面应低于块料上表面1cm～2cm。

3 嵌草平整，不得积水。

5.1.5 水泥花砖、混凝土板块、花岗岩等面层应符合下列规定：

1 在铺贴前，应对板块的规格尺寸、外观质量、色泽等进行预选，浸水湿润晾干待用。

2 勾缝和压缝应采用同品种、同强度等级、同颜色的水泥，并做好养护和保护。

3 面层的表面应洁净，图案清晰，色泽一致，接缝平整，深浅一致，周边顺直，板块无裂缝、掉角和缺楞等缺陷。

5.1.6 冰梅面层应符合下列规定：

1 面层的色泽、质感、纹理、块体规格大小应符合设计要求。

2 石质材料要求强度均匀，抗压强度不小于30MPa；软质面层石材要求细滑、耐磨，表面应洗净。

3 板块面宜五边以上为主，块体大小不宜均匀，符合一点三线原则，不得出现正多边形及阴角（内凹角）、直角。

4 垫层应采用同品种、同强度等级的水泥，并做好养护和保护。

5 面层的表面应洁净，图案清晰，色泽一致，接缝平整，深浅一致，留缝宽度一致，周边顺直，大小适中。

5.1.7 花街铺地面层应符合下列规定：

1 纹样、图案、线条大小长短规格应统一、对称。

2 填充料宜色泽丰富，镶嵌应均匀，露面部分不应有明显的锋口和尖角。

3 完成面的表面应洁净，图案清晰，色泽统一，接缝平整，深浅一致。

5.1.8 大方砖面层应符合下列规定：

1 大方砖色泽应一致，棱角齐全，不应有隐裂及明显气孔，规格尺寸符合设计要求。

方砖铺设面四角应平整，合缝均匀，缝线通直，砖缝油灰饱满。

3 砖面桐油涂刷应均匀，涂刷遍数应符合设计规定，不得漏刷。

5.1.9 压模面层应符合下列规定：

1 压模面层不得开裂，基层设计有要求的，按设计处理，设计无要求的，应采用双层双向钢筋混凝土浇捣。

2 路面每隔 10m，应设伸缩缝。

3 完成面应色泽均匀、平整，块体边缘清晰，无翘曲。

5.1.10 透水砖面层应符合下列规定：

1 透水砖的规格及厚度应统一。

2 铺设前必须先按铺设范围排砖，边沿部位形成小粒砖时，必须调整砖块的间距或进行两边切割。

3 面砖块间隙应均匀，色泽一致，排列形式应符合设计要求，表面平整不应松动。

5.1.11 小青砖（黄道砖）面层应符合下列规定：

1 小青砖（黄道砖）规格、色泽应统一，厚薄一致不应缺棱掉角，上面应四角通直均为直角。

2 面砖块间排列应紧密，色泽均匀，表面平整不应松动。

5.1.12 自然块石面层应符合下列规定：

1 铺设区域基底土应预先夯实、无沉陷。

2 铺设用的自然块石应选用具有较平坦大面的石块，块体间排列紧密，高度一致，踏面平整，无倾斜、翘动。

5.1.13 水洗石面层应符合下列要求：

1 水洗石铺装的细卵石（混合卵石除外）应色泽统一、颗粒大小均匀，规格符合设计要求。

2 路面的石子表面色泽应清晰洁净，不应有水泥浆残留、开裂。

3 酸洗液冲洗彻底，不得残留腐蚀痕迹。

5.1.14 园路、广场地面铺装工程的允许偏差和检验方法应符合表 5.1.14 的规定。

表 5.1.14 园路、广场地面铺装工程的允许和检验方法

项次	项目	允许偏差（mm）																			检验方法
		基层				面层															
		土	混凝土、炉渣	砂、碎石	块石	碎拼花岗石	卵石	嵌草地面	水泥花砖	混凝土板块	花岗岩	侧石	冰梅	花街铺地	大方砖	压模	透水砖	小青砖（黄道砖）	自然块石	水洗石	
1	表面平整度	15	10	15	15	3	4	5	5	4	1	—	3	5	4	3	4	5	10	3	用 2m 靠尺和楔形塞尺检查
2	厚度	在个别地方不大于设计厚度的 1/10		−10%		—	—	—	—	—	—	—	—	3	8	—	3	3	—	—	尺量检查
3	标高	+0 −50	±10	±20	±30	—	—	—	—	—	—	—	—	—	—	—	—	—	—	—	用水准仪检查
4	缝格平直	—	—	—		—	—	3	3	3	2	—	—	3	3	—	3	3	8	—	拉 5m 线和尺量检查

续表

项次	项目	允许偏差（mm）																			检验方法
		基层		面层																	
		土	混凝土、炉渣	砂、碎石	块石	碎拼花岗石	卵石	嵌草地面	水泥花砖	混凝土板块	花岗岩	侧石	冰梅	花街铺地	大方砖	压模	透水砖	小青砖（黄道砖）	自然块石	水洗石	
5	接缝高低差	—	—	—		—	4	3	0.5	1.5	0.5	3	—	2	1	—	1	2	—	1	尺量和楔形塞尺检查
6	板块(卵石)间隙宽度	—	—	—		—	5	3	2	6	1	2	—	—	2	—	3	3	—	—	— 尺量检查
7	尺量偏差	—	—	—		—	—	—	—	—	—	—	—	—	3	—	3	3	—	—	尺量检查

5.1.15 侧石安装应符合下列规定：

1 底部和外侧应坐浆，安装稳固。

2 顶面应平整、线条应顺直。

3 曲线段应圆滑无明显折角。

4 侧石安装允许偏差应符合表 5.1.14 的规定。

5.2 假山、叠石、置石工程

5.2.1 假山叠石或在重要位置堆砌的峰石、瀑布，宜由设计单位或委托施工单位制作 1：25 或 1：50 的模型，经建设单位及有关专家评审认可后再进行施工。

5.2.2 假山叠石选用的石材质地应一致，色泽相近，纹理统一。石料应坚实耐压，无裂缝、损伤、剥落现象；峰石应形态完美，具有观赏价值。

5.2.3 施工放样应按设计平面图，经复核无误后，方可施工。无具体设计要求时，景石堆置和散置，可由施工人员用石灰在现场放样示意，并经有关单位现场人员认可。

5.2.4 假山叠石的基础工程及主体构造应符合设计和安全规定，假山结构和主峰稳定性应符合抗风、抗震强度要求。

5.2.5 假山叠石的基础应符合下列规定：

1 假山地基基础承载力应大于山石总荷载的 1.5 倍；灰土基础应低于地平面 20cm，其面积应大于假山底面积，外沿宽出 50cm。

2 假山设在陆地上，应选用 C20 以上混凝土制作基础；假山设在水中，应选用 C25 混凝土或不低于 M7.5 的水泥砂浆砌石块制作基础。根据不同地势、地质有特殊要求的可做特殊处理。

5.2.6 假山石拉底施工应做到统筹向背、曲折错落、断续相间、连接互咬；拉底石材应坚实、耐压，不得用风化石块做基石。

5.2.7 假山、叠石主体工程应符合下列规定：

1 主体山石应错缝叠压，纹理统一。叠石或景石放置时，应注意主面方向，掌握重心。山体最外侧的峰石底部应灌注 1：2 水泥砂浆。每块叠石的刹石不应少于 4 个受力点，刹石不应外露。每层之间应补缝填陷，并灌 1：2 水泥砂浆。

2 假山、叠石和景石布置后的石块间缝隙，应先填塞、连接、嵌实，用 1：2 的水泥砂浆进行勾缝。勾缝应做到自然平整、无遗漏。明缝不应超过 2cm 宽，暗缝应凹入石面 1.5～2cm，砂浆干燥后色泽应与石料色泽相近。

3 跌水、山洞的山石长度不应小于 150cm，整块大体量山石应稳定不得倾斜。横向挑出的山石后部配重不小于悬挑重量的 2 倍，压脚石应确保牢固，粘结材料应满足强度要求。辅助加固构件（银锭扣、铁爬钉、铁扁担、各类吊架等）承载力和数量应保证达到山体的结构安全及艺术效果要求，铁件表面应做防锈处理。

4 假山山洞的洞壁凹凸面不得影响游人安全，洞内应有采光，不得积水。

5 假山、叠石、布置临路侧、山洞洞顶和洞壁的岩面应圆润，不得带锐角。

6 登山道的走向应自然，踏步铺设应平整、牢固，高度以14～16cm为宜，除特殊位置外，高度不得大于25cm，宽度不应小于30cm。

7 溪流景石的自然驳岸的布置，应体现溪流的自然感，并与周边环境协调。汀步安置应稳固，面平整。设计无要求时，汀步边到边距不应大于30cm，高差不宜大于5cm。

8 壁峰不宜过厚，应采用嵌入墙体为主，与墙体脱离部分应有可靠排水措施。墙体内应预埋铁件钩托石块，保证稳固。

9 假山、叠石、外形艺术处理应石不宜杂、纹不宜乱、块不宜匀、缝不宜多，形态自然完整。

5.2.8 假山收顶工程应符合下列要求：

1 收顶的山石应选用体量较大、轮廓和体态富于特征的山石。

2 收顶施工前应自后向前、由主及次、自上而下分层作业。每层高度宜为30～80cm，不得在凝固期间强行施工，影响胶结料强度。

3 顶部管线、水路、孔洞应预埋、预留，事后不得凿穿。

4 结构承重受力用石必须有足够强度。

5.2.9 置石的主要形式有特置、对置、散置、群置、山石器设等。置石工程应符合下列规定：

1 置石石材、石种应统一，整体协调。

2 置石的材质、色泽、造型应符合设计要求。

3 特置山石应符合下列要求：

1）应选择体量较大、色彩纹理奇特、造型轮廓突出、具有动势的山石；

2）石高与观赏距离应保持1：2～1：3之间；

3）单块高度大于120cm的山石与地坪、墙基贴接处应用混凝土窝脚，亦可采用整形基座或坐落在自然的山石面上。

4 对置山石应以两块山石为组合，互相呼应。宜立于建筑门前两侧或道路入口两侧。

5 散置山石应有疏有密，远近结合，彼此呼应，不可众石纷杂，凌乱无章。

6 群置山石应石之大小不等、石之间距不等、石之高低不等，应主从有别，宾主分明，搭配适宜。

5.3 园林理水工程

5.3.1 水景水池应按设计要求预埋各种预埋件，穿过池壁和池底的管道应采取防渗漏措施，池体施工完成后，应进行灌水试验。灌水试验方法应符合现行国家标准《给水排水构筑物工程施工及验收规范》GB 50141的规定。

5.3.2 水景管道安装应符合下列规定：

1 管道安装宜先安装主管，后安装支管，管道位置和标高应符合设计要求。

2 配水管网管道水平安装时，应有2‰～5‰的坡度坡向泄水点。

3 管道下料时，管道切口应平整，并与管中心垂直。

4 各种材质的管材连接应保证不渗漏。

5.3.3 水景潜水泵规格应符合设计规定，安装应符合下列规定：

1 潜水泵应采用法兰连接。

2 同组喷泉用的潜水水泵应安装在同一高程。

3 潜水泵轴线应与总管轴线平行或垂直。

4 潜水泵淹没深度小于50cm时，在泵吸入口处应加装防护网罩。

5 潜水泵电缆应采用防水型电缆，控制开关应采用漏电保护开关。

5.3.4 水景喷泉工程应符合安全使用要求，喷头规格和射程及景观艺术效果应符合设计规定。

5.3.5 浸入水中的电缆应采用24V低压水下电缆，水下灯具和接线盒应满足密封防渗要求。

5.3.6 瀑布、跌水工程的出水量应符合设计要求，下水应形成瀑布状，出水应均匀分布于出水周边，水流不得渗漏其他叠石部位，不得冲击种植槽内的植物，并应符合设计的景观艺术效果。

5.3.7 水景喷泉的喷头安装应符合下列规定：

1 管网应在安装完成试压合格并进行冲洗后，方可安装喷头。

2 喷头前应有长度不小于10倍喷头公称尺寸的直线管段或设整流装置。

3 确定喷头距水池边缘的合理距离，溅水不得溅至水池外面的地面上或收水线以内。

4 同组喷泉用喷头的安装形式宜相同。

5 隐蔽安装的喷头，喷口出流方向水流轨迹上不应有障碍物。

5.3.8 水景水池表面颜色、纹理、质感应协调统一，吸水率、反光度等性能良好，表面不易被污染，色彩与块面布置应均匀美观。

5.3.9 园林驳岸工程应符合下列规定：

1 园林驳岸地基应相对稳定，土质应均匀一致，防止出现不均匀沉降。持力层标高应低于水体最低水位标高50cm。基础垫层按设计要求施工，设计未提出明确要求时，基础垫层应为10cm厚C15混凝土。其宽度应大于基础底宽度10cm。

2 园林驳岸基础的宽度应符合设计要求，设计未提出明确要求的，基础宽度应是驳岸主体高度的3/5～4/5，压顶宽度最低不得小于36cm，砌筑砂浆应采用1：3水泥砂浆。

3 园林驳岸视其砌筑材料不同，应执行不同的砌筑施工规范。采用石材为砌筑主体的石材应配重合理、砌筑牢固，防止水托浮力使石材产生移位。

4 驳岸后侧回填土不得采用黏性土，并应按要求设置排水盲沟与雨水排水系统相连。

5 较长的园林驳岸，应每隔20～30m设置变形缝，变形缝宽度应为1～2cm；园林驳岸顶部标高出现较大高程差时，应设置变形缝。

6 以石材为主体材料的自然式园林驳岸，其砌筑应曲折蜿蜒、错落有致、纹理统一，景观艺术效果符合设计规定。

7 规则式园林驳岸压顶标高距水体最高水位标高不宜小于50cm。

8 园林驳岸溢水口的艺术处理，应与驳岸主体风格一致。

5.4 园林设施安装工程

5.4.1 座椅（凳）、标牌、果皮箱的安装应符合下列规定：

1 座椅（凳）、标牌、果皮箱的质量应符合相关产品标准的规定，并应通过产品检验合格。

2 座椅（凳）、标牌、果皮箱材质、规格、形状、色彩、安装位置应符合设计要求，标牌的指示方向应准确无误。

3 座椅（凳）、标牌、果皮箱的安装方法应按照产品安装说明或设计要求进行。

4 安装基础应符合设计要求。

5 座椅（凳）、果皮箱应安装牢固无松动，标牌支柱安装应直立不倾斜，支柱表面应整洁无毛刺，标牌与支柱连接、支柱与基础连接应牢固无松动。

6 金属部分及其连接件应做防锈处理。

5.4.2 园林护栏应符合下列规定：

1 竹木质护栏、金属护栏、钢筋混凝土护栏、绳索护栏等均属于维护绿地及具有一定观赏效果的隔栏。

2 护栏高度、形式、图案、色彩应符合设计要求。

3 金属护栏和钢筋混凝土护栏应设置基础，基础强度和埋深应符合设计要求；设计无明确要求时，高度在 1.5m 以下的护栏，其混凝土基础尺寸不应小于 30cm× 30cm× 30cm；高度在 1.5m 以上的护栏，其混凝土基础尺寸不应小于 40cm×40cm×40cm。

4 园林护栏基础采用的混凝土强度不应低于 C20。

5 现场加工的金属护栏应做防锈处理。

6 栏杆之间、栏杆与基础之间的连接应紧实牢固。金属栏杆的焊接应符合国家现行相关标准的要求。

7 竹木质护栏的主桩下埋深度不应小于 50cm。主桩的下埋部分应做防腐处理。主桩之间的间距不应大于 6m。

8 栏杆空隙应符合设计要求，设计未提出明确要求的，宜为 15cm 以下。

9 护栏整体应垂直、平顺。

10 用于攀援绿化的园林护栏应符合植物生长要求。

5.4.3 绿地喷灌的喷头安装和调试应符合下列规定：

1 管网应在安装完成试压合格并进行冲洗后，方可安装喷头，喷头规格和射程应符合设计要求，洒水均匀，并符合设计的景观艺术效果。

2 绿地喷灌工程应符合安全使用要求，喷洒到道路上的喷头应进行调整。

3 喷头定位雕确，埋地喷头的安装应符合设计和地形的要求。

4 喷头高低应根据苗木要求调整，各接头无渗漏，各喷头达到工作压力。

6 工程质量验收

6.1 一般规定

6.1.1 园林绿化工程的质量验收，应按检验批、分项工程、分部（子分部）工程、单位（子单位）工程的顺序进行。园林绿化工程的分项、分部、单位工程可按附录 A 进行划分。

6.1.2 园林绿化工程施工质量验收应符合下列规定：

1 参加工程施工质量验收的各方人员应具备规定的资格。

2 园林绿化工程的施工应符合工程设计文件的要求。

3 园林绿化工程施工质量应符合本规范及国家现行相关专业验收标准的规定。

4 工程质量的验收均应在施工单位自行检查评定的基础上进行。

5 隐蔽工程在隐蔽前应由施工单位通知有关单位进行验收，并应形成验收文件。

6 分项工程的质量应按主控项目和一般项目验收。

7 关系到植物成活的水、土、基质，涉及结构安全的试块、试件及有关材料，应按规定进行见证取样检测。

8 承担见证取样检测及有关结构安全检测的单位应具有相应资质。

6.1.3 园林绿化工程物资的主要原材料、成品、半成品、配件、器具和设备必须具有质量合格证明文件，规格型号及性能检测报告，应符合国家现行技术标准及设计要求。植物材料、工程物资进场时应做检查验收，并经监理工程师核查确认，形成相应的检查记录。

6.1.4 工程竣工验收后，建设单位应将有关文件和技术资料归档。

6.2 质量验收

6.2.1 本规范的分项、分部、单位工程质量等级均应为“合格”。

6.2.2 检验批质量验收应符合下列规定：

1 主控项目和一般项目的质量经抽样检验应合格。

2 应具有完整的施工操作依据、质量检查记录。

6.2.3 分项工程质量验收应符合下列规定：

1 分项工程质量验收的项目和要求，应符合本规范附录 B 的规定。

2 分项工程所含的检验批，均应符合合格质量的规定。

3 分项工程所含的检验批的质量验收记录应完整。

6.2.4 分部（子分部）工程质量验收应符合下列规定：

1 分部（子分部）工程所含分项工程的质量均应验收合格。

2 质量控制资料应完整。

3 栽植土质量、植物病虫害检疫，有关安全及功能的检验和抽样检测结果应符合有关规定。

4 观感质量验收应符合要求。

6.2.5 单位（子单位）工程质量验收应符合下列规定：

1 单位（子单位）工程所含分部（子分部）工程的质量均应验收合格。

2 质量控制资料应完整。

3 单位（子单位）工程所含分部工程有关安全和功能的检测资料应完整。

4 观感质量验收应符合要求。

5 乔灌木成活率及草坪覆盖率应不低于95%。

6.2.6 园林绿化工程的检验批、分项工程、分部（子分部）工程的质量验收记录应符合本规范附录C的规定。

6.2.7 园林绿化单位（子单位）工程质量竣工验收报告应符合本规范附录D的规定。

6.2.8 当园林绿化工程质量不符合要求时，应按下列规定进行处理：

1 经返工或整改处理的检验批应重新进行验收。

2 经有资质的检测单位检测鉴定能够达到设计要求的检验批，应予以验收。

3 经有资质的检测单位检测鉴定达不到设计要求，但经原设计单位和监理单位认可能够满足植物生长要求、安全和使用功能的检验批，可予以验收。

4 经返工或整改处理的分项、分部工程，虽然降低质量或改变外观尺寸但仍能满足安全使用、基本的观赏要求并能保证植物成活，可按技术处理方案和协商文件进行验收。

6.2.9 通过返修或整改处理仍不能保证植物成活、基本的观赏和安全要求的分部工程、单位（子单位）工程，严禁验收。

6.3 质量验收的程序和组织

6.3.1 检验批和分项工程的验收，应符合下列规定：

1 施工单位首先应对检验批和分项工程进行自检。自检合格后填写检验批和“分项工程质量验收记录”，施工单位项目机构专业质量检验员和项目专业技术负责人应分别在验收记录相关栏目签字后向监理单位或建设单位报验。

2 监理工程师组织施工单位专业质检员和项目专业技术负责人共同按规范规定进行验收并填写验收结果。

6.3.2 分部（子分部）工程的验收，应符合下列规定：

1 分部（子分部）工程验收应在各检验批和所有分项工程验收完成后进行验收；应在施工单位项目专业技术负责人签字后，向监理单位或建设单位进行报验。

2 总监理工程师（建设单位项目负责人）应组织施工单位项目负责人和项目技术、质量负责人及有关人员进行验收。

3 勘察、设计单位项目负责人，应参加园林建构筑的地基基础、主体结构工程分部（子分部）工程验收。

6.3.3 单位工程的验收，应在分部工程验收完成后，施工单位依据质量标准、设计文件等组织有关人员进行自检、评定，并确认下列要求：

1 已完成工程设计文件和合同约定的各项内容。

2 工程使用的主要材料、构配件和设备有进场试验报告。

3　工程施工质量符合规范规定。分项、分部工程检查评定合格符合要求后，施工单位向监理单位或建设单位提交工程质量竣工验收报告和完整质量资料，由监理单位或建设单位组织预验收。

6.3.4　单位工程竣工验收，应由建设单位负责人或项目负责人组织设计、施工单位负责人或项目负责人及施工单位的技术、质量负责人和监理单位总监理工程师均应参加验收，有质量监督要求的，应请质量监督部门参加，并形成验收文件。

6.3.5　单位工程有分包单位施工时，分包单位对所承包的工程项目，应按本规范规定的程序验收，总包单位派人参加。分包工程完成后，应将有关资料交总包单位。

6.3.6　在一个单位工程中，其中子单位工程已经完工，且满足生产要求或具备使用条件，施工单位、监理单位已经预验收合格，对该子单位工程，建设单位可组织验收；由几个施工单位负责施工的单位工程，其中的施工单位负责的子单位工程已按设计文件完成并自检及监理预验收合格，也可按规定程序组织验收。

6.3.7　当参加验收各方对工程质量验收意见不一致时，司请当地园林绿化工程建设行政主管部门或园林绿化工程质量监督机构协调处理。

6.3.8　单位工程验收合格后，建设单位应在规定时间内将工程竣工验收报告和有关文件，报园林绿化行政主管部门备案。

附录A　园林绿化单位（子单位）工程、分部（子单位）工程、分项工程划分

表A　园林绿化单位（子单位）工程、分部（子单位）工程、分项工程划分

单位（子单位）工程	分部（子分部）工程		分项工程
绿化工程	栽植基础工程	栽植前土壤处理	栽植土、栽植前场地清理、栽植土回填及地形造型、栽植土施肥和表层整理
		重盐碱、重黏土地土壤改良工程	管沟、隔淋（渗水）层开槽、排盐（水）管敷设、隔淋（渗水）层
		设施顶面栽植基层（盘）工程	耐根穿刺防水层、排蓄水层、过滤层、栽植土、设施障碍性面层栽植基盘
		坡面绿化防护栽植基层工程	坡面绿化防护栽植层工程（坡面整理、混凝土格构、固土网垫、格栅、土工合成材料、喷射基质）
		水湿生植物栽植槽工程	水湿生植物栽植槽、栽植土
	栽植工程	常规栽植	植物材料、栽植穴（槽）、苗木运输和假植、苗木修剪、树木栽植、竹类栽植、草坪及草本地被播种、草坪及草本地被分栽、铺设草块及草卷、运动场草坪、花卉栽植
		大树移植	大树挖掘及包装、大树吊装运输、大树栽植
		水湿生植物栽植	湿生类植物、挺水类植物、浮水类植物、栽植
		设施绿化栽植	设施顶面栽植工程、设施顶面垂直绿化
		坡面绿化栽植	喷播、铺植、分栽
	养护	施工期养护	施工期的植物养护（支撑、浇灌水、裹干、中耕、除草、浇水、施肥、除虫、修剪抹芽等）

续表

单位（子单位）工程	分部（子分部）工程	分项工程
园林附属工程	园路与广场铺装工程	基层，面层（碎拼花岗岩、卵石、嵌草、混凝土板块、侧石、冰梅、花街铺地、大方砖、压膜、透水砖、小青砖、自然石块、水洗石、透水混凝土面层）
	假山、叠石、置石工程	地基基础、山石拉底、主体、收顶、置石
	园林理水工程	管道安装、潜水泵安装、水景喷头安装
	园林设施安装	座椅（凳）、标牌、果皮箱、栏杆、喷灌喷头等安装

附录 B　园林绿化分项工程质量验收项目和要求

表 B　园林绿化分项工程质量验收项目和要求

序号	分项工程名称	主控项目	一般项目	检验方法	检查数量
1	栽植土	4.1.3 条第 1、2、3 款	4.1.1 条、4.1.3 条第 4、5 款	经有资质检测单位测试	每 $500m^3$ 或 $2000m^2$ 为一检验批，随机取样 5 处，每处 100g 组成一组试样。$500m^3$ 或 $2000m^2$ 以下，取样不少于 3 处
2	栽植前场地清理	4.1.4 条第 2、4 款	4.1.4 条第 5、6 款	观察、测量	$1000m^2$ 检查 3 处，不足 $1000m^2$ 检查不少于 1 处
3	栽植土回填及地形造型	4.1.5 条第 2、4 款	4.1.5 条第 3、5、6 款	经纬仪、水准仪、钢尺测量	$1000m^2$ 检查 3 处，不足 $1000m^2$ 检查不少于 1 处
4	栽植土施肥和表层整理	4.1.6 条第 1 款	4.1.6 条第 2 款	试验、检测报告、观察、尺量	$1000m^2$ 检查 3 处，不足 $1000m^2$ 检查不少于 1 处
5	栽植穴、槽	4.2.3 条第 1 款、4.2.4 条、4.2.6 条	4.2.5 条、4.2.7 条、4.2.8 条	观察、测量	100 个穴检查 20 个，不足 20 个全数检查
6	植物材料	4.3.1 条、4.3.2 条	4.3.3 条、4.3.4 条	观察、量测	每 100 株检查 10 株，少于 20 株，全数检查。草坪、地被、花卉按面积抽查 10%，$4m^2$ 为一点，至少 5 个点，$\leqslant 30m^2$ 全数检查
7	苗木运输和假植	4.4.3 条、4.4.6 条	4.4.4 条、4.4.5 条、4.4.7 条	观察	每车按 20%的苗株进行检查
8	苗木修剪	4.5.4 条第 1、2 款	4.5.4 条第 3、4、5 款	观察、测量	100 株检查 10 株，不足 20 株的全数检查
9	树木栽植	4.6.1 条第 2、6、7、10 款	4.6.1 条第 3、4、5、8 款、4.6.4 条、4.6.5 条	观察、测量	100 株检查 10 株，少于 20 株的全数检查。成活率全数检查
10	浇灌水	4.6.2 条第 1、2、4 款	4.6.2 条第 3、5、6 款	测试及观察	100 株检查 10 株，不足 20 株的全数检查
11	支撑	4.6.3 条第 2、3 款	4.6.3 条第 4、5、6 款	晃动支撑物	每 100 株检查 10 株，不足 50 株的全数检查
12	大树挖掘包装	4.7.3 条第 2 款中的 3)、4)	4.7.3 条第 2 款中的 5)、6)、7)	观察、尺量	全数检查
13	大树吊装运输	4.7.4 条第 1、2 款	4.7.4 条第 3、4 款	观察	全数检查

续表

序号	分项工程名称	主控项目	一般项目	检验方法	检查数量
14	大树栽植	4.7.5 条第 1、2、5 款	4.7.5 条第 3、4、6、7、8 款	观察、尺量	全数检查
15	草坪和草本地被播种	4.8.1 条第 2、5、6、7 款、4.8.5 条	4.8.1 条第 1、3、4 款	观察、测量及种子发芽试验报告	500m^2 检查 3 处，每点面积为 4m^2，不足 500m^2 检查不少于 2 处
16	喷播种植	4.13.3 条第 2、3 款	4.13.3 条第 4、5、6 款	检查种子覆盖料及土壤稳定剂合格证明，观察	1000m^2 检查 3 处，每点面积为 16m^2，不足 1000m^2 检查不少于 2 处
17	草坪和草本地被分栽	4.8.2 条第 3、4 款、4.8.5 条	4.8.2 条第 5、6 款	观察、尺量	500m^2 检查 3 处，每点面积为 4m^2，不足 500m^2 检查不少于 2 处
18	铺设草块和草卷	4.8.3 条第 4、7、8 款、4.8.5 条	4.8.3 条第 5、6 款	观察、尺量查看施工记录	500m^2 检查 3 处，每点面积为 4m^2，不足 500m^2 检查不少于 2 处
19	运动场草坪	4.8.4 条第 1、2、3 款、4.8.5 条	4.8.4 条第 4、5、6 款	测量、环刀取样、观测	500m^2 检查 3 处，不足 500m^2 检查不少于 2 处
20	花卉栽植	4.9.2 条第 1、2、5 款	4.9.2 条第 3、4 款	观察、尺量	500m^2 检查 3 处，每点面积为 4m^2，不足 500m^2 检查不少于 2 处
21	水湿生植物栽植槽	4.10.3 条第 1、2 款	4.10.3 条第 3 款	材料检测报告、观察、尺量	100m^2 检查 3 处，不足 100m^2 检查不少于 2 处
22	水湿生植物栽植	4.10.2 条、4.10.4 条	4.10.6 条、4.10.7 条	测试报告及栽植数、成活数记录报告	500m^2 检查 3 处，不足 500m^2 检查不少于 2 处
23	竹类栽植	4.11.3 条、4.11.6 条第 1、2、3 款	4.11.4 条、4.11.5 条、4.11.6 条第 5、6 款、4.11.7 条	观察、尺量	100 株检查 10 株，不足 20 株全数检查
24	耐根穿刺防水层	4.12.4 条第 1 款 1)、4)、6)	4.12.4 条第 1 款 2)、3)、5)、7)	观察、尺量	每 50 延米检查 1 处，不足 50 延米全数检查
25	排蓄水层	4 12 4 条第 2 款 1)、2)	4.12.4 条第 2 款 4)、5)	观察、尺量	每 50 延米长检查 1 处，不足 50 延米长全数检查
26	过滤层	4.12.4 条第 3 款 1)	4.12.4 条第 3 款 2)、3)	观察、尺量	每 50 延米长检查 1 处，不足 50 延米长全数检查
27	设施障碍性面层栽植基盘	4.12.5 条第 1、2 款	4.12.5 条第 3 款	观察、尺量	100m^2 检查 3 处，不足 100m^2 检查不少于 2 处
28	设施顶面栽植工程	4.12.6 条第 6、7、8 款	4.12.6 条第 9、10 款	观察、尺量	100m^2 检查 3 处，不足 100m^2 检查不少于 2 处
29	设施立面垂直绿化	4.12.7 条第 1、4 款	4.12.7 条第 2、3、5 款	观察、尺量	100 株检查 10 株，不足 20 株全数检查
30	坡面绿化防护栽植层工程	4.13.2 条第 1、2 款	4.13.2 条第 3 款	观察、照片分析、尺量	500m^2 检查 3 处，不足 500m^2 检查不少于 2 处
31	排盐（渗水）管沟隔淋（渗水）层开槽	4.14.3 条第 1 款 1)、2)	4.14.3 条第 1 款 3)	测量	1000m^2 检查 3 个点，不足 1000m^2 检查不少于 2 个点

续表

序号	分项工程名称	主控项目	一般项目	检验方法	检查数量
32	排盐（渗水）管敷设	4.14.3 条第 2 款 1）、2）、3）	4.14.3 条第 2 款 4）、5）、6）	测量	200m 检查 3 个点，不足 200m，检查不少于 2 个点
33	隔淋（渗水）层	4.14.3 条第 3 款 1）、2）	4.14.3 第 3 款 3）、4）	测量	$1000m^2$ 检查 3 个点，不足 $1000m^2$ 检查不少于 2 个点
34	施工期植物养护	4.15.2 条第 1、2、3、5、8 款	4.15.2 条第 4、6、7 款、4.15.4 条	检查施工日志、观察	$1000m^2$ 检查 3 处，$1000m^2$ 以下检查不少于 2 处，每处面积不小于 $50m^2$
35	碎拼花岗岩面层	5.1.1 条	5.1.2 条、5.1.14 条	靠尺、楔形塞尺、量测	$200m^2$ 检查 3 处，不足 $200m^2$ 检查不少于 1 处
36	卵石面层	5.1.1 条	5.1.3 条、5.1.14 条	靠尺、楔形塞尺，量测	$200m^2$ 检查 3 处，不足 $200m^2$ 检查不少于 1 处
37	嵌草地面	5.1.1 条	5.1.4 条、5.1.14 条	观察、尺量	$200m^2$ 检查 3 处，不足 $200m^2$ 检查不少于 1 处
38	水泥花砖混凝土板块面层	5.1.1 条	5.1.5 条、5.1.14 条	拉 5m 线、靠尺、楔形尺，量测	$200m^2$ 检查 3 处，不足 $200m^2$ 检查不少于 1 处
39	侧石安装	5.1.1 条	5.1.15 条、5.1.14 条	水准仪、尺量、观察	100 延米检查 3 处，不足 100 延米检查不少于 1 处
40	冰梅面层	5.1.1 条	5.1.6 条、5.1.14 条	靠尺、楔形塞尺，量测	$200m^2$ 检查 3 处，不足 $200m^2$ 检查不少于 1 处
41	花街铺地面层	5.1.1 条	5.1.7 条、5.1.14 条	观察、尺量	$200m^2$ 检查 3 处，不足 $200m^2$ 检查不少于 1 处
42	大方砖面层	5.1.1 条	5.1.8 条、5.1.14 条	拉 5m 线、靠尺、楔形塞尺、量测	$200m^2$ 检查 3 处，不足 $200m^2$ 检查不少于 1 处
43	压模面层	5.1.1 条	5.1.9 条、5.1.14 条	靠尺、楔形塞尺，量测	$200m^2$ 检查 3 处，不足 $200m^2$ 检查不少于 1 处
44	透水砖面层	5.1.1 条	5.1.10 条、5.1.14 条	5m 拉线、靠尺、楔形塞尺，量测	$200m^2$ 检查 3 处，不足 $200m^2$ 检查不少于 1 处
45	小青砖（黄道砖）面层	5.1.1 条	5.1.11 条、5.1.14 条	拉 5m 线、靠尺、观察，量测	$200m^2$ 检查 3 处，不足 $200m^2$ 检查不少于 1 处
46	自然块石面层	5.1.1 条	5.1.12 条、5.1.14 条	拉 5m 线、靠尺、观察，量测	$200m^2$ 检查 3 处，不足 $200m^2$ 检查不少于 1 处
47	水洗石面层	5.1.1 条	5.1.13 条、5.1.14 条	靠尺、楔形塞尺，量测	$200m^2$ 检查 3 处，不足 $200m^2$ 检查不少于 1 处
48	假山、叠石、置石工程	5.2.4 条、5.2.5 条、5.2.6 条、5.2.7 条第 4、5 款	5.2.7 条第 1、2、3、6、7、8、9 款、5.2.8 条、5.2.9 条	观察、尺量、锤击、查阅资料	假山叠石主体工程以一座叠石为一检验批，或以每 20 延米长为一检验批，全数检查
49	水景管道安装	5.3.2 条第 1、4 款	5.3.2 条第 2、3 款	观察、测量	50 延米检查 3 处，不足 50 延米检查不少于 2 处
50	水景潜水泵安装	5.3.3 条第 1、3 款	5.3.3 条第 2、4、5 款	观察、测量	全数检查

续表

序号	分项工程名称	主控项目	一般项目	检验方法	检查数量
51	水景喷泉的喷头安装	5.3.7 条第 1、2 款	5.3.7 条第 3、4、5 款	观察、测量	全数检查
52	座椅（凳）、标牌、果皮箱安装	5.4.1 条第 1、2、5、6 款	5.4.1 条第 3、4 款	手动、观察	全数检查
53	园林护栏	5.4.2 条第 3、4、5、6、7 款	5.4.2 条第 1、8、9 款	观察、手动、尺量	100 延米检查 3 处，不足 100 延米检查不少于 2 处
54	喷灌喷头安装	5.4.3 条第 1、3 款	5.4.3 条第 2、4 款	手动、观察、尺量	全数检查

《建筑结构荷载规范》(GB 50009—2012)（摘要）

其中，第 3.1.2、3.1.3、3.2.3、3.2.4、5.1.1、5.1.2、5.3.1、5.5.1、5.5.2、7.1.1、7.1.2、8.1.1、8.1.2 条为强制性条文，必须严格执行。

5 楼面和屋面活荷载

5.1 民用建筑楼面均布活荷载

5.1.1 民用建筑楼面均布活荷载的标准值及其组合值系数、频遇值系数和准永久值系数的取值，不应小于表 5.1.1 的规定。

表 5.1.1 民用建筑楼面均布活荷载标准值及其组合值、频遇值和准永久值系数

<table>
<tr><th>项次</th><th colspan="3">类 别</th><th>标准值 (kN/m²)</th><th>组合值系数 ψ_c</th><th>频遇值系数 ψ_f</th><th>准永久值系数 ψ_q</th></tr>
<tr><td rowspan="2">1</td><td colspan="3">(1) 住宅、宿舍、旅馆、办公楼、医院病房、托儿所、幼儿园</td><td>2.0</td><td>0.7</td><td>0.5</td><td>0.4</td></tr>
<tr><td colspan="3">(2) 试验室、阅览室、会议室、医院门诊室</td><td>2.0</td><td>0.7</td><td>0.6</td><td>0.5</td></tr>
<tr><td>2</td><td colspan="3">教室、食堂、餐厅、一般资料档案室</td><td>2.5</td><td>0.7</td><td>0.6</td><td>0.5</td></tr>
<tr><td rowspan="2">3</td><td colspan="3">(1) 礼堂、剧场、影院、有固定座位的看台</td><td>3.0</td><td>0.7</td><td>0.5</td><td>0.3</td></tr>
<tr><td colspan="3">(2) 公共洗衣房</td><td>3.0</td><td>0.7</td><td>0.6</td><td>0.5</td></tr>
<tr><td rowspan="2">4</td><td colspan="3">(1) 商店、展览厅、车站、港口、机场大厅及其旅客等候室</td><td>3.5</td><td>0.7</td><td>0.6</td><td>0.5</td></tr>
<tr><td colspan="3">(2) 无固定座位的看台</td><td>3.5</td><td>0.7</td><td>0.5</td><td>0.3</td></tr>
<tr><td rowspan="2">5</td><td colspan="3">(1) 健身房、演出舞台</td><td>4.0</td><td>0.7</td><td>0.6</td><td>0.5</td></tr>
<tr><td colspan="3">(2) 运动场、舞厅</td><td>4.0</td><td>0.7</td><td>0.6</td><td>0.3</td></tr>
<tr><td rowspan="2">6</td><td colspan="3">(1) 书库、档案库、贮藏室</td><td>5.0</td><td>0.9</td><td>0.9</td><td>0.8</td></tr>
<tr><td colspan="3">(2) 密集柜书库</td><td>12.0</td><td>0.9</td><td>0.9</td><td>0.8</td></tr>
<tr><td>7</td><td colspan="3">通风机房、电梯机房</td><td>7.0</td><td>0.9</td><td>0.9</td><td>0.8</td></tr>
<tr><td rowspan="4">8</td><td rowspan="4">汽车通道及客车停车库</td><td rowspan="2">(1) 单向板楼盖（板跨不小于 2m）和双向板楼盖（板跨不小于 3m×3m）</td><td>客车</td><td>4.0</td><td>0.7</td><td>0.7</td><td>0.6</td></tr>
<tr><td>消防车</td><td>35.0</td><td>0.7</td><td>0.5</td><td>0.0</td></tr>
<tr><td rowspan="2">(2)) 双向板楼盖（板跨不小于 6m×6m）和无梁楼盖（柱网不小于 6m×6m）</td><td>客车</td><td>2.5</td><td>0.7</td><td>0.7</td><td>0.6</td></tr>
<tr><td>消防车</td><td>20.0</td><td>0.7</td><td>0.5</td><td>0.0</td></tr>
</table>

续表

项次	类别		标准值 (kN/m^2)	组合值系数 ψ_c	频遇值系数 ψ_f	准永久值系数 ψ_q
9	厨房	(1) 餐厅	4.0	0.7	0.7	0.7
		(2) 其他	2.0	0.7	0.6	0.5
10	浴室、卫生间、盥洗室		2.5	0.7	0.6	0.5
11	走廊、门厅	(1) 宿舍、旅馆、医院病房、托儿所、幼儿园、住宅	2.0	0.7	0.5	0.4
		(2) 办公楼、餐厅、医院门诊部	2.5	0.7	0.6	0.5
		(3) 教学楼及其他可能出现人员密集的情况	3.5	0.7	0.5	0.3
12	楼梯	(1) 多层住宅	2.0	0.7	0.5	0.4
		(2) 其他	3.5	0.7	0.5	0.3
13	阳台	(1) 可能出现人员密集的情况	3.5	0.7	0.6	0.5
		(2) 其他	2.5	0.7	0.6	0.5

注 1. 本表所给各项活荷载适用于一般使用条件，当使用荷载较大、情况特殊或有专门要求时，应按实际情况采用；
2. 第 6 项书库活荷载当书架高度大于 2m 时，书库活荷载尚应按每米书架高度不小于 $2.5kN/m^2$ 确定；
3. 第 8 项中的客车活荷载仅适用于停放载人少于 9 人的客车；消防车活荷载适用于满载总重为 300kN 的大型车辆；当不符合本表的要求时，应将车轮的局部荷载按结构效应的等效原则，换算为等效均布荷载；
4. 第 8 项消防车活荷载，当双向板楼盖板跨介于 3m×3m～6m×6m 之间时，应按跨度线性插值确定；
5. 第 12 项楼梯活荷载，对预制楼梯踏步平板，尚应按 1.5kN 集中荷载验算；
6. 本表各项荷载不包括隔墙自重和二次装修荷载；对固定隔墙的自重应按永久荷载考虑，当隔墙位置可灵活自由布置时，非固定隔墙的自重应取不小于 1/3 的每延米长墙重 (kN/m) 作为楼面活荷载的附加值 (kN/m^2) 计入，且附加值不应小于 $1.0kN/m^2$。

《砌体结构设计规范》(GB 50003—2011)(摘要)

其中，3.1.1、3.2.1、3.2.2、3.2.3、5.1.1、5.2.4、6.1.1、6.2.1、6.2.2、6.2.10、6.2.11、7.1.2、7.1.3、7.3.2、7.3.12、7.4.1、9.2.2、10.4.11 条为强制性条文，必须严格执行。

7 圈梁、过梁、墙梁及挑梁

7.2 过梁

7.2.1 砌砖过梁的跨度不应超过下列规定：

钢筋砖过梁为 1.5m；

砌砖平拱为 1.2m；

对于较大震动荷载或可能产生不均匀沉降的房屋，应采用钢筋混凝土过梁。

7.2.2 过梁的荷载，应按下列规定采用：

1 梁、板荷载

对砖和小型砌块砌体，当梁、板下的墙体高度 $h_w < l_n$，时 (l_n 为过梁的净跨)，应计入梁、板传来的荷载。当梁、板下的墙体高度 $h_w \geq l_n$ 时，可不考虑梁、板荷载。

2 墙体荷载

1) 对砖砌体，当过梁上的墙体高度 $h_w < l_n/3$ 时，应按墙体的均布自重采用。当墙体高度 $h_w \geq l_n/3$ 时，应按高度为 $l_n/3$ 墙体的均布自重采用；

2) 对混凝土砌块砌体，当过梁上的墙体高度 $h_w < l_n/2$ 时，应按墙体的均布自重采用。当墙体高度 $h_w \geq l_n/2$ 时，应按高度为 $l_n/2$ 墙体的均布自重采用。

7.2.4 砖砌过梁的构造要求应符合下列规定：

1 砖砌过梁截面计算高度内的砂浆不宜低于 M5；

2 砖砌平拱用竖砖砌筑部分的高度不应小于 240mm；

3 钢筋砖过梁底面砂浆层处的钢筋，其直径不应小于 5mm，间距不宜大于 120mm，钢筋伸入支座砌体内的长度不宜小于 240mm，砂浆层的厚度不宜小于 30mm。

《住宅建筑规范》(GB 50368—2005)(摘要)

本规范全部条文为强制性条文，必须严格执行。

4.4 室外环境

4.4.1 新区的绿地率不应低于 30%。

4.4.2 公共绿地总指标不应少于 $1m^2$/人。

4.4.3 人工景观水体的补充水严禁使用自来水。无护栏水体的近岸 2m 范围内及园桥、汀步附近 2m 范围内，水深不应大于 0.5m。

4.4.4 受噪声影响的住宅周边应采取防噪措施。

参 考 文 献

[1] ［美］爱德华·艾伦．建筑初步．北京：中国水利水电出版社，知识产权出版社，2003.

[2] 中国建筑标准设计研究院《建筑设计防火规范》图示国家建筑标准设计图集 05SJ811．北京：中国计划出版社，2006.

[3] 建设部工程质量安全监督与行业发展司，中国建筑标准设计研究所．全国民用建筑工程设计技术措施 规划·建筑．北京：中国计划出版社，2003.